大疆无人机二次开发教程

基于 Mobile SDK 与 UX SDK

董昱　胡云锋　王　娜　编著

U0180214

電子工業出版社·

Publishing House of Electronics Industry

北京·BEIJING

内 容 简 介

本书共 11 章，其中第 1 章介绍了无人机行业应用和二次开发的基本知识；第 2～3 章介绍了 Mobile SDK 应用程序开发需要做的准备工作和基础代码的编写；第 4～5 章以飞行控制器为中心，介绍了键值管理器和地图显示无人机位置等重要内容；第 6～8 章以云台相机为中心，介绍了实时图传、云台和相机动作、相机存储内容的获取方法等内容；第 9 章介绍了行业应用中重要的行业负载；第 10 章介绍了航点飞行任务和时间线任务等无人机智能飞行任务；第 11 章介绍了 UX SDK 的基本使用方法。作者在使用 Mobile SDK 时积累了大量的经验，这些经验均以"小提示"的形式为读者提供在使用 Mobile SDK 的建议和注意事项中。

本书适合无人机相关专业的学生、从事无人机开发等相关产业的从业人员，以及无人机爱好者阅读。希望读者可通过本书的阅读有所收获。

图书在版编目（CIP）数据

大疆无人机二次开发教程：基于 Mobile SDK 与 UX SDK / 董昱，胡云锋，王娜编著. —北京：电子工业出版社，2021.3
ISBN 978-7-121-40633-1

Ⅰ．①大…　Ⅱ．①董…　②胡…　③王…　Ⅲ．①无人驾驶飞机-教材　Ⅳ．①V279

中国版本图书馆 CIP 数据核字（2021）第 034512 号

责任编辑：张　迪（zhangdi@phei.com.cn）

印　　刷：北京天宇星印刷厂
装　　订：北京天宇星印刷厂
出版发行：电子工业出版社
　　　　　北京市海淀区万寿路 173 信箱　邮编　100036
开　　本：787×1092　1/16　印张：28　字数：717 千字
版　　次：2021 年 3 月第 1 版
印　　次：2024 年 7 月第 10 次印刷
定　　价：118.00 元

凡所购买电子工业出版社图书有缺损问题，请向购买书店调换。若书店售缺，请与本社发行部联系，联系及邮购电话：（010）88254888，88258888。

质量投诉请发邮件至 zlts@phei.com.cn，盗版侵权举报请发邮件至 dbqq@phei.com.cn。

本书咨询联系方式：（010）88254469；zhangdi@phei.com.cn。

序

人类对于飞行的渴望由来已久。古有嫦娥奔月，今有载人航天。人类不断努力克服重力，并持续创造出新的奇迹。不幸的是，用于克服重力的能源需要载体（燃油和电池等），而这些载体本身往往又非常重，以至于人类每次对飞行的尝试都是非常昂贵的。即使是目前广泛运营且公认成本较低的波音 737 客机，每小时的油耗也在 2.5 吨以上，这还没算上维保和运营等其他成本。如此高的成本直接导致了民用飞行器的发展非常迟缓，更不要说民用无人机了。

减重和提高能效是整个无人机设计环节中的重要课题。大疆创新在设计无人机时，飞行控制器和螺旋桨等每一个部件都经过了无数次的迭代设计和试验，使其续航能力不断提升。如今，大疆 M300 RTK 无人机的最长飞行时间可以达到 55 分钟。除此之外，大疆无人机还具有稳定的飞行控制能力、超视距的高清图传能力和稳定的云台控制能力等众多技术优势。大疆无人机在航拍应用领域以外，也具备很强的行业应用与拓展能力。如今，在农业植保、勘探巡检、航测建模和应急安防等各行各业的应用中都能看到大疆无人机的身影。

大疆创新为从事各行各业的开发者提供了全面的软件开发工具包，包括 Mobile SDK、UX SDK、Onboard SDK 和 Payload SDK 等。其中，Mobile SDK 具有支持能力强、功能全面和入门简单等优势，受到开发者广泛欢迎；UX SDK 通常作为 Mobile SDK 的补充，提供各类界面组件，方便开发者快速搭建应用程序框架。在无人机行业应用中，Mobile SDK 和 UX SDK 具有重要的应用价值，可以为用户提供无人机控制、监测和执行飞行任务等各项功能。无论您是开发者、学生还是无人机爱好者，学习和掌握 Mobile SDK 的开发技能都会给您带来广阔的无人机应用发展前景和惊喜！

董昱作为优秀的大疆 SDK 开发者，在无人机行业和地理信息系统行业中摸爬滚打了多年，积累了不少的开发经验。近期，我们与董昱多次开会交流，并与四川阿木实验室合作录制了一套 iOS Mobile SDK 的视频教程。本书汇集了董昱多年来的大疆无人机行业应用开发实战经验、知识和技巧，对于无人机行业应用的开发者和爱好者来说，是一本不可多得的大疆 Mobile SDK 学习手册。

  大疆创新将会一如既往地提供更加优秀的 SDK 产品和开发工具，Mobile SDK 也将会持续更新迭代。本书所使用的 Mobile SDK 版本为 4.13.1。当图书出版时，我们很可能已经发布了新版本的 Mobile SDK。但是，作为入门级的书籍，本书的内容并不过时，具有很高的参考学习价值。因此，希望广大读者能够继续互相交流讨论，在我们的大疆开发者论坛中发表新的经验和新的想法，碰撞出新的火花！

  借此祝贺本书的出版，同时祝愿读者们身体健康、学有所获！

大疆创新开发者关系经理

2020 年 12 月

前　　言

近年来，无人机迅猛发展，从军用走向民用，再走向千家万户。在多数老百姓的眼中，无人机就是一种带着"翅膀"的相机。这可能是民用无人机的主流印象了。但是，除了搭载云台相机，无人机还可以作为载具装上各式各样的现代化仪器和物品，如多光谱相机、激光测距仪、喊话器、夜航灯、RTK，甚至重达十几千克的农药、肥料和快递，在各行各业展现着多姿多彩的应用。民用无人机的行业化正在悄无声息地发展，在资源开发、交通水利、电力勘探、城乡规划、林业农业、公安管理等行业中都能看到无人机的身影。这些应用是千千万万的无人机开发者的心血。随着社会对无人机开发人员的需求不断加大，无人机行业应用已经成为经济和科技发展新的增长点。

大疆创新创立于 2006 年，12 年间，大疆创新从精灵系列开始，发布了用于各行各业的无人机产品。它用过硬的产品性能和质量诠释了"未来无所不能"的含义，在很短的时间内从不起眼的小公司跻身成为民用无人机的领头羊。对于用户而言，大疆无人机简化了曾经复杂的操作流程，并通过多种传感器增强了安全性，简单、方便、安全、高性能、智能化、性价比高是大疆无人机的普遍印象。对于开发者而言，大疆创新完整的 SDK 生态为开发者提供了一条新研发道路。在这条道路上，Mobile SDK 和 UX SDK 的适配能力最强，支持大疆精灵 3 以来的绝大多数无人机，成为最受欢迎的大疆 SDK 之一。通过 Mobile SDK，可以在 iOS 和 Android 操作系统上监测和控制大疆无人机，搭建无人机应用程序。UX SDK 则在 Mobile SDK 的基础上，提供了无人机应用程序的各种 UI 视图和控件，方便用户快速搭建 UI 界面。

本书的主要目的在于为 Mobile SDK 的新用户提供一个学习教程和帮助手册，介绍 Mobile SDK 和 UX SDK 的使用方法。在本书编写的过程中，参考了大疆创新官方 Mobile SDK 的 API 参数、官方教程和相关网文等大量的英文资料。本书适合无人机相关专业的学生、从事无人机开发等相关产业的从业人员，以及无人机爱好者阅读。希望读者可通过本书的阅读有所收获。

本书共 11 章，其中第 1 章介绍了无人机行业应用和二次开发的基本知识；第 2～3 章介绍了 Mobile SDK 应用程序开发需要做的准备工作和基础代码的编写；第 4～5 章以飞行控制器为中心，介绍了键值管理器和地图显示无人机位置等重要内容；第 6～8 章以云台相机为中心，介绍了实时图传、云台和相机动作、相机存储内容的获取方法等内容；第 9 章介绍了行业应用中重要的行业负载；第 10 章介绍了航点飞行任务和时间线任务等无人机智能飞行任务；第 11 章介绍了 UX SDK 的基本使用方法。作者在使用 Mobile SDK 时积累了大量的经验，这些经验均以"小提示"的形式为读者提供在使用 Mobile SDK 的建议和注意事项中。

V

在本书的编写过程中，得到了大疆创新开发者关系经理 Oliver（欧泽林），以及 Mobile SDK 团队的大力支持，也得到了阿木实验室的小马同学、嘉月等提供的帮助，感谢你们对本书的付出！在我学习和应用 Mobile SDK 的过程中，许多经验来自我作为硕士研究生时的实践，因此还要感谢中国科学院地理科学研究所胡云锋老师和闫慧敏老师的教导。最后，感谢电子工业出版社张迪在审阅和出版方面的帮助和支持。虽然本书经过了多次检查和校订，但是由于作者的水平有限，书中难免会出现不妥之处。如果您对本书内容有任何的疑问、意见或建议，可直接将其发送到邮箱 dongyu1009@163.com，我们会及时查看并解决问题。如果本书出现了失误，我们会将勘误发布在大疆开发者论坛中，希望得到广大读者的批评指正。

关于本书中的代码，读者可以登录华信教育资源网（http://www.hxedu.com.cn）免费注册后再进行下载。

董　昱

2020 年 12 月

目 录

第1章 无人机行业应用与二次开发概述 ·· 1

1.1 民用无人机及其行业应用 ·· 1

1.1.1 民用无人机特点与类型 ·· 1

1.1.2 民用无人机行业应用 ·· 3

1.1.3 民用无人机驾驶规范 ·· 4

1.2 无人机系统 ·· 5

1.2.1 无人机平台 ·· 6

1.2.2 飞行控制器 ·· 6

1.2.3 通信链路系统 ·· 10

1.2.4 动力系统 ··· 12

1.2.5 相机与云台 ··· 14

1.3 无人机二次开发方案 ·· 16

1.3.1 APM 与 Pixhawk 飞行控制器 ·· 17

1.3.2 开源无人机二次开发体系 ·· 19

1.3.3 大疆无人机 ··· 21

1.3.4 大疆无人机二次开发体系 ·· 22

1.3.5 开源与大疆无人机二次开发方案的比较 ································ 23

1.4 本章小结 ·· 24

第2章 你好，Mobile SDK ··· 25

2.1 移动应用开发与 Mobile SDK ·· 25

2.1.1 Android 应用开发 ··· 26

2.1.2 iOS 应用开发 ··· 27

2.1.3 Mobile SDK 及其学习资源 ··· 28

2.2 Mobile SDK 基本架构 ··· 32

2.2.1 SDK 管理器 ··· 33

2.2.2 产品与组件 ··· 34

2.2.3 任务控制器、任务与任务动作 ·· 35

2.2.4 Mobile SDK 的数据链路 ··· 36

2.3 开发前准备 ·· 37

2.3.1 注册 DJI 开发者账号 ·· 37

2.3.2 下载 Mobile SDK ·· 39

2.3.3 申请应用程序密钥 ··· 40

2.4　本章小结 ･･ 44

第 3 章　第一个 Mobile SDK 应用程序 ･･････････････････････････ 45

3.1　在 Android 应用中使用 Mobile SDK ････････････････････････････ 47

3.1.1　整合 Mobile SDK 到 Android 项目中 ･･････････････････････ 47

3.1.2　注册应用程序与连接无人机 ････････････････････････････ 57

3.1.3　实名制认证与绑定无人机 ･･････････････････････････････ 62

3.2　在 iOS 应用中使用 Mobile SDK ････････････････････････････････ 70

3.2.1　整合 Mobile SDK 到 iOS 项目中 ･･････････････････････････ 70

3.2.2　注册应用程序与连接无人机 ････････････････････････････ 77

3.2.3　实名制认证与绑定无人机 ･･････････････････････････････ 82

3.3　Mobile SDK 应用程序的调试 ････････････････････････････････････ 92

3.3.1　飞行模拟器 ･･ 93

3.3.2　桥接调试 ･･･ 97

3.3.3　iOS 远程调试工具 ･･･････････････････････････････････････ 100

3.3.4　非调试状态错误信息的获取 ････････････････････････････ 102

3.4　本章小结 ･･･ 102

第 4 章　起飞吧，无人机 ･･･ 104

4.1　飞行控制器 ･･･ 104

4.1.1　基本飞行控制与安全设置 ･････････････････････････････ 104

4.1.2　实现起飞、降落与返航（Android） ････････････････････ 108

4.1.3　实现起飞、降落与返航（iOS） ･･･････････････････････ 121

4.2　飞行状态信息获取方法 ･･･ 129

4.2.1　状态类 ･･ 130

4.2.2　监听飞行控制器状态（Android） ･･････････････････････ 131

4.2.3　监听飞行控制器状态（iOS） ･･･････････････････････････ 135

4.3　键值管理器 ･･･ 139

4.3.1　键值管理器概述 ･･････････････････････････････････････ 139

4.3.2　通过键值管理器监控飞行控制器状态（Android） ･･･････ 140

4.3.3　通过键值管理器监控飞行控制器状态（iOS） ･････････････ 145

4.4　本章小结 ･･･ 148

第 5 章　地图上的无人机 ･･･ 150

5.1　通过高德地图显示无人机位置 ･････････････････････････････････ 150

5.1.1　在高德地图上显示无人机位置（Android） ･･････････････ 150

5.1.2　在高德地图上显示无人机位置（iOS） ･･････････････････ 158

5.1.3　申请高德地图 Key ･･･････････････････････････････････ 164

5.2　通过 OpenLayers 显示无人机位置 ･･･････････････････････････････ 166

5.2.1　实现 OpenLayers 地图控件 ･････････････････････････････ 166

5.2.2　通过 OpenLayers 显示无人机位置（Android） ･･････････ 170

　　5.2.3　通过 OpenLayers 显示无人机位置（iOS）･･･････････････････････････ 173

　　5.2.4　通过 OpenLayers 进行航测线路规划 ･･････････････････････････････ 177

5.3　飞行限制区及其解禁 ･･ 182

　　5.3.1　GEO 地理围栏系统 ･･･ 182

　　5.3.2　限飞数据库的更新 ･･･ 183

　　5.3.3　警示和限制区域 ･･･ 184

　　5.3.4　飞行区域解禁 ･･･ 187

5.4　本章小结 ･･･ 190

第 6 章　无人机的眼睛——实时图传 ･･ 191

6.1　实时图传 ･･･ 191

　　6.1.1　视频流与视频解码 ･･･ 191

　　6.1.2　显示实时图传（Android）･･ 192

　　6.1.3　显示实时图传（iOS）･･ 197

　　6.1.4　解码器设置选项 ･･･ 205

6.2　VideoFeed 与图传链路 ･･･ 212

　　6.2.1　VideoFeed 物理源 ･･･ 212

　　6.2.2　图传链路 ･･･ 213

　　6.2.3　VideoFeed 物理源的切换 ･･ 222

6.3　本章小结 ･･･ 223

第 7 章　常用负载——相机与云台 ･･･ 224

7.1　拍照与录像 ･･･ 224

　　7.1.1　相机模式与相机动作 ･･･ 224

　　7.1.2　拍照与录像的实现（Android）･･････････････････････････････････････ 230

　　7.1.3　拍照与录像的实现（iOS）･･ 237

7.2　光学相机的设置选项 ･･ 245

　　7.2.1　曝光、白平衡等常用设置 ･･･ 245

　　7.2.2　设置曝光模式与 ISO（Android）････････････････････････････････････ 248

　　7.2.3　设置曝光模式与 ISO（iOS）･･ 254

7.3　云台控制 ･･･ 259

　　7.3.1　云台控制基础 ･･･ 260

　　7.3.2　控制云台俯仰角（Android）･･ 261

　　7.3.3　控制云台俯仰角（iOS）･･･ 266

7.4　本章小结 ･･･ 271

第 8 章　访问相机存储卡 ･･･ 273

8.1　媒体下载（MediaDownload）方式 ･･･ 273

　　8.1.1　媒体管理器和媒体文件的基本用法 ･･･････････････････････････････ 273

　　8.1.2　通过媒体下载模式访问相机存储卡（Android）･････････････････････････ 275

　　8.1.3　通过媒体下载模式访问相机存储卡（iOS）･････････････････････････････ 297

8.2　回放（Playback）方式 ································· 319
　　8.2.1　回放管理器 ································· 319
　　8.2.2　通过回放模式访问相机存储卡（Android）··· 320
　　8.2.3　通过回放模式访问相机存储卡（iOS）····· 331
8.3　本章小结 ···································· 348
第 9 章　多种多样的行业负载 ···················· 349
9.1　相机负载 ··································· 349
　　9.1.1　热红外相机 ·························· 349
　　9.1.2　多光谱相机 ·························· 354
　　9.1.3　禅思 H20 系列相机 ··················· 355
9.2　御 2 行业负载 ······························ 357
　　9.2.1　探照灯与夜航灯 ······················ 358
　　9.2.2　喊话器 ····························· 363
9.3　本章小结 ··································· 373
第 10 章　航点飞行任务与时间线任务 ·············· 375
10.1　航点飞行任务 ······························· 375
　　10.1.1　航点飞行任务概述 ···················· 375
　　10.1.2　实现航点飞行任务（Android）··········· 382
　　10.1.3　实现航点飞行任务（iOS）············· 390
　　10.1.4　航点飞行任务 2.0 ···················· 396
10.2　时间线任务 ······························· 400
　　10.2.1　任务控制器与时间线任务 ·············· 400
　　10.2.2　实现时间线任务（Android）············ 402
　　10.2.3　实现时间线任务（iOS）·············· 407
10.3　本章小结 ································· 412
第 11 章　快速应用构建：UX SDK ·················· 413
11.1　UX SDK 概述 ······························· 413
　　11.1.1　UX SDK ··························· 413
　　11.1.2　UX SDK 组件 ······················ 414
11.2　UX SDK 使用方法 ···························· 418
　　11.2.1　构建 UX SDK 应用程序骨架（Android）···· 418
　　11.2.2　构建 UX SDK 应用程序骨架（iOS）······ 425
　　11.2.3　自定义组件 ························ 428
11.3　UI 设计的注意事项 ························· 430
11.4　本章小结 ································· 432
附录 1　iOS 应用程序配置与 MFi 认证 ·············· 433

第1章   无人机行业应用与二次开发概述

无人机，即无人驾驶飞机（Unmanned Aerial Vehicle，UAV），是通过遥控或者执行预定程序实施飞行任务的不载人飞机。近年来，无人机的发展可谓突飞猛进。尤其是 2006 年大疆创新的创立，短时间内迅速打开了民用无人机市场，不仅仅为行业应用（如测绘和植保等）提供了更多可能，而且也为普通消费者提供了新的航拍"玩具"。如今，民用无人机更是渗透到短程物流、管线巡检和警用消防等各个行业，应用前景不断扩大发展。例如，2020年年初中国爆发的百年不遇的"新冠"肺炎疫情时，多地更是将喊话器装上了无人机，在不接触人群的情况下呼吁大家戴上口罩。更多的行业应用意味着更多开发人员的市场需求，将随着无人机的民用市场进一步开拓。

在正式进入无人机应用程序开发之前，本章将首先介绍民用无人机及其主要的行业应用方向，然后介绍无人机系统的基本组成和无人机二次开发的两种基本方案。希望本章内容能够帮助您了解一些无人机的行业应用与二次开发基本知识，并为今后的学习打下基础！

1.1   民用无人机及其行业应用

无人机可按照应用领域分为民用无人机和军用无人机。自从 1917 年通用公司的"凯特灵"空中鱼雷机（Kettering Bug）发明以来，军用无人机几乎伴随着载人飞机同步发展，如英国"蜂王"可复用无人机、美国在越南战争中使用的"火蜂"无人机等。如今，军用无人机向长续航和高负载等方向高速发展，如中国的"翼龙-Ⅱ"和"MQ-9 死神"等，可以用于军事侦察、信号基站和目标干扰等。相对而言，民用无人机的发展很晚，起步于 21 世纪。2006 年，大疆创新品牌创立，随后借助出色的科技实力不断创造奇迹，时至今日，大疆创新仍然稳坐全球民用无人机市场的龙头老大，不断在扩大民用市场方面做出积极贡献。2014年，全球无人机销量达到 39 万架，其中民用无人机已经占据了 96%。无人机的民用时代已经到来！

1.1.1   民用无人机特点与类型

本节将介绍民用无人机的特点和常见类型。在宏观上了解了无人机的基本特征后，读者就可以大胆思考民用无人机的行业应用方向了。

1. 民用无人机的特点

相对于民用载人飞机而言，民用无人机具有以下几个特点。

1）成本低

一方面，民用载人飞机在作业时需要搭载飞行员操作飞机，需要业务人员操作仪器设备，成本很高，而无人机的尺度大小仅取决于其运载设备，因此可以实现微型化。例如，大疆御 Mini 的重量仅为 249g，搭载了高清云台相机的同时拥有着长达半个小时的续航能力。另一方面，无人机的结构简单，不需要极其复杂且完备的安全系统。轻量化机身和简单的结构降低了无人机制造、使用和维保等方面的成本。

2）机动灵活

较小的尺寸使得无人机的惯性很低，操作上非常灵活。例如，日本设计团队 Tornado X Blades Racing 的 GT-R Drone 无人机从悬停到 100km/h 的加速时间可低至 1.3s，可谓"遥控在手，随心所动"。类似灵活的穿越机在航拍领域拥有着独特的优势，可以达到常规航拍无人机无法达到的拍摄效果。另外，无人机对于起飞和降落的场地的限制很小，适合飞手随身携带，在少许平地上即可完成起降动作。

3）自动完成规划任务

对于许多测绘和巡检任务而言，可能需要数小时甚至数天的飞行才能完成数据采集。相对于载人飞机需要飞行员时刻坚守岗位，无人机飞行控制器可自动规划并完成任务。当然，必要时也可以采用多台无人机同时执行不同区域的数据采集任务。例如，大疆司空无人机综合在线管理平台即可同时管理多台大疆无人机协同工作，完成预定任务，可大大缩短任务时间。

4）适合高危环境

在执行一些环境危险的飞行任务时，使用无人机作业既可以保护人员安全，又具有灵活便利的天生优势。例如，在消防领域，使用御 2 双光行业版无人机可作为"先遣部队"率先搜索着火点并实时掌握火势情况，可迅速定位灭火区域，判断是否存在人员需要救援，避免人员盲目接近导致的不必要的人员和财物损失。

2．民用无人机的分类

民用无人机具有多种分类方法。例如，按照应用方向的不同，民用无人机包括消费级无人机和工业级无人机；按照功能的不同，分为航拍无人机、植保无人机、航测无人机等。这里详细介绍几种按照不同飞行平台分类的无人机类型，包括旋翼无人机、固定翼无人机、无人飞艇、扑翼无人机等。其中最常见的为旋翼无人机和固定翼无人机。无人飞艇常用于气象领域，而扑翼无人机的结构复杂且稳定性较差，因而应用较少。另外，旋翼无人机被划分为无人直升机和多旋翼无人机两类，如图 1-1 所示。

1）无人直升机

无人直升机是采用单旋翼（或共轴双旋翼）提供升力的无人机，而机动能力需要依靠尾桨等部件，结构相对复杂，不太适合于微型化，通常用于高负荷的应用中。另一方面，无人直升机的操纵也较为复杂，对飞手的要求很高，因此较难以在民用领域推广。

2）多旋翼无人机

多旋翼无人机是利用至少 3 个旋翼提供升力和机动能力的无人机，且其旋翼数量通常为偶数，如四旋翼、六旋翼和八旋翼等，这是因为偶数个螺旋桨可通过配对正反转的方式彼此抵消旋转的力矩平衡。一般情况下，螺旋桨数量越多，机身的稳定性就越强。多旋翼无人机因操作简单被广泛应用，但是多旋翼无人机的续航时间和负载能力较差。大疆的多旋翼无人机续航时间通常在 30min 左右。

3）固定翼无人机

固定翼无人机是通过至少一个螺旋桨（或其他动力设备）提供向前的推力，通过主翼提供升力，通过副翼和尾翼控制飞机姿态的无人机。由于螺旋桨提供的推力不是无人机升力的直接来源，固定翼无人机可实现空中"滑行"，因而可提供较大的负载能力和超长的续航时间，这是旋翼无人机无法媲美的。但是，固定翼无人机不仅对飞手的能力要求较高，而且需要必要的场地（或是特定的起落设备），常用于航测和探查等需要长时间滞空的无人机应用领域。固定翼无人机无法定点悬停，因此通常不适合于一般性航拍和电力巡检等应用。

固定翼无人机　　　　　　　　　多旋翼无人机　　　　　　　　　无人直升机

图 1-1　几种不同飞行平台的无人机

几种不同飞行平台的无人机的比较如表 1-1 所示。

表 1-1　几种不同飞行平台的无人机的比较

无人机类型	姿态控制	操纵难度	续航能力和负载能力	平台结构
无人直升机	旋翼、尾翼	复杂	中	复杂
多旋翼无人机	旋翼	简单	弱	复杂
固定翼无人机	副翼、尾翼	中等	强	简单

1.1.2　民用无人机行业应用

民用无人机的应用潜力是十分广阔的，其主要的用途包括航拍摄影、遥感航测、刑事侦查、地质勘察和管线巡检等，涉及通信、电力、气象和林草等多种行业。

1）航拍摄影

航拍摄影是民用无人机最广泛的应用之一。相对于传统的地面摄影方式，无人机航拍摄影具有更高的视点，以及更加全面的方位，具有从高空平视地平线或者俯视地面等独特视角。因此，无人机摄影作品更为"宏观"和"大气"，构图思路也可以别具一格。由于多旋翼无人机可定点悬停，从而方便了许多特殊的艺术手法。例如，定点悬停给予了飞手多角度拍摄合成的机会，如可轻松完成全景照片（Panorama）的拍摄和合成。此外，在同一视点规律性地重复拍摄可完成延时摄影。大疆无人机的出现大大降低了航拍的准入门槛，不仅仅在文艺演出、体育赛事、婚庆活动和电影行业等广泛应用，而且普通人通过简单的学习就可以拍摄出非常漂亮的作品。

2）遥感航测

大面积航测的传统方法通常采用载人直升机的方式采集照片数据，不仅需要专业的飞行员和测量从业人员的支持，而且还需要专用的场地用于起飞降落，耗费大量人力和物力的同时，外业数据采集通常需要很长的时间。无人机的出现大大降低了航测成本，并具有高时效性、高分辨率和高现势性等特点。对于大面积的航测来说，可在地面站中规划好航线后进行多个架次的作业，也可以让多台无人机同时作业。被采集的照片经过 Pix4D 和 Inpho 等软件的内业处理，即可形成拍摄区域内高精度、高分辨率的数字表面模型（Digital Surface Model，DSM）、数字高程模型（Digital Elevation Model，DEM）与数字正射影像（Digital Orthophoto Map，DOM）等成果。另外，使用大疆 D-RTK 2 移动站（或使用大疆精灵 4 RTK 版）可为航测数据提供实时的差分数据进行校正，从而获得厘米级的高精度数据。

3）管线巡检

许多输电线路、石油管路和天然气管道布设在林地、山地、戈壁等复杂地形中，采用传统方法对这些管线进行巡查需要较大的人力成本和较高的风险。通过无人机在这些管线上方或者周围飞行，并通过相机记录高清的影像资料，即可获得完整的管线记录，通过拼接后可获得管线巡检图。例如，通过大疆 M300 RTK 的巡检复演、精准复拍和超清矩阵拍照功能可帮助无人机快速地获取管线数据。

4）植保与精准农业

大型的植保无人机具有较大的负荷能力，可在一定的农田范围内进行播种、除草、防病肥和授粉等工作，例如，搭载作物种子对水稻和蔬菜等作物进行播种，搭载农药对作物进行精准喷洒驱虫、驱害，搭载尿素及各种营养元素的叶面肥，从而提高作物产量。

搭载多光谱相机的无人机可获得研究区的多光谱影像数据，这为研究自然植被和农作物生长检测提供更多的指向性信息。例如，可以利用作物的光谱特征分析和判断作物的生长状况，通过生物量估算模型方法估计产量等。例如，通过精灵 4 多光谱版和 T20 植保无人机配合使用可根据植被的生长状况实时调整农药和叶面肥施用作业时的喷洒量。

5）地质与灾情勘探

许多地质灾害和火灾等会构成相对危险的环境，使用无人机可更加全面和宏观地掌握灾情状况，从而做出正确的决策。例如，在地震和滑坡等灾害中通过无人机航测可分析其地形变化，从而推断灾害发生的过程，并可辅助设计搜救线路。在火灾中，利用热红外镜头可以迅速地判断起火点和分析火灾发生时各个位置的温度，从而避免暗火复燃。

除上述行业应用外，民用无人机还有众多潜在的应用市场，如大气分析、资源勘探、反恐维稳和缉私缉毒，甚至是在小区内送快递等，此处不再一一列举。

1.1.3　民用无人机驾驶规范

无人机使用不当是非常危险的！例如，高速旋转的螺旋桨可能对人身造成伤害；超高违规飞行的无人机会干扰民航和军用空域，对载人飞机的正常飞行造成威胁。例如，2017年，杭州萧山机场和成都双流机场分别出现了多起无人机干扰正常民航飞行的事件。因此，在学习使用无人机，以及进行二次开发前必须要掌握国家的相关法律法规，以避免引起不必要的麻烦。在中国大陆，使用民用无人机应当注意以下几个方面。

1．民用无人机的实名备案

根据中国民用航空局在 2017 年发布的《民用无人机驾驶航空器实名制登记管理规定》，所有在中华人民共和国境内最大起飞重量为 250 克（含）以上的民用无人机均需要在中国民用航空局的无人机实名登记系统进行注册备案。

2．民用无人机的"驾照"

中国航空器拥有者及驾驶员协会（Aircraft Owners and Pilots Association of China，AOPA）负责无人机驾驶员的考试、管理和监督。AOPA 无人机驾驶证分为多旋翼、固定翼和直升机等类型，并将驾驶人分为视距内驾驶员、超视距驾驶员和教练三个级别。对于专业的无人机驾驶员来说，AOPA 无人机驾驶证是飞行的必备证件。

根据 2013 年《民用无人驾驶航空器系统驾驶员管理暂行规定》的相关要求，在室内驾驶无人机或者视距内（500m 半径内，相对高度 120m 以内）运行的微型无人机（小于7kg）、在空旷的非人口稠密区进行试验的无人机，不需要 AOPA 驾照。

读者可以根据实际情况在使用无人机和开发相关应用程序之前判断是否需要 AOPA 驾照。

3．无人机禁飞区

中国民航总局对军用和民用机场等可能对公共安全造成威胁的地区明令禁止在未经许可的情况下使用无人机，并在其周围设置了限飞区。大疆无人机通过 GEO 地理围栏系统集成了这些禁飞区，根据无人机定位情况在禁飞区内无法起飞，在限制飞行的区域具有一定高度和距离的限制。

因此，在使用无人机时应特别注意飞行是否符合规定，避免在机场、军事设施、人口稠密的车站、旅游景点等地区飞行，以防止对自身和其他人造成损失。但是，如果确实需要对这些区域进行拍摄，可以向当地空管、空军申报或通过公安等政府部门提交申请后飞行。对于大疆无人机而言，在取得了当地相关部门的许可之后，通过 flysafe@dji.com 邮箱联系大疆即可解锁禁飞区。

除上述规定外，地方政府或其他机构可能还会对无人机飞行进行限制，请任何组织和个人在飞行前要确认符合规定，遵守相应的法律法规，并且详细阅读无人机说明书等相关资料（如大疆无人机的《免责声明和安全概要》），注意人员、财产与国家安全。

1.2　无人机系统

由无人机、地面站与其附属设备所组成的系统称为无人机系统（Unmanned Aircraft System，UAS）。典型的无人机系统包括机体平台、航电系统、地面站系统、保障系统、通信系统、发射和回收系统、载荷系统等。如果说无人机（UAV）是冷冰冰的飞行机器，那么无人机系统（UAS）就是将这个飞行器注入了灵魂，具备了执行具体飞行任务的功能。

但是对于大疆无人机这样的微型或轻型无人机来说，这样的系统组成划分过于复杂。根据本书所要介绍的大疆无人机，本节将无人机系统分为无人机平台、飞行控制器、通信链路系统、动力系统、云台、相机等。上述无人机系统组成的划分和介绍可能不适合其他类型的民用无人机，但对于微型或轻型无人机来说大同小异。

1.2.1　无人机平台

无人机平台，即无人机机体的骨架。不同类型的无人机的无人机平台不同，包括四旋翼无人机平台、六旋翼无人机平台、无人直升机平台、固定翼无人机平台等。无人机平台必须具有足够的刚性和弹性，以便于适合气流多变的环境。符合空气动力学的无人机平台不仅对无人机保持飞行姿态具有重要作用，而且也可以在飞行中争取更长的滞空时间。

固定翼无人机平台的机身和翼展较长，因此通常需要一定弹性的材料，如 EPO 泡沫材料、玻璃钢材料等，以防止无人机在空中出现结构性损伤或解体。固定翼无人机的飞行姿态与续航时间与其重心配置存在很大的关系，因此在每次起飞前均需要配重和配平。

无人直升机负载一般较重，平台一般较大，且常以金属材料为刚性骨架，以玻璃钢或塑料等材质作为非结构性部件和蒙皮的材料。

多旋翼无人机平台的 4 个旋翼在固定的位置协同配合用来提供机动能力，因此多旋翼无人机需要刚性的机体，通常采用工程塑料、碳纤维、轻木、金属等材质。多旋翼无人机的载荷通常是固定的，这是因为切换载荷时需要调整飞行控制器参数，如调整配重和调整 PID 等参数。

不同的无人机平台具有不同类型的起飞和降落方式。对于无人直升机和多旋翼无人机来说，可进行垂直起降（Vertical Take-Off and Landing，VTOL），因此其起落架以脚架的方式，将无人机从地面撑起即可。对于固定翼无人机来说，其起降方式就要复杂很多，其起飞方式包括滑行起飞、弹射起飞、手抛起飞、空中投放等；其降落方式包括撞网回收、伞降回收、擦地回收等。不同的起降方式所使用的起降设备不同，也会影响到其平台的设计。

1.2.2　飞行控制器

飞行控制器（简称飞控），即无人机的"大脑"，不仅具有对无人机的姿态和载荷进行管理与控制的功能，通常还需要具备避障、执行任务等能力。常见的飞行控制器包括大疆的NAZA、零度智控的北极星自驾仪，以及开源的 APM、Pixhawk 等。飞行控制器是无人机各个部件的中心，连接着遥控系统、动力系统、云台系统等各个部分。飞行控制器的核心是主控处理器（MCU），其最为基本的功能包括稳定飞行姿态和执行飞行指令。

（1）稳定飞行姿态。在没有任何飞行任务时，MCU 的作用就是控制和维持飞机的平衡，保证无人机处于可控的状态。由于无人机所处的环境非常复杂，如多变的气流、随时出现的障碍物等，需要及时获取其姿态、定位、环境等信息，其实时性远高于一般类型的数据处理。因此，MCU 通常采用实时操作系统（RTOS），如 Pixhawk 飞行控制器就采用了 Nuttx实时操作系统。

（2）执行飞行指令。飞行控制器需要根据飞行规划，以及遥控系统和避障模块等发来的指令，实时将其转换为电机转速改变、舵机角度改变等控制指令，从而实时改变无人机的飞行状态和负载设备的状态。

广义的飞行控制器除了 MCU 本身，还包括全球导航卫星系统（GNSS）传感器等用于感知方向、方位和周围环境的各种传感器，通常包括惯性测量单元（IMU）、GPS 传感器、避障传感器、空速传感器等。

1. 惯性测量单元（Inertial Measurement Unit，IMU）

惯性测量单元是用于抵抗气流影响，用于维持机身稳定和平衡的传感器系列，包括加速度传感器、陀螺仪传感器、磁场传感器、气压传感器等。

（1）加速度传感器。加速度传感器用于获取无人机在立体空间中 3 个相互垂直方向的加速度。在静止情况下，这 3 个加速度的矢量和为重力 G，因此其主要功能是让无人机在悬停的状态下保持稳定姿态。加速度传感器在长时间内的测量值更为准确，而在瞬时的测量值存在较大的噪声干扰。

（2）陀螺仪传感器。陀螺仪传感器用于测量运动状态下的无人机在立体空间中 3 个相互垂直方向的角速度。陀螺仪传感器在运动过程中趋于稳定，在悬停状态下会出现线性漂移，因此在较短时间内其测量值准确，但在较长时间中存在漂移误差。

加速度传感器和陀螺仪传感器通常配合使用，组成了狭义上的惯性测量单元（IMU），是保证无人机在水平方向稳定性的基本要素。

（3）磁场传感器。磁场传感器用于感知周围磁场的方向，从而判断无人机所处的航向和方位。

（4）气压传感器：气压传感器通过测量无人机周围的气压，从而估算无人机所处的高度，保持无人机在垂直方向上的稳定性。理想状态下，一个地区的气压随着高度的上升而线性降低。由于在近地面无人机常常受到气流、湿度和粉尘颗粒的影响，气压传感器的测量值存在一定的噪声误差，从而可能会造成高度的判断失误。但是，在高空中，气压传感器的测量精度较为稳定。

上述 4 个传感器可随时从环境中提取 10 个变量（也被称为 10DOF，即 10 Degrees Of Freedom），包括 3 个方向上的加速度、角速度和磁场强度，以及一个气压值。飞行控制器通过对这 10 个变量进行滤波分析和处理，并针对性地对多个旋翼的转速发出实时指令，从而让无人机悬停在空中。将大疆无人机飞行模式切换为"姿态模式"时，无人机就会仅依靠上述传感器进行悬停和运动（具有视觉定位的无人机除外）。在无人机没有 GPS 信号（如在室内飞行、桥下飞行）时，这些传感器就是这些大疆无人机准确定位的全部依靠。虽然依靠 IMU 可稳定无人机的姿态，但是仅依靠 IMU 悬停存在一个最大的缺陷——随风漂移，即无人机会以周围的空气作为参考系水平随风移动，因此在有风的天气下处于"姿态模式"下的无人机不能够准确定位悬停。

由于 IMU 在处理这些变量时需要迅速地让各旋翼做出响应，其中需要用到一个很重要的算法——PID 算法。PID 算法是比例（Proportional）、积分（Integral）和微分（Differential）三个单词的缩写，即通过这 3 个参数对螺旋桨的转速进行连续控制，从而在无人机受到干扰后而保持平衡（或者改变运动状态）。PID 参数与无人机的惯性密切相关，对于无人机的配重非常敏感，建议每次改变无人机配重后应当校准这些参数。

2. GPS 传感器

全球导航卫星系统（GNSS）传感器通过接收和处理至少 4 颗导航卫星的信号对设备进行空间定位。全球有 4 大全球导航卫星系统，包括美国全球定位系统（GPS）、中国北斗卫星导航系统（BeiDou 或 BDS）、俄罗斯格洛纳斯卫星导航系统（GLONASS）、欧洲伽利略卫星导航系统（GSNS，Galileo）。这些导航卫星的原理相同且协议相似，可在地球周围组成卫星"星系"提供全球定位服务。传统的 GNSS 传感器仅支持 GPS 卫星，即 GPS 传感器。在大疆无人机中，几乎所有的无人机定位传感器均为 GPS/GLONASS 双模传感器，而在定位要求较高的无人机（如精灵 4 RTK 版、T20 植保无人机）中会使用到北斗和 Galileo 卫星信号。

通过 GNSS 传感器可获得无人机的具体地理位置（包括经度、纬度、高程）、运动速度和当前时钟。有了 GNSS 传感器，无人机即清楚了自身位置，并可记录其运动轨迹。因此，GNSS 传感器几乎成为民用无人机的标配，为无人机提供了稳定定点悬停、自动返航、航点飞行等能力。

由于 GPS 信号在通过大气层、电离层时其传播时间存在一定的偏差，且美国对民用 GPS 卫星信号加入了伪随机噪声码，从而降低了其定位精度，GPS 的测量误差一般超过 1m 以上。对于航测、植保等应用领域，这样的误差可能无法接受，此时可以利用载波相位差分技术（RTK）对 GPS 信号进行校正后即可使无人机获得厘米级的定位精度。

为了追求高稳定性和高可靠性，有些无人机安装了多个 IMU 和多个 GNSS 传感器，如大疆经纬 M600 Pro 无人机配备了 3 套 IMU 和 GNSS 模块。当其中任何两套 IMU 或 GNSS 模块失效后，无人机仍可以正常工作，非常适合在环境恶劣的条件下工作。

3. 避障传感器

避障传感器包括视觉避障、超声波避障、红外线避障和激光避障等。其中视觉避障也可以用于视觉定位，称为视觉定位系统。

（1）视觉避障（视觉定位系统）。视觉定位系统通过摄像头采集的图像与视频信息，分析周围环境，从而判断无人机所处的位置，包括单目视觉定位（一个摄像头）和双目视觉定位（两个摄像头）两种。单目视觉定位和双目视觉定位的原理与定位精度相差很大，前者采用光流（Optical Flow）算法进行定位，而后者利用两个摄像头之间的视差，通过同名点搜索与三角测量相结合的方法构建点云场景进行定位。通常无人机在距离周围物理较远的情况下，双目视觉能够更为精确地定位。

除用于避障以外，视觉定位系统也常常应用于精准降落。在无人机起飞时记录下起飞位置的视觉特征，从而在自动返航和自动降落时根据这些视觉特征找到起飞位置并准确降落。值得注意的是，视觉定位系统需要光线条件良好且物体表面具有丰富纹理时才可使用，因此市面上的无人机停机坪都采用颜色鲜艳且纹理突出的图案。

（2）超声波避障。超声波避障是通过超声波测距的方式获取无人机距离最近物体的距离，从而避免无人机碰撞。与蝙蝠的听觉定位类似，超声波测距是通过接收反射的超声波与发出超声波之间的时间差，从而判断物体距离。超声波避障系统的优点是价格便宜，但是难以在吸音表面（如地毯）和倾斜表面进行测距。由于无人机四周可能存在倾斜度较大的坡度，超声波定位更加适合在无人机的下方进行避障。超声波避障经常和双目视觉定位组合进行避障，如大疆悟 2、精灵 3 专业版等。

（3）红外线避障。红外线避障通过红外发射器发射红外线，通过感应器接收反射的红外线，通过三角测量的方式计算与前方物体的距离实现避障。在大疆御 2 的上方和下方，以及精灵 4 Pro v2.0 无人机的左右两侧均搭载了红外线避障模块。在大疆晓（Spark）上将红外线避障和深度镜头相结合，构成了 3D 传感系统，可用于无人机的手势控制等用途。

（4）激光避障。激光避障通过计算发射与返回的时间差，或者通过三角测量的方式对物体的距离进行判别。激光避障系统的体积较大且价格昂贵，目前很少有无人机搭载激光避障系统，多用于汽车自动驾驶等领域。

无人机避障传感器通常需要配合使用共同构成避障系统，如大疆的 Flight Autonomy 2.0 系统（如精灵 4 Pro、御 Pro 等无人机）包含了视觉避障、红外线避障等多种传感器，在多个方向上提供物体识别与避障能力。在御 2 无人机上，在前方、后向、下方提供了双目视觉避障，在左侧和右侧提供了单目视觉避障，在上方和下方提供了红外线避障功能，提供了全方位的避障能力。但是，任何避障系统都存在测量误差，并存在测量错误的风险。飞手不能绝对依赖这些避障功能，应当在时刻握紧遥控器保证飞行安全的情况下，将这些避障功能视为最后的保险工具。

几种常见的无人机避障传感器的原理与适用范围如表 1-2 所示。

表 1-2　几种常见的无人机避障传感器的原理与适用范围

避 障 类 型	避 障 原 理	适 用 范 围
单目视觉	光流算法	距离需要足够近，且光线充足，物体表面纹理丰富
双目视觉	同名点搜索+三角测量	光线充足，物体表面纹理丰富
超声波避障	时间差	不适合吸音表面和斜坡
红外线避障	三角测量	不适合光滑或反射率低的表面
激光避障	时间差或三角测量	体积重量大，成本高，适合大型无人机

虽然避障传感器不是无人机所必须配备的，如精灵 3 标准版不配备任何避障传感器，但是在无人机失控和自动返航等情况下，避障传感器可大大降低无人机的事故率，保障飞行安全。

4. 空速传感器

空速是指无人机相对于周围空气的相对速度。对于固定翼无人机而言，空速是保持无人机升力、防止失速的重要变量。因此，空速传感器几乎是固定翼无人机的标配。空速传感器也称为空速管或皮托管（Pitot Tube），是利用流体压强和流速的关系原理，通过两个管道分别测量总压和静压，从而估算无人机相对空气速度的装置。

多旋翼无人机的原理与固定翼无人机不同，由于螺旋桨的高速运动导致气流紊乱，难以通过空速传感器测量出精确的空速，没有必要安装空速管，但实际空速可直接由 IMU 和 GNSS 传感器估算得出。

1.2.3　通信链路系统

通信链路系统是无人机与地面设备之间信息传递与控制信号传输的桥梁，包括控制链路、数传链路和图传链路等。通信链路系统通常采用无线电信号传输信息。受到相应的法律法规限制，以及国际惯例，通信链路信号的频率通常为中心频率为 433.92MHz（433.05～434.79MHz）、2.450GHz（2.400～2.500GHz）、5.800GHz（5.725～5.875GHz）等频段。这些频段也属于国际通信联盟无线电通信局（ISM）定义的在一定发射功率内无须授权的无线电频段，也称为 ISM 频段。

为了避免控制链路、数传链路和图传链路之间相互干扰，传统无人机会将这些链路以不同的频段区分开来。例如，大疆精灵 3 标准版遥控链路采用 5.8GHz 频段，图传与数传链路采用 2.4GHz 频段。另外，数传链路无线电发射功率等多种指标也受到政策与法律法规的限制，无人机的通信链路所涉及的全球主要的强制性认证机构包括 FCC、CE 和 SRRC 等。

- FCC：美国联邦通信委员会（Federal Communications Commission）对美国各种市场流通的民用无线电射频传输设备的强制性认证，以保证与生命财产有关的无线电和有线通信产品的安全性。
- SRRC：中国国家无线电管理委员会（State Radio Regulatory Commission）对在中国境内所有销售和使用的无线电组件产品进行的一种强制性安全认证。
- CE：欧洲合格认证（Conformite Europeenne）是对欧洲经济区（EEA）所有流通商品所规定的强制性的基本安全要求，包括电磁兼容指令（EMC）、无线指令（RED）、环保指令（RoHS）等。

通常来说，FCC 认证标准下的无人机有效通信的距离大于 SRRC 认证标准，SRRC 认证标准有效通信的距离大于 CE 认证标准。例如，精灵 4 Pro 的最大信号有效距离在 FCC、SRRC 和 CE 标准下分别大约为 7km、4km 和 3.5km。

1.　控制链路

遥控系统是地面人员对无人机发送各种指令的直接工具。对于轻型民用无人机而言，遥控系统通常由遥控器和在机体上的接收器两部分组成，是执行飞行任务、保证飞行安全中最为重要的一部分。遥控器和接收器之间采用控制链路传输指令。

对无人机执行每一种动作，以及云台、相机等各种载荷的操作，都属于不同类型的操作指令。这些不同的指令需要不同的遥控器控件进行操作，在控制链路中对应了不同的控制通道，而控制通道所对应的物理控件称为物理通道。一般来说，实现对无人机的基本飞行进行控制至少需要 3 个控制通道，称为必要通道。一般的无人机遥控器上都存在两个控制摇杆，其中每个摇杆包含了 2 个通道，共 4 个通道。对于多旋翼无人机而言，这 4 个通道分别为升降、偏航（左右转弯）、前后飞行和左右飞行；对于固定翼无人机而言，这 4 个通道分别为油门、俯仰、偏航和横滚。

根据各种通道在控制摇杆上的设置不同，可将摇杆模式分为美国手、日本手、中国手等类型。对于多旋翼无人机来说：美国手摇杆模式中，左摇杆控制升降和偏航，右摇杆控制前后和左右飞行；日本手摇杆模式中，左摇杆控制前后飞行和偏航，右摇杆控制升降和左右飞行；中国手摇杆模式中，左摇杆控制前后和左右飞行，右摇杆控制升降和偏航。

除无人机的基本飞行需要控制通道以外，还需要额外的通道用于控制云台和相机，以及切换飞行模式等，因此绝大多数的无人机遥控器均支持 10 个以上的控制通道。

2．数传链路

数传链路用于实时获取无人机的状态信息（如高度、速度等），以及具有上传飞行任务、下载无人机拍摄的照片和录像等功能。在传统的民用无人机中，数传链路往往通过额外的设备进行传输。例如，传统的 APM、Pixhawk 飞控可通过单独的数传模块构建链路，大疆 Data Link Pro 通过 430～448MHz 频段或 869～927Mhz 频段（因不同国家和地区而不同）传输数据。然而，大疆无人机通常将数传链路与控制链路（以及图传链路）进行组合，共同使用同一个频段。例如，Data Link 3 数传电台整合了遥控器，共同使用 2.4GHz 频段传输信息。大疆 Lightbridge 技术将遥控、数传和图传链路均整合到了 2.4GHz 频段（也可占用 5.8GHz 频段）。

数传链路的数据传输终端通常为移动设备或者 PC 计算机。这些接收和发送数据链路信息的工具通常称为地面控制站（Ground Control Station，GCS）。在大疆无人机体系中，DJI GO、DJI GO 4、DJI Polit 等应用程序本身实际上就是一个简易的地面站软件。当然，大疆还在 iPad 移动终端提供了用于航测或者 3D 建模的 GS Pro 软件，并在桌面端提供了"大疆智图"等地面站软件。

3．图传链路

图传链路包括模拟信号图传和数字信号图传两种，其中 Wi-Fi 图传、Lightbridge 图传系统和 OcuSync 图传系统均为数字图传。

1）模拟信号图传

顾名思义，模拟信号图传就是通过模拟信号传输视频和音频。由于模拟信号的调制和解调算法简单，而且图传的延迟非常小，因此常用在早期的民用无人机中。模拟信号图传在无人机和飞手之间的距离由近到远时，其图传信号一般不会突然消失，而是逐渐模糊直到出现完全的雪花屏。但是由于模拟信号所需要的功率很大，符合法律法规的模拟信号图传距离一般很近，且抗干扰能力差，所以逐渐被消费级无人机所淘汰。

2）数字信号图传

（1）Wi-Fi 图传。

相对于模拟信号图传，Wi-Fi 图传属于典型的数字信号图传。由于 Wi-Fi 设备的广泛普及，其 Wi-Fi 硬件价格低且技术成熟。Wi-Fi 图传可以以较低的成本实现效果较好的数字信号图传。例如，大疆精灵 3 标准版、晓、御 Air、御 Mini 等无人机均采用 Wi-Fi 图传。御 Air 在 FCC 认证标准下，其 Wi-Fi 图传的距离可达到 4km。

但是，Wi-Fi 图传的质量仍然比不上更高级的 Lightbridge 图传和 OcuSync 图传，这是因为 Wi-Fi 图传具有以下两个缺陷：一方面，当 Wi-Fi 数据包的传输受到一个字节的破坏时，该数据包将不可用，这使得 Wi-Fi 图传在信号条件较差时非常容易出现卡顿或者延迟现象；另一方面，由于 Wi-Fi 的连接需要进行握手，其数据传输方式是双向的，从而使得当无人机图传连接中断后，重连的时间很长。

大疆无人机的图传系统研发速度在业界遥遥领先，在符合 FCC、CE 等认证标准的情况下，不断提升图传系统的清晰度和响应速度，并将无人机图传系统从 Wi-Fi 图传发展为 Lightbridge 图传，然后再发展到如今的 OcuSync 图传。

（2）Lightbridge 图传系统。

Lightbridge 图传系统从悟（Inspire）第一代开始被搭载到大疆无人机上，使其图传距离在 FCC 认证标准下达到了 2km 以上的距离，并且可将控制链路和数传链路进行整合在同一个频段上。Lightbridge 图传系统包括 Lightbridge 和 Lightbridge 2 两个版本。最早的 Lightbridge 只能使用 2.4GHz 频段，而 Lightbridge 2 通过无线链路自适应技术，可在 2.4GHz 和 5.8GHz 双频段传输数据，避免环境干扰，进一步降低了延迟和提高分辨率，并添加了 3G-SDI 输出接口，用于广播级的视频输出。另外，Lightbridge 2 技术还支持多个设备同时构建图传与控制链路。

相对于 Wi-Fi 图传来说，Lightbridge 图传系统采用单向广播的方式提供图传服务，无须双向握手，部分字节丢失不影响整体传输效率，并且加快了图传丢失后的重连速度。

（3）OcuSync 图传系统。

OcuSync 图传系统首先被应用在大疆御 Pro 无人机上，属于 Lightbridge 图传系统的升级版，并进行了大量的技术改进，如 OcuSync 图传系统的双向智能感知容错技术可随时避免受到干扰的信道，并调整视频码率和无线传输策略，降低图传响应时间，可节约 30%左右的带宽。为了应对城市空间中存在的大量的电磁干扰和环境遮挡，OcuSync 图传系统做出了针对性的优化。在大疆 M300 RTK 无人机上，OcuSync 图传系统的最大图传距离达到了 15km（FCC 认证标准）。大疆在御 2 系列、御 Air 2 等最新发布的无人机上均使用了 OcuSync 2.0 图传系统。

5G 图传链路，即通过 5G 网络传输图传信号，其优势在于无人机的遥控距离将不会受到限制（当 5G 网络普及时）。但是，由于受到基站分布的影响，5G 图传链路的普及必须建立在高度发达的飞行控制器（及其安全配置）的基础上，以便于当无人机失控时无人机可自行执行任务或者自动进入存在 5G 信号的地带。即使是这样，由于 5G 图传仍然建立在以 TCP/IP 为基础的互联网，其图传的延迟可能依然逊色于 LightBridge、OcuSync 等这样的私有图传系统。

对于大疆无人机来说，其图传链路早已抛弃了模拟信号图传，其图传链路主要有 3 种。
● Wi-Fi 图传：精灵 3 标准版、御 Air、御 Mini 等。
● Lightbridge 图传系统：精灵 3 专业版、精灵 4 等。
● OcuSync 图传系统：御 2、御 Air 2 等。

作为 Lightbridge 的升级版，大疆的最新产品基本均使用 OcuSync 图传系统。另外，大疆将 Lightbridge 图传系统作为单独的系统模块可供用户使用。

> ❀ Lightbridge 图传系统和 OcuSync 图传系统实际上也整合了无人机的控制链路和数传链路，形成一个有机的整体。

1.2.4　动力系统

无人机的动力系统包括电动、油动、太阳能动力等类型。民用无人机多以电池作为动力来源，通过无刷电机为无人机提供动力。这主要是因为相对于油动等类型的无人机来说，电池的安全性较高，且使用成本相对较低，并且无刷电机可快速响应指令，精准地控制转速，从而提高无人机的稳定性。

1．无人机电池

聚合物锂电池（Li-polymer）的重量轻，能量密度高，且具有良好的安全性和稳定性，广泛用于各种民用无人机。聚合物锂电池通常包含以下几个参数。

（1）电芯组合方式与电压。一个聚合物锂电池通常采用多个电芯串联的方式组合，其电池电压即为电芯电压的倍数。例如，3 个额定电压为 3.7V 的电芯串联即可组合为额定电压为 11.1V 的电池，这样的电芯组合方式称为"3S1P"，其中"3S"表示 3 个串联单位，"1P"表示每个单位一个电芯。常见的电芯组合方式多为"2S1P"、"3S1P"、"4S1P"、"6S1P"、"12S1P"等。大疆无人机中常见的电芯组合方式如表 1-3 所示。

表 1-3　大疆无人机中常见的电芯组合方式

无 人 机	电芯组合方式	电芯额定电压	电池额定电压
御 Mini	2S1P	3.6V	7.2V
御 Pro/晓	3S1P	3.8V	11.4V
精灵 3/精灵 4	4S1P	3.8V	15.2V
御 2	4S1P	3.85V	15.4V
悟 2	6S1P	3.8V	22.8V

（2）电池容量。电池容量是指电池内存储的电能大小，通常以毫安时（mAh）为单位，如 2200mAh、4480mAh 等。电池容量与其电压的乘积才表示电池具体蕴含的能量。例如，电池额定电压为 15.2V 的 4480mAh 的电池，其满电可释放的能量大约为 68Wh。

（3）放电倍率（C）。放电倍率用于标称最大的放电电流，而不损害电池。例如，"40C 2200mAh"的电池的最大电流为两者的乘积，即 88A。

（4）出线接口。无人机电池的常见接头包括 T 插头、XT60、XT90、XT150、AS150 等。不同的出线接口所能承受的电流各不相同，应当充分考虑其电池的最大放电电流后做出正确选择。例如，XT60 最大能承受的电流为 45A，极限瞬时电流可以承受 100A 左右。

由于聚合物锂电池常常具有多个电芯，因此不可将电池所有的电芯直接串联充电，否则会造成电芯电压的不平衡。通常，电池的充电设备会对每个电芯单独充电，以防止某些电芯过充后电压过高而导致失火报废风险。

大疆无人机的电池被称为"智能飞行电池"，其优势在于其通过内部芯片和电路保持电池各电芯电压的平衡，在长期不使用电池时自动开始"自放电"以保证安全和延长电池寿命，并且通过自身的保护电路避免"过充"和"过放"风险。

2．无刷电机、电子调速器和螺旋桨

利用无刷电机提供无人机动力的设备包括无刷电机、电子调速器（也称为电调，ESC）和螺旋桨。

（1）无刷电机。无刷电机，即不存在碳刷的电机，避免了有刷电机中碳刷产生火花对电磁波信号产生干扰。无刷电机具有干扰低、寿命长、噪声低等特点，其型号通常采用 4 位数字表示，用于声明其定子尺寸。例如，精灵 3 和精灵 4 的电机型号分别为"2312A"和"2312S"，且"2312S"的效率高于"2312A"，其定子尺寸均为"23mm×12mm"。无刷电机通常不标称功率，但是一般来说定子尺寸越大，其功率也就越大。另外，无刷电机还具有另外一个重要的参数——KV 值。KV 值是指 1V 电压下电机空转的转速。在同尺寸的无刷电机中，KV 值通常与其绕线匝数相关，绕线匝数越多，其 KV 值越小，反之亦然。KV 值越小的无刷电机可以提供更大的扭力，从而可安装更大尺寸的螺旋桨，但是可提供的最大转速会相应地降低。

（2）电子调速器。无刷电机需要 PWM 三相交流电驱动，而电子调速器就是将电池提供的直流电转换为交流电的装置。电子调速器通过改变换相频率调整电机转速，并可提供"刹车"功能。电子调速器的参数主要为可承受的最大持续电流，如"40A"的电子调速器可承受持续 40A 的电流，同时可承受更大的瞬时电流。

（3）螺旋桨。螺旋桨是指安装在无刷电机上，将电机的动力转换为对无人机拉力的气动装置，可分为柳叶形螺旋桨、马刀形螺旋桨等。在多旋翼无人机中，螺旋桨直接为无人机提供升力，其设计也直接影响了无人机的续航和噪声大小。

1.2.5　相机与云台

对于无人机来说，其载荷设备可以多种多样，如负载喷洒系统的大疆 T20 植保无人机、搭载"大喇叭"的"喊话"无人机、搭载探照灯侦察巡查无人机、搭载快递箱的"快递员"无人机等。但是，无论是针对哪种行业应用的无人机，都不可或缺地需要一个相机（或摄像头）观察周围环境。即使是不以拍摄为主要用途的无人机，通常也会搭载一个 FPV（First Person View）摄像头，即第一人称视角摄像头。例如，大疆 T20 植保无人机、悟 2 就分别搭载了分辨率为 1280×960、640×480 的轻型 FPV 摄像头。FPV 摄像头就像无人机的"眼睛"，如果无人机脱离了"眼睛"，一定会让飞手心慌慌，并且在紧急情况下可能无法做出正确的避障操作。

1. 相机（摄像头）

相机可分为胶片相机和数码相机，目前无人机所采用的相机基本均为数码相机，即通过成像原理通过感光元件记录光线的设备。常见的感光元件（感光传感器）包括 CMOS 和 CCD 两类。CMOS 的全称为互补金属氧化物半导体（Complementary Metal Oxide Semiconductor，CMOS），而 CCD 的全称为电荷耦合器（Chagre Couled Device，CCD）。两者的原理上都是将光子信号转为电信号，但是其结构和制造工艺存在众多差异，并且 CMOS 一般采用循环曝光，CCD 一般采用全局曝光。通常，CCD 在感光灵敏度、噪声控制要强于 CMOS，但是 CCD 的成本相对较高，良品率低，且一旦出现坏点，会使得整个 CCD 元件报废。但是，随着 CMOS 的技术和工艺逐渐发展成熟，CMOS 传感器的画质越来越强，并且具有低成本、低功耗、高能效特征，在手机、无人机等领域上广泛运用。大疆消费级无人机多数采用 CMOS 传感器。

使用航拍相机时，应当特别注意快门、光圈、相对感光度、曝光、白平衡、对焦、变焦等各种参数的设置。

1）快门、光圈、相对感光度与曝光

照片的明暗程度基本由快门时间、光圈大小和相对感光度所决定，而曝光是快门时间和光圈大小的组合。相机的曝光量过大，使得亮的部分泛白，不能展现其细节和层次，称为曝光过度（过曝）。反之，相机的曝光量过小，使得暗的部分变为黑色，不能展现其细节和层次，称为曝光不足（欠曝）。

- 光圈大小（Aperture）：光圈大小，即为相机镜头进光孔的大小。在其他条件不变的情况下，光圈越大，照片的曝光量也越大，通常用 f 值表示光圈大小，如 f/1、f/1.4、f/2 等。另外，光圈大小也影响了景深，更大的光圈意味着更浅的景深。目前，绝大多数消费级大疆无人机的相机为固定光圈，但精灵 4 Pro、御 2 等为可变光圈。
- 快门时间（Shutter）：快门时间，即为感光元件记录光电信号的时间，通常以秒为单位。在其他条件不变的情况下，快门时间越长，照片的曝光量越大。相机快门包括机械快门、电子快门和组合快门等类型。例如，大疆精灵 3 采用电子快门，而精灵 4 Pro 和精灵 4 高级版使用了机械快门。机械快门可以在一定程度上减少画面扭曲，避免拖影现象。
- 相对感光度（ISO）：改变 ISO 时可改变感光元件对光线的敏感程度。在其他条件不变的情况下，ISO 越大，照片越亮，通常可分为低感光度（ISO 在 100 与 400 之间）和高感光度（ISO 在 500 以上）。事实上，ISO 并不能改变照片的曝光量，而是通过调整感光元件的敏感程度而使得照片"显得更亮"，因此在 ISO 过高时其感光元件的测量误差就会非常明显，即出现照片"噪点"。在光线等条件允许的情况下，应当尽可能使用低 ISO 拍摄照片，这样可以拍摄出更加高质量的照片。

通常，无人机相机可以通过自动模式和手动模式调整相机的曝光量。如果使用自动模式调整曝光量，相机会根据用户选定的测光位置（测光模式）自动对环境进行测光，并自动设置拍摄照片时的光圈、快门和感光度等参数，尽可能避免过曝和欠曝的情况。在自动模式下，还可以通过调整曝光补偿（EV 值）来调整照片的明亮程度。EV 通常仅可设置为-2、-1、0、1、2 等几个数值。当 EV 值为负值时，相机会减少曝光量；当 EV 值为正值时，相机会增加曝光量。

对于无人机而言，绝大多数的拍摄场景为户外，不适合也无法使用闪光灯，因此对于曝光量的控制对于航拍爱好者来说尤为重要。

2）白平衡

由于相机在拍摄时物体可能被不同颜色的光线所照射，所以使得被拍摄物体的颜色不是其原本的颜色。物体反射各种不同条件的光线所形成的颜色称为条件色。物体在白色光线照射下的表观颜色称为固有色。白平衡设置就是为了还原物体准确的固有色，或者对其进行色彩的艺术加工。白平衡一般通过色温进行设置。色温可以反映一个照片的"冷暖"。日光的色温在 5600K 左右。照片色温低于 5500K 时偏"冷"，高于 5500K 时偏"暖"。通过白平衡设置，可以将光源的色温按照实际环境设定为蜡烛光（1900K）、荧光灯（3000K）、闪光灯（3800K）、天空（12000～18000K）等，从而尽可能地还原物体的固有色。另外，相机可设置为自动白平衡（AWB）模式，通过构建多种环境色彩模型，尽可能地还原物体原本的色彩。

> ✿ 照片一般以 JPEG、PNG 等格式存储在相机存储设备中。但是，多数相机均提供了 RAW 格式的照片存储方式。RAW 格式记录了在某个曝光设置下，照片内各个像元的感光原始数据。RAW 格式内各个像元的值与白平衡的设置无关，因此可在后期对 RAW 格式的数据进行各种白平衡尝试，以达到最佳效果。

3）对焦与变焦

对焦是指通过电机改变镜头与感光元件的距离，从而让被拍摄的主体呈现清晰的影像。由于无人机拍摄的场景多为距离很远的事物，因此许多无人机（如大疆精灵 3）直接将对焦点设置为无穷远。

变焦是指改变镜头焦距，一般是通过电机改变镜头内部镜片之间距离实现的。变焦的直接结果就是改变照片的视场角（Field of View，FOV），从而实现将被摄物体"拉近"或者"推远"。在大疆产品中，御 2 变焦版相机、H20T 变焦相机均可实现变焦。

2．云台

如果直接将相机硬连接到机身上，必然难以拍摄出令人满意的摄影作品：一方面，由于无人机在运动中的姿态会不断晃动，使得相机的拍摄中心也随之变化，使得相机难以在被摄物体前保持平衡；另一方面，由于无人机在空中高速运转，不可避免地会产生大量的振动，这些振动会使得相机出现"果冻效应"。云台，即为相机等载荷设备提供稳定平台，并可改变视角的装置。云台可分为舵机云台和无刷云台。其中，舵机云台多应用在固定翼无人机的FPV 摄像头，一般难以维持设备稳定，多用于改变相机朝向。无刷云台利用多个可在不同轴向运动的无刷电机提供稳定设备的功能，并且通常具有独立的惯性控制单元（IMU）和主控芯片，用于保持载荷设备的稳定。

无刷云台分为 2 轴无刷云台和 3 轴无刷云台。2 轴无刷云台一般提供在俯仰和横滚方向的稳定控制，3 轴无刷云台提供俯仰、横滚和偏航 3 个方向上的稳定控制，因此 3 轴云台比2 轴云台更加稳定，特别是在左右转动无人机时，3 轴云台可在摄影时提供更加平滑的转动效果。在大疆无人机中，除晓（spark）无人机、inspire 2 的 FPV 摄像头使用 2 轴无刷云台外，绝大多数的无人机均搭载 3 轴无刷云台。

1.3　无人机二次开发方案

当遇到某些行业中需要创新性地使用无人机时，从头开始独立开发一款专用的无人机显然费时费力。幸运的是，当前现存的许多无人机均支持二次开发，采用二次开发的方法为无人机增添新功能常常为无人机开发者的最佳选择。由于飞行控制器为无人机的核心部件，是整个无人机系统的"控制指挥中心"，事实上无人机二次开发就是对飞行控制器进行功能扩展。本书中所指的无人机二次开发是建立在现有的飞行控制器系统之上的，针对特定的应用场景进行功能的修改与扩展，以满足在相应场景下的个性化的需求。

由于不同飞行控制器的设计理念与架构的不同，针对不同的飞行控制器，其二次开发的技术实现与流程是不一样的。在当前主流的飞行控制器中，包括开源飞行控制器和商业飞行控制器两大类。对于开源的飞行控制器而言，其源代码和硬件结构都是透明的，更加适合复杂、具有较大深度的二次开发；而对于商业飞行控制器而言，其二次开发需要使用官方所提供的软件开发工具包（SDK）或应用程序接口（API），其开发的难度较低，但其扩展性也相应限制在 SDK（或 API）所提供的功能之内。常见的开源飞行控制器包括 APM、Pixhawk 等。常见的商业飞行控制器包括大疆工业级飞控 N3、A2、A3、大疆入门级飞控哪吒（Naza）系列和悟空（WOOKONG）系列、零度的 S4、X4、双子星和北极星等。

本节将首先简要介绍开源飞行控制器，以及其二次开发方案，随后对大疆无人机及其二次开发体系进行介绍，并最后比较两者之间的差异和特点。

1.3.1　APM 与 Pixhawk 飞行控制器

APM 和 Pixhawk 飞行控制器几乎占领了整个开源飞行控制器市场。从历史上看，APM 飞行控制器是 Pixhawk 飞行控制器的前身，而 Pixhawk 正在代替 APM 成为开源市场上的佼佼者。

1. APM 飞行控制器

APM 飞行控制器全称为 ArduPilot Mega，其中的 "Ardu" 代表 Arduino，是一种广为流行的开源电子开发板，而 Arduino Mega 是 Arduino 的一个版本。"Pilot" 表示驾驶员，因此 ArduPilot Mega 即表示在 Arduino Mega 的基础上增加自动驾驶功能的开发板。事实上，APM 硬件就是在 Arduino 硬件上增加了惯性测量单元，以及加入了用于连接遥控接收器、GPS、空速管等各种设备的接口，从而具备了飞行控制器的功能。

APM 飞行控制器是开源飞行控制器历史上第一个非常完整的飞控方案，其功能强大，扩展性强，不仅仅可以对直升机、多旋翼、固定翼等各种形式的无人机进行自动化控制，甚至可以延伸对无人机驾驶车、无人驾驶船与水下无人机进行控制，其功能包括了定高悬停、定点悬停、自主起降、自主航线、自动返航等多种高级的智能飞行模式，如图 1-2 所示为 APM 和 Pixhawk 飞行控制器。

图 1-2　APM 和 Pixhawk 飞行控制器

APM 飞行控制器起源于 Chris Anderson 在 2007 年创建的 DIY Drones 社区（DIYDrones.com），该社区创立后吸引了大量的无人机专业人士与爱好者。因此，APM 飞行控制器可被认为是基于网络社区发展起来的开源硬件。随后 Chris Anderson 创立了 3D Robotics 公司（3dr.com），专门对无人机系统进行研发。在 2009 年，美国人 Jordi Munoz 和 3D Robotics 共同推出了第一台无人机自驾仪 ArduPilot Board，成为 APM 飞行控制器的雏形。之后的几年是 APM 飞行控制器迅速发展的时期，3D Robotics 公司分别在 2010 年、2011 年和 2012 年发布了 APM1、APM2 和 APM2.5/2.6 自动驾驶仪。时至今日，3D Robotics 公司仍然占据着美国民用无人机一部分市场。

APM 飞行控制器具有非常成熟的硬件和软件生态：其附属硬件（如 GPS、空速管等）非常稳定且价格便宜，其地面站软件 Mission Planner（见图 1-3）、APM Planner 2 等也可通过数传硬件实时传输飞行状态和任务数据。但是，APM 飞行控制器具有一个重大缺陷，那就是它的主控芯片（MCU）仅为 8 位处理器，在运算速度上存在"硬伤"，已经难以应付如今的多轴无人机。在四旋翼无人机中，APM 飞行控制器的主控处理器几乎已经是满负荷运转了。当使用 APM 飞行控制器作为六旋翼无人机的飞行控制器时，特别是还需要 APM 飞行控制器控制云台相机、连接数传并进行数据记录时，APM 飞行控制器将无法对控制链路的指令做出快速响应，这对于正处于危险环境的无人机来说很可能带来灾难。

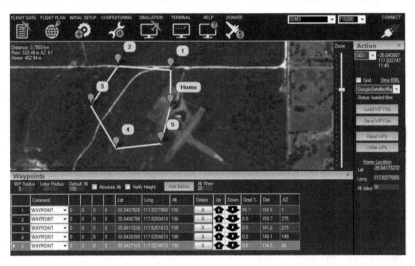

图 1-3 地面站软件 Mission Planner

不过，APM 飞行控制器作为稳定、廉价的无人机飞控解决方案，对于简单的固定翼无人机和四旋翼无人机来说已经足够了。因此，目前仍然有许多的无人机爱好者使用 APM，并研读学习 APM 中的开源飞行控制器代码。

2. Pixhawk 飞行控制器

在面对 APM 飞行控制器出现了计算能力不足的困境时，Pixhawk 飞行控制器就此诞生。Pixhawk 飞行控制器是由 PX4 开源项目设计，并由 3D Robotics 公司首先制造并生产的高端自动驾驶仪，基本完全兼容 APM 的所有固件。因此，APM 飞行控制器的所有功能在 Pixhawk 飞行控制器上均可以实现，如图 1-4 所示。除此之外，Pixhawk 飞行控制器将 APM 飞行控制器的 8 位处理器升级为 32 位的 ARM 处理器，并搭载了 Nuttx 实时操作系统，在无

人机控制方面具有更加强劲的性能、灵活性和
可靠性。目前，Pixhawk 飞行控制器属于独立
的开源硬件项目，其目的是为科研、学习和工
业等提供低价格、高实用性的飞行控制硬件。

图 1-4　Pixhawk 飞行控制器

　　Pixhawk 硬件可以使用 APM 和 PX4 两类
固件。APM 固件就是原生于 APM 硬件，后来
被移植在 Pixhawk 硬件的固件，也被称为 APM
for Pixhawk。PX4 固件是 Pixhawk 的原生固
件，其架构更加复杂，但是可扩展性更强。另
外，APM 开源固件采用 GPLv3 许可协议分
发，因此其代码在修改后无法闭源商业化，但是 PX4 固件采用 BSD 3 许可协议分发，其修
改后的固件不仅可以闭源，也可以商业化使用。

> ❀ Pixhawk 硬件包括 Pixhawk 1～4 若干版本，并很快推出 Pixhawk 5。Pixhawk 4 与
> PX4 不是同一个概念，前者为硬件，后者为软件。

1.3.2　开源无人机二次开发体系

　　在介绍开源无人机二次开发体系之前，首先要掌握一些开源无人机生态系统中非常重要
的协议和软件。事实上，Pixhawk 硬件并不孤单，它具有完整的软件生态链，共同组成无人
机系统的各个组成部分，而这个开源无人机生态系统就是 Dronecode 基金会项目
（dronecode.org）。本节将在介绍 Dronecode 的基础上，介绍几种开源无人机二次开发的主要
方法。

1. Dronecode

　　Dronecode 是由 Linux Foundation 所主导的无人机开源项目基金会。除 Pixhawk 硬件和
PX4 软件本身外，Dronecode 还资助了 MAVLink、QGroundControl 和 MAVSDK 等项目。

> ❀ Dronecode 的官方网站为 https://www.dronecode.org/

　　1）MAVLink 与 MAVSDK

　　MAVLink（Micro Air Vehicle Communication Protocol）是无人机与地面站之间的一种轻
量级的链路通信协议。通过 MAVLink 协议，即可通过一系列的方法获取无人机的状态信
息，并向飞行控制器上传任务。因此，MAVLink 协议可算是 Dronecode 的核心技术。
Dronecode 还为 MAVLink 提供了针对于 C++、Python、Java、Objective-C 等多种语言的软
件开发工具包（SDK），即 MAVSDK。MAVSDK 是由 Auterion 创业公司在 2019 年首次推
出的。

　　除 MAVLink 外，Dronecode 正在研发新一代的链路协议 RTPS，其扩展性将比
MAVLink 更加强大。

2）QGroundControl

QGroundControl（QGC）是在 Apache 2.0 和 GPL 3 协议下分发的开源无人机地面站（Ground Control Station）系统，可以运行在 Windows、Mac OS 和 Linux 桌面操作系统，以及 Android 和 iOS 移动操作系统上。QGC 通过 MAVLink 协议对 APM 或者 Pixhawk 飞行控制器发送控制指令，并回传状态信息。QGC 的用户界面基于 Qt QML 构建，美观且实用，如图 1-5 所示。

图 1-5　QGC 的用户界面

2．开源无人机的二次开发

由于开源无人机系统的整个软硬件非常透明，任何人都可以探索和学习整个 Dronecode 资助项目的所有代码，因此开源无人机系统的二次开发可以通过以下几个途径入手。

1）针对 PX4 固件开发

如果用户需求需要在无人机上搭载复杂且需要自动化控制的设备载荷，或者需要实时执行某些特殊的算法，可以直接修改或扩展 PX4 或 APM 固件，从而满足此类需求。PX4 固件包括实时操作系统、中间件和控制层三个层次。一般来说，如果无人机需要新增自动化的载荷设备，则需要在中间件层入手开发；如果无人机仅需要从控制或者算法层面扩展功能，可直接在控制层着手开发。

2）针对 MAVLink 协议开发

MAVSDK 提供了较为完整的 MAVLink 协议的控制功能。如果开发者希望针对特殊用途的无人机开发独立的地面站，则最好的方法就是使用 MAVSDK 构建应用程序。

3）扩展 QGroundStation

当用户需求仅需要在软件层面上稍许扩展功能，则可直接在 QGroundStation 上进行代码的修改和扩展。这种方式可以最低的成本快速解决问题。

总之，开源无人机的二次开发方法非常灵活。但是，由于这些开源资料本身就非常有限，中文资料更是少之又少，因此对开源无人机进行二次开发的难度较大。特别是开源无人机常常需要自行装配和调参，面对冷冰冰的硬件和大量的开源代码，需要开发者具备较强的阅读和组织代码的能力，也需要开发者较为全面地掌握无人机的原理知识。

❀ 除 Dronecode 软件生态系统外，开源世界中还存在 OpenPilot、Crazepony 等小众的开源飞行控制平台，读者也可基于这些无人机平台进行二次开发。

1.3.3　大疆无人机

大疆为市场提供了多种适合于不同场景、不同行业的成熟的民用无人机解决方案。虽然大疆也向市场出售自主研发的飞行控制器，如哪吒（Naza）、悟空（WOOKONG）等系列。但是绝大多数情况下，我们购买的一台大疆无人机再加上我们的手机等移动设备，就已经构成了完整的无人机系统。因此本节不介绍大疆飞行控制器，而是列出了大疆无人机的主要产品系列，常见的大疆无人机系列如图 1-6 所示。

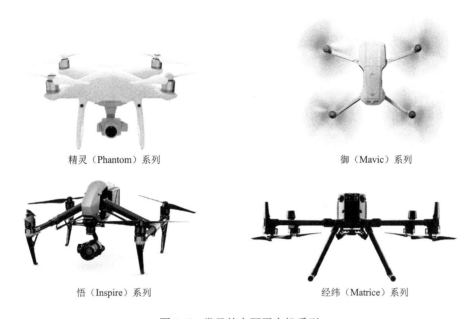

精灵（Phantom）系列　　御（Mavic）系列

悟（Inspire）系列　　经纬（Matrice）系列

图 1-6　常见的大疆无人机系列

1. 精灵（Phantom）系列

精灵系列无人机是大疆最早推出的无人机系列，也见证了大疆在无人机行业的崛起和成功。2015 年，大疆创新发布了精灵 3 无人机，将无人机系统的各个部件，尤其是云台和相机融为一体，将无人机的易用性提高了一个层次，大大降低了航拍成本。精灵系列从其第一代开始，其外观几乎没有太大的变化，其中具有最具有明显变化的一代就是精灵 4，至今仍然是准专业级别航拍无人机的领头羊。

2. 御（Mavic）系列

御系列无人机主打轻量化，创新性地运用了折叠机臂，便于收纳。特别是当飞手需要跋山涉岭到达目的地后使用无人机时，御系列无人机可以轻便地被放在小包中随身携带，而且御系列无人机的相机镜头并不逊色，御 2 专业版使用了哈苏相机，御 2 变焦版使用了光学变焦镜头，可分别用于普通的航拍场景。

3. 悟（Inspire）系列

悟系列无人机属于专业级航拍无人机，多用于对影像质量要求较高的领域，如电影制作、遥感航测等。悟系列无人机可更换云台相机，如常规镜头禅思（Zenmuse）X7、X5S等，可变焦镜头相机禅思 Z3、Z30 等、热红外相机禅思 XT、XT 2、XTS，以及第三方定制相机（如禅思 Z15-A7、Z15-5D III）等。

4. 经纬（Matrice）系列

经纬系列无人机平台为高可靠性、高可扩展性无人机平台，多用于科研和行业应用，包括 M200 系列、M300 RTK、M600 Pro 等。经纬系列无人机平台不包含云台相机，可与禅思、如影系列云台相机配合使用。M600 Pro 为六旋翼无人机，并配备三套飞行控制器，高可靠性的同时最大提供 6.0kg 的有效负载。M200、M300 RTK 系列无人机可放置多个云台相机。M300 RTK 提供了惊人的 55min 的续航和 15km 的图传距离，配备 H20 系列相机可同时兼备变焦相机、广角相机、激光测距仪和热成像相机的功能。另外，经纬系列无人机非常适合硬件扩展和行业应用，可同时支持大疆 SDK 中的 Mobile SDK、Onboard SDK 和 Payload SDK（详见下一节内容）。

上述大疆无人机系列中，除经纬系列以外均属于消费级无人机。另外，大疆还推出了一些不成体系或具有特殊用途的无人机：消费级无人机晓（Spark）；教育无人机 RoboMaster TT；植保无人机 T20、T16 等；航测无人机精灵 4 RTK；精灵 4 多光谱无人机；可以安装探照灯、热成像传感器的御 2 行业版无人机；专业航拍的筋斗云无人机等。

1.3.4 大疆无人机二次开发体系

在精灵 3 系列无人机发布之后，大疆公司逐步地开放了用于控制无人机飞行和获取飞行状态的软件开发工具包——大疆 SDK。

大疆 SDK 主要包含 Mobile SDK、UX SDK、Onboard SDK、Payload SDK、Windows SDK、Guidance SDK（已弃用）等，如图 1-7 所示为大疆 SDK 中的 5 个重要组成。

Mobile SDK   UX SDK   Onboard SDK   Payload SDK   Windows SDK

图 1-7 大疆 SDK 中的 5 个重要组成

1. Mobile SDK（MSDK）

Mobile SDK 可以开发运行在 Android 或者 iOS 操作系统上用于监测和控制无人机飞行、优化飞行业务流程的独立应用程序。Mobile SDK 几乎支持精灵 3 系列及其之后发布的所有大疆无人机。

2．UX SDK

UX SDK 为 Android 或 iOS 应用程序开发者提供各种用于监控无人机的 UI 元件。UX SDK 通常与 Mobile SDK 配合使用，利用 UX SDK 布设无人机的基本常用功能，利用 Mobile SDK 实现独特的业务流程。UX SDK 与 Mobile SDK 一样，几乎支持精灵 3 系列及其之后发布的所有大疆无人机。

3．Onboard SDK（OSDK）

Onboard SDK 是在飞行控制器或机载计算器层面上用于监测和控制无人机飞行、优化飞行业务流程的独立应用程序。通过 Onboard SDK 可以实现自动化控制、通过监听自定义负载的状态实时自动控制飞行、视觉感知与导航、非预知环境的自主飞行、同步定位与建图（SLAM）等。Onboard SDK 与 Mobile SDK 对无人机的监控功能都非常全面，其最主要的区别在于：Mobile SDK 应用程序运行在移动终端，更加适合开发需要人机交互的应用；Onboard SDK 应用程序运行在空中端，更加适合开发自动化能力较强的或需要负载硬件扩展的应用中。另外，Onboard SDK 可以实现与 Mobile SDK 进行通信，配合使用。

Onboard SDK 支持 M300 RTK、M210 等经纬系列无人机，A3、N3 等飞行控制器，Manifold 2 等高性能机载计算机，以及 STM32 等第三方计算平台；支持 Linux、ROS（Robot Operating System）和 FreeRTOS 等操作系统。

4．Payload SDK（PSDK）

Payload SDK 可通过标准接口（SkyPort、SkyPort V2）或标准云台（X-Port）连接各种外部负载，从而实现使这些负载与飞行控制器、图传等模块连接并相互传递数据信息。这些负载可以是各类相机（多目相机、星光相机等）、机载监测设备（气体监测仪、辐射监测仪、水质监测仪等）、激光雷达等。另外，Payload SDK 可以实现与 Mobile SDK、Onboard SDK、Windows 进行通信，将负载状态信息传递给移动终端、PC 段或机载计算平台，也可以通过接口执行负载动作。

Onboard SDK 支持 M300 RTK、M210 等经纬系列无人机，支持 Linux、RTOS，以及支持 UART 或 CAN 接口的其他嵌入式系统。

5．Windows SDK（WSDK）

与 Mobile SDK 类似，Windows SDK 可以开发运行在 Windows 操作系统的专用于监测和控制无人机的独立应用程序，但目前仅支持御 2、御 2 行业版、御 Air、精灵 4 Pro V2 等少数无人机平台。

6．Guidance SDK

Guidance SDK 用于开发视觉导航与视觉分析应用。但由于 Guidance 视觉传导导航系统硬件已经停止研发，因此 Guidance SDK 已被官方弃用，并停止支持。

1.3.5　开源与大疆无人机二次开发方案的比较

开源无人机二次开发方案与大疆无人机二次开发方案各有优势。开源方案通常需要开发者具备更高的开发能力和无人机知识；使用大疆二次开发方案则更为简单、高效，并且保持了较强的可扩展性。利用大疆 SDK 和 MAVSDK 进行无人机二次开发的对比如表 1-4 所示。

表 1-4　利用大疆 SDK 与 MAVSDK 进行无人机二次开发的对比

特　　性	大疆 SDK	MAVSDK
开放性	只暴露 SDK	开放的源代码
传输协议	OcuSync 等自有协议	MAVLink
扩展性	较弱	较强
难度	较低，适合于快速开发	较高
适合的飞行平台	多旋翼	多旋翼、直升机、固定翼等

1.4　本章小结

本章首先介绍了民用无人机及其主要的行业应用，并介绍了消费级民用无人机系统的基本组成和常见的概念，最后分别分析了无人机二次开发的开源方案和大疆方案，并做了简单比较。相信读者通过本章的学习，已经对民用无人机，以及无人机二次开发的基本方案有了初步的了解。由于近年来民用无人机发展迅速，无人机行业应用迅速扩张。有时甚至政策制订和行业发展已经跟不上无人机发展的进度！在法律允许和飞行安全的范围内，希望读者不仅要大胆设想，也要敢想敢做。我们一起动手学习和实践无人机二次开发，推进民用无人机行业发展！

在无人机二次开发方面，相对于"开源方案"，"大疆方案"在扩展性方面可能略逊一筹，但是其易用性和可维护性却远高于"开源方案"，并且由于大疆 SDK 中除了 Mobile SDK，还包含了 UX SDK、Onboard SDK、Payload SDK。这几个 SDK 相互配合，不仅可以实现精美的 UI，还可以设计更复杂的业务流程，以及扩展更多的硬件。更重要的是，对于无人机初学者，大疆 Mobile SDK 特别适合入门，在很短的时间内就可以学会并开发大量的行业应用场景。

那么，下一章我们将介绍本书的主题：大疆 Mobile SDK，以及其基本的知识。让我们准备好进一步往前冲吧！

第 2 章　你好，Mobile SDK

欢迎您来到大疆 Mobile SDK 的世界！在 2016 年年初，伴随着大疆开发者大赛的启动的同时，大疆在 2016 年美国国际消费电子展（CES）发布会上发布了大疆 Mobile SDK 3.0 版本。此次版本的更新意味着 Mobile SDK 的基本架构趋于稳定，并从此支持了大疆精灵 3 以来的所有大疆无人机系列。至今，大疆 Mobile SDK 已经成为功能完整、飞行任务全面且易用的无人机二次开发工具包，与大疆许多其他的产品一样走在了世界的前列，填补了无人机行业应用开发的技术空白。目前，几乎也只有 Dronecode 系列可以与大疆 Mobile SDK 相媲美，但是由于 Dronecode 的开源性质，易用性较为逊色，并且少有中文资料。

Mobile SDK 的使命就是在移动终端上提供监控大疆无人机的功能。"监控"包含监测和控制：一方面，Mobile SDK 需要监测无人机所处的状态，包括无人机相机的图传信息与表征无人机状态和参数的数字信息；另一方面，开发者需要通过 Mobile SDK 对无人机进行控制操作，包括参数设置、动作执行和任务管理三个主要方面。

本章将首先介绍移动开发的基础知识，然后介绍 Mobile SDK 及其学习资源和基本架构，以及着手开发无人机应用程序前需要准备的操作。

让我们对 Mobile SDK 说声你好吧！

2.1　移动应用开发与 Mobile SDK

移动应用开发就是在移动终端上开发应用程序。2010 年左右，以智能手机为代表的移动终端设备迅速崛起，并催生了 Android、iOS、Windows Phone 等移动操作系统。根据 Statista 全球统计数据库，2020 年 7 月 Android 和 iOS 占全球操作系统份额的 74.60%和 24.82%，而其他所有操作系统的全球份额总和不超过 1%。相应地，Mobile SDK 针对这两个操作系统分别推出了 Android Mobile SDK 和 iOS Mobile SDK。

虽然本书尽可能详细地介绍 Mobile SDK 应用程序的开发流程，但是如果读者没有 Android 或 iOS 的相关语言编程和应用开发基础的话，那么首先还是建议读者选购一本移动开发的基础性教程，然后再回过头来继续阅读本书。这样做会更加高效！即使如此，本书尽可能用到最少的 Android 和 iOS 应用开发的知识，以便于适合于移动开发入门者阅读。所以，本书中给出的例程并不代表最佳的技术实践，读者可以根据具体需求进行一些适当的调整。例如，在 Android 开发中，本书并没有使用 Fragment，只使用了 Activity 组织代码，读者可以根据需要将控制代码放入 Fragment 中，以便于应用的扩展和管理。

本节将首先对移动开发基础知识进行简要的介绍，读者可选择性地阅读并回忆相关内容；然后介绍 Mobile SDK 及其重要的学习资源，包括官方 API 文档的结构和查阅方法。

2.1.1　Android 应用开发

2008 年，Google 发布了专为移动设备设计的 Android 1.0 系统。随后发布的 Android 2.x 版本迅速崛起，占据了相当一部分移动设备操作系统市场。随后，Android 几乎每年都会推出一个新版本，到了 2020 年，Android 的版本已经发展到了 Android 11。

Android 操作系统自下而上分为 Linux 内核、硬件抽象层、Android 运行时、原生 C/C++ 库、Java API 框架和系统应用层等多个层级，如图 2-1 所示。Android 应用程序包括 Activity、Service、BroadcastReceiver 和 ContentProvider 四大组件。其中，最为重要的就是 Activity，用于控制和显示各种布局与视图。

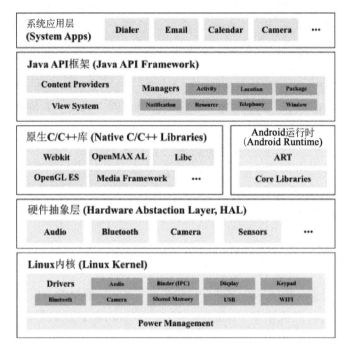

图 2-1　Android 操作系统的架构

1. Android 应用开发的编程语言

Android 应用程序原本只能通过 Java 语言编写逻辑代码。Java 语言起源于 1995 年，由 Sun 公司研发并推出，其前身是 Oak 语言。Java 语言最重要的特性就是跨平台性，即"一次编译，处处运行"，这主要得益于 Java 语言是通过 JVM（Java 虚拟机）实现的。正因为这一特性，Java 语言伴随着互联网的兴起而广泛被人熟知。目前，Java 语言主要应用在 Web 服务器、移动终端和大数据技术。2009 年，随着 Sun 公司被 Oracle 公司收购，Java 这一语言也带上了 Oracle 的标志。

由于 Java 语言编写的应用程序需要通过虚拟机才能运行，其效率远低于 C、C++ 等语言。为了提高 Android 系统的性能，Android 底层针对有限内存、低处理器速度对虚拟机进行了优化，并使用了 Dalvik 虚拟机。即使如此，在 Android 发展的初期，其性能效率常常被用户诟病。在 Android 4.4 以来，Google 又进一步推出了 Art 虚拟机，避免了 Dalvik 在每次运行应用时通过即时编译器转换为机器码的过程，使得其运行效率大大提高，可获得更好的用户体验，并提高了 Android 系统的性能和续航。

随后，Android 的开发语言又加入了 Kotlin 新成员。Kotlin 语言是由 JetBrains 推出的，参照并兼容 Java 语言，提高了语言的安全性、简洁性，是一种静态编程语言。目前，Kotlin 已经成为 Android 开发的官方首推的编程语言，并在国际上广为流行。Kotlin 不仅仅可以编译成 Java 字节码，也可以编译成 JavaScript，以便于在没有 JVM 设备上运行。但是，可能是由于项目历史和学习成本的原因，国内开发者对 Kotlin 语言使用较少。

2．Android 集成开发环境

从开发环境的角度来说，Android 的开发环境经历了从 Eclipse 到 Android Studio 的转变。Android Studio 基于 Intellij IDEA，相比 Eclipse 拥有更好的性能与用户体验，成为当今主流的 Android IDE。

在本书中，Android 无人机应用程序采用 Android Studio 开发环境，使用 Java 作为逻辑代码的编程语言。

2.1.2　iOS 应用开发

iOS 系统应用在苹果公司的 iPhone、iPad、iPod 等移动设备中，于 2007 年首次提出（当时称为 iPhone OS），在 2010 年的 WWDC 大会上将其名称更改为 iOS。相对于 Android 操作系统，iOS 操作系统的架构要简单许多，其由 Cocoa Touch、Media Layer、Core Services 和 Core OS 四个部分组成，如图 2-2 所示。

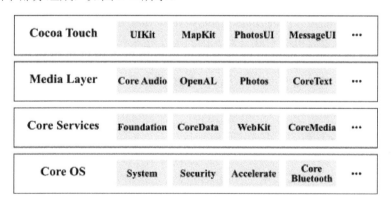

图 2-2　iOS 操作系统的架构

其中，Foundation 框架和 UIKit 框架最为重要。Foundation 框架来源于 NEXTSTEP 操作系统，因此该框架内部的类都以"NS"开头。常见的类包括字符串类（NSString）、数组类（NSArray）、字典类（NSDictionary）等，其基类都是 NSObject 类。UIKit 框架包含了 iOS 系统中多种视图和控件，包括文本标签（UILabel）、文本框（UITextField）、按钮（UIButton）等，其类名都以"UI"开头。

1．iOS 应用开发的编程语言

Objective-C 语言（简称 OC 语言）诞生于 1986 年，是一个古老的面向对象编程语言，源于 SmallTalk，一度是 iOS 开发的首选语言。由于 Objective-C 是 C 语言的扩充（C 语言的严格超集），因此几乎可以与 C 语言无缝融合。在 iOS 设备流行之时，Objective-C 的占有率一度攀升。

Swift 语言于 WWDC 2014 发布，是可用于 iOS 应用开发的全新编程语言。为了和 Objective-C 语言的有效融合，Swift 语言建立在 Objective-C 的基础之上，但是 Swift 更加简练、易学、高效，并且 Swift 的执行速度比 Objective-C 更快。

2．iOS 集成开发环境

虽然在 GNU/Linux 操作系统中 gcc 包含了 Objective-C 的编译器，但是由于苹果公司的移动设备都处在闭源的生态系统中，完整的 iOS 应用开发几乎只能在 MacOS 系统下的 Xcode 开发环境中进行。

在本书中，iOS 无人机应用程序采用 Xcode 开发环境，使用 Objective-C 作为逻辑代码的编程语言。

2.1.3　Mobile SDK 及其学习资源

Mobile SDK（MSDK）是用于监测与控制大疆无人机（或手持云台相机）的移动应用程序开发工具包，是大疆 SDK 中使用最多、对无人机兼容性最强的 SDK 之一。Mobile SDK 包括 Android Mobile SDK 和 iOS Mobile SDK 两个组成部分，分别用于在 Android 和 iOS 操作系统下搭建无人机应用程序。由于 Android Mobile SDK 和 iOS Mobile SDK 的功能与设计理念相似，且均针对大疆无人机而设计，因此其体系结构与类库设计也基本相同。

由于本书重点介绍无人机的二次开发，因此后文在不特别说明的情况下，各项功能均是对无人机的二次开发进行描述。对于大疆手持相机而言，其 SDK 的使用方式基本类似，在相机类、云台类等的使用上本书也具有一定的参考价值。

1．Mobile SDK 的版本历史

Mobile SDK 的重要更新历史如下。

- 2016 年年初，大疆发布 Mobile SDK 3.0 版本，其基本架构和类库设计基本定型，移除了对精灵 2 Vision+的支持，开始支持精灵 3 以来的大疆无人机。
- 2017 年 3 月，大疆发布 Mobile SDK 4.0 版本。一方面提供了 UI Library 类库（UX SDK 的前身），用于快速构建移动应用程序；另一方面重构了任务管理方式，并引入了任务控制（Mission Control）、时间线（Timeline）、触发器（Trigger）等新的概念，提高任务管理的易用性与健壮性。
- 2018 年 4 月，大疆发布 Mobile SDK 4.5 版本，将 UI Library 从 Mobile SDK 剥离，成为单独的 UX SDK。

2．Mobile SDK 的特点

Mobile SDK 具有以下 3 个重要的特点。

1）需要复杂的无人机理论知识即可着手开发

由于 Mobile SDK 是建立在移动终端平台基础上的 SDK，因此封装并隐藏了大量的控制细节，将最为简单直接的控制代码暴露在基于 Android 和 iOS 平台之上的类与方法中。因此，对于移动应用开发者而言，只需要简单地学习一些无人机基础常识即可着手开发，非常适合于不具有无人机开发背景的移动开发工程师。

2）充分体现了面向对象思想

Mobile SDK 主要用于大疆无人机的监测与控制，而无人机是真实世界中由人类创造的具有一定结构的机械设备。大疆无人机具有功能分明的组件和结构，因此其非常利于抽象，自然而然地形成 Mobile SDK 中的类与实例。不同于其他纯软件的 SDK，大疆 Mobile SDK 中许多类并不是冷冰冰的，而是触手可及的物件。例如，无人机类（Aircraft）、相机类（Camera）和云台类（Gimbal）等这些名词我们一说就知道是什么，属于无人机上的什么组件。而其中的起飞方法、拍照方法也非常容易理解。面向对象的程序设计思想在 Mobile SDK 中表现得淋漓尽致。

3）大量的异步与回调

Mobile SDK 所控制的飞行器硬件与我们的移动设备之间存在着物理距离，信息和指令均通过无线电信号传递，因而容易受到电磁干扰、环境遮挡等因素的影响。因此，当我们调用一个 Mobile SDK 方法时并不一定能够实时响应，这个特点有点类似于网络开发：调用程序所返回的结果往往通过异步的方式传递回来。例如，在 Android 中，Mobile SDK 通过回调接口与方法的手段隐藏了大量的异步方法；在 iOS 中，Mobile SDK 通过定义代理（Delegate）和 Block 语句传递回调结果。另外，为了实时获取无人机的状态参数，Mobile SDK 包含了非常多的监听器设计模式，以便于开发和调试。

3．Mobile SDK 的学习资源

Mobile SDK 的学习资源包括 Mobile SDK API 文档、Mobile SDK 官方教程、大疆开发者论坛、DJI SDK Github、DJI SDK StackOverflow 等。

1）Mobile SDK API 文档

为了更好地掌握 Mobile SDK，学会使用大疆官方的 API 文档是非常重要的。在使用 Mobile SDK 中，如果读者对某些类或方法出现了疑问，那么绝大多数情况下都可以在大疆官方的 API 文档中找到（见图 2-3 和图 2-4）。这里介绍这些 API 文档的组织方法和查阅方法。

> ❀ Android Mobile SDK 的在线 API 文档地址如下：
> https://developer.dji.com/api-reference/ios-api/index.html
> iOS Mobile SDK 的在线 API 文档地址如下：
> https://developer.dji.com/api-reference/android-api/index.html

Mobile SDK 的类按照以下几个部分进行组织。
- MANAGER CLASSES：管理器类，用于软件注册、用户认证、禁飞区解锁等全局性的操作。
- BASE CLASSES：基本类库，包括产品基类和组件基类。

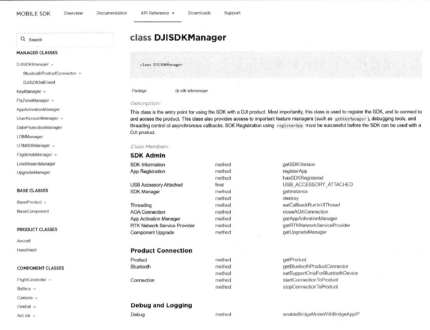

图 2-3　Android Mobile SDK 的 API 文档

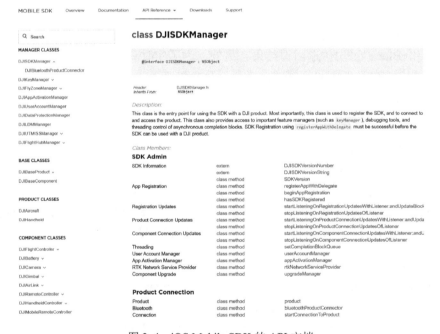

图 2-4　iOS Mobile SDK 的 API 文档

- PRODUCT CLASSES：产品类，包括无人机产品类和手持云台相机产品类。
- COMPONENT CLASSES：组件类，包括产品的各种组件类。
- MISSION CLASSES：任务类，包括各种任务类和任务控制器类。
- MISC CLASSES：其他类，Mobile SDK 所涉及的其他类。

在每一个类的页面中，介绍了类的基本信息、成员属性和方法，以及相关的其他类等。在类描述介绍的最上方灰色框中展示了类的基本定义签名，其他的内容如下。

- Package：所在包名（仅 Android）。
- Header：头文件名称（仅 iOS）。
- Inherits From：该类的父类。Mobile SDK 中所有的类均为单继承，因此只能有一个父类。在 iOS 中，绝大多数的类的基类为 NSObject。
- Description：类的描述说明。
- Class Members：类成员，包括属性（property）和方法（method）等。单击成员即可查看到该成员的具体签名和使用说明。
- Inherited Methods：继承父类的方法。
- Related：与该类相关的其他类（class）、接口（interface）、枚举（enum）等。

2）Mobile SDK 官方教程

Mobile SDK 官方教程包括了 Mobile SDK 的基本用法和若干例程，是提供给具备 iOS 或 Android 平台开发经验的开发者的基础性知识内容，包含概览、马上开始构建应用、开发流程指引、基本概念与组件介绍和平台开发教程等。除详细说明如何使用 Mobile SDK 外，本文档还介绍并对比了各产品的特性，以及可以运用的关键技术。Mobile SDK 官方教程的页面地址如下：https://developer.dji.com/cn/document/564303df-00e8-446f-a468-b75aa5d4eacc。

在 Mobile SDK 官方教程中，平台开发教程目前仅包括英文版本，其主要的内容如下。

- 应用程序激活与无人机绑定。
- 拍照录像功能实现。
- 照片视频回放功能实现（仅 iOS）。
- Media Manager 功能实现。
- 地图与航点任务功能实现。
- 指点飞行与主动跟随功能实现。
- Simulator 模拟器功能实现。
- GEO 地理围栏系统介绍与功能实现。
- DJI Bridge 调试应用介绍（仅 iOS）。
- 远程调试工具介绍（仅 iOS）。
- 全景应用功能实现（仅 iOS）。

3）大疆开发者论坛

在使用 Mobile SDK 的过程中，如果出现上述 API 文档和官方教程无法解决的较为复杂和个性化的问题，可尝试在开发者论坛中进行讨论。大疆开发者论坛包括中文和英文两个版本，其网站地址分别如下。

- 大疆开发者中文论坛：https://bbs.dji.com/forum-79-1.html?from=developer
- 大疆开发者英文论坛：https://forum.dji.com/forum-139-1.html?from=developer

4）DJI SDK Github 与 DJI SDK StackOverflow

在大疆的 Github 仓库中，可以找到 Mobile SDK 的官方示例工程（Sample code），以及在 Mobile SDK 官方教程中所完成的工程代码。读者也可尝试在大疆的 Github 仓库中提出

issue 以解决问题。大疆的 Github 仓库的地址为 https://github.com/dji-sdk。

在大疆的 StackOverflow 中，读者也可以尝试提出 Mobile SDK 相关的问题与官方和其他开发者共同讨论。读者可在以下网址中找到 DJI SDK 的相关问题：https://stackoverflow.com/questions/tagged/dji-sdk。

另外，读者可以直接将学习中所遇到的问题通过大疆开发者官方邮箱（dev@dji.com）进行沟通和处理。

2.2 Mobile SDK 基本架构

通过 Mobile SDK 可搭建用于监测和控制无人机飞行的移动应用程序。Mobile SDK 通过面向对象的方法高度集成大疆无人机（以及手持云台相机）的各种操作。对于多种不同的大疆无人机的起飞、降落、相机设置、飞行任务等通用的操作，可采用相同的 Mobile SDK 代码进行控制。

Mobile SDK 由 SDK 管理器（SDK Manager）、产品与组件（Product and Component）、任务控制器（Mission Control）和任务（Mission）等几个主要部分组成，如图 2-5 所示。

图 2-5　Mobile SDK 的基本架构

（1）SDK 管理器：SDK 管理器是 Mobile SDK 的入口，用于获取产品实例和任务控制实例等。

（2）产品与组件：产品是指大疆产品设备，包括大疆无人机（Aircraft）和手持云台相机（Handheld）两类，而组件是指大疆产品设备的各个组成部分，如云台（Gimbal）、相机（Camara）、飞行控制器（FlightController）等。

（3）任务控制器和任务：任务控制器类用于整体控制大疆产品设备任务的执行，并可通过时间线（Timeline）按顺序执行多个任务。任务控制器也是各类飞行任务操作器的入口。

本节依次介绍 Mobile SDK 的各个组成部分，以及 Mobile SDK 的数据链路。

2.2.1　SDK 管理器

SDK 管理器具有注册应用程序、连接产品与获取产品实例、SDK 调试、日志，以及获取各类其他管理器等功能，可进行软件注册、用户认证等一些通用性、全局性的基本操作。在 Android 中，SDK 管理器是一个单例类，通过其 getInstance()方法即可获取其实例。在 iOS 中，SDK 管理器的所有功能均采用其相应的类方法（无实例方法）实现。通过 SDK 管理器直接或者间接地获取到产品（Product）、组件（Component）、任务控制器（Mission Control）和各种任务（Mission）类的实例对象，因此 SDK 管理器是整个 Mobile SDK 的核心类。

1．注册应用程序

为了保障飞行安全，每个使用 Mobile SDK 的应用程序需要通过注册后才可以正常使用，否则无法正常连接大疆无人机。注册应用程序包括申请应用程序密钥和联网注册应用程序两个部分，会分别在"2.3.3 申请应用程序密钥"和"第 3 章 第一个 Mobile SDK 应用程序"中介绍。

2．连接产品与获取产品实例

在注册应用程序之后，通过 SDK 管理器即可开始连接无人机，并取得相应的实例对象。通过无人机实例对象还可以获取其各个组件的实例，并进行相应的控制操作。

3．其他各类管理器

除 SDK 管理器以外，Mobile SDK 还包括用于特定功能的管理器类。

（1）键值管理器（KeyManager）：键值管理器可采用键值对的方法获取设备的各项参数设置或执行动作。在 Android 中，该管理器实例需要通过 SDK 管理器的 getKeyManager()方法获取；在 iOS 中，该管理器实例需要通过 SDK 管理器的 keyManager 属性获取。

（2）飞行区域管理器（FlyZoneManager）：用于管理无人机的飞行区域，包括解锁限制飞行的区域、更新限飞数据库等功能。在 Android 中，该管理器实例需要通过 SDK 管理器的 getFlyZoneManager()方法获取。在 Android 中，该管理器实例需要通过 SDK 管理器的 flyZoneManager 属性获取。

（3）应用程序激活管理器（AppActivationManager）：用于中国大陆用户进行实名制认证，并激活应用程序。在中国大陆范围内使用无人机，需要登录经过实名制认证的 DJI 账号来激活应用程序，并且需要通过 DJI 账户绑定无人机，否则无法使用无人机图传，且被限高 30m、限远 100m。在 Android 中，该管理器示例需要通过 SDK 管理器的 getAppActivationManager()方法获取。在 iOS 中，该管理器示例需要通过 SDK 管理器的 appActivationManager 属性获取。

（4）用户账户管理器（UserAccountManager）：用于登录与注销 DJI 账户。在 Android 中，该管理器需要通过其 getInstance()方法获取其单例对象。在 iOS 中，该管理器示例需要通过 SDK 管理器的 userAccountManager 属性获取。

（5）数据保护管理器（DataProtectionManager）：用于管理与授权上传飞行信息到 DJI 服务器。在 Android 中，该管理器需要通过其 getInstance()方法获取其单例对象。在 iOS 中，该管理器示例需要通过 SDK 管理器的 dataProtectionManager 属性获取。

（6）本地数据模式管理器（LDMManager）：用于开启本地数据模式（Local Data Mode，LDM）。在本地数据模式下，除注册应用程序外，Mobile SDK 不会访问互联网，也不能更新固件和更新限制飞行区域。LDM 模式在中国大陆范围内不可用。在 Android 中，该管理器实例需要通过 SDK 管理器的 getLDMManager()方法获取。在 iOS 中，该管理器实例需要通过 SDK 管理器的 ldmManager 属性获取。

（7）大疆司空管理器（FlightHubManager）：大疆司空是一个在线的用于实时任务管理、远程直播和控制的无人机综合管理平台。该管理器用于连接大疆司空服务器，并上传与下载飞行数据。读者可从 https://www.dji.com/cn/flighthub 网页上了解大疆司空平台的更多信息。在 Android 中，该管理器实例需要通过 SDK 管理器的 getFlightHubManager()方法获取。在 iOS 中，该管理器实例需要通过 SDK 管理器的 flightHubManager 属性获取。

（8）直播管理器（LiveStreamManager）：用于将图传信息以 RTMP 服务器的形式在互联网上实时共享，仅在 Android 中可用。在 Android 中，该管理器实例需要通过 SDK 管理器的 getLiveStreamManager()方法获取。

（9）更新管理器（UpgradeManager）：用于管理和更新御 2 系列、御 Air 等无人机的组件固件。在 Android 中，该管理器实例需要通过 SDK 管理器的 getUpgradeManager()方法获取。在 iOS 中，该管理器实例需要通过 SDK 管理器的 upgradeManager 属性获取。

可见，在 Android 中，除了用户账户管理器与数据保护管理器以外，其他的管理器类均需要通过 SDK 管理器获得实例。在 iOS 中，SDK 管理器是所有管理器实例的绝对入口。

2.2.2　产品与组件

产品，即大疆产品设备，包括无人机（Aircraft）与手持云台相机（Handheld）两类，其基类为 BaseProduct。每个产品设备都是由云台和相机等多个组件组成，每一个组件都是由其组件基类 BaseComponent 继承而来的。

对于大疆无人机来说，其组件包括云台（Gimbal）、相机（Camera）、飞行控制器（FightController）、链路（AirLink）、遥控器（RemoteController）、电池（Battery）等，如图 2-6 所示。

对于大疆手持云台相机来说，其组件包括云台（Gimbal）、相机（Camera）、手持云台相机控制器（HandheldController）、链路（AirLink）、电池（Battery）等，如图 2-7 所示。大疆无人机和手持云台相机的许多组件类（如云台、相机、电池等）是通用的。

值得注意的是，Mobile SDK 在 Android 中的各个类前基本都没有"DJI"前缀（SDK 管理器 DJISDKManager 等少数类除外），而在 iOS 的各个类实现中，均有"DJI"前缀。例如，无人机类（Aircraft）在 Android 中的类名为 Aircraft，但是在 iOS 中的类名为 DJIAircraft。在图 2-6 和图 2-7 中均以 iOS Mobile SDK 为例，在 Android 系统中，只需要将每个类的"DJI"前缀去掉即可。

图 2-6　大疆无人机及其各个组件（以 iOS Mobile SDK 为例）

图 2-7　大疆手持云台相机及其各个组件（以 iOS Mobile SDK 为例）

2.2.3　任务控制器、任务与任务动作

任务控制器（Mission Control）用于管理多个任务的执行顺序和动作的触发设置。任务控制器类属于单例类，在 Android 中需要通过 DJISDKManager 的 getMissionControl()方法获取，在 iOS 中需要通过 DJISDKManager 的 missionControl 属性获取。

任务（Mission）是指无人机自动执行的预设程序，包括航点任务（WaypointMission）、指点飞行任务（TapFlyMission）、热点跟随任务（FollowMeMission）、智能跟随任务（ActiveTrackMission）、兴趣点环绕任务（HotpointMission）、智能兴趣点环绕任务（IntelligentHotpointMission）、全景图任务（PanoramaMission）等。

任务动作（Mission Action）是指无人机执行任务时满足某些特定的条件所执行的特定功能，包括起飞动作（TakeOffAction）、偏航动作（AircraftYawAction）、飞到指定位置动作（GoToAction）、返航动作（GoHomeAction）、兴趣点环绕动作（HotpointAction）、云台姿态动作（GimbalAttitudeAction）、录像动作（RecordVideoAction）、拍照动作（ShootPhotoAction）、降落动作（LandAction）等。

上述任务与动作不仅可以放置在任务控制的时间线（Timeline）中顺序执行，也可以单独执行。任务控制器、任务与任务动作的具体使用方法详见"第 10 章 航点任务与时间线任务"。

2.2.4 Mobile SDK 的数据链路

在"第 1 章 无人机行业应用与二次开发概述"中，我们了解到无人机与地面设备之间的数据链路包括控制链路、数传链路和图传链路等。基于 Mobile SDK 的应用开发实际上是通过这些链路传递监测、控制与任务信息的。一般来说，基于 Mobile SDK 所编写的代码所涉及的各种指令要通过 Mobile SDK 传递到系统平台 SDK，然后通过有线（USB）或无线（Wi-Fi）连接传递到大疆无人机的遥控器上，并最终通过其 Wi-Fi、LightBridge、OcuSync 等链路传递到无人机上，如图 2-8 所示。

图 2-8 DJI Mobile SDK 与数据链路

具体来说，移动设备与无人机的连接方式包括以下 3 种（见图 2-9）。

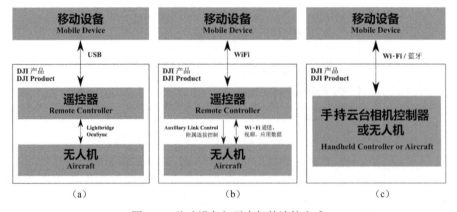

图 2-9 移动设备与无人机的连接方式

（1）移动设备与遥控器采用 USB 连接，遥控器与无人机采用 LightBridge（或 OcuSync）连接，包括精灵 3（除标准版与 4K 版）、精灵 4、悟系列、御系列、经纬系列等无人机。

（2）移动设备与遥控器采用 Wi-Fi 连接，遥控器与无人机采用 2.4G 的 Wi-Fi 连接与

5.8G 的附属连接控制两部分，其中 Wi-Fi 连接是双向的，包括图传链路、数传链路等，而附属连接控制为遥控器到无人机单向传输控制信号，采用这种连接方式的无人机包括精灵 3 标准版、精灵 3 4K 版和晓。

（3）移动设备直接通过 Wi-Fi 连接到无人机，包括开启 Wi-Fi 连接模式的御 Pro、御 Air 和晓。另外，大疆手持云台相机也是通过 Wi-Fi 或蓝牙直接连接到移动设备的。

2.3　开发前准备

通过上一节中对 Mobile SDK 的基本架构分析得知，使用 Mobile SDK 监测和控制无人机飞行之前，首先需要注册应用程序。另外，对于在中国大陆范围内使用无人机，还需要登录 DJI 账号进行实名制认证。这就需要我们进行一些开发前的准备工作，包括注册 DJI 开发者、下载 Mobile SDK 和申请应用程序密钥。

本书以使用 Mobile SDK 4.13.1 版本为例，介绍 Mobile SDK 的使用方法。通常 Mobile SDK 的版本是向下兼容的，因此本书所介绍的内容适应本书出版时大疆所发布的最新版本 Mobile SDK。

2.3.1　注册 DJI 开发者账号

在使用 Mobile SDK 等各类大疆 SDK 之前，首先需要注册 DJI 开发者账号，以申请测试应用程序（或正式发布的应用程序）的密钥（App Key），并用于注册应用程序。没有密钥的应用程序无法连接到无人机设备，许多功能无法正常执行。

注册 DJI 开发者账号需要提前准备好身份证号（个人认证）等信息，并按照以下步骤操作。

（1）在没有 DJI 账号的情况下，需要首先在浏览器中打开 DJI 账号的注册页面（http://account.dji.com/register/），如图 2-10 所示。

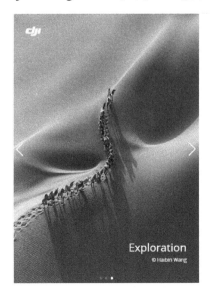

图 2-10　DJI 账号的注册页面

在注册页面中输入邮箱、密码等必要信息，单击【Submit】按钮即可注册。已经注册 DJI 账号的读者可直接在开发者网址（developer.dji.com）中登录账号。

（2）通过开发者网址的提示或者通过手动输入网址（https://developer.dji.com/cn/user/apply/）的方式进入开发者账号页面。如果该账号未经过开发者认证，则系统会弹出如图 2-11 所示的提示文字，并向注册邮箱中发送激活邮件。此时，单击邮箱中的激活链接（Activation link）即可完成账号激活，如图 2-12 所示。

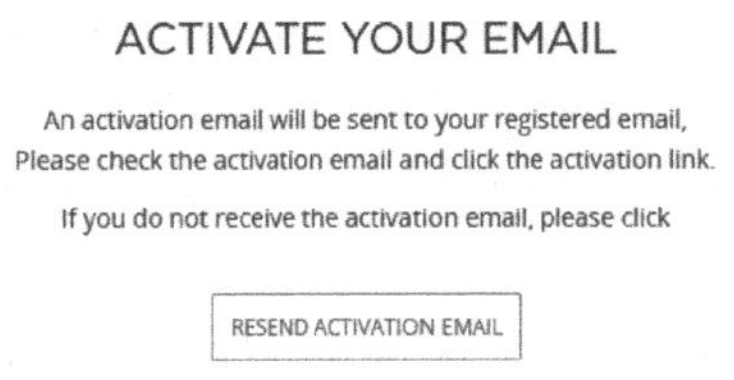

<table>
<tr><td>图 2-11　开发者认证提示</td><td>图 2-12　开发者认证激活邮件</td></tr>
</table>

（3）打开激活链接，首先出现的是申请开发者协议页面（见图 2-13）。阅读《隐私政策》、《使用条款》、《最终用户许可协议》、《DJI 开发者政策》等协议内容，单击【同意】按钮即可。

（4）如图 2-14 所示，在弹出的申请开发者页面中，输入开发者类型（个人开发者、企业或组织机构），并填写相关的备案信息，单击【下一步】按钮确认。

<table>
<tr><td>图 2-13　申请开发者协议页面</td><td>图 2-14　申请开发者页面</td></tr>
</table>

随后，需要提供个人、企业或机构的相关认证材料。在本例中，开发者类型选项选择为"个人开发者"，单击【下一步】按钮后会弹出身份认证页面，个人身份验证可采用"手机验证"或"中国大陆身份证验证"两种方式，如图 2-15 所示。

请读者根据实际情况选择合适的验证方式后，跟随系统的提示，最后在提交页面单击【提交】按钮确认备案信息，如图 2-16 所示。

图 2-15　身份认证页面（个人开发者）　　　　　　图 2-16　提交页面

（5）如果此时弹出如图 2-17 所示的对话框，则说明注册完成。

图 2-17　开发者审核通过对话框

　　❀　大疆开发者账户分为基础版和高级版两类：基础版为免费账户，而高级版需要缴纳 99 美元/年的费用。新注册的开发者在默认情况下为基础版用户。基础版账号存在一定的限制，主要包括：仅可对该账户所管理的应用程序进行最多 20 次的激活，且无法进行 MFi 认证，因此适合初学者学习和小范围的推广使用。高级版用户不限次数激活应用程序，且具有优先技术支持、MFi 认证服务和 SDK 的 Beta 版本的优先使用权，适合大范围的应用推广使用。开发账号类型的变更可在以下地址页面进行操作：https://developer.dji.com/cn/user/membership/。

2.3.2　下载 Mobile SDK

在 https://developer.dji.com/cn/mobile-sdk/downloads/ 页面中可以下载到最新版本的 Mobile SDK，以及相应的发布记录与示例程序、用于调试使用的桥接 App、DJI 模拟器等各种开发时常用的软件工具，这些软件工具会在今后的学习中进行介绍，如图 2-18 所示。

图 2-18　Mobile SDK 的下载页面

1. Android Mobile SDK

Android Mobile SDK 可以通过 Gradle 或者 Maven 等构建工具的仓库进行管理，一般不需要下载到本地。在图 2-18 所示的页面中单击【下载 ANDROID MOBILE SDK V4.13.1】按钮后，页面会跳转到 Android Mobile SDK 的 Github 仓库，其地址为 https://github.com/dji-sdk/Mobile-SDK-Android，下载后可见 Android Mobile SDK 包括如下两个目录。

- docs：该目录下包括 API 参考、SDK 各版本变化等文档。
- Sample Code：该目录下为 Android SDK 的示例程序。

Mobile SDK 的 Android 版本支持的最低 Android SDK 版本为 5.0，最低支持 Android Studio 的 1.5 版本，并支持绝大多数的 Android 手机与平板设备（系统版本需大于 5.0）。

2. iOS Mobile SDK

在图 2-18 所示的页面中单击【下载 IOS MOBILE SDK V4.13.1】按钮后，会自动下载 iOS Mobile SDK，解压后可见其包括如下两个目录。

- API Reference：iOS Mobile SDK 的 API 参考文档。
- DJISDK.framework：iOS Mobile SDK 的类库打包文件。

iOS Mobile SDK 本身并不包括 iOS 示例程序，需要在 iOS Mobile SDK 的 Github 仓库单独下载，其地址为 https://github.com/dji-sdk/Mobile-SDK-iOS。

Mobile SDK 的 iOS 版本支持最低为 iOS 9.0 版本，并需要使用 Xcode 7.0 以上作为开发环境，支持的设备包括 iPhone 5s 及以上版本、iPad Pro、iPad Air 2、iPad mini 2 及以上版本、iPod touch 5 及以上版本。

2.3.3　申请应用程序密钥

在第一次使用 Mobile SDK 开发的应用程序时，需要将密钥和应用程序信息在大疆的网站上注册，注册成功后才可以正常使用 Mobile SDK 的各项功能。申请密钥前，需要开发者准备一些关于应用程序的备案信息，包括应用程序名称、包标识符、应用类型、描述信息等。然后，我们按照以下步骤申请应用程序密钥。

（1）打开应用程序管理页面。

在大疆开发者网站的用户中心中，单击左侧的【应用】选项即可打开应用程序管理页面（或通过 http://developer.dji.com/user/apps/访问），如图 2-19 所示。

图 2-19　应用程序管理页面

> ✿　本节以中文语言为例，在大疆开发者网站页面的右下角"中文 ⊕"即可将页面切换为英文等其他语言。

（2）创建应用程序。

单击应用程序管理页面右上角的【创建应用】按钮，弹出创建应用程序对话框，如图 2-20 所示。

图 2-20　创建应用程序对话框

在对话框中输入以下内容。

● SDK（类型）：选择应用程序所使用的 SDK 类型，包括 Mobile SDK、Onboard SDK 和 Windows SDK 等。

- App 名称（App Name）：输入应用程序名称，可以与移动应用程序的名称稍有不同。
- 开发平台（Software Platform）：选择应用程序的运行平台，包括 Android 和 iOS 两个选项。
- 应用程序包标识符（Package Name）：输入应用程序的包标识符，用于识别应用程序。对于 Android 应用程序，包识别符即为包名，可在 AndroidManifest.xml 文件中定义，如图 2-21 所示。对于 iOS 应用程序来说，包标识符通过项目属性中的"Bundle Identifier"选项定义，如图 2-22 所示。

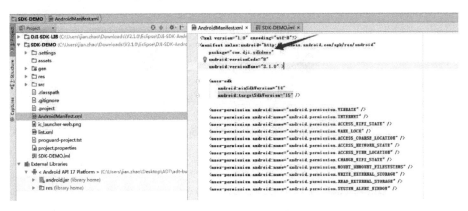

图 2-21　Android 应用程序的包名定义

图 2-22　iOS 应用程序的包名定义

- 分类（Category）：输入应用程序的应用类别，包括农业应用（Agricultrual applications）、测绘制图（Cartography）、灾害探查（Disaster probe）、运动追踪（Motion tracking）、电影摄制（Film shooting）、动物饲养（Animal feeding）、自然探索（Nature discovery）、电力巡检（Power line patrol）与其他（Other）等。选择其他时，需要手动输入类别。
- 描述（Description）：输入应用程序的相关描述。

在本节中，"SDK"选择为"Mobile SDK"，其余的选项按照上述说明如实填写，单击【创建】按钮。此时，大疆开发者网站会向 DJI 的注册邮箱中发送激活链接，如图 2-23 所示。打开激活链接后即可完成激活。

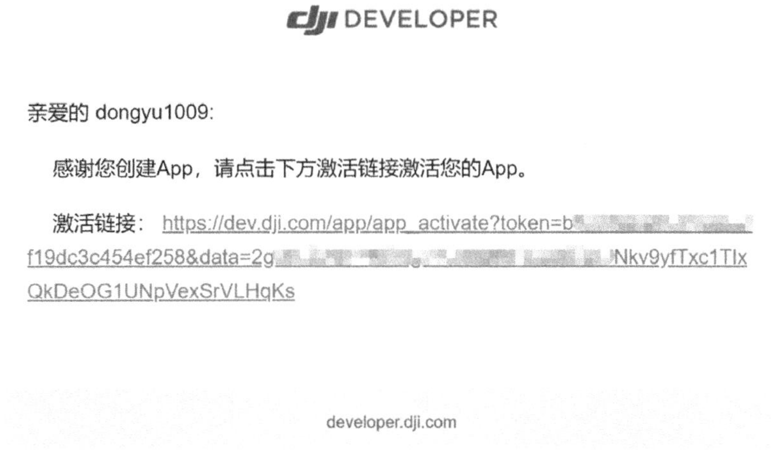

DEVELOPER
亲爱的 dongyu1009:
感谢您创建App，请点击下方激活链接激活您的App。
激活链接：https://dev.dji.com/app/app_activate?token=b
f19dc3c454ef258&data=2g
Nkv9yfTxc1Tlx
QkDeOG1UNpVexSrVLHqKs
developer.dji.com

图 2-23　通过邮箱激活创建的 App

（3）查看已注册的应用程序及其密钥。

在大疆开发者网站中单击“Apps”链接后即可显示所有注册的应用程序。单击左上方的【ALL SDK】按钮，即可在“显示全部 SDK 应用程序（ALL SDK）”、“显示 Mobile SDK 应用程序”、“显示 Onboard SDK 应用程序”和“显示 Windows SDK 应用程序”之间切换。

单击【BUTTON VIEW】，即可将已经注册的应用程序在按钮视图（BUTTON VIEW）和列表视图（LIST VIEW）之间进行切换。在列表视图下，可显示所有注册的应用程序的 SDK 类型（SDK Type）、应用程序名称（App Name）、应用程序 ID（App ID）、MFi 状态（MFi Status）和详细信息（Detail）。其中，没有通过邮箱激活的应用程序以灰色按钮【NOT ACTIVATED】显示，已经通过邮箱激活的应用程序可单击【查看详情】按钮查看详情，如图 2-24 所示。

ALL SDK
LIST VIEW
Search BundleID/packageName
创建应用
SDK Type
App Name
App ID
MFi Status
Detail
mobile
测试程序
93645
NOT ACTIVATED
mobile
DroneFly
88766
查看详情

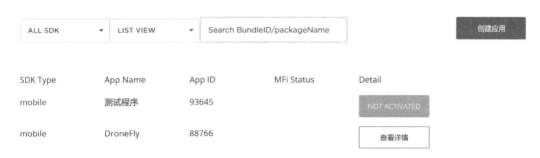

图 2-24　在大疆开发者网站查看已注册的应用程序列表

单击刚刚注册的应用程序右侧的【查看详情】按钮即可查看其详细信息。如图 2-25 所示，在应用程序详细信息中，“APP 密钥”项目右侧的字符串即为该应用程序的密钥，此时需要通过复制粘贴的方式将其放入 Mobile SDK 应用程序项目的指定位置（请参见“第 3 章　第一个 Mobile SDK 应用程序”）。

图 2-25 已注册的应用程序信息查看页面

2.4 本章小结

本章从 Android 和 iOS 移动开发开始，介绍了 Mobile SDK 及其学习资源。随后，剖析了 Mobile SDK 的基本架构和一些重要概念，包括管理器、产品、组件、任务、动作等，介绍了 Mobile SDK 的数据链路。无论是 Android 还是 iOS，其控制和监测指令需要通过底层的数据链路来实现，而 Mobile SDK 则是针对平台的特点对这些控制和监测指令进行了封装。因此，Mobile SDK 非常适合没有无人机开发背景的移动应用开发工程师学习使用。最后，本章介绍了开发前的一些准备操作。到目前为止，本书还没有给出读者任何的代码。但是这些基础知识的预备和准备操作是非常必要的。

下一章开始将会具体进入到 Mobile SDK 的开发环节中，需要读者掌握基本的 Android 程序设计或者 iOS 程序设计，并建议至少拥有一台移动设备与一台无人机进行调试。对于无人机开发而言，Android 和 iOS 系统都非常具有市场且各有优势。在之后的学习中，本书将对同一个功能分别在 Android 和 iOS 这两个平台上实现（实际上是非常类似的）。读者可以根据需求学习本书的不同编程语言的内容。

第 3 章　第一个 Mobile SDK 应用程序

在使用 Mobile SDK 之前，首先要搭建相应的开发环境：需要将 Mobile SDK 相关的类库导入到项目中，并进行一些基本的设置。除此之外，在使用 Mobile SDK 中的各个功能之前，还需要在运行时通过代码执行一些常规性的操作，这些操作包括以下几个方面。

（1）请求用户权限：对于 Android 来说，一般在用户第一次打开应用程序时通过提示的方式请求用户权限，这些权限包括位置信息获取权限、数据存储访问权限、设备基本信息读取权限等。对于 iOS 应用程序来说，通常在需要使用某些权限时才弹出对话框提示请求用户同意。

（2）注册应用程序：在每次启用 Mobile SDK 应用程序时，都需要检查应用程序是否已经注册。如果没有注册，则需要通过网络向大疆注册服务器传递以下信息。

- 应用程序密钥（App key）。
- 应用程序包标识符（Bundle ID）。
- 由 HASH 算法通过 SIM 卡序列号等设备相关信息生成的设备 UUID。
- 系统信息，包括系统平台、版本和名称。
- 移动设备类型。

强烈建议开发者在用户第一次打开应用程序时提示用户保持互联网连接正常，以便于注册应用程序。特别要关注使用 Mavic Mini、精灵 3S 等通过 Wi-Fi 将移动设备连接到遥控器的用户，因为当这些无人机通过 Wi-Fi 连接移动设备时会造成互联网连接中断。

注册应用程序的过程也是检查大疆无人机限飞数据库版本的过程。如果限飞数据库需要更新，会自动下载最新版本的数据库。

（3）实名制认证：在中国大陆地区使用 Mobile SDK 应用程序，必须要通过用户账号管理器（UserAccountManager）登录 DJI 账号以进行实名制认证，激活应用程序。每次实名制认证的有效时间为 3 个月，过期后需要重新登录认证。当前应用程序的实名制认证的状态（应用程序激活状态）则需要通过应用程序激活管理器（AppActivationManager）进行获取。当在中国大陆以外的地区使用 Mobile SDK 应用程序时，无须登录 DJI 账号进行实名制认证。

（4）绑定无人机：对于新购买的大疆无人机来说，需要在 DJI GO、DJI GO 4 等应用程序中激活无人机。在中国大陆地区，除了激活无人机，还需要将该无人机绑定在某个 DJI 账号下，否则在使用 Mobile SDK 应用程序时会出现图传和飞行范围上的限制。但是，通过 Mobile SDK 无法实现绑定无人机的功能，我们能够做的就是检查无人机是否被绑定过。如果没有，则需要跳转到 DJI GO、DJI GO 4 等应用程序中引导用户绑定无人机。

（5）连接无人机：在通过 Mobile SDK 使用无人机之前，需要通过 SDK 管理器连接无人机。待无人机连接正常后，Mobile SDK 才可以通过 Lightbridge 或 OcuSync 等链路监控无人机。值得注意的是，为了安全考虑，同一时刻只能有一台设备的一个应用程序连接到无人机。例如，对于使用 Wi-Fi 连接遥控器和移动设备的无人机来说，如果当一台设备的应用程序连接到无人机后，其他设备上的应用程序就无法正常连接。对于同一台设备的多个应用程序来说也是如此。例如，当某台移动设备的 DJI GO 已经连接到无人机，那么 Mobile SDK 应用程序就无法连接到无人机。

（6）获取无人机对象：通过 SDK 管理器可获取到无人机对象，进而通过无人机对象获得无人机的型号、固件版本号等信息，以及该无人机对象的飞行控制器、云台、相机等各个组件的对象示例。

上述这些操作是任何 Mobile SDK 应用程序所必须的初始化流程，建议开发者将这些执行过程按照如图 3-1 所示的顺序进行代码设计。

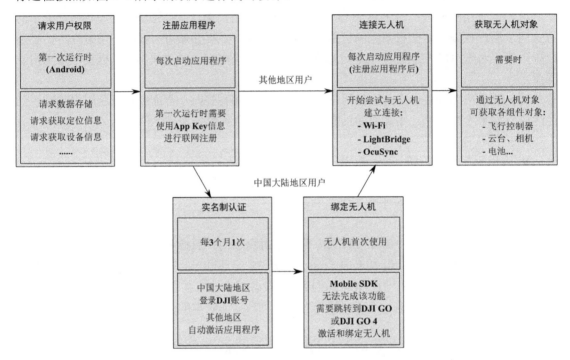

图 3-1　Mobile SDK 应用程序初始化流程

本章包括以下几个方面的内容。

（1）分别在 Android 和 iOS 中完成 Mobile SDK 应用程序的开发环境搭建工作，并从零开始开发第一个 Mobile SDK 应用程序。将该应用程序命名为"DroneFly"，在随后的章节中，均以该 DroneFly 应用程序为基础进行开发和讲解。

（2）在 DroneFly 应用程序的基础上完成注册应用程序、实名制认证、绑定和连接无人机的相关操作，介绍如何获取应用程序注册和激活的状态信息。其中，实名制认证和绑定无人机只适用于在中国大陆地区应用的 Mobile SDK 应用程序，针对国外用户开发的应用程序无须进行此项配置工作。

（3）介绍 Mobile SDK 应用程序的常见调试工具和方法，包括飞行模拟器工具、桥接调试方法、非调试状态的错误信息获取方法和 iOS 远程调试工具。

让我们从零开始学习吧！

3.1　在 Android 应用中使用 Mobile SDK

本节将介绍如何从零开始通过 Android Studio 创建和配置一个 Mobile SDK 应用程序，以及如何使用 Android Mobile SDK 注册应用程序、完成实名制认证、绑定和连接无人机等操作。

3.1.1　整合 Mobile SDK 到 Android 项目中

为了方便移动开发初学者的学习，本节将从创建一个 Android 项目开始，详细介绍整合 Mobile SDK 到 Android 项目的方法。但是，如果读者手中已经有一个 Android 项目需要使用 Mobile SDK，那么在设置该项目的最低 SDK 版本选项为 5.0 或以上版本的基础上，跳过下面的"1．创建 Android 应用程序"部分进行配置即可。

1．创建 Android 应用程序

打开 Android Studio（本书使用 4.0.1 版本进行演示），并在 Android Studio 欢迎页面中单击"＋Start a new Android Studio project"（见图 3-2）选项创建一个新的项目，并弹出"Create New Project"对话框。

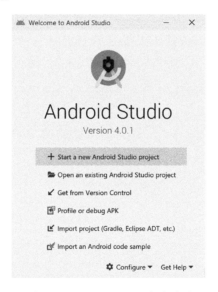

图 3-2　Android Studio 欢迎页面

在"Select a Project Template"标题页中选择所创建的项目模板"Phone and Tablet"选项卡下的"Empty Activity"选项，并单击【Next】按钮进入下一步，如图 3-3 所示。

在"Configure Your Project"标题页中输入项目的基本信息：在"Name"选项中输入项目名称"DroneFly"；在"Package name"选项中输入包名"cas.igsnrr.dronefly"；在"Save location"选项中输入项目的保存位置；在"Language"选项中选择使用的编程语言"Java"。由于 Mobile SDK 所支持的最低 Android SDK 版本为 5.0，因此在"Minimum

SDK"选项中选择项目的最低 SDK 版本"API 21: Android 5.0 (Lollipop)"，如图 3-4 所示。设置完成后，单击【Finish】按钮确认。

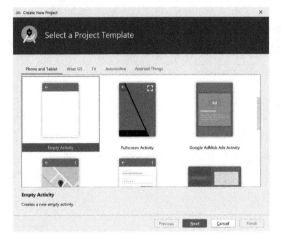 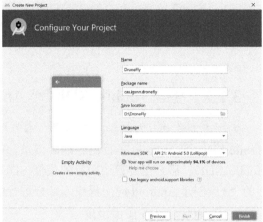

图 3-3 "Select a Project Template"标题页　　　图 3-4 "Configure Your Project"标题页

> ✤ 这里设置的项目包名用于申请应用程序密钥（详见"2.3.3　申请应用程序密钥"节内容）。

此时，Android Studio 已经根据所选项目模板创建了一个名为"DroneFly"的项目，并自动创建了一个空的 Activity，即 MainActivity，如图 3-5 所示。

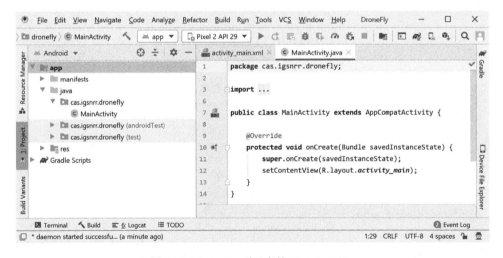

图 3-5　DroneFly 项目中的 MainActivity

2. 整合 Mobile SDK 到 Android 项目

Android Mobile SDK 4.2 之前的版本需要导入本地的 SDK 类库文件到应用程序项目中，但是在最新版本的 Android Mobile SDK 中只需要使用 Maven 或 Gradle 等构建工具，通过代码仓库的方式下载即可。具体的操作方法如下。

（1）在项目资源管理器中，打开"Gradle Scripts"下的"build.gradle (Module: app)"文件，如图 3-6 所示。

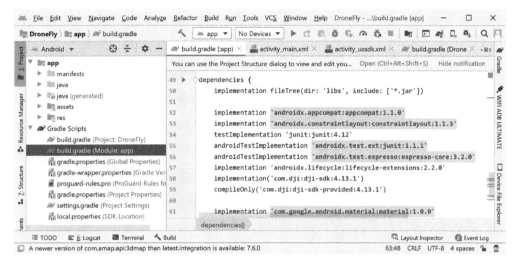

图 3-6　DroneFly 项目中的 build.gradle (Module: app)文件

（2）在该 Gradle 配置文件的 dependencies 部分加入 Mobile SDK 的相关依赖，具体实现如代码 3-1 所示。注意，本书中所有的代码框均统一使用加粗文字标注新增代码。

代码 3-1

```
dependencies {
    implementation fileTree(dir: 'libs', include: ['*.jar'])

    implementation 'androidx.appcompat:appcompat:1.1.0'
    implementation 'androidx.constraintlayout:constraintlayout:1.1.3'
    testImplementation 'junit:junit:4.12'
    androidTestImplementation 'androidx.test.ext:junit:1.1.1'
    androidTestImplementation 'androidx.test.espresso:espresso-core:3.2.0'
    implementation 'androidx.lifecycle:lifecycle-extensions:2.2.0'
    implementation ('com.dji:dji-sdk:4.13.1')
    compileOnly ('com.dji:dji-sdk-provided:4.13.1')
}
```

由此可见，Android Mobile SDK 分为"dji-sdk"和"dji-sdk-provided"两个部分：

① 通过 implementation 指令依赖的"dji-sdk"包括 dji-sdk-4.13.1.aar 文件（包含运行时所需要的各种资源与类库）和 dji-sdk-4.13.1.pom 文件（项目对象模型）。Android Studio 会将其编译并打包到最终的应用程序中。

② 通过 compileOnly 指令依赖的"dji-sdk-provided"包含有 dji-sdk-provided-4.13.1-sources.jar、dji-sdk-provided-4.13.1.jar、dji-sdk-provided-4.13.1-javadoc.jar、dji-sdk-provided-4.13.1.pom 四个文件，仅在代码编辑和编译时支持使用。

> ✿ 在使用 Android Mobile SDK 时，必须要加入 "lifecycle-extensions" 依赖，否则在注册应用程序时会出现 "闪退"，并报出 "java.lang.NoClassDefFoundError: Failed resolution of: Landroidx/lifecycle/ProcessLifecycleOwner;" 错误。

另外，对于 "dji-sdk" 依赖部分，可通过 "exclude module" 代码去除部分 Module 以降低移动应用程序安装包的大小。例如，通过 "exclude module: 'library-anti-distortion'" 代码可去除抗畸变（Anti Distortion）模块，通过 "exclude module: 'fly-safe-database'" 代码可去除限飞数据库模块，这两个模块在编译后的应用程序中会占用很大的存储空间，具体实现如代码 3-2 所示。

代码 3-2

```
dependencies {
    ...

    implementation ('com.dji:dji-sdk:4.13.1', {
        exclude module: 'library-anti-distortion'
        exclude module: 'fly-safe-database'
    })
    compileOnly ('com.dji:dji-sdk-provided:4.13.1')
}
```

抗畸变（Anti Distortion）模块是对御 2 Pro、御 2 Zoom 和御 2 Enterprise Zoom 三款无人机特别设计的用于原始视频流的解码与失真校正类库，去除该模块后将不支持上述无人机的图传视频解码。当从 "dji-sdk" 依赖中去除限飞数据库模块后，在应用程序注册（调用 SDK 管理器的 registerApp 方法）时会自动下载最新的限飞数据库。

（3）在 Gradle 配置文件的 android 部分添加动态链接库的打包选项，以避免编译错误，具体实现如代码 3-3 所示。

代码 3-3

```
android {
    compileSdkVersion 29
    buildToolsVersion "29.0.3"

    defaultConfig {
        ...
    }

    buildTypes {
        ...
    }

    packagingOptions{
        doNotStrip "*/*/libdjivideo.so"
        doNotStrip "*/*/libSDKRelativeJNI.so"
        doNotStrip "*/*/libFlyForbid.so"
        doNotStrip "*/*/libduml_vision_bokeh.so"
```

```
            doNotStrip "*/*/libyuv2.so"
            doNotStrip "*/*/libGroudStation.so"
            doNotStrip "*/*/libFRCorkscrew.so"
            doNotStrip "*/*/llbUpgradeVerify.so"
            doNotStrip "*/*/libFR.so"
            doNotStrip "*/*/libDJIFlySafeCore.so"
            doNotStrip "*/*/libdjifs_jni.so"
            doNotStrip "*/*/libsfjni.so"
            exclude 'META-INF/rxjava.properties'
        }
    }
```

此时，选择 Android Studio 菜单栏中的【File】-【Sync Project with Gradle Files】菜单更新 Gradle 配置，并通过仓库下载依赖项。稍等片刻后，当 Android Studio 状态栏出现"Gradle sync finished in …"提示时说明 Gradle 配置完成。

> ❀ 由于 Android Mobile SDK 的类库体积很大，因此可能会在编译时出现"Error: Cannot fit requested classes in a single dex file (# methods: 72725 > 65536)"错误。此时，可以在上述 Gradle 配置文件中，在 android 部分的 defaultConfig 部分内添加"multiDexEnabled true"代码解决这个问题。

通过以下方法可以检查是否通过 Gradle 成功下载 Mobile SDK 的相关依赖：单击 Android Studio 菜单栏中的【File】-【Project Structure…】菜单（快捷键：Ctrl+Alt+Shift+S）打开"Project Structure"对话框，如图 3-7 所示。在该对话框中，选择左侧的"Dependencies"选项，并在 Modules 列表中选择"app"。此时，如果在右侧的依赖声明列表中找到"dji-sdk:4.13.1"与"dji-sdk-provided:4.13.1"依赖，则说明 Gradle 配置成功。

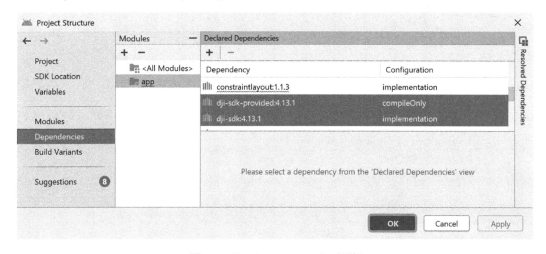

图 3-7　"Project Structure"对话框

3. AndroidManifest.xml 设置与初始化类库

打开 DroneFly 项目的 AndroidManifest.xml 文件，在 manifest 根标签内添加以下权限、

特征等 XML 声明语句，具体实现如代码 3-4 所示。

代码 3-4

```xml
<?xml version="1.0" encoding="utf-8"?>
<manifest xmlns:android="http://schemas.android.com/apk/res/android"
    package="cas.igsnrr.dronefly">

    <uses-permission android:name="android.permission.BLUETOOTH" />
    <uses-permission android:name="android.permission.BLUETOOTH_ADMIN" />
    <uses-permission android:name="android.permission.VIBRATE" />
    <uses-permission android:name="android.permission.INTERNET" />
    <uses-permission android:name="android.permission.ACCESS_WIFI_STATE" />
    <uses-permission android:name="android.permission.WAKE_LOCK" />
    <uses-permission android:name="android.permission.ACCESS_COARSE_LOCATION" />
    <uses-permission android:name="android.permission.ACCESS_NETWORK_STATE" />
    <uses-permission android:name="android.permission.ACCESS_FINE_LOCATION" />
    <uses-permission android:name="android.permission.CHANGE_WIFI_STATE" />
    <uses-permission android:name="android.permission.WRITE_EXTERNAL_STORAGE" />
    <uses-permission android:name="android.permission.READ_EXTERNAL_STORAGE" />
    <uses-permission android:name="android.permission.SYSTEM_ALERT_WINDOW" />
    <uses-permission android:name="android.permission.READ_PHONE_STATE" />

    <uses-feature
        android:name="android.hardware.usb.host"
        android:required="false" />
    <uses-feature
        android:name="android.hardware.usb.accessory"
        android:required="true" />
    <uses-feature
        android:glEsVersion="0x00020000"
        android:required="true" />

    <application
        android:allowBackup="true"
        android:icon="@mipmap/ic_launcher"
        android:label="@string/app_name"
        android:roundIcon="@mipmap/ic_launcher_round"
        android:supportsRtl="true"
        android:theme="@style/AppTheme">

        <uses-library android:name="com.android.future.usb.accessory" />
        <uses-library
            android:name="org.apache.http.legacy"
            android:required="false" />
        <meta-data
            android:name="com.dji.sdk.API_KEY"
            android:value="<输入应用程序密钥>" />
        <activity
```

```
            android:name="dji.sdk.sdkmanager.DJIAoaControllerActivity"
            android:theme="@android:style/Theme.Translucent" >
            <intent-filter>
                <action android:name="android.hardware.usb.action.USB_ACCESSORY_ATTACHED" />
            </intent-filter>
            <meta-data
                android:name="android.hardware.usb.action.USB_ACCESSORY_ATTACHED"
                android:resource="@xml/accessory_filter" />
        </activity>
        <service android:name="dji.sdk.sdkmanager.DJIGlobalService" >
        </service>

        <activity android:name=".MainActivity"
            android:configChanges="orientation"
            android:screenOrientation="portrait"> <!--强制保持竖屏-->
            <intent-filter>
                <action android:name="android.intent.action.MAIN" />

                <category android:name="android.intent.category.LAUNCHER" />
            </intent-filter>
        </activity>
    </application>

</manifest>
```

在代码 3-4 中,需要通过应用程序包名(已在代码 3-4 中用下画线标注)在大疆开发者网站申请的应用程序密钥(详见"2.3.3 申请应用程序密钥"节内容),并将密钥填入"<输入应用程序密钥>"位置。

另外,uses-permission 标签表示应用程序所需要使用的用户权限;uses-feature 标签表示应用程序的软硬件需求特征(一般用于应用上线商店);uses-library 标签表示应用程序所需要连接的共享库;名为"DJIAoaControllerActivity"的 activity 标签用于通过 USB 设备连接无人机遥控器;名为"DJIGlobalService"的 service 标签为应用程序提供 Mobile SDK 的全局服务。

4. 初始化类库

初始化类库,即在应用程序的 Application 对象中,通过 com.secneo.sdk.Helper 类的 install(Application app)方法注册 Mobile SDK,具体的方法如下。

(1)在"cas.igsnrr.dronefly"类库中单击鼠标右键,选择【New】-【Java Class】创建 Java 类,弹出如图 3-8 所示的"New Java Class"对话框。

(2)在"New Java Class"对话框中,在"Name"选项中输入类名"DroneApplication";在"Superclass"选项中输入其父类"android.app.Application";确认"Package"选项的内容为"cas.igsnrr.dronefly";其他选项保持默认值,单击【OK】按钮创建 DroneApplication 类。

(3)在 DroneApplication 类中复写 attachBaseContent(Context paramContext)方法,并调用 Helper 的 install(Application app)方法,具体实现如代码 3-5 所示。

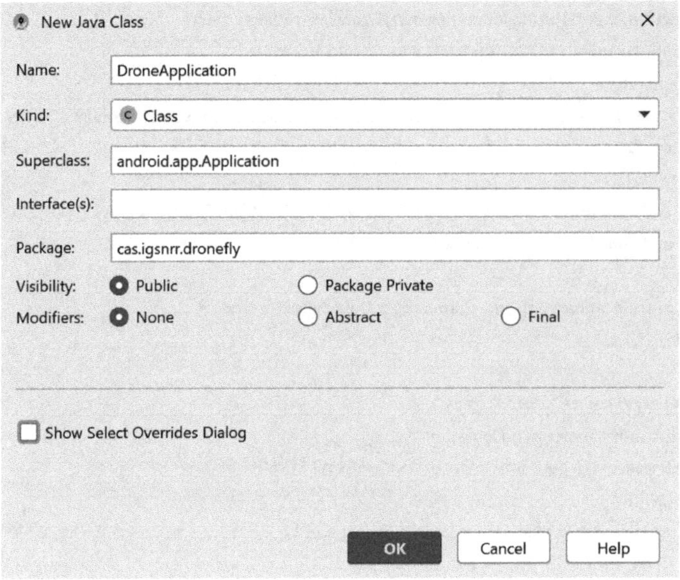

图 3-8 "New Java Class" 对话框

代码 3-5

```
package cas.igsnrr.dronefly;

import android.app.Application;
import android.content.Context;
import com.secneo.sdk.Helper;

public class DroneApplication extends Application {

    @Override
    protected void attachBaseContext(Context paramContext) {
        super.attachBaseContext(paramContext);
        Helper.install(DroneApplication.this);
    }

}
```

（4）在 AndroidManifest.xml 中注册 DroneApplication 对象，具体实现如代码 3-6 所示。

代码 3-6

```
<?xml version="1.0" encoding="utf-8"?>
<manifest xmlns:android="http://schemas.android.com/apk/res/android"
    package="cas.igsnrr.dronefly">

    ...

    <application
        android:name=".DroneApplication"
```

```
        android:allowBackup="true"
        android:icon="@mipmap/ic_launcher"
        android:label="@string/app_name"
        android:roundIcon="@mipmap/ic_launcher_round"
        android:supportsRtl="true"
        android:theme="@style/AppTheme">

        ...

    </application>

</manifest>
```

此时，初始化类库的代码已经完成。在每次启动 DroneFly 应用程序时，都会实例化一个 DroneApplication 对象，并调用 attachBaseContent 方法的代码。

值得注意的是，Helper 的 install(Application app)方法不能在 MainActivity 中执行。如果错误地将该代码添加到了 MainActivity 的 OnCreate(Bundle savedInstanceState)方法中或者直接缺失上述代码，则当使用 Mobile SDK 的类库时会报"java.lang.NoClassDefFoundError: Failed resolution of: Ldji/sdk/sdkmanager/DJISDKManager;"错误。

5．申请用户权限

在 MainActivity.java 中申请用户权限，如代码 3-7 所示。

代码 3-7

```
//需要申请的用户权限
private static final String[] PERMISSION_LIST = new String[]{
        Manifest.permission.VIBRATE,    //程序震动
        Manifest.permission.INTERNET,    //访问互联网(可能产生网络流量)
        Manifest.permission.ACCESS_WIFI_STATE,    //获取 Wi-Fi 状态和 Wi-Fi 接入点信息
        Manifest.permission.WAKE_LOCK,    //关闭屏幕时后台进程仍然执行
        Manifest.permission.ACCESS_COARSE_LOCATION,    //获得模糊定位信息(通过基站或者 Wi-Fi 信息)
        Manifest.permission.ACCESS_NETWORK_STATE,    //获取网络状态信息
        Manifest.permission.ACCESS_FINE_LOCATION,    //获得精准定位信息(通过定位卫星信号)
        Manifest.permission.CHANGE_WIFI_STATE,    //改变 Wi-Fi 连接状态
        Manifest.permission.WRITE_EXTERNAL_STORAGE,    //写入外部存储信息
        Manifest.permission.BLUETOOTH,    //配对蓝牙设备
        Manifest.permission.BLUETOOTH_ADMIN,    //配对蓝牙设备(不通知用户)
        Manifest.permission.READ_EXTERNAL_STORAGE,    //读取外部存储信息
        Manifest.permission.READ_PHONE_STATE,    //访问电话状态
};
//缺失的用户权限
private List<String> missingPermission = new ArrayList<>();

@Override
protected void onCreate(Bundle savedInstanceState) {
    super.onCreate(savedInstanceState);
    setContentView(R.layout.activity_main);
    //检查应用程序权限
```

55

```
    if (!checkPermissions()) {
        //存在缺失权限，调用 requestPermissions 申请应用程序权限
        requestPermissions();
    }
}

//检查应用程序权限
private boolean checkPermissions(){
    //判断应用程序编译的 SDK 版本是否大于22 (Android 5.1)，低于该版本时不需要申请权限
    if (Build.VERSION.SDK_INT >= Build.VERSION_CODES.M) {
        //遍历所有 Mobile SDK 需要的权限
        for (String permission : PERMISSION_LIST) {
            //判断该权限是否已经被赋予
            if (ContextCompat.checkSelfPermission(this, permission) !=
                    PackageManager.PERMISSION_GRANTED) {
                //没有赋予的权限放入到 missingPermission 列表对象中
                missingPermission.add(permission);

            }
        }
        //如果不存在缺失权限，则返回真；否则返回假
        return missingPermission.isEmpty();
    }
    else return true;
}

//申请应用程序权限
private void requestPermissions() {
    //申请所有没有被赋予的权限
    ActivityCompat.requestPermissions(this,
            missingPermission.toArray(new String[missingPermission.size()]),
            1009);
}
```

通过上述代码，在 MainActivity 被创建时会检查 PERMISSION_LIST 列表中的权限是否被正确授权。如果存在没有被授权的权限，则会将其放置在 missingPermission 列表对象中。最后，如果 missingPermission 列表不为空，则调用 requestPermissions()方法申请缺失的权限。

此时调试运行程序，会在应用程序启动时弹出权限确认提示框（界面会依 Android 发行版类型的不同而有所不同），如图 3-9 所示。

图 3-9　权限确认提示框

此时，用户需要全部单击【允许】按钮后才可正常使用 Mobile SDK。

3.1.2　注册应用程序与连接无人机

本节将介绍通过 Android Mobile SDK 注册应用程序和连接无人机的方法。

1. 注册应用程序

首先介绍通过 SDK 管理器的 registerApp(…)方法注册应用程序，以获得使用 Mobile SDK 的授权的方法。在使用该方法时，还需要实现 registerApp(…)方法的 SDK 管理器回调（SDKManagerCallback），以判断应用程序是否注册成功。

SDK 管理器回调共包括以下几个回调函数。

● onRegister(DJIError djiError)：注册应用程序回调方法。通过 djiError 变量回调注册信息。当 djiError 对象为空时，则说明注册成功；当 djiError 对象不为空时，该对象包含了注册错误的相关说明。

● onProductConnect(BaseProduct baseProduct)：无人机连接回调方法。当移动设备连接到无人机时回调该函数，其中 baseProduct 即为连接的大疆产品对象。

● onProductDisconnect()：无人机失去连接回调方法。当移动设备与无人机断开连接时回调该函数。注意，此处的无人机失去连接不是指无人机与遥控器之间的信号丢失，而是指移动设备与遥控器断开连接。

● onProductChanged(BaseProduct baseProduct)：无人机连接变化回调方法。当移动设备所连接的无人机发生变化时回调，其中 baseProduct 即为变化后的无人机对象。

● onComponentChange(BaseProduct.ComponentKey componentKey, BaseComponent oldComponent, BaseComponent newComponent)：无人机组件变化回调方法。该回调函数包括 3 个参数，即组件键（componentKey）、变化前组件对象（oldComponent）和变化后组件对象（newComponent）。组件键用于声明组件类型，为枚举类型变量，包括相机（CAMERA）、云台（GIMBAL）、飞行控制器（FLIGHT_CONTROLLER）等类型。

● onInitProcess(DJISDKInitEvent djisdkInitEvent, int process)：初始化进程回调方法。在注册应用程序时实际上也在进行 Mobile SDK 的初始化，包括资源初始化、限飞数据库初始化等。通过 djisdkInitEvent 对象的 getInitializationState()方法即可获取初始化状态 InitializationState。InitializationState 为一枚举变量，包括在开始初始化时（START_TO_INITIALIZE）、资源加载完成时（ASSETS_LOADED）和限飞数据库加载完成（DATABASE_LOADED）三个状态定义。另外，通过 process 变量可获得初始化进度，其值域为[0,100]。

● onDatabaseDownloadProgress(long process, long sum)：限飞数据库下载进度回调方法。当在 Gradle 依赖中使用了"cxclude module: 'fly-safe-database'"语句时，应用程序内部不包括限飞数据库，则需要在第一次初始化应用程序时下载完整的数据库。当现有的限飞数据库过时时，也需要下载最新的数据库。该方法的 process 参数为已经下载的字节数，而 sum 参数为限飞数据库总共的字节数。在限飞数据库全部下载完成后，才会在上述的 onInitProcess(…)方法中回调 ASSETS_LOADED 类型的

djisdkInitEvent 对象。

另外，registerApp(…)方法必须要使用异步调用，不能在主线程中直接使用，例如，可以通过在界面中增加一个按钮，然后在其单击事件监听器中使用 registerApp(…)方法。为了完成在应用启动时自动注册，也可直接通过 Runnable 类创建一个新的线程，并将注册应用程序的代码放入到该线程中。下面我们在 MainActivity.java 文件中 onCreate(…)生命周期方法中注册应用程序，具体实现如代码 3-8 所示。

代码 3-8

```java
@Override
protected void onCreate(Bundle savedInstanceState) {
    super.onCreate(savedInstanceState);
    setContentView(R.layout.activity_main);
    //检查应用程序权限
    if (!checkPermissions()) {
        //存在缺失权限，调用 requestPermissions 申请应用程序权限
        requestPermissions();
    }
    //再次检查应用程序权限
    if (checkPermissions()) {
        //不存在缺失权限，开始注册应用程序
        registerApplication();
    }
}

//注册应用程序
private void registerApplication() {
    AsyncTask.execute(new Runnable() {
        @Override
        public void run() {
            DJISDKManager.getInstance().registerApp(MainActivity.this.getApplicationContext(),
                        new DJISDKManager.SDKManagerCallback() {
                @Override
                public void onRegister(DJIError djiError) {
                    if (djiError == DJISDKError.REGISTRATION_SUCCESS) {
                        showToast("应用程序注册成功!" + djiError.getDescription());
                    } else {
                        showToast("应用程序注册失败!" + djiError.getDescription());
                    }
                }

                @Override
                public void onProductDisconnect() {
                }

                @Override
                public void onProductConnect(BaseProduct baseProduct) {
                }

                @Override
```

```
            public void onProductChanged(BaseProduct baseProduct) {
            }

            @Override
            public void onComponentChange(BaseProduct.ComponentKey componentKey,
                                  BaseComponent oldComponent,
                                  BaseComponent newComponent) {
            }

            @Override
            public void onInitProcess(DJISDKInitEvent djisdkInitEvent, int process) {
                showToast(djisdkInitEvent.getInitializationState().toString()
                    + "进度: " + process + "%");
            }

            @Override
            public void onDatabaseDownloadProgress(long process, long sum) {
                Log.v("限飞数据库下载", "已下载" + process + "字节, 总共: " + sum + "字节");
            }
        });
        }
    });
}

//在主线程中显示提示
private void showToast(final String toastMsg) {
    runOnUiThread(new Runnable() {
        @Override
        public void run() {
            Toast.makeText(getApplicationContext(), toastMsg, Toast.LENGTH_LONG).show();
        }
    });
}
```

此时，编译并运行应用程序。当弹出 MainActivity 的界面后会依次弹出 "START_TO_ INITIALIZE""ASSETS_LOADED""应用程序注册成功!API Key successfully registered" 等

提示，如图 3-10 所示。另外，读者可以在 Android Studio 的 Logcat 面板中查看到下载限飞数据库的提示，且这些下载提示出现在 "ASSETS_LOADED" 弹出之前。

通过 onRegister(DJIError djiError)方法回调参数 djiError 的 getDescription()方法可获取注册失败的详细描述信息，常见的错误如下所示。

- For first time registration, app should be connected to Internet：首次注册时，需要连接互联网对应用程序密钥进行验核。

- The app key submitted is invalid. Please check the

图 3-10　注册应用程序成功界面

app key you provided：密钥输入错误，需要检查密钥的正确性。

- The metadata received from server is invalid, please reconnect to the server and try：从服务器传递回来的元数据校验失败，此时可尝试重新连接服务器再次注册。
- The app key reached maximum number of activations, please contact <dev@dji.com> for help：免费版账号申请的密钥注册应用程序的次数超出了 20 次的限制。
- The app key is prohibited, please contact <dev@dji.com> for help：密钥被吊销，此时需要联系大疆官方寻求帮助。

另外，应用程序是否注册成功可通过 SDK 管理器的 hasSDKRegistered()方法确认。

2．连接无人机

连接与断开无人机分别通过 SDK 管理器的 startConnectionToProduct()和 stopConnection ToProduct()方法实现。为了方便起见，可以将 startConnectionToProduct()方法调用放置在注册应用程序成功的代码中。另外，在 SDKManagerCallback 回调中的 onProductConnect(…)、onProductDisconnect(…)和 onComponentChange(…)方法中添加一些提示代码，具体实现如代码 3-9 所示。

代码 3-9

```
private void registerApplication() {
    AsyncTask.execute(new Runnable() {
        @Override
        public void run() {
            DJISDKManager.getInstance().registerApp(MainActivity.this.getApplicationContext(),
                        new DJISDKManager.SDKManagerCallback() {
                @Override
                public void onRegister(DJIError djiError) {
                    if (djiError == DJISDKError.REGISTRATION_SUCCESS) {
                        showToast("应用程序注册成功!" + djiError.getDescription());
                        DJISDKManager.getInstance().startConnectionToProduct();
                    } else {
                        showToast("应用程序注册失败!" + djiError.getDescription());
                    }
                }

                @Override
                public void onProductDisconnect() {
                    showToast("设备断开连接!");
                }

                @Override
                public void onProductConnect(BaseProduct baseProduct) {
                    if (baseProduct.getModel() == null){
                        return;
                    }
                    showToast("设备连接:" + baseProduct.getModel().getDisplayName());
                }

                @Override
                public void onProductChanged(BaseProduct baseProduct) {
                    if (baseProduct.getModel() == null){
```

```
                    return;
                }
                showToast("设备变化:" + baseProduct.getModel().getDisplayName());
            }

            @Override
            public void onComponentChange(BaseProduct.ComponentKey componentKey,
                                          BaseComponent oldComponent,
                                          BaseComponent newComponent) {
                String strInfo = String.format("组件变化 键:%s, 旧组件:%s,"
                        + "新组件:%s", componentKey, oldComponent, newComponent);
                showToast(strInfo);
            }

            ...
        });
    }
});
}
```

　　❀ 上述连接方法仅限于大疆无人机产品和通过 Wi-Fi 连接的手持云台相机产品。对于采用蓝牙连接的手持云台相机，则需要通过 SDK 管理器的 getBluetoothProductConnector() 方法搜索蓝牙设备连接器，并分别通过蓝牙设备连接器对象的 searchBluetoothProducts(…)、connect(…)和 disconnect(…)方法搜索、连接和断开蓝牙设备。

　　编译运行程序并连接大疆无人机，稍等片刻应用程序会先后回调到 onComponentChange(…) 方法和 onProductConnect(…)方法，并弹出类似如图 3-11 所示的连接提示。当无人机断开连接时，会回调 onProductDisconnect(…)方法，并弹出如图 3-12 所示的断开连接提示。

图 3-11　无人机连接提示

图 3-12　无人机断开连接提示

61

3.1.3 实名制认证与绑定无人机

在中国大陆地区使用 Mobile SDK，除了通过密钥注册应用程序，还需要登录 DJI 账号进行实名制认证。如果无人机没有与某个 DJI 账号绑定，那么还需要提示用户跳转到 DJI GO、DJI GO 4 等应用程序中绑定无人机。如果应用程序没有经过实名制认证，或者无人机没有绑定，那么 Mobile SDK 无法接收图传信息，并且其飞行高度限制在 30m，飞行半径显示在 100m 之内。

本节仅适用于针对在中国大陆地区开发 Mobile SDK 应用程序，包括如下几个方面的内容。

（1）DJI 账号的登录与退出。

（2）获取与监听应用程序激活状态和无人机绑定状态。

（3）跳转到 DJI GO 或 DJI GO 4 的方法。

上述内容涉及两个主要的管理器对象，分别为用户账号管理器 UserAccountManager 和应用程序激活管理器 AppActivationManager。由于实名制认证的结果和状态通过应用程序激活管理器的 getAppActivationState()方法获取，因此实名制认证状态也就是应用程序的激活状态。

为了完成上述功能，我们首先修改 MainActivity 的用户界面，在其中增加一些文本框和按钮，即打开 activity_main.xml 文件添加如代码 3-10 所示的内容。

代码 3-10

```xml
<?xml version="1.0" encoding="utf-8"?>
<ScrollView xmlns:android="http://schemas.android.com/apk/res/android"
    android:layout_width="match_parent"
    android:layout_height="match_parent"
    android:layout_margin="16dp">

    <LinearLayout
        android:layout_width="match_parent"
        android:layout_height="wrap_content"
        android:orientation="vertical">

        <TextView
            style="?android:listSeparatorTextViewStyle"
            android:layout_width="match_parent"
            android:layout_height="wrap_content"
            android:text="应用程序激活与无人机绑定" />

        <TextView
            android:id="@+id/tv_status_appactivation"
            android:layout_width="match_parent"
            android:layout_height="wrap_content"
            android:gravity="center"
            android:padding="8dp"
            android:text="当前应用程序激活状态:UNKNOWN"/>
```

```xml
    <TextView
        android:id="@+id/tv_status_aircraftbinding"
        android:layout_width="match_parent"
        android:layout_height="wrap_content"
        android:gravity="center"
        android:padding="8dp"
        android:text="当前无人机绑定状态:UNKNOWN"/>
    <Button
        android:id="@+id/btn_login"
        android:layout_width="match_parent"
        android:layout_height="wrap_content"
        android:text="登录 DJI 账号" />

    <Button
        android:id="@+id/btn_logout"
        android:layout_width="match_parent"
        android:layout_height="wrap_content"
        android:text="退出 DJI 账号"/>

    <Button
        android:id="@+id/btn_status_appactivation"
        android:layout_width="match_parent"
        android:layout_height="wrap_content"
        android:text="获取应用程序激活状态" />

    <Button
        android:id="@+id/btn_status_aircraftbinding"
        android:layout_width="match_parent"
        android:layout_height="wrap_content"
        android:text="获取无人机绑定状态"/>

</LinearLayout>

</ScrollView>
```

1. 登录 DJI 账号

实名制认证（激活应用程序）是通过登录 DJI 账号实现的。具体来说，是通过用户账号管理器的 logIntoDJIUserAccount(…)方法弹窗登录账号的。现在，我们在 MainActivity.java 中创建一个 initUI()方法，用于初始化 UI 界面。然后，在 MainActivity 的 onCreate(…)方法中调用 initUI()方法。最后，在 initUI()方法中获取【登录 DJI 账号】按钮的实例，并监听其单击事件。在单击【登录 DJI 账号】按钮后调用用户账号管理器的 logIntoDJIUserAccount(…)方法。具体的代码如代码 3-11 所示。

代码 3-11

```java
@Override
protected void onCreate(Bundle savedInstanceState) {
    super.onCreate(savedInstanceState);
```

```
    setContentView(R.layout.activity_main);
    //检查应用程序权限
    if (!checkPermissions()) {
        //存在缺失权限，调用 requestPermissions 申请应用程序权限
        requestPermissions();
    }
    //再次检查应用程序权限
    if (checkPermissions()) {
        //不存在缺失权限，开始注册应用程序
        registerApplication();
    }
    //初始化 UI
    initUI();
}

private void initUI(){

    //获得"登录 DJI 账号"按钮实例对象
    Button btnLogin = (Button) findViewById(R.id.btn_login);
    //为"登录 DJI 账号"按钮增加监听器
    btnLogin.setOnClickListener(new View.OnClickListener() {
        @Override
        public void onClick(View v) {
            UserAccountManager.getInstance().logIntoDJIUserAccount(MainActivity.this,
                    new CommonCallbacks.CompletionCallbackWith<UserAccountState>() {
                        @Override
                        public void onSuccess(UserAccountState userAccountState) {
                            showToast("登录成功!");
                        }

                        @Override
                        public void onFailure(DJIError djiError) {
                            showToast("登录失败!" + djiError.getDescription());
                        }
                    });
        }
    });

}
```

在上述代码中，logIntoDJIUserAccount(…)方法的回调中包含了 onSuccess(…)和 onFailure(…)两个回调函数。前者在登录成功时回调，后者在登录失败时回调。

2. 退出 DJI 账号

与登录 DJI 账号类似，使用用户账号管理器的 logoutOfDJIUserAccount(…)方法即可退出 DJI 账号。在 MainActivity 类的 initUI()方法的末尾添加如代码 3-12 所示的内容。

代码 3-12

```
//获得"退出 DJI 账号"按钮实例对象
Button btnLogout = (Button) findViewById(R.id.btn_logout);
```

```
//为"退出 DJI 账号"按钮增加监听器
btnLogout.setOnClickListener(new View.OnClickListener() {
    @Override
    public void onClick(View v) {
        UserAccountManager.getInstance().logoutOfDJIUserAccount(
                            new CommonCallbacks.CompletionCallback() {
            @Override
            public void onResult(DJIError djiError) {
                if (djiError == null) {
                    showToast("退出成功!");

                } else {
                    showToast("退出失败!" + djiError.getDescription());

                }
            }
        });
    }
});
```

但是，与登录 DJI 账号不同的是，退出 DJI 账号方法的回调对象中只包括 onResult(DJIError djiError)一个回调函数。当 djiError 参数为空时，说明退出成功；反之，则可通过 djiError 对象的 getDescription()方法获取其错误的具体信息。

3．获取应用程序激活状态（实名制认证状态）信息

应用程序激活状态由应用程序激活管理器的应用程序激活状态 AppActivationState 枚举类型决定，包括不支持（NOT_SUPPORTED）、需要登录激活（LOGIN_REQUIRED）、已激活（ACTIVATED）和未知（UNKNOWN）四种状态。当未连接无人机时，激活状态为 UNKNOWN；当网络无法访问且未被激活时，激活状态为 NOT_SUPPORTED；当连接无人机且网络状态正常，激活状态为 LOGIN_REQUIRED 时，则需要登录 DJI 账号进行在线实名制认证。通过应用程序激活管理器的 getAppActivationState()方法即可获得应用程序激活状态对象。在 MainActivity 类的 initUI()方法的末尾添加如代码 3-13 所示的内容。

代码 3-13

```
//获得"获取应用激活状态"按钮实例对象
Button btnAppActivationStatus = (Button) findViewById(R.id.btn_status_appactivation);
//为"获取应用激活状态"按钮增加监听器
btnAppActivationStatus.setOnClickListener(new View.OnClickListener() {
    @Override
    public void onClick(View v) {
        AppActivationManager mgrActivation =
                            DJISDKManager.getInstance().getAppActivationManager();
        showToast("激活状态:" + mgrActivation.getAppActivationState());
    }
});
```

4．获取无人机绑定状态信息

无人机绑定状态由应用程序激活管理器的无人机绑定状态 AircraftBindingState 枚举类型

确定，包括不支持（NOT_SUPPORTED）、初始化（INITIAL）、已绑定（BOUND）、无须绑定（NOT_REQUIRED）、未绑定（UNBOUND）、未绑定且无法同步（UNBOUND_BUT_CANNOT_SYNC）和未知（UNKNOWN）等类型。这里的同步是指当前移动应用程序中无人机绑定状态信息在无人机之间的同步。

通过应用程序激活管理器的 getAircraftBindingState()方法即可获得无人机的绑定状态信息。在 MainActivity 类的 initUI()方法的末尾添加如代码 3-14 所示的内容。

代码 3-14

```
//获得“获取无人机绑定状态”按钮实例对象
Button btnAircraftBindingStatus = (Button) findViewById(R.id.btn_status_aircraftbinding);
//为“获取无人机绑定状态”按钮增加监听器
btnAircraftBindingStatus.setOnClickListener(new View.OnClickListener() {
    @Override
    public void onClick(View v) {
        AppActivationManager mgrActivation =
                            DJISDKManager.getInstance().getAppActivationManager();
        showToast("绑定状态:" + mgrActivation.getAircraftBindingState());
    }
});
```

编译并运行程序，单击【登录 DJI 账号】按钮即可弹出用于 DJI 用户登录的窗口，如图 3-13 所示。连接无人机后，单击【获取应用激活状态】按钮和【获取无人机绑定状态】按钮可分别弹出应用程序激活状态（实名制认证）和无人机绑定状态的提示框。

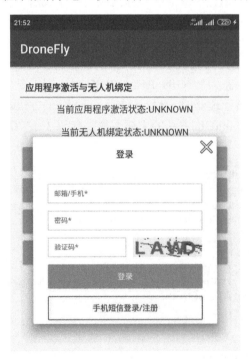

图 3-13　登录 DJI 账号（Android）

只有当应用程序激活状态为 ACTIVATED，并且无人机绑定状态为 BOUND 时，无人机的各项功能才可正常使用。

当无人机绑定状态为 UNBOUND 或者 UNBOUND_BUT_CANNOT_SYNC 时，开发者需要引导用户跳转到 DJI GO 或 DJI GO 4 软件进行无人机绑定。

跳转到 DJI GO 的代码如下：

```
Intent launchIntent = getPackageManager().getLaunchIntentForPackage("dji.pilot");
if (launchIntent != null) {
    startActivity(launchIntent);
} else {
    showToast("未安装 DJI Go?");
}
```

跳转到 DJI GO 4 的代码如下：

```
Intent launchIntent = getPackageManager().getLaunchIntentForPackage("dji.go.v4");
if (launchIntent != null) {
    startActivity(launchIntent);
} else {
    showToast("未安装 DJI Go 4?");
}
```

执行上述代码后，如果已安装 DJI GO（或 DJI GO 4）软件，则会通知用户自动跳转到 DJI GO（Android）（见图 3-14），否则会弹出相应的"未安装 DJI Go 4?"提示。应用跳转失败如图 3-15 所示。

图 3-14　跳转到 DJI GO（Android）

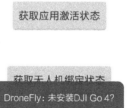

图 3-15　应用跳转失败

　　❀ 由于 DJI GO 和 DJI GO 4 应用程序所针对的无人机类型不同，所以开发者应当根据无人机的具体类型决定跳转到 DJI GO 还是 DJI GO 4。无人机的类型可通过无人机对象的 getModel()方法获取。

5. 应用程序激活状态监听器与无人机绑定监听器

除了通过应用程序激活管理器对象的 getAppActivationState()方法获取应用程序激活状态信息，还可通过应用程序激活监听器 AppActivationListener 实时监听并获取应用程序的激活状态信息。通过应用程序激活管理器的 addAppActivationStateListener(…)方法或 removeAppActiv-

67

ationStateListener(…)方法可分别添加或移除此类监听器。

类似地，通过无人机绑定状态监听器 AircraftBindingStateListener 可实时监听并获取无人机绑定状态信息。通过应用程序激活管理器对象的 addAircraftBindingStateListener()方法或removeAircraftBindingStateListener()方法可分别添加或移除上述监听器。

具体的实现方法如下所示。

（1）在 MainActivity.java 文件中添加如下成员变量：

```
//显示应用程序激活状态的文本视图
private TextView tvAppActivation;
//显示无人机绑定状态的文本视图
private TextView tvAircraftBinding;
//应用程序激活状态监听器
private AppActivationState.AppActivationStateListener activationStateListener;
//无人机绑定状态监听器
private AircraftBindingState.AircraftBindingStateListener bindingStateListener;
```

（2）在 initUI()方法中初始化文本视图成员变量。在新创建的 initListener()方法中初始化应用程序激活状态监听器和无人机绑定状态监听器，并且 initListener()方法由 onCreate(…)方法负责调用，如代码 3-15 所示。

代码 3-15

```
@Override
protected void onCreate(Bundle savedInstanceState) {
    super.onCreate(savedInstanceState);
    setContentView(R.layout.activity_main);

    ...
    //初始化监听器
    initListener();
    //初始化 UI
    initUI();
}

//初始化监听器
private void initListener() {

    activationStateListener = new AppActivationState.AppActivationStateListener() {
        @Override
        public void onUpdate(final AppActivationState state) {
            //对回调的应用程序激活状态对象进行操作
            runOnUiThread(new Runnable() {
                @Override
                public void run() {
                    tvAppActivation.setText("当前应用激活状态:" + state.name());
                }
            });
        }
    };
```

```
bindingStateListener = new AircraftBindingState.AircraftBindingStateListener() {
    @Override
    public void onUpdate(final AircraftBindingState state) {
        //对回调的无人机绑定状态对象进行操作
        runOnUiThread(new Runnable() {
            @Override
            public void run() {
                tvAircraftBinding.setText("当前无人机绑定状态:" + state.name());
            }
        });
    }
};

//添加应用程序激活监听器
AppActivationManager.getInstance()
                .addAppActivationStateListener(activationStateListener);
//添加无人机绑定监听器
AppActivationManager.getInstance()
                .addAircraftBindingStateListener(bindingStateListener);

}

private void initUI(){
    …

    //应用程序激活状态文本视图
    tvAppActivation = findViewById(R.id.tv_status_appactivation);
    //无人机绑定状态文本视图
    tvAircraftBinding = findViewById(R.id.tv_status_aircraftbinding);
}
```

　　应用程序激活监听器和无人机绑定监听器都采用了 onUpdate(…)方法，并且分别传递回来了 AppActivationState 对象和 AircraftBindingState 对象。为了将状态信息显示在相应的文本框中，上述代码通过 runOnUiThread(…)方法跳转到 UI 线程对文本框进行更新。由于涉及线程跳转，在 AppActivationState 对象和 AircraftBindingState 对象前需要通过 final 关键词进行修饰。

　　（3）复写 MainActivity 的 OnDestory()生命周期方法，并移除应用程序激活监听器和无人机绑定监听器，以防止出现当 MainActivity 对象被回收后，应用程序激活管理器单例对象还保留着 MainActivity 中的监听器方法从而出现错误，如代码 3-16 所示。

代码 3-16

```
@Override
protected void onDestroy() {
    super.onDestroy();
    //移除应用程序激活监听器
    AppActivationManager.getInstance()
            .removeAppActivationStateListener(activationStateListener);
```

```
        //移除无人机绑定监听器
        AppActivationManager.getInstance()
                .removeAircraftBindingStateListener(bindingStateListener);
    }
```

> ❀ 在许多情况下，很难定位和查找 Mobile SDK 的内部异常。因此，为了避免出现这些问题，开发者一定要养成良好的编程习惯。其中很重要的一个方面就是要管理好 Mobile SDK 中的各类监听器，有添加（add）就要有移除（remove），有设置（set）就要有取消设置（unset）。

编译并运行程序，DJI 账号登录界面如图 3-13 所示，连接无人机后，应用程序激活状态和无人机绑定状态如图 3-16 所示。

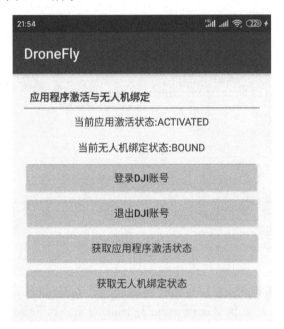

图 3-16　应用程序激活状态与无人机绑定状态（Android）

3.2　在 iOS 应用中使用 Mobile SDK

本节将介绍如何从零开始通过 Xcode 创建和配置一个 Mobile SDK 应用程序，以及如何使用 iOS Mobile SDK 进行注册应用程序、实名制认证、绑定和连接无人机等操作。

3.2.1　整合 Mobile SDK 到 iOS 项目中

为了方便移动开发初学者的学习，本节将从创建一个 iOS 项目开始，详细介绍整合 Mobile SDK 到 iOS 项目的方法。但是，如果读者手中已经有一个 iOS 项目需要使用 Mobile SDK，那么在设置该项目的运行最低系统版本为 9.0 的基础上，跳过下面的"1. 创建 iOS 应用程序"部分进行配置即可。

1．创建 iOS 应用程序

（1）打开 Xcode（本书使用 11.3 版本进行演示），并在 Xcode 欢迎页面中单击"Create a new Xcode project"选项创建一个新的 Xcode 项目，Xcode 欢迎页面如图 3-17 所示。

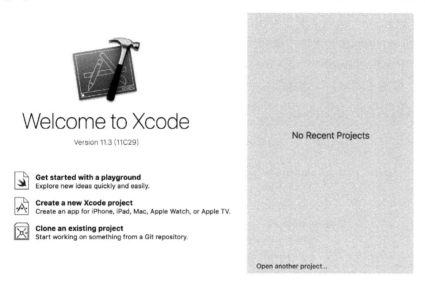

图 3-17　Xcode 欢迎页面

（2）在弹出的"Choose a template for your new project:"对话框中选择新建项目的模板"Single View App"（单视图应用程序），并单击【Next】按钮继续，如图 3-18 所示。

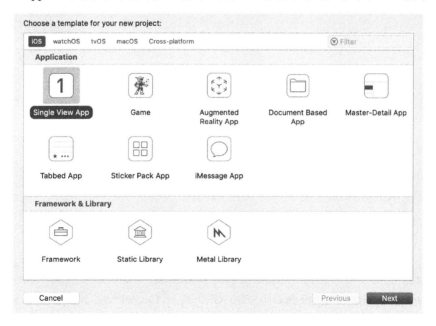

图 3-18　"Choose a template for your new project:"对话框

71

（3）如图 3-19 所示，在"Choose options for your new project:"对话框中输入项目的基本信息。

● 在"Product Name"选项中输入项目名称"DroneFly"。

● 在"Organization Name"选项中输入组织名称"igsnrr"。

● 在"Organization Identifier"选项中输入组织标识"cas.igsnrr"。

● 在"Language"选项中选择使用的编程语言"Objective-C"。

● 在"User Interface"选项中选择用户界面技术"Storyboard"。

此时在"Bundle Identifier"选项中自动生成 Bundle 标识"cas.igsnrr.DroneFly"，其他单选框均留空，单击【Next】按钮继续。

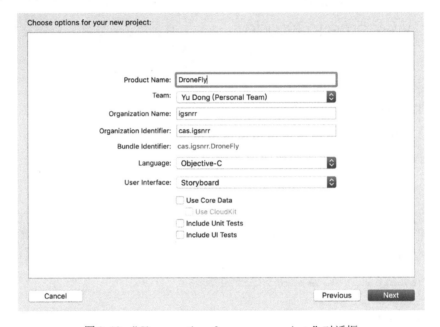

图 3-19 "Choose options for your new project:"对话框

（4）在弹出的对话框中选择项目的存储位置，单击【Create】按钮即可完成创建 DroneFly 应用程序项目。

2. 整合 Mobile SDK 到 iOS 项目

iOS Mobile SDK 通过 Framework 技术将其二进制文件和相关的资源文件等整合在一起，名为 DJISDK.framework。有两种方法在 iOS 项目中整合 Mobile SDK：第一种方法是通过 CocoaPods 下载 DJISDK.framework 文件并使用 Mobile SDK；第二种方法是手动导入已经下载好的 DJISDK.framework 文件。

方法一：通过 CocoaPods 下载并使用 Mobile SDK

CocoaPods 是 iOS 项目中的类库管理工具，iOS Mobile SDK 支持 CocoaPods 管理项目，详情参见 https://cocoapods.org/pods/DJI-SDK-iOS。通过 CocoaPods 下载并使用 Mobile SDK 非常方便，具体步骤如下所示。

（1）关闭 DroneFly 项目。

（2）打开 Mac OS 中的文本编辑应用程序，并在菜单栏中选择【格式】-【制作纯文本】（快捷键：⇧⌘T）。在新建的文本中键入以下内容：

```
platform :ios, '9.0'

target 'DroneFly' do
pod 'DJI-SDK-iOS', '~> 4.13.1'
end
```

将上述文本文件存储在 DroneFly 项目的根目录（"DroneFly.xcodeproj"文件的所在目录）之中，并命名为"PodFile"，如图 3-20 所示。

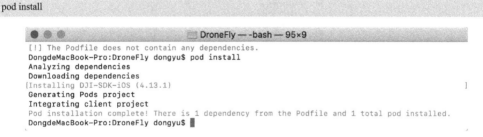

图 3-20　新建 PodFile 文件

> ❀ 如果 Mac 系统中没有安装 CocoaPods，则可通过 Ruby 命令"sudo gem install cocoapods -n /usr/local/bin"安装 CocoaPods。

（3）打开终端，并在"PodFile"所在目录下运行以下命令安装 Mobile SDK（见图 3-21）：

```
pod install
```

```
● ● ●                      DroneFly — -bash — 95×9
[!] The Podfile does not contain any dependencies.
DongdeMacBook-Pro:DroneFly dongyu$ pod install
Analyzing dependencies
Downloading dependencies
[Installing DJI-SDK-iOS (4.13.1)                                              ]
Generating Pods project
Integrating client project
Pod installation complete! There is 1 dependency from the Podfile and 1 total pod installed.
DongdeMacBook-Pro:DroneFly dongyu$ ▌
```

图 3-21　使用 Cocoapads 安装 Mobile SDK

> ❀ 如果在更新 Mobile SDK 版本时出现"CocoaPods could not find compatible versions for pod "DJI-SDK-iOS""错误，可尝试使用"pod repo update"命令更新 CocoaPods 仓库。

（4）安装完成后，在 DroneFly 项目的根目录下会自动生成"pods"目录，并可在其目录下的"./DJI-SDK-iOS/iOS_Mobile_SDK/"目录中找到自动下载的"DJISDK.framework"文件。

（5）由于 CocoaPods 通过工作空间文件管理项目的类库，因此此时打开 DroneFle 项目的根目录下的工作空间文件"DroneFly.xcworkspace"即可使用 Mobile SDK。

方法二：手动导入 DJISDK.framework 文件

具体的操作步骤如下所示。

（1）在 DJI Mobile SDK 的下载页面（https://developer.dji.com/cn/mobile-sdk/downloads/）中下载并解压 iOS_Mobile_SDK_4.13.1.zip 文件，然后找到其中的 DJISDK.framework 文件，并将其复制到 DroneFly 项目的根目录下。

（2）打开 DroneFly 项目的项目设置面板，并在左侧列表的"TARGETS"中选择"DroneFly"。在"General"选项卡中找到"Frameworks, Libraries, and Embedded Content"选项，并单击下方的【+】按钮。

（3）在弹出的"Choose frameworks and libraries to add"对话框中，单击左下角的下拉菜单选择【Add Others…】-【Add Files…】，并在弹出的对话框中找到并选择 DJISDK.framework 文件的所在位置，单击【Add】按钮添加 Framework 文件（见图 3-22）。此时，在 DroneFly 项目的项目设置面板的"Frameworks, Libraries, and Embedded Content"选项中，即可查看到 DJISDK.framework 文件。请确认 DJISDK.framework 右侧的"Embed"选项选择为"Embed&Sign"（见图 3-23）。

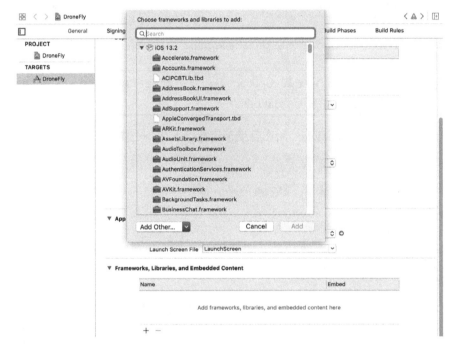

图 3-22　添加 Framework 文件

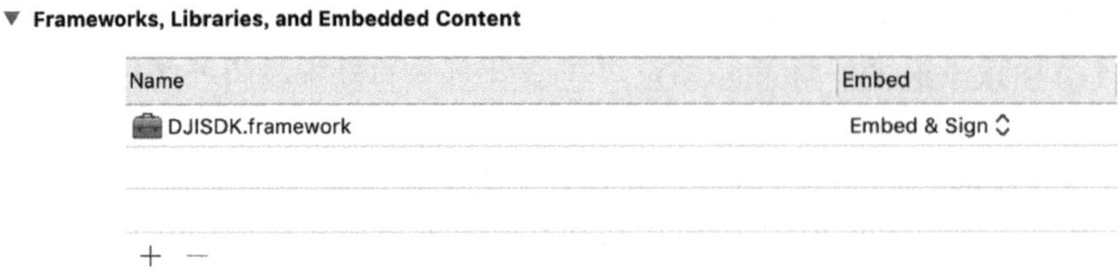

▼ **Frameworks, Libraries, and Embedded Content**

Name	Embed
DJISDK.framework	Embed & Sign ⌃

＋　－

图 3-23　添加 DJISDK.framewrok 文件到 DroneFly 项目

此时，我们就可以在 DroneFly 项目中使用 Mobile SDK 啦。

> ❀ 为了方便 Mobile SDK 的更新与管理，建议开发者使用 CocoaPods 工具管理 Mobile SDK 和其他各类第三方 SDK。采用手动导入 DJISDK.framework 文件的方式使用 Mobile SDK 的唯一好处在于避免使用了 Xcode 工作空间（Workspace），从而简化了整个项目结构。

3．配置项目

在 Xcode 资源管理器中选择 DroneFly 项目，打开项目设置窗口，并在其左侧列表的 "TARGETS" 下面选择 "DroneFly"。然后，在 "Info" 选项卡中进行如下设置。

（1）添加无人机连接 iOS 设备的附件协议，即增加 "Supported external accessory protocols" 数组属性，并添加 "com.dji.common" "com.dji.protocol" 和 "com.dji.video" 三个字符串元素，如图 3-24 所示。

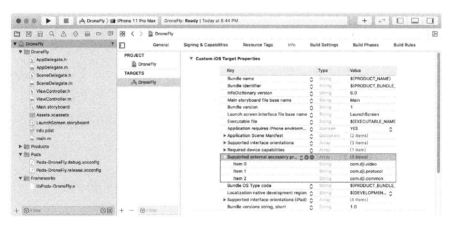

图 3-24　添加无人机连接 iOS 设备的附件协议

（2）允许应用程序使用 HTTP 协议（非 HTTPS），即在 "Info" 选项卡中增加 "App Transport Security Settings" 字典属性，并在其内部添加键 "Allow Arbitrary Loads"，将其值设置为 "YES"，如图 3-25 所示。

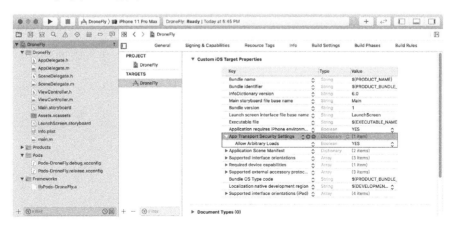

图 3-25　允许应用程序使用 HTTP 协议（非 HTTPS）

（3）设置应用程序密钥，即增加"DJISDKAppKey"属性，并将其值设置为密钥字符串（详见"2.3.3 申请应用程序密钥"节内容），如图 3-26 所示。

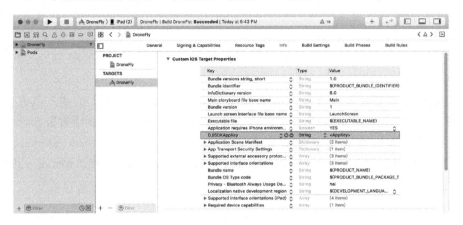

图 3-26 设置应用程序密钥

（4）设置申请用户权限描述，增加"Privacy - Bluetooth Always Usage Description"属性，并将其描述设置为"是否允许此 App 使用蓝牙？"，如图 3-27 所示。

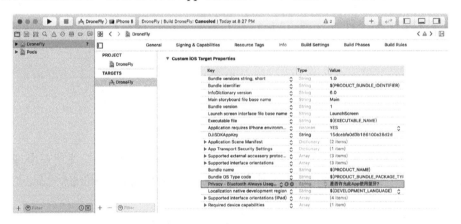

图 3-27 申请用户权限设置

此时调试运行程序，在启动 DroneFly 应用程序时会弹出蓝牙权限的确认对话框，如图 3-28 所示。

图 3-28 蓝牙权限的确认对话框

> ❀对于使用 Swift 3 语言的项目，还需要在 "Build Settings" 选项卡的 "Search Path" 选项组中将 "Header Search Paths" 选项只保留 "$(PODS_ROOT)/Headers/Public" 目录，否则会在编译时出现 "Include of non-modular header inside framework module 'DJISDK'" 错误。

3.2.2　注册应用程序与连接无人机

本节将介绍通过 iOS Mobile SDK 注册应用程序和连接无人机的方法。

1．创建 DFMainViewController

为了方便代码管理，DroneFly 项目内的所有类均冠以 "DF" 开头，这也符合 iOS 开发的基本规范。此处，删除 DroneFly 项目默认生成的 ViewController，并新建 DFMainViewController，具体操作如下。

（1）删除 ViewController.h 和 ViewController.m 文件。

（2）在 Xcode 资源管理器的 DroneFly 文件夹上单击鼠标右键，选择【New File...】菜单，并在弹出的对话框中选择 "Cocoa Touch Class" 选项，单击【Next】按钮确认。

（3）在 "Class" 选项中输入类名 "DFMainViewController"，并在 "Subclass of" 选项中选择其父类 "UITableViewController"，即 DFMainViewController 继承自 UITableViewController 类，单击【Next】按钮，然后选择类文件保存位置后单击【Create】按钮，如图 3-29 所示创建 DFMainViewController。

图 3-29　创建 DFMainViewController

（4）打开 Main.storyboard，删除默认的 ViewController，添加一个 UITableViewController，并在其属性面板中打开【▣】ID 检查器（Identity inspector），在 "Class" 选项中设置类名为 "DFMainViewController"，如图 3-30 所示。

图 3-30　DFMainViewController 的 ID 检查器

（5）在 Main.storyboard 中选择 DFMainViewController，在其属性设置面板中选择【⎯⎯】属性检查器（Attributes inspector），选中【is Initial View Controller】单选框，将其设置为 DroneFly 项目的视图控制器入口。

2．注册应用程序

接下来介绍如何通过 SDK 管理器的 registerAppWithDelegate 方法注册应用程序以获得 Mobile SDK 的授权。首先，需要在 DFMainViewController 中实现 DJISDKManagerDelegate 代理协议，采用该协议中的许多方法与注册应用程序和连接无人机相关。DJISDKManagerDelegate 包括以下几个代理方法。

（1）-(void)appRegisteredWithError:(NSError *_Nullable)error;（必须）：注册应用程序回调方法。通过 error 对象回调注册错误信息，当 error 为 nil 时，应用程序注册成功；反之，error 对象包含了注册错误的相关说明。

（2）-(void)didUpdateDatabaseDownloadProgress:(NSProgress *)progress;（必须）：限飞数据库下载进度回调函数。在第一次初始化应用程序或者存在新版本的限飞数据库时，需要通过互联网下载最新的限飞数据库。其中，progress 对象包含了下载进度信息。

（3）-(void)productConnected:(DJIBaseProduct *_Nullable)product;（可选）：无人机连接回调方法。当移动设备连接到无人机时回调该代理方法，其中 product 即为连接的大疆无人机对象。

（4）-(void)productDisconnected;（可选）：无人机失去连接回调方法。当移动设备与无人机断开连接时回调该方法。注意，此处的无人机失去连接不是指无人机的信号丢失，而是指移动设备与无人机系统的遥控器断开连接。

（5）-(void)productChanged:(DJIBaseProduct *_Nullable)product（可选）：无人机连接变化回调方法。当移动设备所连接的无人机发生变化时回调，其中 product 即为变化后的无人机对象。

（6）-(void)componentConnectedWithKey:(NSString * _Nullable)key andIndex:(NSInteger)index;（可选）：当组件连接时回调该代理方法。其中，key 对象返回连接组件的类型，index 变量返回组件的索引。由于同一个无人机上可能装配有冗余的飞行控制器，或者装配有多个云台和相机，因此需要 index 变量来指明哪个位置上的组件发生了变化。

（7）-(void)componentDisconnectedWithKey:(NSString * _Nullable)key andIndex:(NSInteger)index;（可选）：当组件断开连接时回调该代理方法。其中，key 对象返回断开连接组件的类型，index 变量返回组件的索引。

在 DFMainViewContoller.m 文件中实现 DJISDKManagerDelegate 代理协议，如代码 3-17所示。

代码 3-17

```objc
#import "DFMainViewController.h"
#import <DJISDK/DJISDK.h>

@interface DFMainViewController() <DJISDKManagerDelegate>

@end

@implementation DFMainViewController

- (void)viewDidLoad {
    [super viewDidLoad];
    [DJISDKManager registerAppWithDelegate:self];
}

#pragma mark - DJISDKManagerDelegate 代理方法

- (void)appRegisteredWithError:(NSError *)error {
    if (error) {
        NSLog(@"应用程序注册失败! 请检查 AppKey 设置是否正确, 并是否连接到互联网.%@", [error localizedDescription]);
    }else {
        NSLog(@"应用程序注册成功!");
    }
}

- (void)didUpdateDatabaseDownloadProgress:(NSProgress *)progress {
  NSLog(@"进度: %lld/%lld %@", progress.completedUnitCount,
                    progress.totalUnitCount, progress.localizedDescription);
}

@end
```

在上述代码中，首先通过"#import <DJISDK/DJISDK.h>"代码导入 Mobile SDK 的头文

件。在任何使用了 Mobile SDK 的类中，都需要添加上述代码。然后在 viewDidLoad 方法中调用 SDK 管理器的 registerAppWithDelegate 方法注册应用程序。最后实现 SDK 管理器代理的两个主要的代理方法，即应用程序注册代理方法和限飞数据库下载代理方法。

调试并运行程序，在第一次执行 DroneFly 应用程序且处在联网状态时即可在 Xcode 控制台中查看到以下提示：

```
2020-05-20 20:52:49.960922+0800 DroneFly[4138:135841] 进度：26627/18956288 0% completed
2020-05-20 20:52:49.961359+0800 DroneFly[4138:135841] 进度：34443/18956288 0% completed
2020-05-20 20:52:49.987931+0800 DroneFly[4138:135841] 进度：86667/18956288 0% completed

...

2020-05-20 20:52:59.955900+0800 DroneFly[4138:135841] 进度：18904715/18956288 99% completed
2020-05-20 20:53:00.573942+0800 DroneFly[4138:135841] 进度：18939531/18956288 99% completed
2020-05-20 20:53:00.574770+0800 DroneFly[4138:135841] 进度：18956288/18956288 100% completed
2020-05-20 20:31:10.538314+0800 DroneFly[3667:112353] 应用程序注册成功！
```

可见，限飞数据库更新完成后，才会回调 appRegisteredWithError 方法提示开发者完成应用程序的注册。在 appRegisteredWithError 代理方法中，通过 error 对象的 localizedDescription 方法即可获取注册失败的详细信息。这些信息被 Mobile SDK 中的 DJISDKRegistrationError 枚举类型定义，常见的注册错误如下所示。

- For first time registration, app should be connected to Internet：在首次注册时，需要连接互联网对应用程序密钥进行验核。
- The app key submitted is invalid. Please check the app key you provided：密钥输入错误，需要检查密钥的正确性。
- The metadata received from server is invalid, please reconnect to the server and try：从服务器传递回来的元数据校验失败，此时可尝试重新连接服务器再次注册。
- The app key reached maximum number of activations, please contact <dev@dji.com> for help：免费版账号申请的密钥注册应用程序的次数超出了 20 次的限制。
- The app key is prohibited, please contact <dev@dji.com> for help：密钥被吊销，此时需要联系大疆官方寻求帮助。

3．连接无人机

连接与断开无人机的功能可分别通过 SDK 管理器的 startConnectionToProduct 和 stopConnectionToProduct 方法实现。为了方便起见，将 startConnectionToProduct 方法调用放置在注册应用程序成功的代码中。另外，在 DFMainViewController 中实现 DJISDKManagerDelegate 代理的其他几个代理方法，如代码 3-18 所示。

代码 3-18

```
#import "DFMainViewController.h"
#import <DJISDK/DJISDK.h>

@interface DFMainViewController () <DJISDKManagerDelegate>
```

```
@end

@implementation DFMainViewControllcr

...

#pragma mark - DJISDKManagerDelegate 代理方法

- (void)appRegisteredWithError:(NSError *)error
{
    if (error) {
        NSLog(@"应用程序注册失败! 请检查 AppKey 设置是否正确，并是否连接到互联网.%@", [error localizedDescription]);
    }else
    {
        NSLog(@"应用程序注册成功!");
        [DJISDKManager startConnectionToProduct];
    }
}

- (void)didUpdateDatabaseDownloadProgress:(NSProgress *)progress {
NSLog(@"进度: %lld/%lld %@", progress.completedUnitCount,
progress.totalUnitCount, progress.localizedDescription);
}

- (void)productConnected:(DJIBaseProduct *_Nullable)product {
    NSLog(@"设备连接:%@", product.model);
}

- (void)productDisconnected {
    NSLog(@"设备断开连接!");
}

- (void)productChanged:(DJIBaseProduct *_Nullable)product {
    NSLog(@"设备改变:%@", product.model);
}

- (void)componentConnectedWithKey:(NSString * _Nullable)key andIndex:(NSInteger)index {
    NSLog(@"组件 Key:%@, index:%ld  已连接!", key, index);
}

- (void)componentDisconnectedWithKey:(NSString * _Nullable)key andIndex:(NSInteger)index {
    NSLog(@"组件 Key:%@, index:%ld  断开连接!", key, index);
}
```

⚛ 上述连接方法仅限于大疆无人机产品和通过 Wi-Fi 连接的手持云台相机产品。对于蓝牙连接的手持云台相机，则需要通过 SDK 管理器的 bluetoothProductConnector 属性获取蓝牙设备连接器，并分别通过蓝牙设备连接器对象的 searchBluetoothProductsWithCompletion、connectProduct:withCompletion 和 disconnectProductWithCompletion 方法搜索、连接和断开蓝牙设备。

编译运行程序，连接大疆无人机稍等片刻，应用程序会先后回调到 componentConnectedWithKey、componentDisconnectedWithKey 和 productConnected 等方法，并在 Xcode 控制台中出现如下类似的提示：

```
2020-05-20 20:45:10.011753+0800 DroneFly[3749:118886] 组件 Key:camera, index:0 已连接!
2020-05-20 20:45:10.011853+0800 DroneFly[3749:118886] 组件 Key:camera, index:1 断开连接!
2020-05-20 20:45:10.011933+0800 DroneFly[3749:118886] 组件 Key:camera, index:2 断开连接!
2020-05-20 20:45:10.012030+0800 DroneFly[3749:118886] 组件 Key:gimbal, index:0 已连接!
2020-05-20 20:45:10.012120+0800 DroneFly[3749:118886] 组件 Key:gimbal, index:1 断开连接!
2020-05-20 20:45:12.645728+0800 DroneFly[3749:118886] 组件 Key:airLink, index:0 已连接!
2020-05-20 20:45:10.012283+0800 DroneFly[3749:118886] 组件 Key:AccessoryAggregation, index:0 断开连接!
2020-05-20 20:45:12.645888+0800 DroneFly[3749:118886] 组件 Key:remoteController, index:0 已连接!
2020-05-20 20:45:10.012455+0800 DroneFly[3749:118886] 组件 Key:RTKBaseStation, index:0 断开连接!
2020-05-20 20:45:10.012547+0800 DroneFly[3749:118886] 组件 Key:flightController, index:0 已连接!
2020-05-20 20:45:10.012619+0800 DroneFly[3749:118886] 组件 Key:battery, index:0 已连接!
2020-05-20 20:45:10.012793+0800 DroneFly[3749:118886] 组件 Key:battery, index:1 断开连接!
2020-05-20 20:45:10.013038+0800 DroneFly[3749:118886] 组件 Key:battery, index:2 断开连接!
2020-05-20 20:45:10.013266+0800 DroneFly[3749:118886] 组件 Key:battery, index:3 断开连接!
2020-05-20 20:45:10.013508+0800 DroneFly[3749:118886] 组件 Key:battery, index:4 断开连接!
2020-05-20 20:45:10.019587+0800 DroneFly[3749:118886] 组件 Key:battery, index:5 断开连接!
2020-05-20 20:45:10.019782+0800 DroneFly[3749:118886] 组件 Key:payload, index:0 断开连接!
2020-05-20 20:45:10.019875+0800 DroneFly[3749:118886] 组件 Key:payload, index:1 断开连接!
2020-05-20 20:45:10.019978+0800 DroneFly[3749:118886] 设备连接:Phantom 3 Standard
```

当无人机断开连接时，会回调进入到 componentDisconnectedWithKey 和 productDisconnected 等方法中，并在 Xcode 控制台中出现如下类似提示：

```
2020-05-20 20:44:05.460519+0800 DroneFly[3749:118886] 组件 Key:battery, index:0 断开连接!
2020-05-20 20:44:05.460667+0800 DroneFly[3749:118886] 组件 Key:gimbal, index:0 断开连接!
2020-05-20 20:44:05.460814+0800 DroneFly[3749:118886] 组件 Key:camera, index:0 断开连接!
2020-05-20 20:44:05.460941+0800 DroneFly[3749:118886] 组件 Key:flightController, index:0 断开连接!
2020-05-20 20:44:06.717695+0800 DroneFly[3749:118886] 组件 Key:airLink, index:0 断开连接!
2020-05-20 20:44:06.717828+0800 DroneFly[3749:118886] 组件 Key:remoteController, index:0 断开连接!
2020-05-20 20:44:06.717913+0800 DroneFly[3749:118886] 设备断开连接!
```

3.2.3 实名制认证与绑定无人机

在中国大陆地区使用 Mobile SDK，除了通过密钥注册应用程序，还需要登录 DJI 账号进行实名制认证。如果无人机没有绑定在某个 DJI 账号，那么还需要提示用户跳转到 DJI GO、DJI GO 4 等应用程序中绑定无人机。如果应用程序没有经过实名制认证，或者无人机没有绑定，那么 Mobile SDK 无法接收图传信息，并且其飞行高度限制在 30m，飞行半径显示在 100m 之内。

本节仅适用于针对在中国大陆地区开发 Mobile SDK 应用程序，包括如下几个方面的内容。

（1）DJI 账号的登录与退出。

（2）获取与监听应用程序激活状态和无人机绑定状态信息。

（3）跳转到 DJI GO 或 DJI GO 4 的方法。

上述内容涉及两个主要的管理器对象，分别为用户账号管理器 DJIUserAccountManager 和应用程序激活管理器 DJIAppActivationManager。由于实名制认证的结果和状态通过应用程序激活管理器的 appActivationState 属性获取，因此实名制认证状态也就是应用程序的激活状态。

为了完成上述功能，我们首先修改 DFMainViewController 的用户界面，在其中增加一些文本框和按钮。打开 Main.Storyboard 并进行如下操作。

（1）选择 DFMainViewController 的 UITableView 对象，并在属性面板中选择【⬇】属性检查器，在"Content"选项中选择静态表视图"Static Cells"；在"Style"选项中选择"Grouped"样式。

（2）在 DFMainViewController 的 UITableView 对象中添加一个组（UITableViewSection），并在其【⬇】属性检查器中设置头标题（Header）为"应用程序激活与无人机绑定"。

（3）在上述组对象中添加 2 个表单元格（UITableViewCell），并在其【⬇】属性检查器中设置样式"Style"为"Right Detail"（枚举类型为 UITableViewCellStyleValue1），用于显示应用程序激活状态和无人机绑定状态信息。然后分别对表单元格右侧的文本标签 detailTextLabel（UILabel 类型）通过连接（Outlet）的方式在 DFMainViewController 中连接为 lblAppActivationState 对象和 lblAircraftBindingState 对象。

（4）在上述组对象中添加 4 个表单元格（UITableViewCell），分别用于放置【登录 DJI 账号】、【退出 DJI 账号】、【获取应用激活状态】和【获取无人机绑定状态】四个按钮。分别捕获这 4 个按钮的"Touch Up Inside"事件，并在 DFMainViewController 中连接为 loginDJIAccount、logoutDJIAccount、obtainAppActivationStatus、obtainAircraftBindingStatus 方法进行处理。

（5）在上述 6 个表单元格（UITableViewCell）的【⬇】属性检查器中，设置"Selection"为"None"，禁用表单元格选择功能。

按上述方法设置完成后，DFMainViewController 如图 3-31 所示。

图 3-31　DFMainViewController

在 DFMainViewController.h 文件中，代码如代码 3-19 所示。

代码 3-19

```
#import <UIKit/UIKit.h>

@interface DFMainViewController : UITableViewController

//应用程序激活状态
@property (weak, nonatomic) IBOutlet UILabel *lblAppActivationState;

//无人机绑定状态
@property (weak, nonatomic) IBOutlet UILabel *lblAircraftBindingState;

//登录 DJI 账号
- (IBAction)loginDJIAccount:(id)sender;

//退出 DJI 账号
- (IBAction)logoutDJIAccount:(id)sender;

//获取应用激活状态
- (IBAction)obtainAppActivationStatus:(id)sender;

//获取无人机绑定状态
- (IBAction)obtainAircraftBindingStatus:(id)sender;
@end
```

1. 登录 DJI 账号

实名制认证（激活应用程序）是通过登录 DJI 账号实现的。具体来说，是通过用户账号管理器的 logIntoDJIUserAccountWithAuthorizationRequired:withCompletion 方法弹窗登录账号的。由于这个方法采用了 Block 技术，为了避免循环应用，首先在 DFMainViewController.h 头文件中进行以下两个宏定义：

```
#define WeakRef(__obj) __weak typeof(self) __obj = self
#define WeakReturn(__obj) if(__obj == nil)return;
```

其中，宏"WeakRef(__obj)"可将当前视图控制器的"self"指针转为指定的弱引用变量（该变量采用"__weak"关键字修饰）；宏"WeakReturn(__obj)"用于判断指定的弱引用变量是否已经释放，如果已经释放，则退出当前 Block 代码块。

在 DFMainViewController.m 中实现 loginDJIAccount 方法，如代码 3-20 所示。

代码 3-20

```
- (IBAction)loginDJIAccount:(id)sender {
    WeakRef(target);
    [[DJISDKManager userAccountManager] logIntoDJIUserAccountWithAuthorizationRequired:YES withCompletion:^
(DJIUserAccountState state, NSError * _Nullable error) {
        WeakReturn(target);
        switch (state) {
            case DJIUserAccountStateAuthorized:
                [target showAlertViewWithTitle:@"登录 DJI 账号" withMessage:@"登录成功且已授权"];
```

```
                    break;
                case DJIUserAccountStateNotAuthorized:
                    [target showAlertViewWithTitle:@"登录 DJI 账号" withMessage:@"登录成功且未授权"];
                    break;
                case DJIUserAccountStateNotLoggedIn:
                    [target showAlertViewWithTitle:@"登录 DJI 账号" withMessage:@"登录不成功"];
                    break;
                case DJIUserAccountStateTokenOutOfDate:
                    [target showAlertViewWithTitle:@"登录 DJI 账号" withMessage:@"Token 已经过期"];
                    break;
                case DJIUserAccountStateUnknown:
                    [target showAlertViewWithTitle:@"登录 DJI 账号" withMessage:@"未知"];
                    break;
                default:
                    break;
            }
        }];
}
//弹出提示对话框
//@param title  对话框标题
//@param message  对话框内容
- (void)showAlertViewWithTitle:(NSString *)title withMessage:(NSString *)message
{
    UIAlertController *alert = [UIAlertController alertControllerWithTitle:title message:message preferredStyle:UIAlert
ControllerStyleAlert];
    UIAlertAction *okAction = [UIAlertAction actionWithTitle:@"OK" style:UIAlertActionStyleDefault handler:nil];
    [alert addAction:okAction];
    [self presentViewController:alert animated:YES completion:nil];
}
```

在上述代码中，需要注意以下几个问题。

（1）在 loginDJIAccount 方法的最开头位置，通过"WeakRef(target)"语句声明了"target"变量，该变量为 self 指针变量的弱引用。在 Block 代码块的最开头位置，通过"WeakReturn(target)"判断"target"变量是否还存在，如果已经释放，则退出 Block 代码块。此时，在 Block 代码块中需要访问视图管理器对象的变量或方法时，均可通过"target"变量替换"self"变量使用。这种代码组织结构可有效避免 Block 代码块循环引用，也避免了因视图控制器被释放导致的空引用异常。在后面的章节中，会大量使用"WeakRef(target)"和"WeakReturn(target)"语句，将不再特别介绍。

（2）在 logIntoDJIUserAccountWithAuthorizationRequired:withCompletion 方法中，第一个参数用于指明是否在登录后跳转到解锁授权区页面。该功能仅适用于非中国大陆地区。关于解锁授权区的相关内容可参见"5.3 飞行限制区及其解禁"节的相关内容。

（3）在回调登录结果的代码块中，DJIUserAccountState 枚举类型的 state 变量表示登录结果是否正常，包含登录成功且已授权、登录成功且未授权、登录不成功、Token 已经过期和未知等几种类型。这里的是否授权的含义是是否解锁了授权区。

2．退出 DJI 账号

与登录 DJI 账号类似，使用 DJIUserAccountManager 的 logOutOfDJIUserAccountWithCompletion 方法可退出 DJI 账号。在 DFMainViewController.m 中实现 logoutDJIAccount 方法，如代码 3-21 所示。

代码 3-21

```
- (IBAction)logoutDJIAccount:(id)sender{
    WeakRef(target);
    [[DJISDKManager userAccountManager] logOutOfDJIUserAccountWithCompletion:^(NSError * _Nullable error) {
        WeakReturn(target)
        if (error == nil) {
            [target showAlertViewWithTitle:@"退出 DJI 账号" withMessage:@"登出 DJI 账号"];
        } else {
            [target showAlertViewWithTitle:@"退出 DJI 账号" withMessage:@"登出 DJI 账号失败"];
        }
    }];
}
```

在退出 DJI 账号的回调 Block 代码块中，只包含了 error 对象：当 error 对象为 nil 时，说明退出 DJI 账号成功；反之，则说明退出 DJI 账号失败。

3. 获取应用程序激活状态

应用程序激活状态可以通过应用激活管理器的 appActivationState 属性获取，该属性是一个 DJIAppActivationState 枚举类型，包括以下 4 种状态。

- DJIAppActivationStateNotSupported：不支持（NotSupported）。
- DJIAppActivationStateLoginRequired：需要登录激活（LoginRequired）。
- DJIAppActivationStateActivated：已激活（Activated）。
- DJIAppActivationStateUnknown：未知（Unknown）。

当未连接无人机时，激活状态为 Unknown。当网络无法访问且未被激活时，激活状态应为 NotSupported。当无人机已连接且网络连接正常的情况下激活状态为 LoginRequired 时，需要登录 DJI 账号进行在线实名制认证。

接下来，在 DFMainViewController.m 中实现 obtainAppActivationStatus 方法以获取应用程序的激活状态，如代码 3-22 所示。

代码 3-22

```
- (IBAction)obtainAppActivationStatus:(id)sender{
    DJIAppActivationState state = [DJISDKManager appActivationManager].appActivationState;

    switch (state) {
        case DJIAppActivationStateNotSupported:
            [self showAlertViewWithTitle:@"应用程序激活状态" withMessage:@"NotSupported"];
            break;
        case DJIAppActivationStateLoginRequired:
            [self showAlertViewWithTitle:@"应用程序激活状态" withMessage:@"LoginRequired"];
            break;
        case DJIAppActivationStateActivated:
            [self showAlertViewWithTitle:@"应用程序激活状态" withMessage:@"Activated"];
```

```
        break;
    case DJIAppActivationStateUnknown:
        [self showAlertViewWithTitle:@"应用程序激活状态" withMessage:@"Unknown"];
        break;
    default:
        break;
    }
}
```

4. 获取无人机绑定状态

无人机绑定状态可以通过应用激活管理器的 aircraftBindingState 属性获取，该属性是一个 DJIAppActivationAircraftBindingState 枚举类型，包括以下几种状态。

- DJIAppActivationAircraftBindingStateInitial：初始化（Initial）。
- DJIAppActivationAircraftBindingStateUnbound：未绑定（Unbound）。
- DJIAppActivationAircraftBindingStateUnboundButCannotSync：未绑定且无法同步（UnboundButCannotSync）。
- DJIAppActivationAircraftBindingStateBound：已绑定（Bound）。
- DJIAppActivationAircraftBindingStateNotRequired：无须绑定（NotRequired）。
- DJIAppActivationAircraftBindingStateNotSupported：不支持（NotSupported）。
- DJIAppActivationAircraftBindingStateUnknown：未知（Unknown）。

这里的同步是指当前移动应用程序中无人机绑定状态信息在无人机之间的同步。

在 DFMainViewController.m 中实现 obtainAircraftBindingStatus 方法以获取无人机绑定信息，如代码 3-23 所示。

代码 3-23

```
- (IBAction)obtainAircraftBindingStatus:(id)sender{
    DJIAppActivationAircraftBindingState state = [DJISDKManager appActivationManager].aircraftBindingState;
    switch (state) {
    case DJIAppActivationAircraftBindingStateInitial:
        [self showAlertViewWithTitle:@"无人机绑定状态" withMessage:@"Initial"];
        break;
    case DJIAppActivationAircraftBindingStateUnbound:
        [self showAlertViewWithTitle:@"无人机绑定状态" withMessage:@"Unbound"];
        break;
    case DJIAppActivationAircraftBindingStateUnboundButCannotSync:
        [self showAlertViewWithTitle:@"无人机绑定状态" withMessage:@"UnboundButCannotSync"];
        break;
    case DJIAppActivationAircraftBindingStateBound:
        [self showAlertViewWithTitle:@"无人机绑定状态" withMessage:@"Bound"];
        break;
    case DJIAppActivationAircraftBindingStateNotRequired:
        [self showAlertViewWithTitle:@"无人机绑定状态" withMessage:@"NotRequired"];
        break;
    case DJIAppActivationAircraftBindingStateNotSupported:
        [self showAlertViewWithTitle:@"无人机绑定状态" withMessage:@"NotSupported"];
```

```
            break;
        case DJIAppActivationAircraftBindingStateUnknown:
            [self showAlertViewWithTitle:@"无人机绑定状态" withMessage:@"Unknown"];
            break;
        default:
            break;
    }
}
```

　　编译并运行程序，单击【登录 DJI 账号】按钮即可弹出用户登录 DJI 账号的窗口，如图 3-32 所示。连接无人机后，单击【获取应用激活状态】和【获取无人机绑定状态】按钮可分别弹出应用程序状态（实名制认证）和无人机绑定状态的提示框。

图 3-32　登录 DJI 账号（iOS）

　　只有当应用程序激活状态为 Activated 并且无人机绑定状态为 Bound 时，无人机的各项功能才可正常使用。

　　当无人机绑定状态为 Unbound 或者 UnboundButCannotSync 时，开发者需要引导用户跳转到 DJI GO 或 DJI GO 4 软件绑定无人机。具体方法如下。

　　（1）在项目配置窗口中，选择 "TARGETS" 下的 "DroneFly" 选项，并在 "Info" 选项卡中添加 "LSApplicationQueriesSchemes" 数组，并添加 "djiVideo" 字符串和 "djiVideoNew"

88

字符串，分别用于授权打开 DJI GO 和 DJI GO 4 应用程序。配置应用程序跳转如图 3-33 所示。

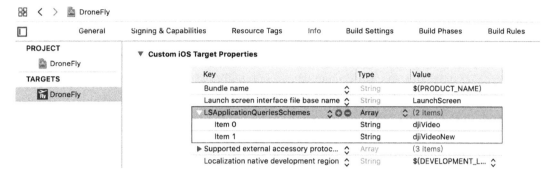

图 3-33　配置应用程序跳转

（2）跳转到 DJI GO 的代码如下：

```
NSURL *url = [NSURL URLWithString:@"djiVideo://"];
if ([[UIApplication sharedApplication] canOpenURL:url]) {
    [[UIApplication sharedApplication] openURL:url];
} else {
    NSLog(@"无法打开 DJI GO!");
}
```

（3）跳转到 DJI GO 4 的代码如下：

```
NSURL *url = [NSURL URLWithString:@"djiVideoNew://"];
if ([[UIApplication sharedApplication] canOpenURL:url]) {
    [[UIApplication sharedApplication] openURL:url];
} else {
    NSLog(@"无法打开 DJI GO 4!");
}
```

当 iOS 设备中安装 DJI GO（或 DJI GO 4）应用程序时，执行上述代码会出现如图 3-34 所示的跳转提示，单击【打开】按钮后即可实现应用程序跳转。

图 3-34　应用程序跳转提示（iOS）

> ❀　由于 DJI GO 和 DJI GO 4 应用程序所针对的无人机类型不同，开发者应当根据无人机的具体类型决定跳转到 DJI GO 还是 DJI GO 4。其中，无人机的类型可通过大疆产品对象的 model 属性获取。

5. 实现 DJIAppActivationManagerDelegate 代理

通过 DJIAppActivationManagerDelegate 代理即可实时获取应用程序激活状态信息与无人机绑定状态信息。该代理包含了以下代理方法。

- manager:didUpdateAppActivationState：应用程序激活状态变化回调方法。
- manager:didUpdateAircraftBindingState：无人机绑定状态变化回调方法。

可在 DFMainViewController.m 中实现 DJIAppActivationManagerDelegate 代理，如代码 3-24 所示。

代码 3-24

```objc
#import "DFMainViewController.h"
#import <DJISDK/DJISDK.h>

@interface DFMainViewController () <DJISDKManagerDelegate, DJIAppActivationManagerDelegate>

@end

@implementation DFMainViewController

- (void)viewDidLoad {
    [super viewDidLoad];
    [DJISDKManager registerAppWithDelegate:self];
}

...
#pragma mark - DJISDKManagerDelegate 代理方法

- (void)appRegisteredWithError:(NSError *)error
{
    if (error) {
        NSLog(@"应用程序注册失败! 请检查 AppKey 设置是否正确，并是否连接到互联网.%@", [error localizedDescription]);
    } else{
        NSLog(@"应用程序注册成功!");
        [DJISDKManager appActivationManager].delegate = self;
        [DJISDKManager startConnectionToProduct];

    }
}
...

#pragma mark - DJIAppActivationManagerDelegate 代理方法

-(void)manager:(DJIAppActivationManager *)manager didUpdateAppActivationState:(DJIAppActivationState)appActivationState {

    switch (appActivationState) {
        case DJIAppActivationStateNotSupported:
            self.lblAppActivationState.text = @"NotSupported";
```

```
            break;
        case DJIAppActivationStateLoginRequired:
            self.lblAppActivationState.text = @"LoginRequired";
            break;
        case DJIAppActivationStateActivated:
            self.lblAppActivationState.text = @"Activated";
            break;
        case DJIAppActivationStateUnknown:
            self.lblAppActivationState.text = @"Unknown";
            break;
        default:
            break;
    }
}

-(void)manager:(DJIAppActivationManager *)manager didUpdateAircraftBindingState:(DJIAppActivationAircraftBinding
State)aircraftBindingState {

    switch (aircraftBindingState) {
        case DJIAppActivationAircraftBindingStateInitial:
            self.lblAircraftBindingState.text = @"Initial";
            break;
        case DJIAppActivationAircraftBindingStateUnbound:
            self.lblAircraftBindingState.text = @"Unbound";
            break;
        case DJIAppActivationAircraftBindingStateUnboundButCannotSync:
            self.lblAircraftBindingState.text = @"UnboundButCannotSync";
            break;
        case DJIAppActivationAircraftBindingStateBound:
            self.lblAircraftBindingState.text = @"Bound";
            break;
        case DJIAppActivationAircraftBindingStateNotRequired:
            self.lblAircraftBindingState.text = @"NotRequired";
            break;
        case DJIAppActivationAircraftBindingStateNotSupported:
            self.lblAircraftBindingState.text = @"NotSupported";
            break;
        case DJIAppActivationAircraftBindingStateUnknown:
            self.lblAircraftBindingState.text = @"Unknown";
            break;
        default:
            break;
    }
}

@end
```

此时，lblAppActivationState 和 lblAircraftBindingState 视图即可分别实时显示应用程序激活状态与无人机绑定状态。

编译并运行程序，DJI 账号登录界面如图 3-32 所示，连接无人机后，应用程序激活状态和无人机绑定状态如图 3-35 所示。

图 3-35　应用程序激活状态与无人机绑定状态（iOS）

3.3　Mobile SDK 应用程序的调试

与一般应用程序的调试不同，Mobile SDK 应用程序的调试涉及无人机硬件，因此其调试存在以下两方面问题。

（1）会飞的无人机难以在室内进行调试，而在室外调试不仅受到天气的影响，而且需要"室内室外两头走"，非常麻烦。

对于这个问题，可以采用大疆飞行模拟器解决。飞行模拟器可以运行在 Windows 和 Mac OS 操作系统上。通过数据线将无人机连接到计算机上开启飞行模拟器后，开发者即可在模拟器上对 Mobile SDK 应用程序进行调试。

（2）多数无人机遥控器通过数据线连接在移动设备上，在调试移动应用程序时也需要通过数据线将计算机连接在到移动设备上，而通常移动设备只有一个数据线接口。

对于这个问题，可以采用桥接调试、iOS 远程调试工具等方法解决。通过桥接调试可以实现遥控器在不连接在移动设备上的情况下进行调试。如果说在进行桥接调试时解离了遥控器与移动设备的硬件连接，那么 iOS 远程调试工具则是解离移动设备与计算机之间的硬件连接，可将 iOS Mobile SDK 的调试信息通过 Wi-Fi 发送到计算器上。另外，我们还可以通过集成开发环境中的无线调试工具解决这个问题，具体说明如下：

- 在 Xcode 中，可以使用其无线调试工具。
- 在 Android Studio 中，可以借助 Android Wi-Fi ADB、ADB Wi-Fi 等插件解离移动设备和计算机之间的硬连接。

本节将介绍飞行模拟器、桥接调试、iOS 远程调试工具和非调试状态错误信息的获取等内容。

3.3.1　飞行模拟器

传统的无人机二次开发具有一个鲜明的痛点，即"室内开发，室外调试"。拥有大疆飞行模拟器以后，我们就可以在室外调试之前先在模拟器上调试几遍，确保跑通后再进行室外调试，避免了出现 Bug 后"室内室外来回跑"的尴尬局面，提高室外调试的成功率，安全又方便。

飞行模拟器分为 PC 飞行模拟器和 Assistant 2 飞行模拟器两种。对于精灵 3 系列、经纬100 和悟 1 无人机，需要使用 PC 飞行模拟器。对于其他无人机，可以使用 Assistant 2 飞行模拟器。对于精灵 4 无人机，需要使用 Assistant 2 精灵版进行飞行模拟。

相对于 PC 飞行模拟器，Assistant 2 飞行模拟器具有 3 个优势：一是不需要安装驱动程序；二是可以在 Windows 和 Mac OS 操作系统上运行（PC 飞行模拟器只能运行在 Windows操作系统上）；三是可设置风速，并且可查看更多的参数。

> ❀ 在使用飞行模拟器时，请摘下无人机的螺旋桨，以防止出现意外情况。

1．PC 飞行模拟器

PC 飞行模拟器只支持 Windows 平台。下面以精灵 3 标准版为例介绍其使用方法。

（1）安装 PC 飞行模拟器。PC 飞行模拟器在 Windows 7、Windows 8 版本中可直接运行安装，但在 Windows 10 版本中可能会出现阻止应用程序安装错误。读者可尝试以下安装方法，即按下 Win+X 按键打开 Windows PowerShell（管理员模式），然后通过直接键入安装程序文件位置的方式打开 PC 飞行模拟器安装程序，如图 3-36 所示。

图 3-36　通过 Powershell 安装 PC 飞行模拟器

（2）安装完成后，打开遥控器与飞机的电源，并将飞机的 USB 接口连接到 PC 上；

（3）安装无人机驱动程序"DJI_WIN_Driver_Installer.exe"。

> ❀ PC 飞行模拟器和无人机驱动程序均可在 https://developer.dji.com/mobile-sdk/downloads/网站上下载。

（4）打开飞行模拟器"DJISimulater"，PC 飞行模拟器的设置如图 3-37 所示。

当"SN"选项出现了飞机序列号时，说明模拟器与无人机连接成功。然后在"Simulation Option"选项卡中的"Longitude"和"Latitude"对应的数值框中分别输入模拟的经度与纬度，单击【Start Simulation】和【Display simulator】按钮可分别开始模拟和打开模拟器窗口，PC 飞行模拟器如图 3-38 所示。

图 3-37　PC 飞行模拟器的设置

图 3-38　PC 飞行模拟器

此时，飞机遥控器与无人机应用程序的指令均反映到 PC 飞行模拟器上。在模拟器窗口中，左下角显示了无人机的各种姿态参数的含义，如表 3-1 所示。

表 3-1　模拟器窗口中无人机的各种姿态参数的含义

参　　数	描　　述	单　　位
Roll	横滚角	弧度
Pitch	俯仰角	弧度
Yaw	偏航角	弧度
WorldX	X 坐标（起飞点为原点）	米
WorldY	Y 坐标（起飞点为原点）	米
WorldZ	Z 坐标（起飞点为原点）	米

续表

参　　数	描　　述	单　　位
Latitude	纬度	弧度
Longitude	经度	弧度
VelocityX	X 方向速度	米 / 秒
VelocityY	Y 方向速度	米 / 秒
VelocityZ	Z 方向速度	米 / 秒

此时，我们就可以尽情地调试我们所开发的功能了。

（5）模拟器控制。在 PC 飞行模拟器的飞行界面中，使用鼠标左键拖曳可移动视角，使用滚轮可缩放视角。在模拟器上单击鼠标右键，选择【Setup】菜单，选中"show trace"可显示无人机轨迹，单击【Clear trace】按钮可清除轨迹，当选中"movable camera"时，视角会跟上运动的无人机。PC 飞行模拟器的显示设置如图 3-39 所示。图 3-40 中的线条显示了无人机飞行的轨迹。

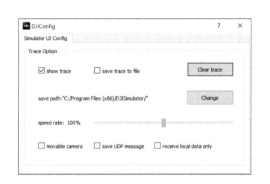

图 3-39　PC 飞行模拟器的显示设置

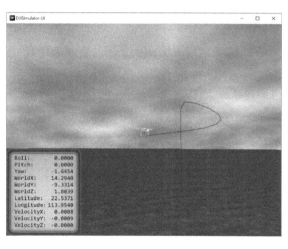

图 3-40　无人机飞行的轨迹

（6）日志查看。在 PC 飞行模拟器的设置中，选中"Log Settings"选项卡（见图 3-41），选中"show log window"即可打开飞行日志，如图 3-42 所示。选中"save the log to file"可将日志保存为文件，文件位置在"save path"中显示，单击【Select path】按钮可选择保存位置。

图 3-41　日志的设置

```
Log type:127                                                                    ×
[21:00:08.751][65535][sender=0x03.0]    32974 try to start simulator!
[21:00:08.809][65535][sender=0x03.0]    32982 Simulator: Agree to run, longti:1.988866, lati:0.393345, alti
[21:00:11.827][65535][sender=0x03.0]    33133 [Ctrl<1>] REQ_RC_NORMAL ATTI_HOLD ctrl_gps_atti
[21:00:18.006][65535][sender=0x03.0]    33442 [M.Start]REQ_RC_NORMAL
[21:00:18.022][65535][sender=0x03.0]    33442 [Ctrl<2>] REQ_RC_COMMAND ENGINE_START ctrl_engine_start
[21:00:18.042][65535][sender=0x03.0]    33443 [TO.ALT ] 0.100000
[21:00:18.059][65535][sender=0x03.0]    33443 22.5370180 113.9536400  20.10 Home Point
[21:00:19.186][65535][sender=0x03.0]    33501 [LED] changed: set home
[21:00:20.026][65535][sender=0x03.0]    33543 [Ctrl<2>] REQ_RC_COMMAND ASST_TAKEOFF_HOLD ctrl_asst_takeoff
[21:00:20.647][65535][sender=0x03.0]    33574 CTRL reset all by assisted takeoff finish
[21:00:20.671][65535][sender=0x03.0]    33575 [Ctrl<1>] REQ_RC_NORMAL ATTI_HOLD ctrl_gps_atti
[21:00:20.692][65535][sender=0x03.0]    33576 [LED] changed: normal led
```

图 3-42　飞行日志

2．Assistant 2 飞行模拟器

大疆在发布了精灵 4 无人机以来，几乎所有的无人机均可使用 Assistant 2 软件进行飞行模拟。使用方法如下。

（1）下载并安装 Assistant 2 应用程序。注意，不同的无人机需要不同的 Assistant 2 版本，如 DJI Assistant 2 for Phantom（精灵）、DJI Assistant 2 for Mavic（御）等。

（2）打开遥控器和无人机的电源，并将无人机通过数据线连接到计算机后，打开 Assistant 2，然后在 Assistant 2 中登录 DJI 账号。

（3）在 Assistant 2 中，选择左侧的"Simulator"选项，单击右侧的【Open】按钮打开模拟器，如图 3-43 所示。

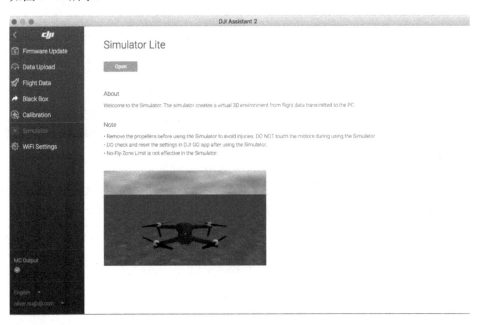

图 3-43　Assistant 2 飞行模拟器

（4）在"Simulator Settings"的相应数值框中输入模拟的经度（Latitude）和纬度（Longitude），并可在"Wind Speed"单击【Start Simulating】按钮开始模拟中设置风速，如图 3-44 所示，完成 Assistant 2 飞行模拟器的设置，然后单击【Start Simulating】按钮开始模拟。

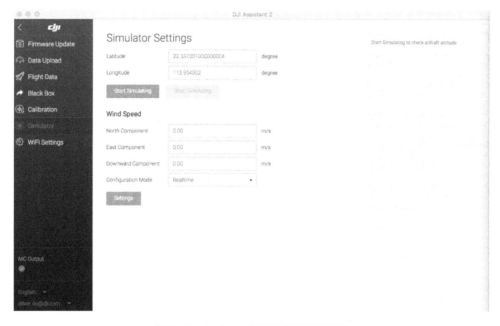

图 3-44　Assistant 2 飞行模拟器的设置

Assistant 2飞行模拟器的使用与 PC 飞行模拟器的使用方法基本相同，并且在模拟器设置窗口中可见更加详细的飞行参数（见图3-45）。

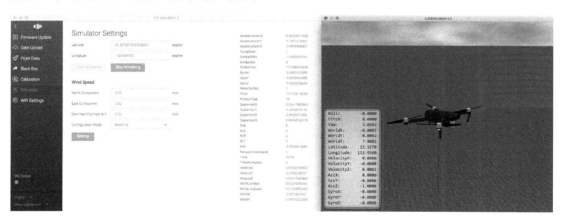

图 3-45　正在运行的 Assistant 2 飞行模拟器

3.3.2　桥接调试

对于御系列、精灵4、精灵3专业版、精灵3高级版、悟1、M300 RTK 等无人机需要将遥控器连接到移动设备的 USB（或 Lightning）接口，因此无法直接通过 Xcode 或 Android Studio 调试应用程序，为应用程序开发带来极大不便。此时，桥接应用程序（Bridge App）可以通过 Wi-Fi 将运行 Mobile SDK 应用程序的移动设备与无人机遥控器解离，从而方便地进行调试。

桥接调试需要两个移动设备，分别为调试设备和桥接设备。

● 调试设备：调试设备是指直接连接计算机，且安装了待调试应用程序的设备。

● 桥接设备：桥接设备是指通过 USB 连接到无人机遥控器，且安装桥接程序的设备。

> ✆ 调试设备和桥接设备必须同时为 Android 操作系统或者 iOS 操作系统，不可混用，否则无法建立有效的 TCP 连接。

桥接调试，即直接将桥接设备连接到无人机遥控器，并通过无线网络和 TCP 连接将无人机的状态和指令信息与调试设备进行连接。从而实现了无人机设备与调试设备的解离，让调试设备直接连接到计算机从而方便调试（图 3-46）。

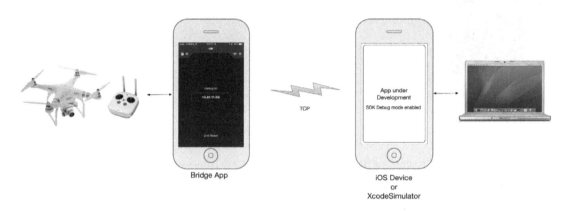

图 3-46　桥接调试原理

根据开发平台的不同，桥接程序分为 Android 桥接程序和 iOS 桥接程序。Android 桥接程序的安装文件（apk 文件）可通过其 git 托管网站下载：

https://github.com/dji-sdk/Android-Bridge-App/releases

iOS 桥接程序可通过 iOS 设备的 App Store 搜索 "SDK Bridge" 应用即可下载，并且同时支持 iPhone 和 iPad 设备，其下载地址如下：

https://apps.apple.com/cn/app/sdk-bridge/id1263583917

另外，桥接程序是开源的。iOS 和 Android 桥接程序的源代码均由 Github 托管，地址如下：

https://github.com/dji-sdk/Android-Bridge-App
https://github.com/dji-sdk/iOS-Bridge-App

桥接调试的具体使用方法如下。

（1）在桥接设备中安装并打开桥接程序，并将该设备连接到某 Wi-Fi 无线网络下（也可通过 "无线热点" 的方式建立 Wi-Fi 网络）。此时，在应用程序界面中会显示当前设备的 IP 地址（图 3-47）。

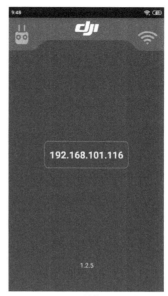

（a）iOS 桥接调试程序　　　　　　　　　（b）Android 桥接调试程序

图 3-47　桥接调试程序

桥接调试程序左上角的""为遥控器连接状态指示图标，其中红色表示未连接；绿色表示已成功连接；紫色表示已经连接 USB 线，但是未与遥控器建立连接（仅 Android）。桥接调试程序右上角的"📶"为调试程序连接状态指示图标，其中红色表示未连接；绿色表示已成功连接。

（2）将桥接设备通过 USB（或 Lightning）接口连接到无人机遥控器，并打开遥控器开关，最后打开无人机的电源开关。此时，桥接程序的遥控器连接状态图标应转为绿色。

（3）在需要桥接调试的应用程序中，注册和激活应用程序之后，在连接无人机之前的代码中添加启用桥接模式的代码。

在 iOS 应用程序中，启用桥接模式的代码如下：

```
[DJISDKManager enableBridgeModeWithBridgeAppIP:@"<IP 地址>"];
```

在 Android 应用程序中，启用桥接模式的代码如下：

```
DJISDKManager.getInstance().enableBridgeModeWithBridgeAppIP("<IP 地址>");
```

将上述代码中的"<IP 地址>"部分更改为步骤（1）中桥接程序中显示的 IP 地址。

（4）将调试设备连接到桥接设备所处的 Wi-Fi 无线网络，并通过 USB（或 Lightning）接口连接到计算机。

（5）当调试设备安装并运行调试程序后，会自动与桥接设备建立 TCP 连接，调试程序连接状态指示图标会变为绿色。此时，调试程序连接到无人机，开发者即可方便地进行调试了。

> 🦋 桥接调试结束后，应当及时注释或删除步骤（3）中的启用桥接模式代码，否则应用程序会无法正常使用。

3.3.3　iOS 远程调试工具

在 iOS 中，Mobile SDK 还为开发者提供了远程调试工具，用于通过网页的形式迅速显示应用程序运行中的各类信息。远程调试工具包括了一个 HTTP 服务器，该服务器可接收应用程序发来的信息并显示在网页上。该服务器可通过以下网址下载：

https://github.com/DJI-Mobile-SDK-Tutorials/DJIRemoteLoggerDemo

在该 git 仓库中，Server 目录即为远程调试工具服务器。

使用远程调试工具，首先需要配置服务器，然后再将远程调试代码写入应用程序中。运行程序时，当执行到远程调试代码时即可传输相应的调试信息到服务器中。

具体的操作方法如下。

（1）安装 Ruby 和 Bundler。

默认情况下，MacOS 自带 Ruby 程序，只需要安装 bundler 程序即可，即执行以下命令：

```
sudo gem install bundler -n /usr/local/bin
```

（2）安装服务器所需要的程序包，即进入 DJIRemoteLoggerDemo 代码仓库中的 Server 目录后执行以下命令：

```
bundle install
```

此时，该程序会自动安装服务器所需要的各种类库，如图 3-48 所示。

图 3-48　安装服务器所需要的程序包

（3）运行远程调试工具服务器，即在 Server 目录中执行以下命令（图 3-49）：

```
./run_log_server.bash
```

稍等片刻，在终端窗口中会以绿色文字显示调试网页 URL 地址，类似于"Webpage at http://<IP 地址>:4567"（其中 IP 地址为本机所处网络的 IP 地址）。此时，在本地可通过"http://localhost:4567/"访问调试网页；在局域网内，可通过"http://<IP 地址>:4567"访问调试网页。

图 3-49　运行远程调试工具服务器

（4）在应用程序中通过以下代码即可启用远程调试模式：

```
[DJISDKManager enableRemoteLoggingWithDeviceID:@"<设备 ID>"
                logServerURLString:@"<服务器 URL>"];
```

其中，"<设备 ID>"替换为任意的字符和数字组合，用于标识当前的设备和应用程序；
"<服务器 URL>"替换为第三步中的 URL 地址，例如：

```
[DJISDKManager enableRemoteLoggingWithDeviceID:@"DroneFlyDevice1"
                logServerURLString:@"http://192.168.101.215:4567"];
```

（5）在程序中添加远程调试代码，远程调试代码包括：
- DJILogError()，远程传递错误信息。
- DJILogWarn()，远程传递警告信息。
- DJILogInfo()，远程传递一般信息。
- DJILogDebug()，远程传递调试信息。
- DJILogVerbose()，远程传递详细信息。

例如，通过以下代码即可传递 SDK 版本的调试信息：

```
DJILogDebug(@"SDK Version: %@", [DJISDKManager SDKVersion]);
```

（6）运行程序，当程序执行到上述调试代码时，即可在所有打开步骤（3）所述的网页
中显示该信息，如图 3-50 所示。

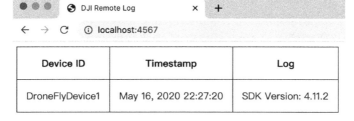

图 3-50　远程调试工具网页

> ❀ 如果您希望重置调试信息，则直接刷新该网页即可。

应当指出，上面的调试代码在调试服务器关闭时不会破坏应用程序的正常运行。因此，相对于桥接调试来说，iOS 远程调试工具是相对安全的调试方法。

3.3.4 非调试状态错误信息的获取

在室外调试无人机应用时，难免会因 Bug 而出现应用程序"闪退"的情况。然而由于此时没有连接到计算机而无法迅速了解闪退的根源，而通过室内复现 Bug 的成本往往较大，甚至无法复现。幸运的是，Mobile SDK 自动将程序的日志信息保存在移动设备之中。在 Android 和 iOS 设备中，均可通过 DJISDKManager 的 getLogPath 方法获取日志信息所处的目录位置。当无人机在户外调试或使用时出现错误时，该目录下的日志信息也可作为程序改进的重要参考。

对于 Android 无人机应用程序，在手机内部存储中的 DJI 目录下的相应应用程序包命名的目录即可找到日志信息。例如，应用程序包名为"cas.igsnrr.dronefly"的 DroneFly 应用程序日志信息可以在手机内部存储的"/DJI/cas.igsnrr.dronefly/LOG"目录下找到，如图 3-51 所示。

对于 iOS 无人机应用程序，其日志通过保存在应用程序沙盒中的"/Documents/SDK_logs/"目录。

在 iOS 中，调试日志系统可将更加详细的错误信息记录在应用程序沙盒中的 DJISDKDebugLogs 目录。调试日志系统在默认情况下是关闭的，需要通过 DJISDKManager 的 enableDebugLogSystem 方法启用（通过 disableDebugLogSystem 方法关闭）。另外，调试日志系统最多占用 100MB 的空间，超出该范围后，旧的日志将会被删除，通过 DJISDKManager 的 cleanDebugLogs 方法可删除调试日志。

图 3-51 DroneFly 应用程序目录

3.4 本章小结

本章介绍了如何在 Android 和 iOS 项目中使用 Mobile SDK，以及 Mobile SDK 的调试方法。通过本章的学习，相信读者已经了解了如何通过 Mobile SDK 连接上无人机设备。

本章所涉及的代码在任何一个 Mobile SDK 应用程序中都需要用到，读者可以在读懂、读通的基础上，通过复制粘贴的方式使用本章代码。但是用户界面还需要进一步改进。对于用户来说，优秀的应用程序设计应当隐藏注册应用程序与连接无人机的整个过程，即这些操作要放在后台进行，对于用户来说是透明的。但是有两点是无法隐藏的，且需要对用户进行必要的声明：

（1）当首次运行应用程序且未连接网络时，需要提示用户联网进行注册。

（2）对于中国大陆用户来说，需要在使用无人机前提示用户登录 DJI 账号进行实名制认证（每 3 个月 1 次），并核查无人机是否绑定成功。不过，一般来说，在运行 Mobile SDK 应用程序之前，绝大多数用户已经在 DJI GO 或 DJI GO 4 中绑定了无人机。

在随后的章节中，均以本章的 DroneFly 项目为基础，对无人机的各个功能进行学习和讨论。

第4章 起飞吧，无人机

飞行控制器是无人机的核心部件，其几乎包含了无人机的所有监测和控制功能。优秀的飞行控制器可以保证无人机整个机体的平稳飞行，也可以保证无人机在其突发情况下能够自动妥善处理危险状况。Mobile SDK 隐藏了大疆飞行控制器的众多技术细节，其以简约有效的方式集成了几乎所有的监控功能，这主要包括：

- 获取各种传感器信息、校准传感器参数。
- 起飞、降落、返航等飞行动作及其相关的参数设置。
- 飞行模式的切换。
- 出现低电量警报和严重低电量警报时的处置方式。
- 虚拟摇杆功能。
- 通过 Pipeline 与 Onboard SDK 进行通信。
- 前臂灯的打开和关闭。

由于篇幅有限，本章将重点介绍飞行控制器的基本操作：首先介绍如何通过飞行控制器类进行起飞、降落、返航等基本操作其次介绍无人机飞行状态信息的基本获取方法；最后介绍键值管理器基本的使用方法。

本章所涉及的飞行控制功能在调试时具有一定的风险，请在电池电量充足的情况下学习与调试本章的各项功能，并在户外测试和使用前多次使用模拟器调试，尽可能避免意外情况发生。

4.1 飞行控制器

通过飞行控制器可以实现无人机起飞、降落、返航等最基本的控制功能。本节将介绍这些基本飞行控制指令在 Android 和 iOS 上的实现方法。值得注意的是，建议开发者将返航功能（包括取消返航功能）放置在应用程序界面中非常醒目的位置，以便于用户在发现异常情况时能够快速地正确响应。

4.1.1 基本飞行控制与安全设置

飞行控制器的功能由飞行控制器类定义，而飞行控制器对象可通过以下步骤获取。

（1）通过 DJISDKManager 获取产品基类（BaseProduct）对象，并判断是否为无人机（Aircraft）对象。

（2）在 Android 中需要通过飞行控制器对象的 isConnected()方法判断是否与无人机成功建立连接。

（3）通过无人机对象获取飞行控制器（FlightController）对象。

在 Android 中，获取飞行控制器的方法如下：

```
public static FlightController getFlightController() {
    BaseProduct product = DJISDKManager.getInstance().getProduct();
    if (product != null && product.isConnected()) {
        if (product instanceof Aircraft) {
            return ((Aircraft) product).getFlightController();
        }
    }
    return null;
}
```

在 iOS 中，获取飞行控制器的方法如下：

```
+ (DJIFlightController *)getFlightController {
    if (DJISDKManager.product != nil &&
                [DJISDKManager.product isKindOfClass:[DJIAircraft class]]) {
        return ((DJIAircraft *)DJISDKManager.product).flightController;
    }
    return nil;
}
```

在下文中，将介绍飞行控制器中飞行动作和安全设置的基本概念。

1．飞行动作

飞行动作包括启动电机、起飞、降落、返航、重启、空中紧急停机、电调鸣响（ESC Beep）等。在本书中，着重介绍启动电机、起飞、降落和返航四种基本的飞行动作，在 Android 和 iOS 中通过飞行控制器类操作这些飞行动作的主要方法如表 4-1 所示。

表 4-1　在 **Android** 和 **iOS** 中通过飞行控制器类操作启动电机、
起飞、降落与返航四种飞行动作的主要方法

Android 中 FlightController 中的方法	iOS 中 DJIFlightController 中的方法	飞行动作及其设置
turnOnMotors(…)	turnOnMotorsWithCompletion	启动电机
turnOffMotors(…)	turnOffMotorsWithCompletion	关闭电机
startTakeoff(…)	startTakeoffWithCompletion	自动起飞
startPrecisionTakeoff(…)	startPrecisionTakeoffWithCompletion	自动精准起飞
cancelTakeoff(…)	cancelTakeoffWithCompletion	取消自动起飞
startLanding(…)	startLandingWithCompletion	自动降落
cancelLanding(…)	cancelLandingWithCompletion	取消自动降落
confirmLanding(…)	confirmLandingWithCompletion	确认自动降落
startGoHome(…)	startGoHomeWithCompletion	返航
cancelGoHome(…)	cancelGoHomeWithCompletion	取消返航
setHomeLocation(…)	setHomeLocation:withCompletion	设置返航点
setHomeLocationUsingAircraftCurrentLocation(…)	setHomeLocationUsingAircraftCurrentLocationWithCompletion	设置无人机的返航点
getHomeLocation(…)	getHomeLocationWithCompletion	获取返航点
setGoHomeHeightInMeters(…)	setGoHomeHeightInMeters:withCompletion	设置返航高度
getGoHomeHeightInMeters(…)	getGoHomeHeightInMetersWithCompletion	获取返航高度

1）启动电机

调用启动电机方法后，将启动电机，进入怠速运行。启动电机与关闭电机在许多无人机中是不支持的，即会返回"The command is not supported by the current firmware version"错误。因此，在开发中尽可能避免使用这两个方法。

2）起飞

通过飞行控制器的自动起飞和自动精准起飞方法可实现无人机的起飞动作。自动起飞方法必须在电机关闭时调用（否则调用无效），并且在起飞后的 0.5m 左右悬停并回调。对于具有下方视觉定位功能的无人机（如精灵 4）来说，可通过自动精准起飞方法在起飞的 6m 之内获得其周围环境的视觉定位记忆，当无人机再次降落时即可降落到相对更加准确的位置。

> ✿ 在无人机执行自动起飞功能前，可通过提示框等方式给予使用者充分的提示，保证无人机周围没有人群和障碍物，确保飞行安全。

3）降落

通过飞行控制器的自动降落方法可实现无人机的降落动作。对于具有降落保护功能（下方避障功能）的无人机（如精灵 4）来说，无人机在距离地面 0.3m 时对地面进行检测。如果检测通过，则自动进行降落；如果检测不通过，则需要通过确认自动降落的方法继续执行降落程序。

在 Android 中，是否需要确认降落需要通过飞行控制器状态（FlightControllerState）的 isLandingConfirmationNeeded() 方法获取。如果需要确认降落，则可通过飞行控制器类的 confirmLanding(...) 方法继续降落。

在 iOS 中，是否需要确认降落需要通过飞行控制器状态（DJIFlightControllerState）的 isLandingConfirmationNeeded 属性获取。如果需要确认降落，则可通过飞行控制器类的 confirmLandingWithCompletion 方法继续降落。

4）返航

通过飞行控制器的返航方法可实现无人机的返航动作。返航点与返航高度的设置是非常重要的，特别是对于没有前向和侧向避障的无人机。在无人机起飞时，返航点默认设置为无人机起飞的位置。返航高度需要设置在 20~500m 之间的高度，且不能高于无人机的最大限飞高度。

2. 安全设置

飞行控制器的安全设置由一系列的 Get/Set 方法组成，飞行控制器常见的安全设置如表 4-2 所示。

表 4-2　飞行控制器常见的安全设置

Android 中 FlightController 中的方法	iOS 中 DJIFlightController 中的方法	安全设置
setMaxFlightHeight(...)	setMaxFlightHeight:withCompletion	设置最大飞行高度
getMaxFlightHeight(...)	getMaxFlightHeightWithCompletion	获取最大飞行高度
setMaxFlightRadius(...)	setMaxFlightRadius:withCompletion	设置最大飞行半径
getMaxFlightRadius(...)	getMaxFlightRadiusWithCompletion	获取最大飞行半径
setMaxFlightRadiusLimitationEnabled(...)	setMaxFlightRadiusLimitationEnabled:withCompletion	设置是否限制最大飞行高度/半径

续表

Android 中 FlightController 中的方法	iOS 中 DJIFlightController 中的方法	安全设置
getMaxFlightRadiusLimitationEnabled(…)	gctMaxFlightRadiusLimitationEnabledWith Completion	获取是否限制最大飞行高度/半径
setConnectionFailSafeBehavior(…)	setConnectionFailSafeBehavior:withCompl etion	设置信号中断后的行为
getConnectionFailSafeBehavior(…)	getConnectionFailSafeBehaviorWithCompl etion	获取信号中断后的行为
setLowBatteryWarningThreshold(…)	setLowBatteryWarningThreshold:withCom pletion	设置低电量警报阈值
getLowBatteryWarningThreshold(…)	getLowBatteryWarningThresholdWithCom pletion	获取低电量警报阈值
setSeriousLowBatteryWarningThreshold(…)	setSeriousLowBatteryWarningThreshold:wi thCompletion	设置严重低电量警报阈值
getSeriousLowBatteryWarningThreshold(…)	getSeriousLowBatteryWarningThresholdWi thCompletion	获取严重低电量警报阈值
setSmartReturnToHomeEnabled(…)	setSmartReturnToHomeEnabled:withComp letion	设置是否启用低电量智能返航
getSmartReturnToHomeEnabled(…)	getSmartReturnToHomeEnabledWithComp letion	获取是否启用低电量智能返航
confirmSmartReturnToHomeRequest(…)	confirmSmartReturnToHomeRequest:withC ompletion	确认是否执行智能返航

1）限制飞行高度和飞行半径

限制无人机的飞行高度和飞行半径，可以有效地提高无人机的安全性，防止因信号中断等导致的意外发生。注意，返航高度不能超过飞行高度，因此限制飞行高度的同时也限制了返航高度，应当谨慎设置。

2）信号中断后的无人机行为

无人机在信号中断后的行为通过枚举类型进行定义，如表 4-3 所示为信号中断后的无人机行为定义。

表 4-3 信号中断后的无人机行为定义

Android 中 ConnectionFailSafeBehavior 枚举类型	iOS 中 DJIConnectionFailSafeBehavior 枚举类型	说　明
HOVER	DJIConnectionFailSafeBehaviorHover	悬停等候
LANDING	DJIConnectionFailSafeBehaviorLanding	立即降落
GO_HOME	DJIConnectionFailSafeBehaviorGoHome	返航
UNKNOWN	DJIConnectionFailSafeBehaviorUnknown	未知

悬停等候和返航是较为安全的选项，谨慎使用立即降落行为选项。

3）电量警报与低电量智能返航

电量警报包括低电量警报和严重低电量警报两种，并可通过表 4-2 中的方法设置阈值。当无人机开始低电量警报时，指示灯的状态是红灯慢闪；而当无人机到达严重低电量警报时，指示灯的状态是红灯快闪。

低电量智能返航是指飞行控制器根据无人机和返航点的位置信息，判断当前电量是否充足，当电量仅足够返航任务时，会触发低电量智能返航倒计时。在这期间，开发者应当调用确认是否执行智能返航方法让用户决定是否返航。

在 Android 中，通过无人机状态对象（FlightControllerState）的 getGoHomeAssessment()方

法即可获取 GoHomeAssessment 对象。然后通过 GoHomeAssessment 对象的 getSmartRTHState()方法即可得到智能返航状态。当该状态为COUNTING_DOWN 且超过 10s 时，无人机会自动返航。

在 iOS 中，通过无人机状态对象（DJIFlightControllerState）的 goHomeAssessment 属性即可获得包括智能返航计数（smartRTHCountdown）、剩余飞行时间（remainingFlightTime）等多种数据的结构体（DJIFlightControllerGoHomeAssessment）。当智能返航计数为 0 时，无人机会自动返航。

3．Mobile SDK 的回调方法

对无人机的监控操作需要通过 LightBridge、OcuSync 等链路进行信息传递。受到空中信号衰减和环境干扰的影响，这些操作通常要消耗一定的时间才能完成。因此，对无人机的各类操作均需要通过回调的方式来介入处理。

在 Android Mobile SDK 中，回调函数的接口通过 CommonCallbacks 定义。

- CompletionCallback：仅包括 onResult(DJIError error)抽象方法。当 error 对象为空时，则说明任务执行成功；当 error 对象不为空时，通过其 getDescription()方法获取详细的错误信息。
- CompletionCallbackWith<T>：包括 onSuccess(T val)和 onFailure(DJIError error)两个方法。其中，当任务执行成功时，回调 onSuccess(…)方法，且返回参数 val；当任务执行失败时，回调 onFailure(…)方法，且其中的 error 对象包含了错误描述。
- CompletionCallbackWithTwoParam<X, Y>：与 CompletionCallbackWith<T>类似，包括 onSuccess(X val1, Y val2)和 onFailure(DJIError error)两个方法，但任务成功回调函数包括了 val1 和 val2 两个参数。

在 iOS Mobile SDK 中，通常利用 Block 技术来处理回调信息。当某个操作没有参数返回时，则使用 DJICompletionBlock，其定义如下：

```
typedef void (^_Nullable DJICompletionBlock)(NSError * _Nullable error)
```

在需要返回参数时，则根据实际情况定义相应的 Block 函数，如返回字符串时，其回调函数定义为

```
void (^)(NSString * _Nullable name, NSError * _Nullable error)
```

当 error 对象为空时，则说明操作成功；当 error 对象不为空时，则可通过其 localizedDescription 属性获取其具体的错误信息。

注意，在使用回调函数时，要特别注意线程控制和避免循环等问题。在 Android 中，如果需要在回调函数中更新界面，一定要使用 runOnUiThread()方法回到主线程。在 iOS 中，要通过"__weak"关键词将视图控制器的引用转为弱引用，具体可参见"3.2.3 实名制认证与绑定无人机"节的相关内容。

4.1.2　实现起飞、降落与返航（Android）

这一节继续在"第 3 章　第一个 Mobile SDK 应用程序"的基础上，进一步开发 DroneFly 项目：创建新的 Activity（FlightActivity），以实现和调试起飞、降落与返航等功

能，具体的操作如下。

1．创建 FlightActivity

（1）在"cas.igsnrr.dronefly"包上单击鼠标右键，选择"New"-"Activity"-"Empty Activity"菜单，弹出"New Android Activity"对话框，如图 4-1 所示。

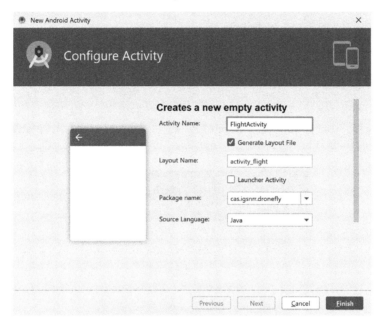

图 4-1　"New Android Activity"对话框

在图 4-1 中，在"Activity Name"选项中输入 Activity 的名称"FlightActivity"；在"Layout Name"选项中确认其布局文件名称为"activity_flight"，单击【Finish】按钮。此时，FlightActivity 创建完毕。

（2）在 MainActivity 的布局文件中添加一个【飞行控制器】按钮，如代码 4-1 所示。

代码 4-1

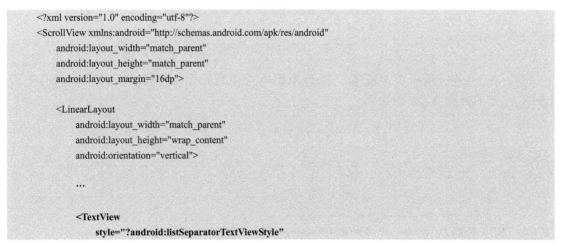

```
<?xml version="1.0" encoding="utf-8"?>
<ScrollView xmlns:android="http://schemas.android.com/apk/res/android"
    android:layout_width="match_parent"
    android:layout_height="match_parent"
    android:layout_margin="16dp">

    <LinearLayout
        android:layout_width="match_parent"
        android:layout_height="wrap_content"
        android:orientation="vertical">

        ...

        <TextView
            style="?android:listSeparatorTextViewStyle"
```

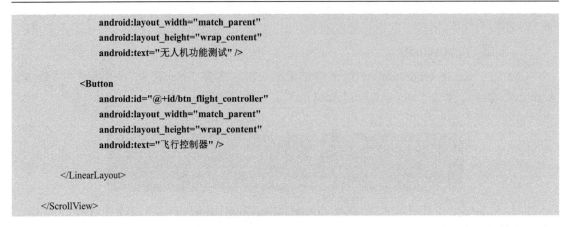

```
        android:layout_width="match_parent"
        android:layout_height="wrap_content"
        android:text="无人机功能测试" />

    <Button
        android:id="@+id/btn_flight_controller"
        android:layout_width="match_parent"
        android:layout_height="wrap_content"
        android:text="飞行控制器" />

</LinearLayout>

</ScrollView>
```

此时，运行程序 4-1，即可在 DroneFly 的主界面中出现【飞行控制器】按钮，如图 4-2 所示。

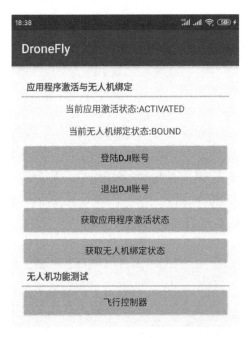

图 4-2　DroneFly 的主界面

（3）在 MainActivity 中实现弹出 FlightActivity 的代码，即在 MainActivity.java 文件中的 initUI()函数的最后加入代码 4-2。

代码 4-2

```
private void initUI(){

    ...

    //获得【飞行控制器】按钮实例对象
    Button btnFlightController = findViewById(R.id.btn_flight_controller);
```

```java
//对【飞行控制器】按钮增加监听器
btnFlightController.setOnClickListener(new View.OnClickListener() {
    @Override
    public vold onClick(View v) {
        if (checkDroneConnection() == false) {
            return;
        }
        //弹出 FlightActivity
        Intent i = new Intent(MainActivity.this, FlightActivity.class);
        startActivity(i);
    }
});
}


private boolean checkDroneConnection() {
    //应用程序激活管理器
    AppActivationManager mgrActivation =
            DJISDKManager.getInstance().getAppActivationManager();
    //判断应用程序是否注册
    if (!DJISDKManager.getInstance().hasSDKRegistered()) {
        showToast("应用程序未注册!");
        return false;
    }
    //判断应用程序是否激活
    if (mgrActivation.getAppActivationState() != AppActivationState.ACTIVATED) {
        showToast("应用程序未激活!");
        return false;
    }
    //判断无人机是否绑定
    if (mgrActivation.getAircraftBindingState() != AircraftBindingState.BOUND) {
        showToast("无人机未绑定!");
        return false;
    }
    //判断无人机连接是否正常
    BaseProduct product = DJISDKManager.getInstance().getProduct();
    if (product == null || !product.isConnected()) {
        showToast("无人机连接失败!");
        return false;
    }
    return true;
}
```

上述代码中，在弹出 FlightActivity 之前，通过 checkDroneConnection()方法判断应用程序注册、激活，以及无人机绑定、连接等是否正常。在今后的学习中，checkDroneConnection()方法将在弹出其他 Activity 方法中多次用到。

2．添加起飞、降落和返航代码

（1）实现 FlightActivity 的 UI 界面，即在 FlightActivity 的布局文件中添加【起飞】、【取消起飞】、【降落】、【取消降落】、【设置返航高度】、【获取返航高度】、【返航】、【取消返航】

8 个按钮，具体实现如代码 4-3 所示。

代码 4-3

```xml
<?xml version="1.0" encoding="utf-8"?>
<ScrollView xmlns:android="http://schemas.android.com/apk/res/android"
    android:layout_width="match_parent"
    android:layout_height="match_parent"
    android:layout_margin="16dp">

    <LinearLayout
        android:layout_width="match_parent"
        android:layout_height="wrap_content"
        android:orientation="vertical">

        <TextView
            style="?android:listSeparatorTextViewStyle"
            android:layout_width="match_parent"
            android:layout_height="wrap_content"
            android:text="飞行控制" />

        <Button
            android:id="@+id/btn_takeoff"
            android:layout_width="match_parent"
            android:layout_height="wrap_content"
            android:text="起飞"/>

        <Button
            android:id="@+id/btn_takeoff_cancel"
            android:layout_width="match_parent"
            android:layout_height="wrap_content"
            android:textColor="#FF0000"
            android:text="取消起飞"/>

        <Button
            android:id="@+id/btn_landing"
            android:layout_width="match_parent"
            android:layout_height="wrap_content"
            android:text="降落"/>

        <Button
            android:id="@+id/btn_landing_cancel"
            android:layout_width="match_parent"
            android:layout_height="wrap_content"
            android:textColor="#FF0000"
            android:text="取消降落"/>

        <Button
            android:id="@+id/btn_set_gohome_height"
            android:layout_width="match_parent"
            android:layout_height="wrap_content"
```

```
            android:text="设置返航高度"/>

        <Button
            android:id="@+id/btn_get_gohome_height"
            android:layout_width="match_parent"
            android:layout_height="wrap_content"
            android:text="获取返航高度"/>

        <Button
            android:id="@+id/btn_gohome"
            android:layout_width="match_parent"
            android:layout_height="wrap_content"
            android:text="返航"/>

        <Button
            android:id="@+id/btn_gohome_cancel"
            android:layout_width="match_parent"
            android:layout_height="wrap_content"
            android:textColor="#FF0000"
            android:text="取消返航"/>

    </LinearLayout>

</ScrollView>
```

运行程序，此时 FlightActivity 的界面如图 4-3 所示。

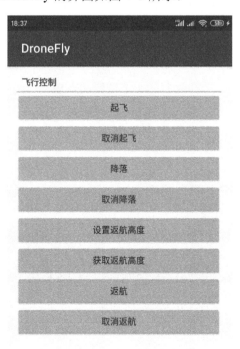

图 4-3　FlightActivity 的界面

（2）修改 AndroidManifest.xml 文件，设置 MainActivity 和 FlightActivity 之间的关系，以便于在 FlightActivity 中返回到 MainActivity，具体实现如代码 4-4 所示。

代码 4-4

```xml
<activity
    android:name=".MainActivity"
    android:launchMode="singleTop"
    android:configChanges="orientation"
    android:screenOrientation="portrait"> <!-- 强制保持竖屏 -->
    <intent-filter>
        <action android:name="android.intent.action.MAIN" />

        <category android:name="android.intent.category.LAUNCHER" />
    </intent-filter>
</activity>

<activity
    android:name=".FlightActivity"
    android:parentActivityName=".MainActivity"
    android:configChanges="orientation"
    android:screenOrientation="portrait"/>
```

此时，在 FlightActivity 的标题栏中出现【←】按钮，如图 4-4 所示。

图 4-4 在 FlightActivity 的标题栏中出现【←】按钮

（3）在 FlightActivity.java 中获取上述 8 个按钮的对象，并监听其单击方法，具体实现如代码 4-5 所示。

代码 4-5

```java
package com.example.dronefly;

import androidx.appcompat.app.AppCompatActivity;

import android.os.Bundle;
import android.view.View;
import android.widget.Button;

public class FlightActivity extends AppCompatActivity implements View.OnClickListener {

    private Button mBtnTakeoff, mBtnCancelTakeoff, mBtnLanding, mBtnCancelLanding;
    private Button mBtnSetGoHomeHeight, mBtnGetGoHomeHeight, mBtnGoHome, mBtnCancelGoHome;

    @Override
    protected void onCreate(Bundle savedInstanceState) {
        super.onCreate(savedInstanceState);
```

```java
        setContentView(R.layout.activity_flight);
        //初始化 UI 界面
        initUI();
        //初始化监听器
        initListener();
    }

    private void initUI() {
        mBtnTakeoff = findViewById(R.id.btn_takeoff);
        mBtnCancelTakeoff = findViewById(R.id.btn_takeoff_cancel);
        mBtnLanding = findViewById(R.id.btn_landing);
        mBtnCancelLanding = findViewById(R.id.btn_landing_cancel);
        mBtnSetGoHomeHeight = findViewById(R.id.btn_set_gohome_height);
        mBtnGetGoHomeHeight = findViewById(R.id.btn_get_gohome_height);
        mBtnGoHome = findViewById(R.id.btn_gohome);
        mBtnCancelGoHome = findViewById(R.id.btn_gohome_cancel);

    }

    private void initListener() {
        mBtnTakeoff.setOnClickListener(this);
        mBtnCancelTakeoff.setOnClickListener(this);
        mBtnLanding.setOnClickListener(this);
        mBtnCancelLanding.setOnClickListener(this);
        mBtnSetGoHomeHeight.setOnClickListener(this);
        mBtnGetGoHomeHeight.setOnClickListener(this);
        mBtnGoHome.setOnClickListener(this);
        mBtnCancelGoHome.setOnClickListener(this);
    }

    @Override
    public void onClick(View v) {

        switch (v.getId()) {
            case R.id.btn_takeoff: takeoff();break;
            case R.id.btn_takeoff_cancel: cancelTakeoff();break;
            case R.id.btn_landing: landing();break;
            case R.id.btn_landing_cancel: cancelLanding();break;
            case R.id.btn_set_gohome_height: setGohomeHeight();break;
            case R.id.btn_get_gohome_height: getGohomeHeight();break;
            case R.id.btn_gohome: gohome();break;
            case R.id.btn_gohome_cancel: cancelGohome();break;
            default: break;
        }
    }

//起飞
private void takeoff(){}
//取消起飞
private void cancelTakeoff(){}
//降落
private void landing(){}
```

115

```
//取消降落
private void cancelLanding(){}
//设置返航高度
private void setGohomeHeight(){}
//获取返航高度
private void getGohomeHeight(){}
//返航
private void gohome(){}
//取消返航
private void cancelGohome(){}

//在主线程中显示提示
private void showToast(final String toastMsg) {
    runOnUiThread(new Runnable() {
        @Override
        public void run() {
            Toast.makeText(getApplicationContext(), toastMsg, Toast.LENGTH_LONG).show();
        }
    });
}
}
```

3. 实现起飞、降落和返航等基本操控方法

1）创建获取飞行控制器的 getFlightController()方法

创建获取飞行控制器的 getFlightController()方法，具体实现如代码 4-6 所示。

代码 4-6

```
//获取无人机的飞行控制器
private FlightController getFlightController() {
    BaseProduct product = DJISDKManager.getInstance().getProduct();
    if (product != null && product.isConnected()) {
        if (product instanceof Aircraft) {
            return ((Aircraft) product).getFlightController();
        }
    }
    return null;
}
```

2）起飞与取消起飞

实现 FlightActivity 的 takeoff()和 canceltakeoff()方法，通过飞行控制器对象的 startTakeoff(…)方法实现起飞功能，通过飞行控制器的 cancelTakeoff(…)方法实现取消起飞功能，具体实现如代码 4-7 所示。

代码 4-7

```
//起飞
private void takeoff(){
    FlightController flightController = getFlightController();
    if (flightController != null) {
        flightController.startTakeoff(new CommonCallbacks.CompletionCallback() {
```

```
        @Override
        public void onResult(DJIError djiError) {
            if (djiError != null)
                showToast(djiError.toString());
            else showToast("开始起飞!");
        }
    });
} else {
    showToast("飞行控制器获取失败，请检查飞行器连接是否正常!");
}
}


//取消起飞
private void cancelTakeoff(){
    FlightController flightController = getFlightController();
    if (flightController != null) {
        flightController.cancelTakeoff(new CommonCallbacks.CompletionCallback() {
            @Override
            public void onResult(DJIError djiError) {
                if (djiError != null)
                    showToast(djiError.toString());
                else showToast("取消起飞成功!");
            }
        });
    } else {
        showToast("飞行控制器获取失败，请检查飞行器连接是否正常!");
    }
}
```

　　此处，利用模拟器对其功能进行调试：首先，将无人机连接计算机并打开模拟器；其次，编译并运行应用程序，当应用程序完成初始化后，单击【飞行控制器】按钮进入 FlightActivity；最后，单击【起飞】按钮，无人机在模拟器中自动起飞，如图 4-5 所示，并在空中悬停，此时 DroneFly 应用程序会弹出"DroneFly:开始起飞"提示，如图 4-6 所示。

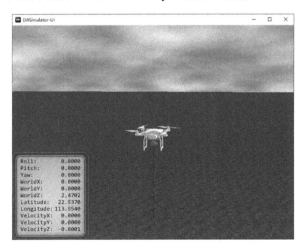

图 4-5　无人机在模拟器中自动起飞

图 4-6　弹出"DroneFly:开始起飞"提示

117

3）降落与取消降落

与起飞方法类似，实现 FlightActivity 的 landing()和 cancelLanding()方法，通过飞行控制器对象的 startLanding(…)方法实现降落功能，通过飞行控制器的 cancelLanding(…)方法实现取消降落功能，具体实现如代码 4-8 所示。

代码 4-8

```
//降落
private void landing(){
    FlightController flightController = getFlightController();
    if (flightController != null) {
        flightController.startLanding(new CommonCallbacks.CompletionCallback() {
            @Override
            public void onResult(DJIError djiError) {
                if (djiError != null)
                    showToast(djiError.toString());
                else showToast("开始降落!");
            }
        });
    } else {
        showToast("飞行控制器获取失败，请检查飞行器连接是否正常!");
    }
}

//取消降落
private void cancelLanding(){
    FlightController flightController = getFlightController();
    if (flightController != null) {
        flightController.cancelLanding(new CommonCallbacks.CompletionCallback() {
            @Override
            public void onResult(DJIError djiError) {
                if (djiError != null)
                    showToast(djiError.toString());
                else showToast("取消降落成功!");
            }
        });
    } else {
        showToast("飞行控制器获取失败，请检查飞行器连接是否正常!");
    }
}
```

编译并运行程序，可在虚拟机中调试降落功能。当无人机在空中时，单击【降落】按钮后，无人机开始降落，遥控器会发出"滴～滴～"的提示音。单击【取消降落】按钮后，降落操作会立即停止，遥控器提示音消失。

4）返航功能与返航高度设置

（1）实现 setGohomeHeight()和 getGohomeHeight()方法，用于设置和获取返航高度。在 setGohomeHeight()方法中，通过 AlertDialog 类弹出对话框，用于用户输入整型数字（返航高度，单位为米）。在对话框关闭后，调用飞行控制器的 setGoHomeHeightInMeters(…)方法，并传入返航高度和回调函数。在 getGohomeHeight()方法中，其回调方法 onSuccess(Integer height)中的 height 参数返回了无人机的返航高度。

（2）实现 gohome()和 cancelGohome()方法，通过飞行控制器对象的 startGoHome(…)方法实现返航功能，通过飞行控制器的 cancelGoHome(…)方法实现取消返航功能，具体实现如代码 4-9 所示。

代码 4-9

```java
//设置返航高度
private void setGohomeHeight(){
    //返航高度设置文本框
    final EditText editText = new EditText(this);
    editText.setInputType(InputType.TYPE_CLASS_NUMBER);   //只能输入纯数字
    //弹出设置返航高度对话框
    new AlertDialog.Builder(this)
        .setTitle("请输入返航高度 (m)")
        .setView(editText)
        .setPositiveButton("确定", new DialogInterface.OnClickListener() {
            @Override
            public void onClick(DialogInterface dialog, int which) {
                //获取返航高度的设置
                int height = Integer.parseInt(editText.getText().toString());
                final FlightController flightController = getFlightController();
                if (flightController != null) {
                    //设置返航高度
                    flightController.setGoHomeHeightInMeters(height,
                        new CommonCallbacks.CompletionCallback() {
                            @Override
                            public void onResult(DJIError djiError) {
                                if (djiError != null)
                                    showToast(djiError.toString());
                                else showToast("返航高度设置成功!");
                            }
                        });
                } else {
                    showToast("飞行控制器获取失败，请检查飞行器连接是否正常!");
                }

            }
        })
        .setNegativeButton("取消", null)
        .show();
}

//获取返航高度
private void getGohomeHeight(){
    final FlightController flightController = getFlightController();
    if (flightController != null) {
        flightController.getGoHomeHeightInMeters(
            new CommonCallbacks.CompletionCallbackWith<Integer>() {
```

```
            @Override
            public void onSuccess(Integer height) {
                showToast("返航高度为: " + height + "米.");
            }

            @Override
            public void onFailure(DJIError djiError) {
                showToast("获取返航高度失败: " + djiError.toString());
            }
        });
    } else {
        showToast("飞行控制器获取失败，请检查飞行器连接是否正常!");
    }
}


//返航
private void gohome(){
    final FlightController flightController = getFlightController();
    if (flightController != null) {
        flightController.startGoHome(new CommonCallbacks.CompletionCallback() {
            @Override
            public void onResult(DJIError djiError) {
                if (djiError != null)
                    showToast(djiError.toString());
                else showToast("开始返航!");
            }
        });
    } else {
        showToast("飞行控制器获取失败，请检查飞行器连接是否正常!");
    }
}


//取消返航
private void cancelGohome(){
    final FlightController flightController = getFlightController();
    if (flightController != null) {
        flightController.cancelGoHome(new CommonCallbacks.CompletionCallback() {
            @Override
            public void onResult(DJIError djiError) {
                if (djiError != null)
                    showToast(djiError.toString());
                else showToast("取消返航成功!");
            }
        });
    } else {
        showToast("飞行控制器获取失败，请检查飞行器连接是否正常!");
    }
}
```

　　编译并运行程序，在无人机连接正常的情况下，单击【设置返航高度】按钮后，弹出如图 4-7 所示的设置返航高度对话框。单击【获取返航高度】按钮后，会弹出如图 4-8 所示的提示。

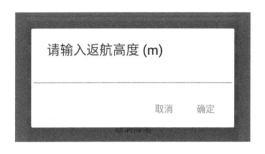

图 4-7　设置返航高度对话框　　　图 4-8　弹出"DroneFly：返航高度为：100 米"的提示

返航高度应设置在 20～500m 的范围内，且不超过飞行的最大高度。当设置的高度过低时，会返回"The go home altitude is too low (lower than 20m)"的错误提示；当设置的高度过高时，会返回类似"The go home altitude is too high (higher than max flight height)"的错误提示。

当无人机在空中时，单击【返航】按钮后，无人机开始返航，遥控器会发出"滴～滴～"的返航提示音。单击【取消返航】按钮后，返航操作会立即停止，无人机悬停，遥控器提示音消失。

4.1.3　实现起飞、降落与返航（iOS）

这一节继续在"第 3 章　第一个 Mobile SDK 应用程序"的基础上，进一步开发 DroneFly 项目：创建新的 DFFlightViewController，以实现和调试起飞、降落与返航等功能，具体的操作如下。

1. 创建 DFFlightViewController

（1）在 Xcode 资源管理器中创建 DFFlightViewController 视图控制器，并继承于 UITableViewController。

（2）在 Main.storyboard 中分别进行以下操作。

在 DFMainViewController 表视图的最后添加一个新的 Section，并将其标题设置为"无人机功能测试"。然后在新建的 Section 中添加一个新的单元格，并放置为名为"飞行控制器"的按钮。

添加一个 UITableViewController，并与刚创建的 DFFlightViewController 关联：在其属性面板中打开【回】ID 检查器（Identity inspector），在"Class"选项中设置为"DFFlightViewController"。

单击【飞行控制器】按钮，按下"Control"键拖动【飞行控制器】按钮到新创建的 DFFlightViewController，在弹出的选框中选择"Show"选项，并设置其故事箭头（Story board Segue）的标识属性"Identifier"为"segue_flight"。

选中 DFMainViewController 后，选择 Xcode 菜单栏中的"Editor"-"Embed In"-"Navigation Controller"菜单，使用 Navigation Controller 管理视图控制器。

选择 DFFlightViewController 的 UITableView 对象，并在属性面板中选择【◇】属性检

查器，在"Content"选项中选择静态表视图"Static Cells"；在"Style"选项中选择"Grouped"样式。

在 DFFlightViewController 的表视图中加入一个 Section，并设置其标题为"飞行控制"，然后在 Section 中加入 8 个单元格，并分别放置【起飞】、【取消起飞】、【降落】、【取消降落】、【设置返航高度】、【获取返航高度】、【返航】、【取消返航】8 个按钮。

在上述 8 个表单元格（UITableViewCell）的【⇩】属性检查器中，设置"Selection"为"None"，禁用表单元格选择功能。

设置完成后，Main.storyboard 如图 4-9 所示。

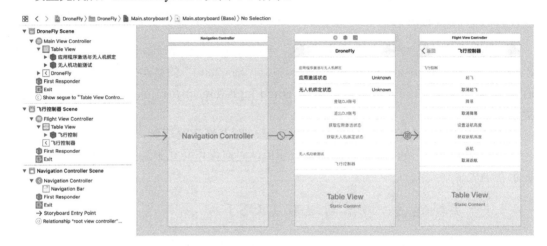

图 4-9　Main.storyboard

此时编译并运行程序，单击应用程序主界面中的【飞行控制器】按钮即可直接跳转到 DFFlightViewController 中。

（3）在 DFMainViewController.m 中加入代码 4-10，用于在弹出 DFFlightViewController 之前，通过 checkDroneConnection 方法判断应用程序注册、激活，以及无人机绑定、连接等是否正常。checkDroneConnection 方法将在弹出其他视图控制器前多次用到。shouldPerformSegueWithIdentifier 方法会在执行 Segue 前调用，当该方法返回 NO 时，Segue 将不会被执行。

代码 4-10

```
- (BOOL)shouldPerformSegueWithIdentifier:(NSString *)identifier sender:(id)sender {
    if ([identifier isEqualToString:@"segue_flight"]) {
        if ([self checkDroneConnection] == NO) {
            return NO;
        }
    }
    return YES;
}

- (BOOL)checkDroneConnection {
    //判断应用程序是否注册
```

```
    if (![DJISDKManager hasSDKRegistered]) {
        [self showAlertViewWithTitle:@"" withMessage:@"应用程序未注册"];
        return NO;
    }
    //判断应用程序是否激活
    if ([DJISDKManager appActivationManager].appActivationState != DJIAppActivationStateActivated) {
        [self showAlertViewWithTitle:@"" withMessage:@"应用程序未激活"];
        return NO;
    }
    //判断无人机是否绑定
    if ([DJISDKManager appActivationManager].aircraftBindingState != DJIAppActivationAircraftBindingStateBound) {
        [self showAlertViewWithTitle:@"" withMessage:@"无人机未绑定"];
        return NO;
    }
    //判断无人机连接是否正常
    if (DJISDKManager.product == nil || ![DJISDKManager.product isKindOfClass:[DJIAircraft class]])
    {
        [self showAlertViewWithTitle:@"" withMessage:@"无人机连接失败"];
        return NO;
    }
    return YES;
}
```

（4）分别捕获 DFFlightViewController 中上述 8 个按钮的"Touch Up Inside"事件，并在 DFFlightViewController 中进行处理。在 DFFlightViewController.h 中，这些事件的处理方法如代码 4-11 所示。

代码 4-11

```
#import <UIKit/UIKit.h>
#import <DJISDK/DJISDK.h>

@interface DFFlightViewController : UITableViewController

////起飞
- (IBAction)takeOff:(id)sender;

////取消起飞
- (IBAction)cancelTakeOff:(id)sender;

////降落
- (IBAction)landing:(id)sender;

////取消降落
- (IBAction)cancelLanding:(id)sender;

////设置返航高度
- (IBAction)setGohomeHeight:(id)sender;

////获取返航高度
- (IBAction)getGohomeHeight:(id)sender;
```

```
///返航
- (IBAction)gohome:(id)sender;

///取消返航
- (IBAction)cancelGohome:(id)sender;

@end
```

2. 实现起飞、降落和返航等基本操控方法

1）创建获取飞行控制器的 getFlightController 方法

创建获取飞行控制器的 getFlightController 方法，具体实现如代码 4-12 所示。

代码 4-12

```
- (DJIFlightController *)getFlightController {
    if (DJISDKManager.product != nil &&
            [DJISDKManager.product isKindOfClass:[DJIAircraft class]]) {
        return ((DJIAircraft *)DJISDKManager.product).flightController;
    }
    return nil;
}
```

2）起飞与取消起飞

实现 DFFlightViewController 的 takeOff 和 cancelTakeOff 方法，通过飞行控制器对象的 startTakeoffWithCompletion 方法实现起飞功能，通过飞行控制器的 cancelTakeoffWithCompletion 方法实现取消起飞功能，具体实现如代码 4-13 所示。

代码 4-13

```
///起飞
- (IBAction)takeOff:(id)sender {
    WeakRef(target);
    DJIFlightController *flightController = [self getFlightController];
    if (flightController != nil) {
        [flightController startTakeoffWithCompletion:^(NSError * _Nullable error) {
            WeakReturn(target);
            if (error != nil) {
                [target showAlertWithMessage:error.localizedDescription];
            } else {
                [target showAlertWithMessage:@"开始起飞!"];
            }

        }];
    } else {
        [self showAlertWithMessage:@"飞行控制器获取失败，请检查飞行器连接是否正常!"];
    }
}

///取消起飞
```

```
- (IBAction)cancelTakeOff:(id)sender {
    WeakRef(target);
    DJIFlightController *flightController = [self getFlightController];
    if (flightController != nil) {
        [flightController cancelTakeoffWithCompletion:^(NSError * _Nullable error) {
            WeakReturn(target);
            if (error != nil) {
                [target showAlertWithMessage:error.localizedDescription];
            } else {
                [target showAlertWithMessage:@"取消起飞成功!"];
            }

        }];
    } else {
        [self showAlertWithMessage:@"飞行控制器获取失败，请检查飞行器连接是否正常!"];
    }
}

- (void)showAlertWithMessage:(NSString *)message{
    UIAlertController *alert = [UIAlertController alertControllerWithTitle:@"提示" message:message preferredStyle:
UIAlertControllerStyleAlert];
    UIAlertAction *okAction = [UIAlertAction actionWithTitle:@"OK" style:UIAlertActionStyleDefault handler:nil];
    [alert addAction:okAction];
    [self presentViewController:alert animated:YES completion:nil];
}
```

　　此处，利用模拟器对其功能进行调试：首先，将无人机连接计算机，并打开模拟器；其次，编译并运行应用程序，当应用程序完成初始化后，单击【飞行控制器】按钮进入 DFFlightViewController 界面，如图 4-10 所示；最后，单击【起飞】按钮，即可在模拟器中自动起飞无人机，并在空中悬停。在起飞过程中单击【取消起飞】按钮，无人机停止起飞。无人机在模拟器中起飞后，会弹出如图 4-11 所示的提示。

图 4-10　DFFlightViewController 界面　　　　图 4-11　弹出"开始起飞!"和"取消起飞成功!"提示

125

3）降落与取消降落

与起飞方法类似，实现 DFFlightViewController 的 landing 和 cancelLanding 方法，通过飞行控制器对象的 startLandingWithCompletion 方法实现降落功能，通过飞行控制器的 cancelLandingWithCompletion 方法实现取消降落功能，具体实现如代码 4-14 所示。

代码 4-14

```
///降落
- (IBAction)landing:(id)sender {
    WeakRef(target);
    DJIFlightController *flightController = [self getFlightController];
    if (flightController != nil) {
        [flightController startLandingWithCompletion:^(NSError * _Nullable error) {
            WeakReturn(target)
            if (error != nil) {
                [target showAlertWithMessage:error.localizedDescription];
            } else {
                [target showAlertWithMessage:@"开始降落!"];
            }

        }];
    } else {
        [self showAlertWithMessage:@"飞行控制器获取失败，请检查飞行器连接是否正常!"];
    }
}

///取消降落
- (IBAction)cancelLanding:(id)sender {
    WeakRef(target);
    DJIFlightController *flightController = [self getFlightController];
    if (flightController != nil) {
        [flightController cancelLandingWithCompletion:^(NSError * _Nullable error) {
            WeakReturn(target);
            if (error != nil) {
                [target showAlertWithMessage:error.localizedDescription];
            } else {
                [target showAlertWithMessage:@"取消降落成功!"];
            }
        }];
    } else {
        [self showAlertWithMessage:@"飞行控制器获取失败，请检查飞行器连接是否正常!"];
    }
}
```

编译并运行程序，可在虚拟机中调试无人机的降落功能。当无人机在空中时，单击【降落】按钮后，无人机开始降落，遥控器会发出"滴～滴～"的提示音。单击【取消降落】按钮后，降落操作会立即停止，遥控器提示音消失。

4）返航功能与返航高度设置

（1）实现 setGohomeHeight 和 getGohomeHeight 方法，用于设置和获取返航高度。在

setGohomeHeight 方法中，通过 UIAlertController 类弹出对话框，用于用户输入整型数字（返航高度，单位为米）。在对话框关闭后，调用飞行控制器的 setGoHomeHeightInMeters:withCompletion 方法，并传入返航高度和回调 Block。在 getGohomeHeight 方法中，其 getGoHomeHeightInMetersWithCompletion 方法的回调 Block 通过 NSUInteger 参数返回了无人机的返航高度。

（2）实现 gohome 和 cancelGohome 方法，通过飞行控制器对象的 startGoHomeWithCompletion 方法实现返航功能，通过飞行控制器的 cancelGoHomeWithCompletion 方法实现取消返航功能，具体实现如代码 4-15 所示。

代码 4-15

```
///设置返航高度
- (IBAction)setGohomeHeight:(id)sender {

    UIAlertController *alertController =   [UIAlertController alertControllerWithTitle:@"提示" message:@"设置无人机
返航高度" preferredStyle:UIAlertControllerStyleAlert];
    [alertController addTextFieldWithConfigurationHandler:^(UITextField * _Nonnull textField) {
        textField.keyboardType = UIKeyboardTypeNumberPad;
        textField.placeholder = @"请输入纯数字，单位：米";
    }];
    WeakRef(target);
    UIAlertAction *okAction = [UIAlertAction actionWithTitle:@"确定" style:UIAlertActionStyleDefault handler:^
(UIAlertAction * _Nonnull action) {
        WeakReturn(target);
        NSString * heightString = alertController.textFields[0].text;
        if ([target isPureInt:heightString])
        {
            int height = [heightString intValue];
            DJIFlightController *flightController = [target getFlightController];
            if (flightController != nil) {
                [flightController setGoHomeHeightInMeters:height withCompletion:^(NSError * _Nullable error) {
                    WeakReturn(target);
                    if (error != nil) {
                        [target showAlertWithMessage:error.localizedDescription];
                    } else {
                        [target showAlertWithMessage:@"返航高度设置成功!"];
                    }
                }];
            } else {
                [target showAlertWithMessage:@"飞行控制器获取失败，请检查飞行器连接是否正常!"];
            }
        }

    }];
    UIAlertAction *cancelAction = [UIAlertAction actionWithTitle:@"取消" style:UIAlertActionStyleDefault handler:nil];
    [alertController addAction:cancelAction];
    [alertController addAction:okAction];
    [self presentViewController:alertController animated:YES completion:nil];

}
```

```
///判断是否为整型数字
- (BOOL)isPureInt:(NSString*)string{
    NSScanner* scan = [NSScanner scannerWithString:string];
    int val;
    return [scan scanInt:&val] && [scan isAtEnd];
}


///获取返航高度
- (IBAction)getGohomeHeight:(id)sender {
    WeakRef(target);
    DJIFlightController *flightController = [self getFlightController];
    if (flightController != nil) {
        [flightController getGoHomeHeightInMetersWithCompletion:^(NSUInteger height, NSError * _Nullable error) {
            WeakReturn(target);
            if (error != nil) {
                [target showAlertWithMessage:error.localizedDescription];
            } else {
                [target showAlertWithMessage:[NSString stringWithFormat:@"返航高度:%lu 米", (unsigned long)height]];
            }
        }];
    } else {
        [self showAlertWithMessage:@"飞行控制器获取失败，请检查飞行器连接是否正常!"];
    }

}

///返航
- (IBAction)gohome:(id)sender {
    WeakRef(target);
    DJIFlightController *flightController = [self getFlightController];
    if (flightController != nil) {
        [flightController startGoHomeWithCompletion:^(NSError * _Nullable error) {
            WeakReturn(target);
            if (error != nil) {
                [target showAlertWithMessage:error.localizedDescription];
            } else {
                [target showAlertWithMessage:@"开始返航!"];
            }

        }];
    } else {
        [self showAlertWithMessage:@"飞行控制器获取失败，请检查飞行器连接是否正常!"];
    }
}

///取消返航
- (IBAction)cancelGohome:(id)sender {
    WeakRef(target);
    DJIFlightController *flightController = [self getFlightController];
```

```
if (flightController != nil) {
    [flightController cancelGoHomeWithCompletion:^(NSError * _Nullable error) {
        WeakReturn(target)
        if (error != nil) {
            [target showAlertWithMessage:error.localizedDescription];
        } else {
            [target showAlertWithMessage:@"取消返航成功!"];
        }

    }];
} else {
    [self showAlertWithMessage:@"飞行控制器获取失败，请检查飞行器连接是否正常!"];
}
}
```

编译并运行程序，在无人机连接正常的情况下，单击【设置返航高度】按钮后会弹出如图 4-12 所示的设置返航高度对话框。单击【获取返航高度】按钮会弹出如图 4-13 所示的提示。

图 4-12　设置返航高度对话框

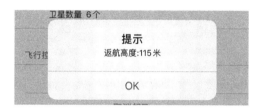

图 4-13　弹出"返航高度：115 米"的提示

返航高度应设置在 20～500m 的范围内，且不超过飞行的最大高度。当设置的高度过低时，会返回"The go home altitude is too low (lower than 20m)"的错误提示；当设置的高度过高时，会返回类似"The go home altitude is too high (higher than max flight height)"的错误提示。

当无人机在空中时，单击【返航】按钮后，无人机开始返航，遥控器会发出"滴～滴～"的返航提示音。单击【取消返航】按钮后，返航操作会立即停止，无人机悬停，遥控器提示音消失。

4.2　飞行状态信息获取方法

为了完成无人机的飞行任务，保障飞行安全，我们需要实时获取无人机的各种状态，包括无人机所处的位置、高度、电池电量、信号强度等信息。这些信息通常通过某个组件的状态类进行回调，并需要开发者在相应的回调方法中进行处理。

这一节将首先介绍状态类的基本概念，然后分别在 Android 和 iOS 中通过状态类监听飞行控制器的状态。

4.2.1 状态类

本节将介绍状态类的使用方法，以及 Mobile SDK 中常用的状态类及其获取方式。

1. 状态类及其使用方法

无人机的各种状态信息可通过状态（State）类进行获取。针对不同的无人机组件和应用场景，Mobile SDK 提供了多种不同的状态类，用于在不同场景下使用。由于无人机的状态是不断变化的，因此我们常常需要不断地获取和处理状态类对象。在 Android 中，Mobile SDK 通过匿名内部类的方式监听并传递状态类对象，而在 iOS 中，各个组件通过代理委托（Delegate）的方式监听并传递状态类对象。在之后的两节中，我们将以飞行控制器为例介绍状态类的基本使用方法。

2. 常用的状态类

在 Moblie SDK 中，几乎每一个组件都至少包括一个状态类，并且基本都通过组件类来获取这些状态类的实例。常见的状态类如下。

1）飞行控制器的相关状态类

飞行控制器的相关状态类包括飞行控制器状态类（FlightControllerState）、惯性控制单元状态类（IMUState）和重心状态类（GravityCenterState）。

> ✆ 此处的描述中，所涉及的类名以 Android 的类名为例。而在 iOS 中，其类名一般只需要添加 "DJI" 前缀即可（有特别说明的除外）。例如，飞行控制器状态类在 Android 中的类名为 FlightControllerState，而在 iOS 中的类名为 DJIFlightControllerState。

- FlightControllerState：获取电机状态、无人机位置、无人机姿态、飞行时间、飞行模式、定位卫星状态、电量状态、返航点位置、超声避障状态、IMU 预热状态等飞行控制与状态信息。
- IMUState：获取惯性测量单元的状态信息，包括陀螺仪状态、加速计状态、IMU 校准进度与状态等。
- GravityCenterState：获取重心校准的状态。重心校准可通过飞行控制器类的 startGravityCenterCalibration 和 stopGravityCenterCalibration 方法启动与停止。

2）遥控器的相关状态类

遥控器的相关状态类包括遥控器硬件状态类（HardwareState，iOS 中为 DJIRCHardwareState）、主辅遥控器状态类（MasterSlaveState，iOS 中为 DJIRCMasterSlaveState）、对焦控制器状态类（FocusControllerState，iOS 中为 DJIRCFocusControllerState）和一控多机配对状态类（MultiDevicesPairingState，iOS 中为 DJIRCMultiDeviceAggregationState）等。

- HardwareState：获取遥控器上各个摇杆（Stick）、转盘/拨轮（Dial）、按钮（Button）的状态。
- MasterSlaveState：在御 Pro、悟 2 等无人机的双遥控器模式下，获取遥控器的主辅状态等信息。双遥控器模式可供两个人（例如，飞手与云台手）控制同一台无人机。
- FocusControllerState：获得遥控器的远程对焦状态。

- MultiDevicesPairingState：在精灵 4RTK 版本的一控多机功能中，获取某个无人机或 RTK 设备的配对连接状态。

3）电池的相关状态类

电池的相关状态类包括电池状态类（BatteryState）和电池组状态类（AggregationState，iOS 中为 DJIBatteryAggregationState）。

- BatteryState：获取电池的电量、电压、电流等实时状态。
- AggregationState：在多电池无人机中（例如，具有双电池冗余设计的悟，以及装配 6 个电池的经纬 600Pro 等），获取电池组的连接、电压、温度等状态。

4）相机的相关状态类

相机的相关状态类包括相机系统状态类（SystemState，iOS 中为 DJICameraSystemState）、对焦状态类（FocusState，iOS 中为 DJICameraFocusState）、存储状态类（StorageState，iOS 中为 DJICameraStorageState）和 SSD 状态类（SSDState，iOS 中为 DJICameraSSDState）等。

- SystemState：获取照片存储模式、存储状态、录像状态等相机基础的实时信息。
- FocusState：获取对焦模式和对焦状态等信息。
- StorageState：获取存储空间、格式化信息、剩余拍照数量和剩余录像时长等信息。
- SSDState：获取相机 SSD 存储设备的状态信息。

5）云台状态类（GimbalState）

- GimbalState：用于获取云台姿态和校准状态等信息。

6）附件集状态类（AccessoryAggregationState）

- AccessoryAggregationState：在御 2 行业版中，其用于获取探照灯（Spotlight）、夜航灯（Beacon）和喊话器（Speaker）的连接状态。

7）RTK 基站的相关状态类

RTK 基站的相关状态类包括基站状态类（BaseStationState，iOS 中为 DJIRTKBaseStationState）和基站电池状态类（BaseStationBatteryState，iOS 中为 DJIRTKBaseStationBatteryState）。

- BaseStationState：获取基站的可用性和位置类型等信息。
- BaseStationBatteryState：获取 RTK 基站的电池状态信息。

8）手持云台相机状态类（HardwareState，iOS 中为 DJIHandheldControllerHardwareState）

- HardwareState：用于获取大疆手持云台相机硬件的各种状态。

Mobile SDK 的常用状态类及其获取方法（以 Android 为例）如图 4-14 所示。

4.2.2　监听飞行控制器状态（Android）

本节在 DroneFly 项目的 FlightActivity 中实现监听飞行控制器的状态，包括常用的飞行模式、无人机的位置、无人机的飞行速度和连接卫星的数量等。此处的飞行模式是指 DJI GO（或 DJI GO 4）界面中左上角"✖"图标所指示的飞行模式字符串。

具体的操作步骤如下。

（1）在 activity_flight.xml 文件中，添加 TextView 用于显示飞行控制器的状态信息，其具体实现如代码 4-16 所示。

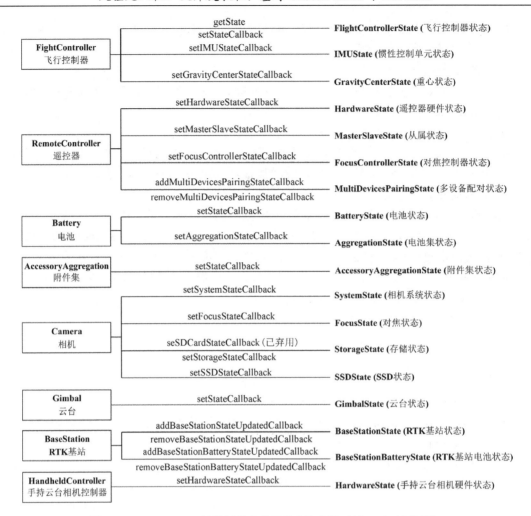

图 4-14　Mobile SDK 的常用状态类及其获取方法（以 Android 为例）

代码 4-16

```xml
<?xml version="1.0" encoding="utf-8"?>
<ScrollView xmlns:android="http://schemas.android.com/apk/res/android"
    android:layout_width="match_parent"
    android:layout_height="match_parent"
    android:layout_margin="16dp">

    <LinearLayout
        android:layout_width="match_parent"
        android:layout_height="wrap_content"
        android:orientation="vertical">

        <TextView
            style="?android:listSeparatorTextViewStyle"
            android:layout_width="match_parent"
            android:layout_height="wrap_content"
```

```
            android:text="飞行状态信息获取" />

        <TextView
            android:id="@+id/tv_mode"
            android:layout_width="wrap_content"
            android:layout_height="wrap_content"
            android:padding="8dp"
            android:text="当前模式: N/A"/>

        <TextView
            android:id="@+id/tv_location"
            android:layout_width="wrap_content"
            android:layout_height="wrap_content"
            android:padding="8dp"
            android:text="经度: N/A 纬度: N/A 高度: N/A"/>

        <TextView
            android:id="@+id/tv_velocity"
            android:layout_width="wrap_content"
            android:layout_height="wrap_content"
            android:padding="8dp"
            android:text="速度: N/A"/>

        <TextView
            android:id="@+id/tv_satellite_count"
            android:layout_width="wrap_content"
            android:layout_height="wrap_content"
            android:padding="8dp"
            android:text="连接卫星数量: N/A"/>

        ...

    </LinearLayout>

</ScrollView>
```

（2）在 FlightActivity.java 中，获取上述 TextView 对象，并实现飞行控制器状态类的监听回调，具体实现如代码 4-17 所示。

代码 4-17

```
private TextView mTvMode, mTvLocation, mTvVelocity, mTvSatelliteCount;

private void initUI() {
    ...

    mTvMode = findViewById(R.id.tv_mode);
    mTvLocation = findViewById(R.id.tv_location);
    mTvVelocity = findViewById(R.id.tv_velocity);
    mTvSatelliteCount = findViewById(R.id.tv_satellite_count);
```

133

```
    }
    private void initListener() {
        ...

        FlightController flightController = getFlightController();
        if (flightController != null) {
            //设置飞行控制器的 FlightControllerState 回调
            flightController.setStateCallback(new FlightControllerState.Callback() {
                @Override
                public void onUpdate(@NonNull FlightControllerState state) {
                    //获取飞行模式
                    final String flightMode=state.getFlightModeString();
                    //获取无人机的高度
                    final double altitude=state.getAircraftLocation().getAltitude();
                    //获取无人机的经度
                    final double longitude=state.getAircraftLocation().getLongitude();
                    //获取无人机的纬度
                    final double latitude=state.getAircraftLocation().getLatitude();
                    //获取无人机 X 方向的移动速度
                    final double velocityX = state.getVelocityX();
                    //获取无人机 Y 方向的移动速度
                    final double velocityY = state.getVelocityY();
                    //获取无人机 Z 方向的移动速度
                    final double velocityZ = state.getVelocityZ();
                    //获取连接卫星的数量
                    final double sateliteCount = state.getSatelliteCount();
                    runOnUiThread(new Runnable() {
                        @Override
                        public void run() {
                            mTvMode.setText("飞行模式:" + flightMode);
                            mTvLocation.setText(String.format("经度: %.4f°, 纬度:%.4f°, 高度:%.2f 米",
                                    longitude, latitude, altitude));
                            mTvVelocity.setText(String.format(
                                    "X 方向速度: %.2f 米/秒, Y 方向速度: %.2f 米/秒, 垂直速度:%.2f 米/秒",
                                    velocityX, velocityY, velocityZ));
                            mTvSatelliteCount.setText("连接卫星数量: " + sateliteCount + "个");
                        }
                    });
                }
            });
        } else {
            showToast("飞行控制器获取失败，请检查飞行器连接是否正常!");
        }
    }
```

值得注意的是，在获得飞行模式等飞行控制器状态信息后需要调用 runOnUiThread()方法进入 UI 进程后再更新 UI 界面。

（3）在调用 FlightActivity 的 onDestroy()方法时，即该 Activity 的生命周期即将结束时，移除 FlightController 的状态类监听器，具体实现如代码 4-18 所示。

代码 4-18

```
@Override
```

134

```
protected void onDestroy() {
    super.onDestroy();
    //移除监听器
    removeLIstener();
}


private void removeListener() {
    FlightController flightController = getFlightController();
    if (flightController != null) {
        flightController.setStateCallback(null);
    }
}
```

此时，编译并运行 DroneFly 程序，无人机的状态信息会实时地显示在 FlightActivity 上，如图 4-15 所示。

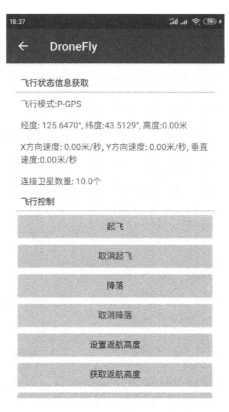

图 4-15　FlightActivity（Android）

4.2.3　监听飞行控制器状态（iOS）

本节将在 DroneFly 项目中的 DFFlightViewController 中实现监听飞行控制器的状态，包括常用的飞行模式、无人机的位置、无人机的飞行速度和连接卫星的数量等。此处的飞行模式是指 DJI GO（或 DJI GO 4）界面中左上角"❌"图标所指示的飞行模式字符串。

具体的操作步骤如下。

（1）在 Main.Storyboard 中，在 DFFlightController 的表视图中添加 1 个 Section，并放置 4 个单元格，分别用于显示飞行模式、飞机位置、飞行速度和卫星数量，如图 4-16 所示。然后将单元格的样式设置为"Left Detail"（枚举类型为 UITableViewCellStyleValue2），分别对表单元格右侧的文本标签 detailTextLabel（UILabel 类型）通过连接（Outlet）的方式在 DFFlightViewController 中连接为 lblMode、lblLocation、lblVelocity 和 lblSatellitecount 对象。

图 4-16　新建用于显示飞行控制器状态的单元格

在 DFFlightController.h 中，上述 UILabel 对象所连接的属性如代码 4-19 所示。

代码 4-19

```objc
#import <UIKit/UIKit.h>
#import <DJISDK/DJISDK.h>

@interface DFFlightViewController : UITableViewController

//飞行模式
@property (weak, nonatomic) IBOutlet UILabel *lblMode;
//飞机位置
@property (weak, nonatomic) IBOutlet UILabel *lblLocation;
//飞行速度
@property (weak, nonatomic) IBOutlet UILabel *lblVelocity;
//卫星数量
@property (weak, nonatomic) IBOutlet UILabel *lblSatellitecount;

...

@end
```

（2）在 DFFlightController.m 中复写 viewWillAppear 方法，并设置飞行控制器的代理为本视图控制器。实现 DJIFlightControllerDelegate 代理委托和 flightController:didUpdateState

方法；在 flightController:didUpdateState 方法中获取 DJIFlightControllerState 类的实例，将其飞行模式、飞机位置、无人机速度、卫星连接数量等信息更新在 UI 界面中。具体实现如代码 4-20 所示。

代码 4-20

```objc
#import "DFFlightViewController.h"

@interface DFFlightViewController () <DJIFlightControllerDelegate>

@end

@implementation DFFlightViewController

...

- (void)viewWillAppear:(BOOL)animated {
    [super viewWillAppear:animated];

    DJIFlightController *flightController = [self getFlightController];
    if (flightController != nil) {
        flightController.delegate = self;
    }
}

#pragma mark - DJIFlightControllerDelegate

- (void)flightController:(DJIFlightController *_Nonnull)fc didUpdateState:(DJIFlightControllerState *_Nonnull)state {

    NSString *flightMode = state.flightModeString; //获取飞行模式
    double altitude = state.aircraftLocation.altitude; //获取无人机的高度
    double longitude = state.aircraftLocation.coordinate.longitude; //获取无人机的纬度
    double latitude = state.aircraftLocation.coordinate.latitude; //获取无人机的经度

    double velocityX = state.velocityX; //获取无人机 X 方向的速度
    double velocityY = state.velocityY; //获取无人机 Y 方向的速度
    double velocityZ = state.velocityZ; //获取无人机 Z 方向的速度
    int satelliteCount = (int)state.satelliteCount; //获取连接卫星的数量

    self.lblMode.text = flightMode;
    self.lblLocation.text = [NSString stringWithFormat:@"Lon:%.4f,Lat:%.4f,H:%.2f 米", longitude, latitude, altitude];
    self.lblVelocity.text = [NSString stringWithFormat:@"X: %.2fm/s, Y: %.2fm/s, Z: %.2fm/s", velocityX, velocityY, velocityZ];
    self.lblSatellitecount.text = [NSString stringWithFormat:@"%d 个", satelliteCount];

}

@end
```

DJIFlightControllerDelegate 的代理方法如下所示。

- flightController:didUpdateState：监听并传递 DJIFlightControllerState 状态类对象。
- flightController:didUpdateIMUState：监听并传递 DJIIMUState 状态类对象。
- flightController:didUpdateGravityCenterState：监听并传递 DJIGravityCenterState 状态类对象。
- flightController:didUpdateAirSenseSystemInformation：通过 DJIAirSenseSystemInformation 对象返回 AirSense 系统信息。大疆 AirSense 系统可以通过 ADS-B 信号探测附近的飞机和直升机，以避免发生碰撞事故。在 M200 系列、Mavic 2 系列等无人机中，其具备 AirSense 系统。

（3）复写 viewWillDisappear 方法，在视图控制器生命周期结束时，将飞行控制器的代理设为空，具体实现如代码 4-21 所示。

代码 4-21

```
- (void)viewWillDisappear:(BOOL)animated {
    [super viewWillDisappear:animated];
    DJIFlightController *flightController = [self getFlightController];
    if (flightController != nil) {
        flightController.delegate = nil;
    }
}
```

此时，编译并运行 DroneFly 程序，无人机的状态信息会实时地显示在 DFFlightViewController 上，如图 4-17 所示。

图 4-17　DFFlightView（iOS）

4.3　键值管理器

键值管理器是通过键值对的方式获取无人机信息、设置参数和传递控制指令的工具。上面两节所介绍的功能均可通过键值管理器实现。键值管理器具有独特的缓存机制，并且可在程序的不同位置设置多个监听器，因此更加高效。

4.3.1　键值管理器概述

1．键值管理器

键值管理器（KeyManager）是 Mobile SDK 4.0 以来新增的功能，是一种控制和监测无人机替代方案。键值管理器通过键（DJIKey）获得状态信息和传输指令，其具体的操作流程如下。

（1）获取键值管理器对象。

（2）创建所需要的键对象。

（3）通过键值管理器的 Get/Set 方法获取/设置状态信息和设置参数；通过键值管理器的 Action 方法执行指令；通过键值管理器的 Listener 方法监听状态信息和设置参数。

通过键值管理器，可完成本章节上述所有的任务。在本书所附的代码中，也实现了通过键值管理器实现上述任务的所有代码。在"4.4.2"和"4.4.3"节中分别介绍了在 Android 和 iOS 中使用键值管理器的主要方法与关键代码。

既然键值管理器是一种替代方案，其功能可通过上述其他的方法实现，那么为什么 Mobile SDK 还需要新增这一功能呢？这主要是因为键值管理器具有以下两个方面的优势。

（1）高效：在 Mobile SDK 4.0 以来，通过内部的缓存机制将所有的状态信息保存在内存当中。当用户需要获取状态值时，只需要访问相应的缓存数据即可，而不直接请求无人机访问数据。另外，在 KeyManager 中，只有当状态值发生变化时才进行回调，从而减少了不必要的判断或界面更新，提高软件的性能。

（2）多监听器：通过 KeyManager 的 addListener 方法和 removeListener 方法可为某个状态值添加多个监听器，并同时更新用户界面或弹出提示。而通过传统的回调方式，如果需要在多个 Activity（或 Fragment）中更新状态信息，则涉及较为复杂的信息传递机制。

2．键（DJIKey）和值（DJIKeyedValue）

在 Mobile SDK 中，键被分为了产品键（ProductKey）、飞行控制器键（FlightController Key）、电池键（BatteryKey）、相机键（CameraKey）、云台键（GimbalKey）、遥控器键（RemoteControllerKey）、Payload 键（PayloadKey）等。

> ❀　在此处的描述中，所涉及的类名以 Android 的类名为例。而在 iOS 中，其类名一般只需要添加"DJI"前缀即可。

可见，几乎每一种组件都对应了一个键类，而键的实例就表示针对该组件的某一个具体

139

的功能了。在键值管理器的使用过程中，最为重要的就是找到所需要的键，并创建键的实例。目前，可以在 API 文档中找到各种键的说明。例如，我们希望通过键值管理器获取或监听无人机的位置信息，可以按照以下步骤找到用于上述功能的键。

（1）找到获取位置信息的响应方法或属性，并打开其详细信息。例如，在 Android 中，通过 FlightControllerState 的 getAircraftLocation()方法实现，其详细信息如图 4-18 所示。

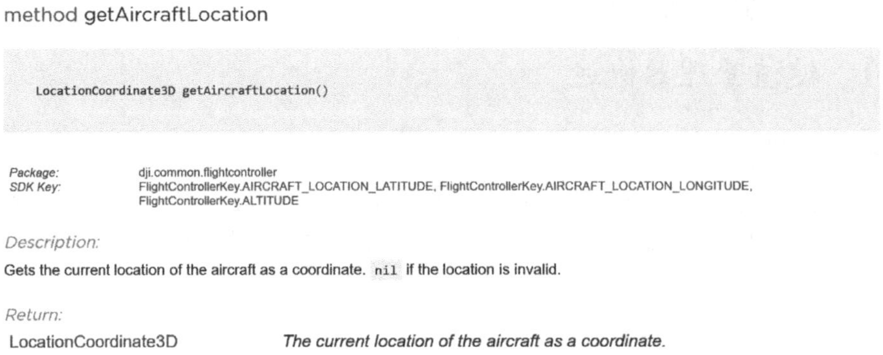

method getAircraftLocation

```
LocationCoordinate3D getAircraftLocation()
```

Package: dji.common.flightcontroller
SDK Key: FlightControllerKey.AIRCRAFT_LOCATION_LATITUDE, FlightControllerKey.AIRCRAFT_LOCATION_LONGITUDE, FlightControllerKey.ALTITUDE

Description:
Gets the current location of the aircraft as a coordinate. `nil` if the location is invalid.

Return:
LocationCoordinate3D   *The current location of the aircraft as a coordinate.*

图 4-18　FlightControllerState 的 getAircraftLocation()方法的详细信息

（2）通过单击“SDK Key”项中相应键的超链接，即可跳转到相应的文档说明位置，如图 4-19 所示。

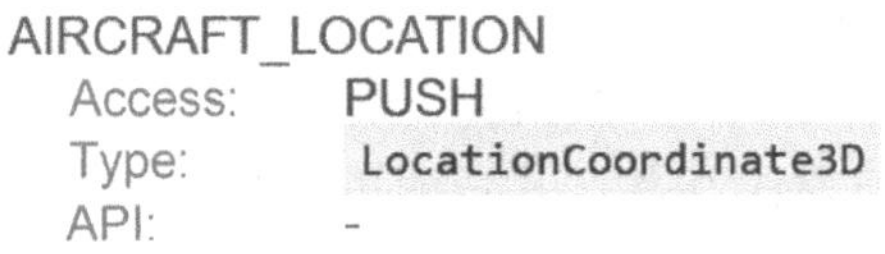

AIRCRAFT_LOCATION
Access:　PUSH
Type:　`LocationCoordinate3D`
API:　-

图 4-19　AIRCRAFT_LOCATION 键

其中，“Access”表示该键的使用方法，包括：
● PUSH，通过监听的方式获取该键所对应的信息，一般为状态信息。
● GET，通过 get 方法获取该键所对应的信息，一般为设置参数。
● SET，通过 set 方法设置该键所对应的信息，一般为设置参数。
● ACTION，通过 action 方法执行该键所对应的指令。
“Type”项表示通过键值管理器和这个键所返回的值类型。由于 Android 的回调方法所返回的类型为 Object 类型，而 iOS 的 Block 所返回的类型为 DJIKeyedValue 类型，因此需要开发者手动将这些泛型向下转型为“Type”项所指示的具体类型。
“API”项表示该键所对应的传统 API 方法。
在 iOS 中，DJIKeyedValue 类型包括 intValue、floatValue、doubleValue 等属性，通过这些属性可将其转为实际的基本数据类型。另外，通过 value 属性可将该值对象转为 id 类型，然后可以被转为所需的引用类型。另外，通过 paramRange 可获取其值域范围。

4.3.2　通过键值管理器监控飞行控制器状态（Android）

本节在 Android 中分别介绍键值管理器的基本操作步骤，以及设置参数、获取信息、监听状态等基本操作方法。

1. 使用键值管理器的步骤

（1）获取键值管理器对象。在 Android 中，键值管理器对象可通过以下两种方式获取：

```
KeyManager keyManager;
//方式 1
keyManager = KeyManager.getInstance();
//方式 2
keyManager = DJISDKManager.getInstance().getKeyManager();
```

（2）创建键。通过 API 文档找到相应的键名称后，通过以下代码创建键对象（其中黑体部分为所查询的键名，下画线为该键名所在的键类）：

```
DJIKey key = FlightControllerKey.create(FlightControllerKey.GO_HOME_HEIGHT_IN_METERS);
```

如果不能确定当前无人机是否支持该键，可通过以下方法判断其可用性：

```
boolean isSuppored = KeyManager.getInstance().isKeySupported(key);
```

（3）通过键值管理器和键执行开发者所需的操作。主要的操作包括：

- getValue(DJIKey key, final GetCallback callback)方法用于获取无人机的状态或参数值。其中，GetCallback 对象用于回调。
- setValue(DJIKey key, Object value, final SetCallback callback)方法用户设置无人机的参数值。其中，SetCallback 对象用于回调；value 对象为具体的设置值。
- performAction(DJIKey key, final ActionCallback callback, final Object... arguments)方法用于执行控制命令。其中，ActionCallback 对象用于回调；arguments 对象用于设置相应的参数。
- addListener(DJIKey key, final KeyListener listener)用于添加针对某个键的监听器，removeListener(final KeyListener listener)用于移除监听器。

> ❀ 在 Android 中，键值管理器还包括不包含 GetCallback 回调的 getValue 方法，即 getValue(DJIKey key)，用于获取缓存数据。另外，removeKey(DJIKey key)方法用于删除该键所对应的缓存数据。

2. 获取状态或设置参数

通过 getValue(…)方法即可获取无人机当前的某状态信息或者参数设置。例如，获取返航高度设置参数的代码如代码 4-22 所示。

代码 4-22

```
//新建 GO_HOME_HEIGHT_IN_METERS 键
DJIKey key = FlightControllerKey.create(FlightControllerKey.GO_HOME_HEIGHT_IN_METERS);
//通过 getValue(…)方法获取返航高度
KeyManager.getInstance().getValue(key, new GetCallback() {
    @Override
    public void onSuccess(@NonNull Object o) {
```

```
        //需要判断类型是否正确，然后转为相应的类型
        if (o instanceof Integer){
            showToast("返航高度为: " + (int)o + "米.");
        }
    }
    @Override
    public void onFailure(@NonNull DJIError djiError) {
        showToast("获取返航高度失败: " + djiError.toString());
    }
});
```

3. 设置参数

通过 setValue(…)方法即可对无人机设置参数。例如，设置无人机的返航高度为 100 米的代码如代码 4-23 所示。

代码 4-23

```
//返航高度为 100 米
int height = 100;
//新建 GO_HOME_HEIGHT_IN_METERS 键
DJIKey key = FlightControllerKey.create(FlightControllerKey.GO_HOME_HEIGHT_IN_METERS);
//通过 setValue(…)方法设置返航高度
KeyManager.getInstance().setValue(key, height, new SetCallback() {
    @Override
    public void onSuccess() {
        showToast("返航高度设置成功!");
    }
    @Override
    public void onFailure(@NonNull DJIError djiError) {
        showToast("设置高度设置失败!" + djiError.toString());
    }
});
```

4. 执行指令

通过 performAction(…)方法起飞无人机的代码如代码 4-24 所示。

代码 4-24

```
//新建 TAKE_OFF 键
DJIKey key = FlightControllerKey.create(FlightControllerKey.TAKE_OFF);
//通过 performAction(…)方法起飞无人机
KeyManager.getInstance().performAction(key, new ActionCallback() {
    @Override
    public void onSuccess() {
        showToast("开始起飞!");
    }
    @Override
    public void onFailure(@NonNull DJIError djiError) {
        showToast(djiError.toString());
    }
});
```

5．通过监听器实时获取飞行状态信息

通过 addListener(…)和 removeListener(…)方法可设置和移除监听器。例如，监听无人机飞行模式的代码如代码 4-25 所示。

代码 4-25

```
package cas.igsnrr.dronefly;

...

public class KeyedFlightActivity extends AppCompatActivity implements View.OnClickListener    {
    private KeyListener mFlightModeListener;

    @Override
    protected void onCreate(Bundle savedInstanceState) {
        super.onCreate(savedInstanceState);
        setContentView(R.layout.activity_keyed_flight);

        //初始化 UI 界面
        initUI();
        //初始化监听器
        initListener();
    }

    @Override
    protected void onDestroy() {
        super.onDestroy();
        //移除监听器
        removeListener();
    }

    private void initListener() {
        //用于获取飞行模式字符串的 Key
        DJIKey key = FlightControllerKey.create(FlightControllerKey.FLIGHT_MODE_STRING);
        //实例化监听器，用于监听飞行模式的变化
        mFlightModeListener = new KeyListener() {
            //当飞行模式字符串发生变化时，回调该 onValueChange 方法
            @Override
            public void onValueChange(@Nullable Object oldValue, @Nullable Object newValue) {
                if (newValue instanceof String) {
                    //此处用于实时获取无人机的飞行模式，用于实时更新 UI 界面
                    showToast("飞行模式:" + (String)newValue);
                }
            }
        };
        //KeyManager 开始监听飞行模式的变化
        KeyManager.getInstance().addListener(key, mFlightModeListener);

    }
```

```
    private void removeListener() {
        //KeyManager 结束监听飞行模式变化
        KeyManager.getInstance().removeListener(mFlightModeListener);
    }

    ...

}
```

　　由于键值管理器的监听器只能在信息发生变化时进行回调，在刚进入该界面时，视图中并不能显示无人机的当前状态，因此需要对 UI 界面进行初始化操作，具体实现如代码 4-26 所示。

代码 4-26

```
package cas.igsnrr.dronefly;

...

public class KeyedFlightActivity extends AppCompatActivity implements View.OnClickListener    {
    private KeyListener mFlightModeListener;

    @Override
    protected void onCreate(Bundle savedInstanceState) {
        super.onCreate(savedInstanceState);
        setContentView(R.layout.activity_keyed_flight);

        //初始化数据
        initData();
        //初始化 UI 界面
        initUI();
        //初始化监听器
        initListener();
    }

    private void initData() {

        DJIKey key = FlightControllerKey.create(FlightControllerKey.FLIGHT_MODE_STRING);
        KeyManager.getInstance().getValue(mKeyFlightMode, new GetCallback() {
            @Override
            public void onSuccess(@NonNull Object o) {
                if (o instanceof String) {
                    //此处用于获取无人机当前的飞行模式，用于初始化 UI 界面
                    showToast("飞行模式:" + (String)newValue);
                }
            }

            @Override
            public void onFailure(@NonNull DJIError djiError) {
                showToast(djiError.toString());
            }
```

```
        });
    }

    ...
}
```

4.3.3　通过键值管理器监控飞行控制器状态（iOS）

本节在 iOS 中介绍键值管理器的基本操作步骤，以及设置参数、获取信息、监听状态等基本操作方法。

1. 使用键值管理器的步骤

（1）获取键值管理器对象（KeyManager），代码如下：

```
DJIKeyManager *keyManager = DJISDKManager.keyManager;
```

（2）创建键（DJIKey）。通过 API 文档找到相应的键名称后，通过以下代码创建键对象（其中黑体部分为所查询的键名，下画线为该键名所在的键类）：

```
DJIKey *key = [DJIFlightControllerKey keyWithParam:DJIFlightControllerParamGoHomeHeightInMeters];
```

如果不能确定当前无人机是否支持该键，可通过以下方法判断其可用性：

```
BOOL isSupported = [DJISDKManager.keyManager isKeySupported:key];
```

（3）通过键值管理器和键执行开发者所需要的操作。主要的操作包括：
- getValueForKey:withCompletion 方法用于获取无人机的状态或参数值。
- setValue:forKey:withCompletion 方法用于设置无人机的参数值。
- performActionForKey:withArguments:andCompletion 方法用于执行控制命令。
- startListeningForChangesOnKey:withListener:andUpdateBlock 用于添加针对某个键的监听器，stopListeningOnKey:ofListener 用于移除监听器，stopAllListeningOfListeners 用于移除全部监听器。

> ✿ iOS 中的键值管理器还包括不包含 Block 回调的 getValueForKey 方法，其用于获取缓存数据。

2. 获取状态或设置信息

通过 getValueForKey:withCompletion 方法即可获取无人机当前的某状态信息或者参数设置。例如，获取返航高度设置参数的代码如代码 4-27 所示。

代码 4-27

```
DJIKey *key = [DJIFlightControllerKey keyWithParam: DJIFlightControllerParamGoHomeHeightInMeters];
[DJISDKManager.keyManager getValueForKey:key withCompletion:^(DJIKeyedValue * _Nullable value, NSError * _Nullable error) {
    if (error == nil) {
        //通过 value.intValue 语句即可获得返航高度的整型值
    }else {
```

```
//通过 error.localizedDescription 语句即可获得错误信息
    }
}];
```

3．设置参数

通过 setValue:withCompletion 方法即可对无人机设置参数。例如，设置无人机返航高度为 100 米的代码如代码 4-28 所示。

代码 4-28

```
id height = @100;
DJIKey *key = [DJIFlightControllerKey keyWithParam: DJIFlightControllerParamGoHomeHeightInMeters];
[DJISDKManager.keyManager setValue:height forKey:key withCompletion:^(NSError * _Nullable error) {
    if (error == nil) {
        //设置返航高度成功!
    }else {
        //通过 error.localizedDescription 语句即可获得错误信息
    }
}];
```

4．执行指令

通过 performActionForKey:withArguments:andCompletion 方法起飞无人机的代码如代码 4-29 所示。

代码 4-29

```
DJIKey *key = [DJIFlightControllerKey keyWithParam:DJIFlightControllerParamStartTakeoff];
[DJISDKManager.keyManager performActionForKey:key withArguments:nil andCompletion:^(BOOL finished, DJIKeyedValue *
_Nullable response, NSError * _Nullable error) {
    if (error == nil) {
        //开始起飞
    }else {
        //通过 error.localizedDescription 语句即可获得错误信息
    }
}];
```

5．通过监听器实时获取飞行状态信息

通过 startListeningForChangesOnKey:withListener:andUpdateBlock 和 stopListeningOnKey:ofListener 方法可设置与移除监听器。例如，监听无人机飞行模式的代码如代码 4-30 所示。

代码 4-30

```
#import "DFKeyedFlightViewController.h"

@interface DFKeyedFlightViewController ()

@property (strong, nonatomic) DJIKey *keyFlightMode;
```

```
@end

@implementation DFKeyedFlightViewController

- (void)viewWillAppear:(BOOL)animated{
    [super viewWillAppear:animated];
    //初始化 Key
    [self initKey];
    //初始化监听器
    [self initListener];

}

- (void)viewWillDisappear:(BOOL)animated {
    [super viewWillDisappear:animated];
    //移除监听器
    [self removeListener];
}

- (void)initKey{
    _keyFlightMode = [DJIFlightControllerKey keyWithParam:DJIFlightControllerParamFlightModeString];
}

- (void)initListener{
    //监听飞行模式字符串
    [DJISDKManager.keyManager startListeningForChangesOnKey:_keyFlightMode withListener:self andUpdateBlock:^
(DJIKeyedValue * _Nullable oldValue, DJIKeyedValue * _Nullable newValue) {
            if (newValue) {
                //通过 newValue.stringValue 语句即可获得飞行模式字符串变量
            }
        }];
}

- (void)removeListener{
    //移除飞行模式字符串
    [DJISDKManager.keyManager stopListeningOnKey:_keyFlightMode ofListener:self];
}

...

@end
```

由于键值管理器的监听器只能在信息发生变化时进行回调，在刚进入该界面时，视图中并不能显示无人机的当前状态，因此需要对 UI 界面进行初始化操作，具体实现如代码 4-31 所示。

代码 4-31

```
#import "DFKeyedFlightViewController.h"

...

@implementation DFKeyedFlightViewController

- (void)viewWillAppear:(BOOL)animated{
    [super viewWillAppear:animated];
    //初始化 Key
    [self initKey];
    //初始化数据
    [self initData];
    //初始化监听器
    [self initListener];

}

- (void)initData {
    //获取当前飞行模式字符串
    [DJISDKManager.keyManager getValueForKey:_keyFlightMode withCompletion:^(DJIKeyedValue * _Nullable value,
NSError * _Nullable error) {
            if (error == nil) {
                //通过 value.stringValue 语句即可获得飞行模式字符串变量
            }
        }];
    }

...

@end
```

4.4 本章小结

本章介绍了两种远程操控无人机飞行控制器的方法：面向对象法和键值法。面向对象法是将无人机的飞行控制器以类的形式封装并供开发者使用相应的功能（4.1 和 4.2 节）。键值法是通过 Key 对象，以及键值管理器相应的 Get、Set、Action 等方法操控无人机的飞行控制器（4.3 节）。

对于控制指令而言，两者的操作方法非常类似。对于监听飞行状态信息而言，这两种方法各有优劣。

在仅需要单一监听器且监听的状态信息较多时，建议使用面向对象法。例如，在"第 5 章 地图上的无人机"章中，地图状态的更新需要同时使用无人机的位置信息（经度、纬度）和航向信息，在这种情况下使用面向对象法就非常方便。但是，如果使用键值法，则需要使用和管理多个监听器，较为麻烦。

　　当同一个状态信息需要在应用程序中的多个部分同时监听时，则可以考虑使用键值法。例如，在 UX SDK 中的每个视图或控件中仅涉及单一的功能（例如，仅监听某个单一的状态信息），并且这些功能还可能被其他的控件所使用，因此使用键值法就非常具有优势。关于 UX SDK 及其使用方法，读者可参见"第 11 章　快速应用构建 UX SDK"。

　　面向对象法和键值法不仅仅可以用于操控飞行控制器，也可以用于操控无人机的其他组件。相信读者可以通过类比的方式学习其他组件的使用方法了。

第5章 地图上的无人机

在许多无人机应用中，需要让用户清楚地了解到无人机所在的位置。冷冰冰的经纬度与航向数据难以形成直观的印象，在地图上展示无人机的位置会更加直观和具体。在许多行业应用中，甚至需要在地图中规划无人机的飞行，以及显示任务执行的状态，此时地图的作用就更加重要了。

本章将介绍通过高德地图和 OpenLayers 两种技术实现在地图中显示与更新无人机所在的位置与航向。虽然在 Android 和 iOS 的开发体系中均提供了地图控件，但是由于其对中国开发者不够友好，部分实现代码较为复杂，且最终的用户体验可能不如第三方地图 SDK。因此，本章选择了高德地图和 OpenLayers 两种第三方技术，这样可以在 Android 和 iOS 中提供较为统一的 UI 设计界面，并且使用起来较为方便。在 5.2.4 节中，将简单介绍通过 OpenLayers 进行航测线路规划的方法，可供航测专业人员参考学习。

GEO 地理围栏系统中的各种警示与限制区域通常通过地图的方式展示给用户，因此在本章的最后介绍 GEO 地理围栏系统，以及飞行限制区域的解禁方法。

5.1 通过高德地图显示无人机位置

高德地图不仅仅是电子地图提供商，而且针对 iOS、Android、微信小程序、JavaScript 等平台提供了丰富全面的 SDK 和 API，以控件的形式提供电子地图载体。在 Android 和 iOS 平台中，高德提供了地图、定位、导航、猎鹰、室内地图、室内定位等多种 SDK。这些 SDK 的具体用法读者可参见高德开放平台网站 https://lbs.amap.com/中的内容。

高德地图 SDK 在 iOS 和 Android 中均分为地图 SDK 与地图 SDK 专业版两个版本。其中，专业版在地图 SDK 的基础上提供了自定义地图在线加载和自定义地图元素纹理等功能。另外，高德地图 SDK 包括 2D 地图和 3D 地图两种，其中 3D 地图 SDK 支持离线地图功能，并且具有更好的 UI 设计与更强的可扩展性。

在本节中，将通过高德 3D 地图 SDK 实现地图的展示，然后通过自定义点标记的方式展示无人机所处的位置。

5.1.1 在高德地图上显示无人机位置（Android）

本节将创建一个新的 Activity（MapGaodeActivity），用于全屏显示高德地图，并显示无人机的位置，具体的操作如下。

1. 导入高德地图 SDK

导入高德地图 SDK 的方式包括本地导入和 Gradle 导入两种方式，在 Android Studio 中的具体操作方法请参考 https://lbs.amap.com/api/android-sdk/guide/create-project/android-studiocreate-project 网站中的内容。

本节在 DroneFly 项目的基础上，将介绍如何通过 Gradle 导入高德地图 SDK。

（1）打开 App Module 中的 build.gradle 文件，添加 3D 地图 SDK 的相关依赖，以及设置支持的 SO 库架构。虽然高德地图 SDK 支持 x86 和 x86_64 架构，但是大疆 Mobile SDK 不支持这些架构，因此只需要在 ndk 内添加 ARM 架构的 SO 库即可，具体实现方式如代码 5-1 所示。

代码 **5-1**

```
android {
    defaultConfig {
        …
        ndk {
            //设置支持的 SO 库
            abiFilters "armeabi", "armeabi-v7a", "arm64-v8a"
        }
    }
}
…
dependencies {
    compile fileTree(dir: 'libs', include: ['*.jar'])
    …
    //3D 地图 SDK
    implementation 'com.amap.api:3dmap:latest.integration'
}
```

（2）在 Android Studio 的菜单栏中选择"File"-"Sync Project with Gradle File"菜单，同步 Gradle 配置，在网络状态较好时，稍等片刻即可成功导入高德地图 SDK。

2．配置应用程序

1）申请高德地图 Key

高德地图 Key 需要在高德开放平台中申请，详情请参见"5.1.3 申请高德地图 Key"节中的内容。申请前，需要准备好安全码 SHA1 和应用程序包名（PackageName）。应用程序包名的获取可参见图 2-21 及相关内容。以下介绍安全码 SHA1 的获取方法。

（1）在 Android Studio 的 Gradle 面板中，找到"DroneFly"-"Tasks"-"android"-"signingReport"工具，如图 5-1 所示。

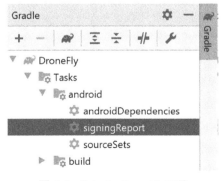

图 5-1　"signingReport"工具

151

（2）双击 "signingReport" 工具后，在 Android Studio 的 Run 面板中即可查看该工具的运行结果，在输出框中找到 "SHA1:…" 字样，即为申请高德地图 Key 所需的安全码，如图 5-2 所示。

图 5-2　申请高德地图 Key 所需的安全码

申请高德地图 Key 之后，在 AndroidManifest.xml 文件的 application 标签下添加如下代码，并设置其 Key：

```
<meta-data
    android:name="com.amap.api.v2.apikey"
    android:value="<填写申请的高德地图 Key>" />
```

2）检查权限配置

在 AndroidManifest.xml 的 manifest 标签下检查以下权限设置是否已经存在，并正确设置：

```
<uses-permission android:name="android.permission.INTERNET" />
<uses-permission android:name="android.permission.WRITE_EXTERNAL_STORAGE" />
<uses-permission android:name="android.permission.ACCESS_NETWORK_STATE" />
<uses-permission android:name="android.permission.ACCESS_WIFI_STATE" />
<uses-permission android:name="android.permission.READ_PHONE_STATE" />
<uses-permission android:name="android.permission.ACCESS_COARSE_LOCATION" />
```

3．新建 MapGaodeActivity

（1）在 "cas.igsnrr.dronefly" 包中创建一个空的 Activiy，并命名为 "MapGaodeActivity"。

（2）在 AndroidManifest.xml 文件中，通过 "parentActivityName" 属性声明 MapGaodeActivity 和 MainActivity 之间的关系，用于在标题栏中增加返回按钮，具体实现方式如代码 5-2 所示。

代码 5-2

```
<activity
    android:name=".MapGaodeActivity"
    android:parentActivityName=".MainActivity"
    android:configChanges="orientation"
    android:screenOrientation="portrait" />
```

（3）在 MainActiviy 中添加 MapGaodeActivity 的代码。

① 在 activity_main.xml 文件中，添加【在地图中显示无人机位置(高德地图)】按钮，具体实现方式如代码 5-3 所示。

代码 5-3

```xml
<?xml version="1.0" encoding="utf-8"?>
<ScrollView xmlns:android="http://schemas.android.com/apk/res/android"
    android:layout_width="match_parent"
    android:layout_height="match_parent"
    android:layout_margin="16dp">

    <LinearLayout
        android:layout_width="match_parent"
        android:layout_height="wrap_content"
        android:orientation="vertical">

        ...

        <Button
            android:id="@+id/btn_map_gaode"
            android:layout_width="match_parent"
            android:layout_height="wrap_content"
            android:text="在地图中显示无人机位置(高德地图)" />

    </LinearLayout>

</ScrollView>
```

② 在 MainActivity.java 文件中获取上述按钮的实例对象。

③ 捕捉【在地图中显示无人机位置(高德地图)】按钮的单击事件，并在单击该按钮后判断应用程序的注册和激活状态，以及无人机的绑定和连接状态，当一切正常后再进入 MapGaodeActivity，具体实现方式如代码 5-4 如下。

代码 5-4

```java
private void initUI(){

    ...

    //获取【在地图中显示无人机位置(高德地图)】按钮的实例对象
    Button btnGaodeMap = findViewById(R.id.btn_map_gaode);
    //对【在地图中显示无人机位置(高德地图)】按钮增加监听器
    btnGaodeMap.setOnClickListener(new View.OnClickListener() {
        @Override
        public void onClick(View v) {
            if (checkDroneConnection() == false) {
                return;
            }
            //弹出 MapGaodeActivity
            Intent i = new Intent(MainActivity.this, MapGaodeActivity.class);
            startActivity(i);
        }
    });
}
```

4. 配置 MapGaodeActivity

在 MapGaodeActivity 的布局文件 activity_map_gaode.xml 中添加一个 "com.amap.api.maps. MapView" 高德地图控件标签，并将其设置为全屏显示，具体实现方式如代码 5-5 所示。

代码 5-5

```xml
<?xml version="1.0" encoding="utf-8"?>
<androidx.constraintlayout.widget.ConstraintLayout
    xmlns:android="http://schemas.android.com/apk/res/android"
    android:layout_width="match_parent"
    android:layout_height="match_parent">

    <com.amap.api.maps.MapView
        android:id="@+id/gaode_map"
        android:layout_width="match_parent"
        android:layout_height="match_parent" />

</androidx.constraintlayout.widget.ConstraintLayout>
```

在 MapGaodeActivity.java 中获取高德地图控件对象，以及地图控制器 AMap 对象，设置 mMapView 控件对象的生命周期，具体实现方式如代码 5-6 所示。

代码 5-6

```java
public class MapGaodeActivity extends AppCompatActivity {

    //高德地图控件对象
    private MapView mMapView;
    //地图控制器 AMap 对象
    private AMap mAMap;

    @Override
    protected void onCreate(Bundle savedInstanceState) {
        super.onCreate(savedInstanceState);
        setContentView(R.layout.activity_map_gaode);
        //获取高德地图控件对象
        mMapView = (MapView) findViewById(R.id.gaode_map);
        mMapView.onCreate(savedInstanceState);
        //获取地图控制器 AMap 对象
        if (mAMap == null)
            mAMap = mMapView.getMap();
    }

    @Override
    protected void onPause() {
        super.onPause();
        //暂停地图的绘制
        mMapView.onPause();
    }
```

```
    @Override
    protected void onResume() {
        super.onResume();
        //重新绘制加载地图
        mMapView.onResume();
    }
    @Override
    protected void onDestroy() {
        super.onDestroy();
        //销毁地图
        mMapView.onDestroy();
    }
    @Override
    protected void onSaveInstanceState(Bundle outState) {
        super.onSaveInstanceState(outState);
        //保存地图当前的状态
        mMapView.onSaveInstanceState(outState);
    }
}
```

此时，编译并运行程序，即可在 MapGaodeActivity 中看到全屏显示的高德地图了。

5．显示无人机的位置

接下来将介绍如何在 MapGaodeActivity 的高德地图中显示无人机的位置，具体操作如下。

（1）将示例文件中的无人机图标"aircraft.png（mdpi）"文件拖入 DroneFly 项目的"app"-"res"-"mipmap"目录中，如图 5-3 所示。

图 5-3　在 Android Studio 中导入无人机图标文件

（2）在 MapGaodeActivity 的 onCreate(…)方法中创建并初始化无人机标记。

（3）创建 initListener()和 removeListener()方法，分别用于初始化和移除飞行控制器的状态监听器。

● initListener()：初始化飞行控制器的状态监听器，并监听无人机的位置和航向的信息。

● removeListener()：移除飞行控制器的状态监听器。

每次监听到无人机的状态发生变化时，获取无人机的经度、纬度和航向。由于无人机的经纬度是 GPS 传感器获取的 WGS 84 坐标系下的经纬度，因此需要 CoordinateConverter 类将其转换为高德地图坐标系下的无人机坐标，并将其位置信息赋值给无人机标记对象。

通过飞行控制器获取到的无人机的航向为以正北为基准的顺时针航向角度。而高德地图点标记的 rotateAngle(float angle) 方法则是以正北为基准的逆时针角度。因此，在 rotateAngle(float angle) 方法中传递角度时需要取其相反数。

具体实现如代码 5-7 所示。

代码 5-7

```java
public class MapGaodeActivity extends AppCompatActivity {

    ...
    //无人机标记
    private MarkerOptions droneMarker;

    @Override
    protected void onCreate(Bundle savedInstanceState) {
        super.onCreate(savedInstanceState);
        setContentView(R.layout.activity_map_gaode);
        ...
        //初始化无人机标记
        droneMarker = new MarkerOptions();
        droneMarker.anchor(0.5f, 0.5f);
        droneMarker.icon(BitmapDescriptorFactory.fromBitmap(BitmapFactory
                .decodeResource(getResources(),R.mipmap.aircraft)));
        //将 Marker 设置为贴地显示，可以双指下拉地图查看效果
        droneMarker.setFlat(true);//设置 marker 平贴地图效果
        //初始化监听器
        initListener();
    }

    @Override
    protected void onDestroy() {
        super.onDestroy();
        //销毁地图
        mMapView.onDestroy();
        //移除监听器
        removeListener();
    }
    ...

    //设置监听器
    private void initListener() {

        FlightController flightController = getFlightController();
        if (flightController != null) {
            flightController.setStateCallback(new FlightControllerState.Callback() {
                @Override
                public void onUpdate(@NonNull FlightControllerState state) {
                    //获取无人机的经度
                    double longitude = state.getAircraftLocation().getLongitude();
```

```
            //获取无人机的纬度
            double latitude = state.getAircraftLocation().getLatitude();
            //获取无人机的航向
            float yaw = (float)state.getAttitude().yaw;

            //初始化坐标转换类
            CoordinateConverter converter = new CoordinateConverter(getApplicationContext());
            converter.from(CoordinateConverter.CoordType.GPS);
            //设置需要转换的坐标
            converter.coord(new LatLng(latitude,longitude));
            //转换成高德坐标
            LatLng destPoint = converter.convert();

            //设置无人机标记的位置和方向
            droneMarker.position(new LatLng(destPoint.latitude, destPoint.longitude));
            droneMarker.rotateAngle(-yaw);

            //清除所有标记
            mAMap.clear();
            //添加无人机标记
            mAMap.addMarker(droneMarker);

        }
    });
} else {
    showToast("飞行控制器获取失败，请检查飞行器连接是否正常!");
}
}
//移除监听器
private void removeListener() {
    //具体的实现请详见 4.1.2 节内容
    ...
}

//获取无人机的飞行控制器
private FlightController getFlightController() {
    //具体的实现请详见 4.1.2 节内容
    ...
}

//在主线程中显示提示
private void showToast(final String toastMsg) {
    //具体的实现请详见 4.1.2 节内容
    ...
}
}
```

编译并运行程序，连接无人机后，即可在 MapGaodeActivity 中显示无人机的位置
信息。

5.1.2 在高德地图上显示无人机位置（iOS）

本节将创建一个新的视图控制器 DFMapGaodeViewController，用于全屏显示高德地图，并显示无人机的位置，具体操作如下所示。

1. 导入高德地图 SDK

导入高德地图 SDK 的方式包括自动部署（通过 Cocoapods）和手动部署两种方式。自动部署的具体方法请参考 https://lbs.amap.com/api/ios-sdk/guide/create-project/cocoapods 网站中的内容；手动部署的具体方法请参考 https://lbs.amap.com/api/ios-sdk/guide/create-project/manual-configuration 网站中的内容。

本部分将在 DroneFly 项目的基础上，介绍如何通过自动部署的方式导入高德地图 SDK，具体的操作如下所示。

（1）打开 DroneFly 项目根目录下的 PodFile 文件，添加高德 3D 地图的 pod 语句 "pod 'AMap3DMap'"，具体实现如代码 5-8 所示。

代码 **5-8**

```
platform :ios, '9.0'

target 'DroneFly' do
pod 'DJI-SDK-iOS', '~> 4.13.1'
pod 'DJIWidget', '~> 1.6.3'
pod 'AMap3DMap'
end
```

（2）打开 Mac OS 中的终端软件，进入 DroneFly 项目的根目录，执行 "pod install" 命令，稍等片刻即可自动下载并导入高德 3D 地图 SDK。

完成导入后，终端软件的界面如图 5-4 所示。

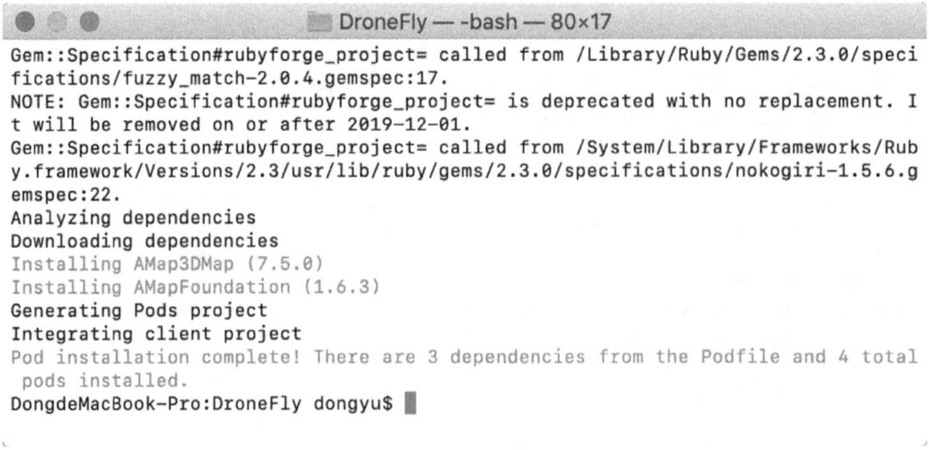

```
DroneFly — -bash — 80×17
Gem::Specification#rubyforge_project= called from /Library/Ruby/Gems/2.3.0/speci
fications/fuzzy_match-2.0.4.gemspec:17.
NOTE: Gem::Specification#rubyforge_project= is deprecated with no replacement. I
t will be removed on or after 2019-12-01.
Gem::Specification#rubyforge_project= called from /System/Library/Frameworks/Rub
y.framework/Versions/2.3/usr/lib/ruby/gems/2.3.0/specifications/nokogiri-1.5.6.g
emspec:22.
Analyzing dependencies
Downloading dependencies
Installing AMap3DMap (7.5.0)
Installing AMapFoundation (1.6.3)
Generating Pods project
Integrating client project
Pod installation complete! There are 3 dependencies from the Podfile and 4 total
 pods installed.
DongdeMacBook-Pro:DroneFly dongyu$
```

图 5-4 通过 Cocoapods 导入高德 3D 地图 SDK 后终端软件的界面

2．配置应用程序

（1）打开 DroneFly 项目的 Info.plist 文件，检查"NSAppTransportSecurity"选项是否设置为 YES，如图 3-25 所示。

（2）在 DroneFly 项目中的 AppDelegate.m 中添加高德地图 Key，具体实现如代码 5-9 所示。

代码 5-9

```
#import "AppDelegate.h"
#import <AMapFoundationKit/AMapFoundationKit.h>

@interface AppDelegate ()

@end

@implementation AppDelegate


- (BOOL)application:(UIApplication *)application didFinishLaunchingWithOptions:(NSDictionary *)launchOptions {
    [AMapServices sharedServices].apiKey = @"<填写申请的高德地图 Key>";
    return YES;
}
```

高德地图 Key 的申请方法详见"5.1.3 申请高德地图 Key"节的内容。申请高德地图 Key 前需要准备安全码 Bundle Identifier，其获取方法如图 2-22 所示。

3．创建并配置 DFMapGaodeViewController

（1）在 Xcode 资源管理器中，新建 DFMapGaodeViewController，并继承于 UIView Controller。

（2）在 Main.Storyboard 文件中执行以下操作。

① 在 DFMainViewController 表视图的最后添加一个新的单元格，并放置名为"在地图中显示无人机位置(高德地图)"的按钮。

② 添加一个 UIViewController，并与刚创建的 DFMapGaodeViewController 关联：在其属性面板中打开【回】ID 检查器（Identity inspector），在"Class"选项中设置为"DFMapGaode ViewController"。

③ 单击【在地图中显示无人机位置(高德地图)】按钮，按下"Control"键并拖动该按钮到新创建的 DFMapGaodeViewController，在弹出的选框中选择"Show"选项，并设置其故事箭头（Story board Segue）的标识属性"Identifier"为"segue_map_gaode"。

设置完成后，Main.storyboard 如图 5-5 所示。

（3）在 DFMainViewController.m 中加入代码 5-10，以便于应用程序在跳转到 DFMap GaodeViewController 之前判断应用程序的注册和激活是否完成，以及无人机的绑定和连接是否正常。

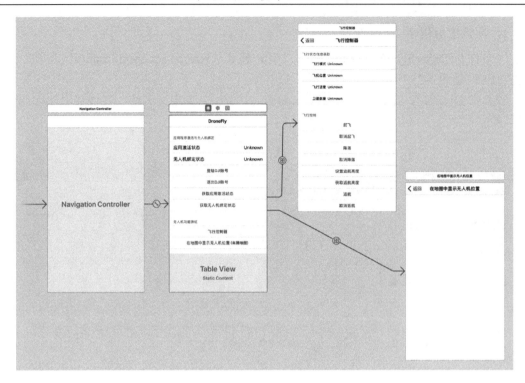

图 5-5　Main.storyboard

代码 **5-10**

```
- (BOOL)shouldPerformSegueWithIdentifier:(NSString *)identifier sender:(id)sender {
    if ([identifier isEqualToString:@"segue_flight"]) {
        if ([self checkDroneConnection] == NO) {
            return NO;
        }
    }
    if ([identifier isEqualToString:@"segue_map_gaode"]) {
        if ([self checkDroneConnection] == NO) {
            return NO;
        }
    }
    return YES;
}
```

4．创建高德地图并显示无人机的位置

1）添加无人机图标文件

将示例文件中的无人机图标文件"aircraft.png"拖入 DroneFly 项目的"Assets.xcassets"资源文件中，如图 5-6 所示。

2）显示高德地图

在 DFMapGaodeViewController.m 文件中通过代码 5-11 即可在该视图控制器中全屏显示高德地图。

160

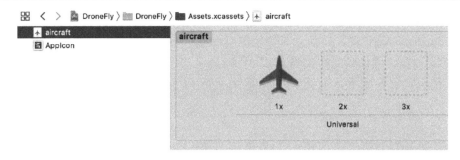

图 5-6 在 Xcode 中导入无人机图标文件 "aircraft.png"

代码 5-11

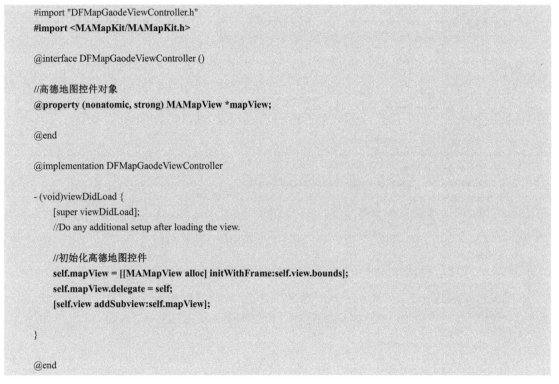

3）显示无人机的位置

在 DFMapGaodeViewController.m 文件中进行如下操作。

● 创建无人机标记对象 droneAnnotation。

● 在 viewWillAppear 和 viewWillDisappear 方法中分别设置与取消飞行控制器代理。

● 实现 MAMapViewDelegate 代理，在其 mapView:viewForAnnotation 代理方法中设置
其无人机标记的自定义图标。

● 实现 DJIFlightControllerDelegate 代理，在其 flightController:didUpdateState 代理方法
中获取无人机的经度、纬度和航向，并更新无人机标记对象的位置，以及标记视图
的旋转角度。

由于无人机的经纬度是 GPS 传感器获取的 WGS 84 坐标系下的经纬度，因此需要 AMapCoordinateConvert 将其转换为高德地图坐标系下的无人机坐标，并将其位置信息赋值给无人机标记对象，具体实现如代码 5-12 所示。

代码 5-12

```
#import "DFMapGaodeViewController.h"
#import <MAMapKit/MAMapKit.h>
#import <DJISDK/DJISDK.h>

@interface DFMapGaodeViewController () <MAMapViewDelegate, DJIFlightControllerDelegate>

//高德地图控件对象
@property (nonatomic, strong) MAMapView *mapView;
//无人机标记对象
@property (nonatomic, strong) MAPointAnnotation *droneAnnotation;

@end

@implementation DFMapGaodeViewController
...

- (void)viewWillAppear:(BOOL)animated {
    [super viewWillAppear:animated];
    //初始化飞行控制器代理
    DJIFlightController *flightController = [self getFlightController];
    if (flightController != nil) {
        flightController.delegate = self;
    }
}

- (void)viewWillDisappear:(BOOL)animated {
    [super viewWillDisappear:animated];
    //重置飞行控制器代理
    DJIFlightController *flightController = [self getFlightController];
    if (flightController != nil) {
        flightController.delegate = nil;
    }
}

///获取无人机的飞行控制器
- (DJIFlightController *)getFlightController {
//具体方法请参见"4.1.2"节的内容
    ...
}

#pragma mark - MAMapViewDelegate
- (MAAnnotationView *)mapView:(MAMapView *)mapView viewForAnnotation:(id <MAAnnotation>)annotation
{
    //判断是否为点标记
    if ([annotation isKindOfClass:[MAPointAnnotation class]])
    {
```

```
            //创建或获取标记视图
            static NSString *pointReuseIndentifier = @"pointReuseIndentifier";
            MAAnnotationView *annotationView = (MAPinAnnotationView*)[mapView dequeueReusableAnnotationView
WithIdentlfler:polntReuseIndentifier];
            if (annotationView == nil) {
                annotationView = [[MAAnnotationView alloc] initWithAnnotation:annotation reuseIdentifier:pointReuseIndentifier];
            }
            //设置标记的自定义图片
            annotationView.image = [UIImage imageNamed:@"aircraft"];
            //设置点标记视图的 Tag，用于在飞行控制器代理方法中获取该视图
            annotationView.tag = 1000;
            return annotationView;
        }
        return nil;
    }

#pragma mark - DJIFlightControllerDelegate

- (void)flightController:(DJIFlightController *_Nonnull)fc didUpdateState:(DJIFlightControllerState *_Nonnull)state {

    double longitude = state.aircraftLocation.coordinate.longitude; //获取无人机的纬度
    double latitude = state.aircraftLocation.coordinate.latitude; //获取无人机的经度
    double yaw = state.attitude.yaw * M_PI / 180; //获取无人机的航向

    //创建点标记
    if (self.droneAnnotation == nil) {
        self.droneAnnotation = [[MAPointAnnotation alloc] init];
    }
    //添加点标记到地图中
    if (![self.mapView.annotations containsObject:self.droneAnnotation]){
        [self.mapView addAnnotation:self.droneAnnotation];
    }
    //无人机坐标（WGS 84 坐标系下）
    CLLocationCoordinate2D coordWGS84 = CLLocationCoordinate2DMake(latitude, longitude);
    //无人机坐标（AMap 坐标系下）
    CLLocationCoordinate2D coordAMap = AMapCoordinateConvert(coordWGS84, AMapCoordinateTypeGPS);
    //设置点标记的坐标
    self.droneAnnotation.coordinate = coordAMap;

    //获取标记视图
    MAAnnotationView *hearderAnnotationView = [self.mapView viewWithTag:1000];
    //设置标记视图的旋转角度
    CGAffineTransform transform = CGAffineTransformMakeRotation(yaw);
    hearderAnnotationView.transform = transform;

}

@end
```

编译并运行程序，连接无人机后，进入 DFMapGaodeViewController 即可在地图上查看到无人机的位置。

5.1.3 申请高德地图 Key

与大疆 Mobile SDK 等许多 SDK 类似，高德地图 SDK 也需要为应用程序申请并设置密钥（Key），用于标识应用程序，以及收集非敏感用户的信息（如设备信息与系统信息等）。申请高德地图 Key 的具体方法如下。

（1）在高德开放平台（https://lbs.amap.com/）中注册并登录开发者账号，进入开发者控制台。在左侧的选项卡中选择"应用管理"-"我的应用"，进入"我的应用"面板，如图 5-7 所示。

图 5-7　我的应用面板（1）

（2）单击图 5-7 中的【创建新应用】按钮，弹出"新建应用"对话框，如图 5-8 所示。

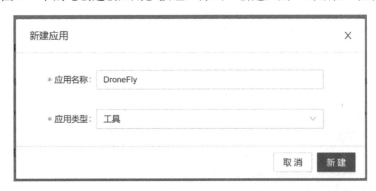

图 5-8　"新建应用"对话框

（3）在"新建应用"对话框中，在"应用名称"中输入使用高德地图 SDK 的应用程序名称"DroneFly"，在"应用类型"中选择适当的类型，并单击【新建】按钮确认。

（4）在新建的应用中，单击【添加】按钮创建 Key。

① 如图 5-9 所示，对于 Android 平台的 DroneFly 应用程序，在"Key 名称"中输入"DroneFly-地图"；在"服务平台"中选择"Android 平台"；在"发布版安全码 SHA1"中输入安全码；在"PackageName"中输入应用程序包名"cas.igsnrr.DroneFly"；单击【提交】按钮。

图 5-9　为 DroneFly 应用程序（Android）添加 Key

② 如图 5-10 所示，对于 iOS 平台的 DroneFly 应用程序，在"Key 名称"中输入"DroneFly-地图"；在"服务平台"中选择"iOS 平台"；在"安全码 Bundle ID"中输入 Bundle 名称"cas.igsnrr.DroneFly"；单击【提交】按钮。

图 5-10　为 DroneFly 应用程序（iOS）添加 Key

（5）如图 5-11 所示，在"我的应用"面板中即可查看到高德地图 Key，复制该 Key 即可应用在高德地图 SDK 中。

Key 名称	Key	绑定服务	操作 ⓘ
DroneFly-地图	16e04339c83a4⋯⋯⋯b11f0	iOS平台	设置 删除
DroneFly-地图	859339aa221e4⋯⋯⋯e923	Android平台	设置 删除

图 5-11　我的应用面板（2）

5.2　通过 OpenLayers 显示无人机位置

通过无人机的定位系统获得的无人机的经度和纬度信息只是冰冷冷的数字，很难通过其了解无人机的具体方位。本节将利用 OpenLayers 实现无人机位置和航向的显示。由于 OpenLayers 地图控件是一种 Web 前端技术，因此 5.2.1 节首先利用 HTML、CSS、JavaScript 实现这一地图控件，并实现更新无人机位置信息的函数。在 5.2.2 和 5.2.3 节分别在 Android 和 iOS 中实现本地代码（Native Code）对 JavaScript 的调用，从而实现无人机的位置显示和更新。

5.2.1　实现 OpenLayers 地图控件

1．为什么使用 OpenLayers

OpenLayers 是在 JavaScript 软件环境中开源的 WebGIS 类库，可提供高效的地图展示和交互等功能，目前由 OSGeo 组织托管管理。

使用 OpenLayers 的优势如下：
- 许多无人机行业应用中（如航测、巡检等）需要将无人机技术和地理信息技术相结合，而 OpenLayers 提供了较好的沟通桥梁，这在第 11 章的实例中就有非常好的体现；
- 即使一些简单的应用（如仅显示无人机的位置），也能够以简单、干净、高效的代码提供稳定的地图控件；
- 可以使用各种地图服务，如 Google 地图、高德地图和 OpenStreetMap 等。
- 由于 OpenLayers 建立在 JavaScript 的基础上，因此可以在 Android 和 iOS 平台上提供非常统一的用户体验。

2．实现 OpenLayers 地图控件

通过 OpenLayers 实现地图控件非常简单，除 OpenLayers 所包括的 ol.js 和 ol.css 文件外，本部分将创建 4 个文件，分别为 olmap.html、olmap.js、olmap.css 和 ic_plane.svg 文件。这 6 个文件的功能的目录关系如下所示。
- ./olmap.html：包含 OpenLayers 地图控件的 HTML 文件。
- ./ic_plane.svg：无人机图标"✈"。

- ./js/olmap.js：地图图层和要素设置文件。
- ./js/ol.js：OpenLayers 的 js 文件。
- ./css/olmap.css：地图控件的层叠样式表文件。
- ./css/ol.css：OpenLayers 的 css 文件。

olmap.html 文件的内容如代码 5-13 所示。

代码 5-13

```html
<html>
    <head>
        <!-- 用于指定页面的内容和字符集 -->
        <meta http-equiv="content-type" content="text/html;charset=utf-8">
        <!-- 禁用页面缩放 -->
        <meta name="viewport" content="width=device-width, initial-scale=1,user-scalable=no">
        <link rel="stylesheet" href="./css/olmap.css">
        <link rel="stylesheet" href="./css/ol.css">
    </head>
    <body>
<!-- OpenLayers 地图控件 -->
        <div id="map" class="map"></div>
        <script src="./js/ol.js"></script>
        <script src="./js/olmap.js"></script>
    </body>
</html>
```

（1）olmap.html 文件中仅包括一个地图控件的 div 实体。另外，由于 OpenLayers 地图控件需要实现缩放功能，因此要禁用 HTML 页面的缩放功能，以防止两者的冲突。

为了保证 OpenLayers 地图控件能够填充整个页面，因此在 olmap.css 文件中设置其高度与宽度均为"100%"，并且使得 body 标签的边距为 0，具体实现如代码 5-14 所示。

代码 5-14

```css
body {
    margin: 0;
}

.map {
    width: 100%;
    height: 100%;
}
```

（2）在 olmap.js 文件中实现无人机显示的主体业务功能，并通过 changeDroneLocation(lon, lat, heading)方法提供显示和更新无人机的接口，其要点如下。

地图控件中包括两个图层：底图图层（rasterLayer）通过 Google 地图的切片接口提供底图服务，由于 Android 和 iOS 应用程序的开发者需要尽可能避免 HTTP 的访问，因此此处使用 HTTPS 接口使用切片服务；矢量图层（vectorLayer）用于显示无人机的要素，其在底图图层之上。矢量图层中仅包括一个要素（iconFeature），其符号样式是一个无人机图片"✈"。

167

通过 changeDroneLocation(lon, lat, heading)方法传递无人机的经度（lon）、纬度（lat）和航向（heading）三个参数，因此需要包括两个步骤进行处理。

① 改变无人机图标对象的方向，以表征无人机的航向。

② 由于无人机的经度和纬度是 WGS 84 坐标系下的坐标，因此首先要通过 wgs84togcj02 (lon, lat)方法将其加密，转为 GCJ 02 坐标系下的坐标。由于互联网切片服务（Google 地图、高德地图等）均采用 Web 墨卡托投影，因此再将 GCJ 02 坐标系下的坐标转为 Web 墨卡托投影坐标系下的坐标，最后将其设置为无人机要素（iconFeature）的坐标位置。

> ❀ GCJ 02 坐标系是中国国家测绘局制定的一种加密坐标系统。根据相关法律法规，目前中国大陆境内的地图服务商都需要参考该标准进行加密。虽然高德地图、百度地图等地图服务商都具有自有的加密方案，但是其算法基础和思路基本相同。

olmap.js 文件中的内容如代码 5-15 所示。

代码 5-15

```
var PI = 3.1415926535897932384626;
var a = 6378245.0;
var ee = 0.00669342162296594323;

//无人机图标对象
var icon = new ol.style.Icon({
    anchor: [0.50, 0.50],
    anchorXUnits: 'fraction',
    anchorYUnits: 'fraction',
    src: 'ic_plane.svg'
});

//显示无人机图标的点要素符号样式
var iconStyle = new ol.style.Style({
    image: icon
});

//无人机的点要素
var iconFeature = new ol.Feature({
    geometry: mapPointFromlatlon(125.718691,43.694245),
    name: 'DroneLocation'
});

//为无人机的点要素设置样式
iconFeature.setStyle(iconStyle);

//显示无人机点要素的矢量图层
var vectorLayer = new ol.layer.Vector({
    source: new ol.source.Vector({
        features: [iconFeature]
    })
});
```

```
//显示 Google 地图的底图图层
var rasterLayer = new ol.layer.Tile({
    source: new ol.source.XYZ({
        url: 'https://mt{0-2}.google.cn/vt/lyrs=m&hl=zh-CN&gl=cn&x={x}&y={y}&z={z}'


    })
});


//创建地图对象
var map = new ol.Map({
    controls: [new ol.control.Zoom()],
    layers: [rasterLayer, vectorLayer],
    target: document.getElementById('map'),
    interactions: ol.interaction.defaults({altShiftDragRotate:false, pinchRotate:false}),
    view: new ol.View({
        center: ol.proj.transform([107.982762, 33.95895],'EPSG:4326', 'EPSG:3857'),
        zoom: 5
    })
});


//通过经纬度定义点对象（在墨卡托坐标系统下）
function mapPointFromlatlon(lon, lat){
    var coordinate = wgs84togcj02(lon, lat);
    coordinate = ol.proj.transform(coordinate,'EPSG:4326', 'EPSG:3857');
    return new ol.geom.Point(coordinate);
}


//改变无人机点要素的位置和方向
function changeDroneLocation(lon, lat, heading) {
    icon.setRotation(heading);
    iconFeature.setGeometry(mapPointFromlatlon(lon, lat));
}


//将 WGS84 坐标系下的坐标转为 GCJ02 坐标系下的坐标
function wgs84togcj02(lon, lat) {
    var dlat = transformlat(lon - 105.0, lat - 35.0);
    var dlon = transformlon(lon - 105.0, lat - 35.0);
    var radlat = lat / 180.0 * PI;
    var magic = Math.sin(radlat);
    magic = 1 - ee * magic * magic;
    var sqrtmagic = Math.sqrt(magic);
    dlat = (dlat * 180.0) / ((a * (1 - ee)) / (magic * sqrtmagic) * PI);
    dlon = (dlon * 180.0) / (a / sqrtmagic * Math.cos(radlat) * PI);
    var mglat = lat + dlat;
    var mglon = lon + dlon;
    return [mglon, mglat]
}

function transformlat(lon, lat) {
    var ret = -100.0 + 2.0 * lon + 3.0 * lat + 0.2 * lat * lat + 0.1 * lon * lat + 0.2 * Math.sqrt(Math.abs(lon));
```

```
        ret += (20.0 * Math.sin(6.0 * lon * PI) + 20.0 * Math.sin(2.0 * lon * PI)) * 2.0 / 3.0;
        ret += (20.0 * Math.sin(lat * PI) + 40.0 * Math.sin(lat / 3.0 * PI)) * 2.0 / 3.0;
        ret += (160.0 * Math.sin(lat / 12.0 * PI) + 320 * Math.sin(lat * PI / 30.0)) * 2.0 / 3.0;
        return ret
    }

    function transformlon(lon, lat) {
        var ret = 300.0 + lon + 2.0 * lat + 0.1 * lon * lon + 0.1 * lon * lat + 0.1 * Math.sqrt(Math.abs(lon));
        ret += (20.0 * Math.sin(6.0 * lon * PI) + 20.0 * Math.sin(2.0 * lon * PI)) * 2.0 / 3.0;
        ret += (20.0 * Math.sin(lon * PI) + 40.0 * Math.sin(lon / 3.0 * PI)) * 2.0 / 3.0;
        ret += (150.0 * Math.sin(lon / 12.0 * PI) + 300.0 * Math.sin(lon / 30.0 * PI)) * 2.0 / 3.0;
        return ret
    }
```

上述 OpenLayers 地图控件提供了更新无人机位置和航向的接口定义，在后文中将在 Android 和 iOS 系统中分别实现对其接口的调用，从而实现在地图上显示无人机的位置。

5.2.2 通过 OpenLayers 显示无人机位置（Android）

本节将介绍如何在 Android 应用程序中嵌入上述 OpenLayers 地图控件，并通过调用 JavaScript 方法的形式显示和更新无人机的位置，具体的操作步骤如下。

1. 将 OpenLayers 控件作为资源放入应用程序中

（1）在 Android Studio 中打开 DroneFly 项目，在 Project 面板中，在"app"目录上单击鼠标右键，选择"New"-"Folder"-"Assets Folder"菜单，创建 assets 目录。

（2）如图 5-12 所示，在弹出的"New Android Component"对话框中保持默认设置，单击【Finish】按钮。此时，在 Project 面板的"app"目录中即可看到刚创建的"assets"目录。

（3）在"assets"目录上单击鼠标右键，选择"Show in Explorer"菜单，并将"4.3.1"节创建的 OpenLayers 地图控件复制到该目录中，随后即可在 Android Studio 中查看到这些文件，如图 5-13 所示。

图 5-12 "New Android Component"对话框

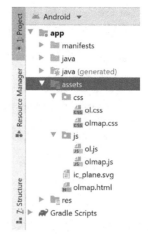

图 5-13 导入 OpenLayers 控件

2．创建 MapActivity

在 DroneFly 项目中创建一个空 Activity（Empty Activity），并将类名设置为"MapActivity"。创建完成后，在 AndroidManifest.xml 文件的 application 标签中设置 MapActivity 竖屏显示，并设置其父 Activity 为 MainActivity，具体实现方式如代码 5-16 所示。

代码 5-16

```
<activity android:name=".MapActivity"
    android:configChanges="orientation"
    android:parentActivityName=".MainActivity"
    android:screenOrientation="portrait" />
```

在 MainActivity 的布局中添加名为"在地图中显示无人机位置（OpenLayers）"的按钮，单击后弹出 MapActivity，并在弹出前检查应用程序的注册和激活情况，以及无人机的绑定情况，具体实现如代码 5-17 所示。

代码 5-17

```
//获得【在地图中显示无人机位置（OpenLayers）】按钮的实例对象
Button btnMap = findViewById(R.id.btn_map);
//对【在地图中显示无人机位置（OpenLayers）】按钮增加监听器
btnMap.setOnClickListener(new View.OnClickListener() {
    @Override
    public void onClick(View v) {
        if (checkDroneConnection() == false) {
            return;
        }
        //弹出 MapActivity
        Intent i = new Intent(MainActivity.this, MapActivity.class);
        startActivity(i);
    }
});
```

3．在 MapActivity 中创建 WebView

在 MapActivity 中，创建 initUI()、initListener()和 removeListener()方法，其作用如下所示。

- initUI()：创建 WebView 对象，并设置 JavaScript 为可用。在 WebView 中，通过本地 URL（file:///android_asset/olmap.html）加载 OpenLayer 地图控件。
- initListener()：初始化飞行控制器的状态监听器，并监听无人机位置和航向的信息。通过 WebView 对象的 evaluateJavascript(…)方法调用 JavaScript 方法，并将无人机位置和航向的信息作为参数进行传递，以实现无人机位置的显示和更新。
- removeListener()：移除飞行控制器的状态监听器。

在 MapActivity 中创建 WebView 的具体实现方式如代码 5-18 所示。

代码 5-18

```java
package cas.igsnrr.dronefly;

...

public class MapActivity extends AppCompatActivity {

    private WebView mWebView;

    @Override
    protected void onCreate(Bundle savedInstanceState) {
        super.onCreate(savedInstanceState);
        setContentView(R.layout.activity_map);

        initUI();
        initListener();
    }


    @Override
    protected void onDestroy() {
        super.onDestroy();
        //移除监听器
        removeListener();
    }

    private void initUI() {
        mWebView = findViewById(R.id.webview);
        mWebView.getSettings().setJavaScriptEnabled(true);
        mWebView.getSettings().setJavaScriptCanOpenWindowsAutomatically(true); //允许弹窗
        mWebView.setWebViewClient(new WebViewClient());
        mWebView.setWebChromeClient(new WebChromeClient());
        mWebView.loadUrl("file:///android_asset/olmap.html");
    }

    private void initListener() {

        FlightController flightController = getFlightController();
        if (flightController != null) {
            flightController.setStateCallback(new FlightControllerState.Callback() {
                @Override
                public void onUpdate(@NonNull FlightControllerState state) {
                    //获取无人机的经度
                    final double longitude = state.getAircraftLocation().getLongitude();
                    //获取无人机的纬度
                    final double latitude = state.getAircraftLocation().getLatitude();
                    //获取无人机的航向
                    final double yaw = state.getAttitude().yaw * Math.PI / 180;
                    mWebView.post(new Runnable() {
                        @Override
```

```
                public void run() {
                    String jsScript = "javascript:changeDroneLocation(" + longitude + "," + latitude + "," + yaw + ")";
                    mWebView.evaluateJavascript(jsScript, null);
                }
            });
        }
    });
} else {
    showToast("飞行控制器获取失败，请检查飞行器连接是否正常!");
}
}

private void removeListener() {
    //具体的实现请详见 4.1.2 节内容
    …
}

//获取无人机的飞行控制器
private FlightController getFlightController() {
    //具体的实现请详见 4.1.2 节内容
    …
}

//在主线程中显示提示
private void showToast(final String toastMsg) {
    //具体的实现请详见 4.1.2 节内容
    …
}
}
```

编译并运行程序，无人机位置和航向的地图显示效果如图 5-14（a）所示。

5.2.3　通过 OpenLayers 显示无人机位置（iOS）

本节将介绍如何在 iOS 应用程序中嵌入 OpenLayers 地图控件，并通过调用 JavaScript 方法显示和更新无人机的位置。具体操作如下所示。

1．将 OpenLayers 控件作为资源放入应用程序中

（1）直接将 olmap.html 文件及其附属文件所在的目录 WebView 拖入 Xcode 资源管理器。

（2）如图 5-14 所示，在弹出的对话框中勾选"Copy items if needed"选项，单击【Finish】按钮。此时，OpenLayers 地图控件的相关文件在 Xcode 资源管理器的位置如图 5-15 所示。

（3）打开 DroneFly 项目的项目设置面板，并在左侧列表的"TARGETS"中选择"DroneFly"。

（4）选择"Build Phases"选项卡，并打开"Copy Bundle Resoures"，观察其是否包含 MapView 目录，如图 5-16 所示。如果不包含，则单击【+】按钮将其添加进来。此时，编译应用程序时会将 MapView 目录编译到应用程序文件中。

图 5-14 "Choose options for adding these files:"对话框

图 5-15 OpenLayers 地图控件的相关文件在 Xcode 资源管理器的位置

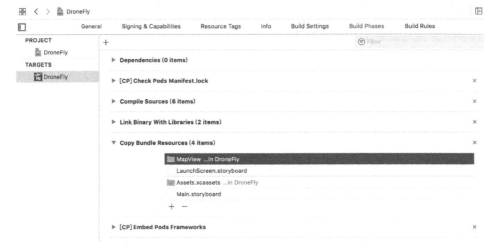

图 5-16 检查"Copy Bundle Resources"选项中是否包含 MapView 目录

2. 创建并配置 DFMapViewController

（1）在 DroneFly 项目中创建 DFMapViewController，并继承 UIViewController 类。

（2）在 Main.storyboard 中，创建 UIViewController，并设置其引用为 DFMapViewController。

（3）在 DFMainViewController 中创建名为"在地图中显示无人机位置（OpenLayers）"的按钮，并添加 segue，设置其 segue identifier 为"segue_map"。

（4）在 DFMainViewController 文件中，在弹出 DFMapViewController 前判断应用程序的注册与激活情况，以及无人机的绑定情况。

其具体操作方式可类比"5.1.2 高德地图显示无人机位置（iOS）"节中创建并配置 DFMapGaodeViewController 的方法。

3. 添加"WebKit.framework"

（1）打开 DroneFly 项目的项目设置面板，并在其左侧列表的"TARGETS"中选择

174

"DroneFly"。

（2）在"General"选项卡的"Frameworks, Libraries, and Embedded Content"中单击【+】按钮，找到并添加"WebKit.framework"，如图 5-17 所示。

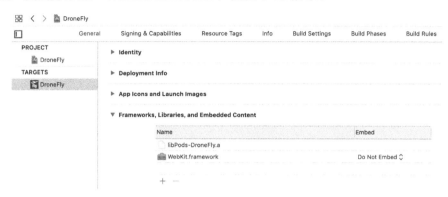

图 5-17　添加"WebKit.framework"

4．创建 WKWebView

（1）在 DJIMapViewController.m 中，创建 initWebView 方法，用于创建 WKWebView 对象。

（2）将 WebView 对象放置并填充在 DJIMapViewController 中。

（3）通过本地 URL 的方式加载 OpenLayers 地图控件。

具体实现方式如代码 5-19 所示。

代码 5-19

```
#import "DFMapViewController.h"
#import <WebKit/WebKit.h>

@interface DFMapViewController

@property (strong, nonatomic) WKWebView *webView;

@end


@implementation DFMapViewController

- (void)viewDidLoad {
    [super viewDidLoad];

    [self initWebView];

}

- (void) initWebView {
    //允许通过 URL 访问物理存储
    WKWebViewConfiguration * configuration = [[WKWebViewConfiguration alloc] init];
```

175

```
[configuration.preferences setValue:@YES forKey:@"allowFileAccessFromFileURLs"];

//创建 WKWebView 对象
self.webView = [[WKWebView alloc] initWithFrame:self.view.frame configuration:configuration];
[self.view addSubview:self.webView];

//加载本地网页
NSString *filePath = [[NSBundle mainBundle] pathForResource:@"olmap" ofType:@"html" inDirectory:@"MapView"];
[self.webView loadFileURL:[NSURL fileURLWithPath:filePath] allowingReadAccessToURL:[NSURL fileURLWithPath:
[NSBundle mainBundle].bundlePath]];

}
@end
```

5. 显示和更新无人机的位置

监听飞行控制器状态类，并调用 JavaScript 方法更新无人机的位置。

在 DJIMapViewController.m 中，添加代码 5-20，其要点如下。

● 在 viewWillAppear 方法中设置飞行控制器的代理为当前视图控制器。

● 在 viewWillDisappear 方法中设置飞行控制器的代理为空。

● 在当前视图控制器中实现飞行控制器的代理，在 flightController:didUpdateState 方法中获取无人机的位置和航向信息，并通过 WKWebView 对象的 evaluateJavaScript 方法调用 JavaScript 的 changeDroneLocation 方法，从而实现在地图中显示和更新无人机的位置。

代码 5-20

```
#import "DFMapViewController.h"
#import <WebKit/WebKit.h>
#import <DJISDK/DJISDK.h>

@interface DFMapViewController () <DJIFlightControllerDelegate>

@property (strong, nonatomic) WKWebView *webView;

@end


@implementation DFMapViewController

- (void)viewDidLoad {
    [super viewDidLoad];
    [self initWebView];
}

- (void)viewWillAppear:(BOOL)animated {
    [super viewWillAppear:animated];

    DJIFlightController *flightController = [self getFlightController];
```

```
    if (flightController != nil) {
        flightController.delegate = self;
    }
}

- (void)viewWillDisappear:(BOOL)animated {
    [super viewWillDisappear:animated];
    DJIFlightController *flightController = [self getFlightController];
    if (flightController != nil) {
        flightController.delegate = nil;
    }
}


///获取无人机的飞行控制器
- (DJIFlightController *)getFlightController {
//具体的实现请详见 4.1.3 节的内容
…
}

#pragma mark - DJIFlightControllerDelegate

- (void)flightController:(DJIFlightController * _Nonnull)fc didUpdateState:(DJIFlightControllerState * _Nonnull)state {

    double longitude = state.aircraftLocation.coordinate.longitude; //获取无人机的纬度
    double latitude = state.aircraftLocation.coordinate.latitude; //获取无人机的经度
    double yaw = state.attitude.yaw * M_PI / 180; //获取无人机的航向

    //调用 JavaScript 函数，刷新无人机的位置
    NSString *jsScript = [NSString stringWithFormat:@"javascript:changeDroneLocation(%f,%f,%f)", longitude, latitude, yaw];
    [self.webView evaluateJavaScript:jsScript completionHandler:nil];
}

…

@end
```

编译并运行程序，无人机位置和航向的地图显示效果如图 5-14（b）所示。

5.2.4　通过 OpenLayers 进行航测线路规划

本节将介绍如何通过 OpenLayers 进行航线线路的规划，读者可以根据实际应用情况选择性地学习和使用本节的代码。

航测路线的规划在 5.2.1 节的基础上进行设计程序，主要步骤如下。

● 做好准备测试工作。

● 实现绘制多边形功能，形成航测区。

● 生成航线与航点。

1．做好准备测试工作

在 olmap.html 文件中添加名为"规划航线"的按钮，用于测试生成航线功能，如代

码 5-21 所示。

代码 5-21

```
<html>
    <head>
        <meta http-equiv="content-type" content="text/html;charset=utf-8">
        <script src="https://cdn.polyfill.io/v2/polyfill.min.js?features=fetch,requestAnimationFrame,Element.prototype.classList,
URL"></script>
        <link rel="stylesheet" href="./css/olmap.css">
        <link rel="stylesheet" href="./css/ol.css">
    </head>
    <body>
        <div id="map" class="map"></div>
        <input type="button" value="规划航线" onclick="generateWayPoints()" />
        <script src="./js/ol.js"></script>
        <script src="./js/olmap.js"></script>
    </body>
</html>
```

其中，generateWayPoints()方法用于生成航线，将在下文介绍其实现方法。

2. 实现绘制多边形功能，形成航测区

在 olmap.js 文件中设置用于显示航测区和航线的矢量图层 vectorLayer，以及实现绘制多边形功能，如代码 5-22 所示。

代码 5-22

```
//矢量图层源
var vectorSource = new ol.source.Vector();
//矢量图层
var vectorLayer = new ol.layer.Vector({
    source: vectorSource,
    style: new ol.style.Style({
        fill: new ol.style.Fill({
            color: 'rgba(255, 255, 255, 0.2)'
        }),
        stroke: new ol.style.Stroke({
            color: '#ffcc33',
            width: 2
        })
    })
});

//航线样式
var style_waypoint_line = new ol.style.Style ({
    stroke: new ol.style.Stroke({
        color: '#000000',
        width: 1
    })
});
```

178

```
//Google 底图
var rasterLayer = new ol.layer.Tile({
    source: new ol.source.XYZ({
        url: 'http://mt{0-2}.google.cn/vt/lyrs=m&hl=zh-CN&gl=cn&x={x}&y={y}&z={z}'

    })
});

//OpenLayer 地图对象，包含 Google 底图图层和用于规划航线的矢量图层
var map = new ol.Map({
    controls: [new ol.control.Zoom()],
    layers: [rasterLayer, vectorLayer],
    target: document.getElementById('map'),
    view: new ol.View({
        center: ol.proj.transform([107.982762, 33.95895],'EPSG:4326', 'EPSG:3857'),
        zoom: 5
    })
});

//修改对象
var modify = new ol.interaction.Modify({source: vectorSource});
map.addInteraction(modify);

//绘制对象
var draw;

//在地图中增加绘制对象，其类型为多边形，用于绘制航线规划区域
function addInteractions() {
    draw = new ol.interaction.Draw({
        source: vectorSource,
        type: 'Polygon'
    });
    map.addInteraction(draw);
}

//在进入地图时开始绘制
addInteractions();
```

此时，在 PC 浏览器中打开 olmap.html 页面，通过单击鼠标左键的方式可绘制多边形的节点，通过单击鼠标右键的方式可确认多边形绘制完毕。

> ✎ 在将该功能移植到移动设备上时，通过点选地图的方式可绘制多边形，但是确认绘制完毕的功能需要通过增加按钮的方式完成。

3．生成航线与航点

本例中将介绍一种简单的生成航点的方法，其基本思路如下。

（1）获取第一个绘制的多边形，将其作为航测区。

（2）获取航测区的四至范围，并在其四至范围内平行于 X 轴生成足量且等长的原始航线。

179

（3）对于每一个原始航线，判断是否存在航测区边界线段与其存在交点。如果交点存在，则为航点。如果交点处在线段的端点上，要判断与该端点相邻的两个端点是否处在航线的同向：如果同向，则不为航点，如果不同向，则为航点。

（4）通过新的航点生成航线。相邻两条航线反向，以保证飞行效率。

生成航线与航点的具体实现如代码 5-23 所示。

代码 5-23

```javascript
//生成航线和航点
function generateWayPoints(){
    //航线间隔
    const internal = 100;
    //航点
    let waypoints = [];
    //获取航测区
    let polygon = vectorSource.getFeatures()[0].getGeometry();
    //航测区的四至范围
    let minx = Math.floor(polygon.getExtent()[0]);
    let miny = Math.floor(polygon.getExtent()[1]);
    let maxx = Math.floor(polygon.getExtent()[2]);
    let maxy = Math.floor(polygon.getExtent()[3]);
    //Y 轴方向的坐标差
    let ylength = maxy - miny;
    //计算所需要的航线数量
    let pathwaycount = Math.ceil((ylength - Math.floor(internal / 2)) / internal);
    //与 X 轴平行，逐一生成每一条航线
    for(let i = 0; i < pathwaycount; i ++) {
        //1. 新建航线，让航线贯串多边形，X 的范围从 minx 到 maxx。
        //航线的 Y 值
        var y = miny + Math.floor(internal / 2) + internal * i;
        //航线两端的坐标
        var pathway_coor1 = [minx, y];
        var pathway_coor2 = [maxx, y];
        //航线对象
        var pathway = [pathway_coor1, pathway_coor2];

        //2. 截取航线，获得航点
        let waypointsInPathway = [];
        //航测区域的线段数量
        let count = polygon.getLinearRing(0).getCoordinates().length - 1; //最后一个点与第一个点重复
        //遍历航测区的各个线段
        for(let j = 0; j < count; j ++) {
            //生成航测区的线段
            let segment_coor1 = polygon.getLinearRing(0).getCoordinates()[j];
            let segment_coor2 = polygon.getLinearRing(0).getCoordinates()[j + 1];
            let segment = [segment_coor1, segment_coor2];

            //判断航线是否直接通过线段的端点
            if (segment_coor1[1] == y){
```

```
                    //取得该端点相邻的两个点的 Y 值
                    let y1 = polygon.getLinearRing(0).getCoordinates()[j - 1 < 0 ? count - 2 : j - 1][1];
                    let y2 = segment_coor2[1];
                            //在同一条直线上, 且与 X 轴平行, 略过该点
                    if (y1 == y2 && y1 == y)
                        continue;
                    if (y1 > y ^ y2 > y) {
                        waypointsInPathway.push(segment_coor1);
                    }
                }
                        //在下一条线段中处理该端点
                if (segment_coor2[1] == y)
                    continue;

                //航测区的线段与航线有交点, 计算该航点
                if (segment_coor1[1] > y ^ segment_coor2[1] > y) {
                    //计算航点
                    var intersection_coor = intersectionOfSegments(pathway, segment);
                    waypointsInPathway.push(intersection_coor);
                }

            }

            //按从小到大的顺序排列当前航线的航点
            waypointsInPathway.sort(function(a, b) {
                return a[0] - b[0];
            });
            //如果航线为偶数行, 则倒置航点顺序
            if (i % 2 == 1) {
                waypointsInPathway.reverse();
            }
            waypoints = waypoints.concat(waypointsInPathway);
            waypointsInPathway = [];
        }


        //此时航点已经完全生成, 下面的代码连接航点生成航线, 并显示在地图上
        var waypoints_line = new ol.geom.LineString(waypoints, 'XY');
        var feature = new ol.Feature({geometry: waypoints_line});
        feature.setStyle(style_waypoint_line);
        vectorSource.addFeature(feature);

    }
```

其中, intersectionOfSegments(segment1, segment2)方法用于求两个线段(直线)的交点, 一种简单的实现方式如代码 5-24 所示。

代码 5-24

```
function intersectionOfSegments(segment1, segment2) {
```

```
let A1 = segment1[1][1] - segment1[0][1];
let B1 = segment1[0][0] - segment1[1][0];
let C1 = segment1[1][0] * segment1[0][1] - segment1[0][0] *segment1[1][1];

let A2 = segment2[1][1] - segment2[0][1];
let B2 = segment2[0][0] - segment2[1][0];
let C2 = segment2[1][0] * segment2[0][1] - segment2[0][0] *segment2[1][1];

let intersection_x = (C2 * B1 - C1 * B2) / (A1 * B2 - A2 * B1);
let intersection_y = (C1 * A2 - C2 * A1) / (A1 * B2 - A2 * B1);

return [intersection_x, intersection_y];
}
```

此时，刷新 olmap.html 网页。利用鼠标绘制完成一个航测区后，单击【规划航线】按钮，即可自动生成航线。

我们接下来要做的就是通过 Android 和 iOS 的相应方法实现本地代码（Java 与 Objective-C）与 JavaScript 方法进行交互。交互功能的实现非常简单，且在 5.2.2 和 5.2.3 节中也有所涉及，请读者自行实践。通过 OpenLayers 生成的航点可直接用于航点飞行任务，其实现方法详见"第 10 章 航点飞行任务与时间线任务"的相关内容。

5.3 飞行限制区及其解禁

受到空域的管理需要和政策法规的限制，在飞机场、国境线、军事设施和敏感机构等重点场所需要对无人机的飞行进行必要的管控，以保证人员、财产和国家的安全。为此，大疆推出了用于提高飞行安全的 GEO 地理围栏系统（Geospatial Environment Online System）。本节将介绍 GEO 地理围栏系统中的重要概念，以及通过 Mobile SDK 对授权区和禁飞区解禁的方法。

5.3.1 GEO 地理围栏系统

GEO 地理围栏系统包含了警示和飞行限制系统，以及相应的解禁系统，为大疆用户提供实时更新的飞行安全和飞行限制等相关信息。GEO 地理围栏系统覆盖全球，在不同的国家和地区，根据多种限飞策略划定了警示区、加强警示区、授权区、禁飞区、限高区、临时禁飞区等。这些区域可通过网址 https://www.dji.com/cn/flysafe/geo-map 查看。

（1）禁飞区（Restricted Zone）：飞行器无法在此区域内起飞，如机场就是最常见的禁飞区。在地图上，禁飞区通常用红色表示。

（2）限高区（Altitude Zone）：飞行器在此区域内飞行，高度将会受到限制，如机场禁飞区的周边往往会存在限高区。在地图上，限高区通常用灰色表示。

（3）授权区（Authorization Zone）：飞行器需要通过 DJI 账号授权后才可以起飞，如在国外机场的周围，以及敏感机构的周围都会存在授权区。在地图上，授权区通常用蓝色表示。

（4）警示区（Warning Zone）：飞行器在此区域内起飞时会收到警示，如自然保护区就属于警示区。在地图上，警示区通常用黄色表示。

（5）加强警示区（Enhanced Warning Zone）：飞行器在此区域内起飞前需要进行授权。但是与授权区不同，加强警示区的解禁只需要本地授权，而不需要通过 DJI 账号。在地图上，加强警示区通常用橙色表示。

（6）法规限制区（Regulatory Restricted Zone）：飞行器无法在此区域内起飞，通常是由于当地的法规和政策规定所致的，如监狱等就属于法规限制区。地图上，法规限制区通常用浅蓝色表示。

（7）轻型无人机适飞空域（Recommended Zone）：法规所规定的适飞空域。轻型无人机在此适飞空域内，飞行真高在 120m 以下，无须飞行申请；如需要在 120m 以上空域或者非适飞空域飞行，需要通过 UTMISS 综合监管平台提前进行飞行申请。地图上，轻型无人机适飞空域通常用绿色表示。

如果用户希望在授权区内飞行，则需要进行授权区解禁（Self Unlock）。如果用户希望在禁飞区内飞行，则需要通过特殊解禁（Custom Unlock）。

限飞系统的各个区域通过限飞数据库进行划定，在下文中将首先介绍如何通过 Mobile SDK 更新最新的限飞数据库，然后介绍授权区解禁和特殊解禁的方法。

5.3.2　限飞数据库的更新

限飞数据库包括基础数据库（Basic Database）和精准数据库（Precise Database）两类。基础数据库的各种警示和限飞区域均为圆形，应用在精灵 3 系列和悟 1 等早期的大疆无人机中。精准数据库包括了圆形和多边形等不同形状的警示区与限飞区，应用在较新发布的精灵 4 系列、御系列、M200 系列、悟 2 和晓等无人机中。

在应用 GEO 地理围栏系统之前，我们首先要保证限飞数据库为最新版本。在 Mobile SDK 中，飞行区域管理器（FlyZoneManager）是管理和使用 GEO 地理围栏系统各项功能的核心。在本节中，我们将主要应用飞行区域管理器中的各类方法。

对于基础数据库来说，其状态和版本信息的获取与更新方法如表 5-1 所示。

表 5-1　基础数据库的状态和版本信息的获取与更新方法

Android 中 FlyZoneManager 中的方法	iOS 中 DJIFlyZoneManager 中的方法	说　　明
getBasicDatabaseVersion(…)	basicDatabaseVersion(属性)	获取基础数据库的版本
getBasicDatabaseState(…)	basicDatabaseState(属性)	获取基础数据库的状态
startBasicDatabaseUpgrade(…)	startBasicDatabaseUpgradeWithCompletion	开始基础数据库的更新
stopBasicDatabaseUpgrade(…)	stopBasicDatabaseUpgradeWithCompletion	停止基础数据库的更新
setBasicDatabaseUpgradeProgressUpdatedCallback(…)	—	监听基础数据库的更新进度

在 iOS 中，基础数据库的更新进度需要通过飞行区域管理器代理 DJIFlyZoneDelegate 的 flyZoneManager:didUpdateBasicDatabaseUpgradeProgress:andError 方法进行监听。

数据库的状态通过枚举类型定义，如表 5-2 所示。

表 5-2　数据库的状态

Android 中 FlyZoneDatabaseState 枚举类型	iOS 中 DJIFlyZoneDatabaseState 枚举类型	说　明
INITIALIZING	DJIFlyZoneDatabaseStateInitializing	正在初始化
NO_INTERNET_CONNECTION	DJIFlyZoneDatabaseStateNoInternetConnection	无网络连接
OUT_OF_DATE	DJIFlyZoneDatabaseStateOutOfDate	已过时
UP_TO_DATE	DJIFlyZoneDatabaseStateUpToDate	正保持最新
UNKNOWN	DJIFlyZoneDatabaseStateUnknown	未知

相应地，精准数据库的状态和版本信息通过如表 5-3 所示的方法进行获取。

表 5-3　精准数据库的状态和版本信息的获取方法

Android 中	iOS 中	说　明
getPreciseDatabaseVersion(…)	preciseDatabaseVersion(属性)	获取精准数据库的版本
getPreciseDatabaseState(…)	preciseDatabaseState(属性)	获取精准数据库的状态

精准数据库的更新一般在注册应用程序时同步更新，详情请参考"第 3 章　第一个 Mobile SDK 应用程序"的相关内容。

5.3.3　警示和限制区域

解禁飞行区域之前，我们一般首先需要查找周围的警示区和限制区，并通常会在地图上展示出来。各种警示区和限制区是通过 FlyZoneInformation 进行定义的。

FlyZoneInformation 的主要方法如表 5-4 所示。

表 5-4　FlyZoneInformation 的主要方法

Android 中 FlyZoneInformation 的主要方法	iOS 中 DJIFlyZoneInformation 的主要方法	说　明
getFlyZoneType()	type(属性)	区域形状
getFlyZoneID()	flyZoneID(属性)	区域 ID
getName()	name(属性)	区域名称
getReason()	reason(属性)	警示或限制原因
getCoordinate()	center(属性)	中心坐标位置（当区域形状为圆形时有效）
getRadius()	radius(属性)	区域半径（当区域形状为圆形时有效）
getShape()	shape(属性)	区域空间形状（当区域形状为圆形时有效）
getCategory()	category(属性)	区域类型
getSubFlyZones()	subFlyZones(属性)	子区域（当区域形状为多形状时有效）
setUnlockingEnabled(…)	setUnlockingEnabled:withCompletion	解锁该区域
getUnlockingEnabled(…)	getUnlockingEnabledWithCompletion	停止解锁该区域
getStartTime()	startTime(属性)	警示或限制开始时间（临时警示区或限制区）

Android 中 FlyZoneInformation 的主要方法	iOS 中 DJIFlyZoneInformation 的主要方法	说　　明
getEndTime()	endTime(属性)	警示或限制停止时间（临时警示区或限制区）
getUnlockStartTime()	unlockStartTime(属性)	获取解锁开始时间
getUnlockEndTime()	unlockEndTime(属性)	获取解锁停止时间

飞行区域的形状由 FlyZoneType 定义，包括圆形（Circle）和多形状（Poly）两类。当区域形状为圆形时，还可以通过 FlyZoneShape 定义区域形状的类型，包括圆柱体（Cylinder）和截圆锥体（Cone）两类。当区域形状为多形状时，FlyZoneInformation 包含了一个或多个子区域。子区域由 SubFlyZoneInformation 类定义，SabFlyZoneInformation 的主要方法如表 5-5 所示。

表 5-5　SabFlyZoneInformation 的主要方法

Android 中 SubFlyZoneInformation 的主要方法	iOS 中 DJISubFlyZoneInformation 的主要方法	说　　明
getAreaID()	areaID	子区域 ID
getShape()	shape	子区域形状
getCenter()	center	区域中心（当子区域形状为圆柱形时有效）
getRadius()	radius	区域半径（当子区域形状为圆柱形时有效）
getVertices()	vertices	区域节点（当子区域形状为多边形时有效）
getMaxFlightHeight()	maximumFlightHeight	最大飞行高度

子区域的形状由 SubFlyZoneShape 定义，包括圆柱形（Cylinder）和多边形（Polygon）两类。当子区域的形状为圆柱形时，其形状由区域中心和半径所决定。当子区域的形状为多边形时，其形状由区域节点所决定，其中区域节点是多个坐标位置所组成的列表。

例如，获取无人机周围警示区或限制区的具体实现方式如代码 5-25 和代码 5-26 所示。

1. Android 代码

代码 5-25

```
private void updateFlyZonesInSurroundingArea() {

    //获取飞行区域管理器
    FlyZoneManager fzMgr = DJISDKManager.getInstance().getFlyZoneManager();
    //获取无人机周围的飞行区域
    fzMgr.getFlyZonesInSurroundingArea(new CommonCallbacks.CompletionCallbackWith<ArrayList<FlyZoneInformation>>() {
        @Override
        public void onSuccess(ArrayList<FlyZoneInformation> flyZones) {
            //获取周边飞行区域列表成功
            //开始遍历飞行区域
            for (FlyZoneInformation flyZone : flyZones) {
                //此时可通过 flyZone.getCategory()获取区域类型
                if (flyZone.getSubFlyZones() != null) {
```

```
                //当区域形状为多形状时
                //获取子区域列表
                SubFlyZoneInformation[] subFlyZones = flyZone.getSubFlyZones();
                //开始遍历子区域
                for (int i = 0; i != subFlyZones.length; ++i) {
                        if(subFlyZones[i].getShape() == SubFlyZoneShape.POLYGON) {
                                //当子区域形状为多边形时
                                //此时可通过 subFlyZones[i].getVertices()获取多边形节点
                                //通过 subFlyZones[i].getMaxFlightHeight()获取最大飞行高度
                        }
                        else if (subFlyZones[i].getShape() == SubFlyZoneShape.CYLINDER){
                                //当子区域形状为圆柱时
                                //此时可通过 subFlyZones[i].getCenter()获取中心位置坐标
                                //通过 subFlyZones[i].getRadius()获取圆柱底面圆的半径
                        }
                }
        }
        else {
                //当区域形状为圆形时
                //此时可通过 flyZone.getCoordinate()获取中心位置坐标
                //通过 flyZone.getRadius()获取圆柱底面圆的半径
        }
    }


    @Override
    public void onFailure(DJIError error) {
            //获取周边飞行区域列表失败
            showToast(error.getDescription());
    }
});
}
```

2. iOS 代码

代码 5-26

```
-(void) updateFlyZonesInSurroundingArea
{
    //获取飞行区域管理器
    DJIFlyZoneManager *fzMgr = [DJISDKManager flyZoneManager];
    //获取无人机周围的飞行区域
    WeakRef(target);
    [fzMgr getFlyZonesInSurroundingAreaWithCompletion:^(NSArray<DJIFlyZoneInformation *> * _Nullable flyZones, NSError
* _Nullable error) {
        WeakReturn(target);
        //获取区域列表是否成功?
        if (error != nil || flyZones == nil || flyZones.count == 0) {
            return;
```

```
        }
        //开始遍历飞行区域列表
        for (int i = 0; i < flyZones.count; i++) {
                //飞行区域对象
                DJIFlyZoneInformation *flyZone = [flyZones objectAtIndex:i];
                //此时可通过 flyZone.category 获取区域类型
                if (flyZone.subFlyZones != nil && flyZone.subFlyZones.count > 0) {
                        //当区域形状为多边形时
                        //获取子区域列表
                        NSArray<DJISubFlyZoneInformation *> subFlyZones = flyZone.subFlyZones;
                        //开始遍历子区域列表
                        for (int j = 0; j < subFlyZones.count; j++) {
                                //子飞行区域对象
                                DJISubFlyZoneInformation *subFlyZone = [subFlyZones objectAtIndex:j]
                                if (subFlyZone.shape == DJISubFlyZoneShapePolygon) {
                                        //当子区域类型为多边形时
                                        //此时可通过 subFlyZone.vertices 获取多边形节点
                                        //通过 subFlyZone.maximumFlightHeight 获取最大飞行高度

                                } else if (subFlyZone.shape == DJISubFlyZoneShapeCylinder) {
                                        //当子区域类型为圆柱时
                                        //此时可通过 subFlyZone.center 获取中心位置坐标
                                        //通过 subFlyZone.radius 获取圆柱底面圆的半径
                                }
                        }
                } else {
                        //当区域形状为圆形时
                        //此时可通过 subFlyZone.center 获取中心位置坐标
                        //通过 subFlyZone.radius 获取圆柱底面圆的半径
                }
        }

    }];
}
```

通过上述代码，我们可将各种警示区和限制区以列表或者地图的方式呈现给用户。

5.3.4　飞行区域解禁

飞行区域解禁包括授权区解禁和特殊解禁两个部分，以下分别介绍相应的解禁方法。

1．授权区解禁（Self Unlock）

授权区解禁的步骤如下所示。

（1）登录 DJI 账号。

（2）解禁授权区。

登录 DJI 账号的方法在第 3 章已经详细介绍了，这里略去不表。只有登录 DJI 账号后，才可以解禁授权区。

例如，解禁授权区的具体实现方式如代码 5-27 和代码 5-28 所示。

1）Android 代码

代码 5-27

```
private void unlockFlyZones() {
    //需要解锁的区域 ID 列表
    ArrayList<Integer> flyZoneIds = new ArrayList<Integer>();
    //添加区域 ID
    flyZoneIds.add(1121);
    //获取飞行区域管理器
    FlyZoneManager fzMgr = DJISDKManager.getInstance().getFlyZoneManager();
    //解锁区域
    fzMgr.unlockFlyZones(flyZoneIds, new CommonCallbacks.CompletionCallback() {
        @Override
        public void onResult(DJIError error) {
            //解锁区域的结果
            if (error == null) {
                showToast("区域解锁成功!");
            } else {
                //区域解锁失败!
                showToast(error.getDescription());
            }
        }
    });
}
```

2）iOS 代码

代码 5-28

```
- (void)unlockFlyZones {
    //需要解锁的区域 ID 列表
    NSMutableArray<NSNumber *> *flyZoneIds = [[NSMutableArray alloc] init];
    //添加区域 ID
    [flyZoneIds addObject:@(1121)];
    //获取飞行区域管理器
    DJIFlyZoneManager *fzMgr = [DJISDKManager flyZoneManager];
    //解锁区域
    [fzMgr unlockFlyZones:flyZoneIds withCompletion:^(NSError * _Nullable error) {
        //解锁区域的结果
        if (error) {
            //区域解锁失败!
        } else {
            //区域解锁成功!
        }
    }];
}
```

最后，我们还可通过飞行区域管理器的 getUnlockedFlyZonesForAircraft 方法（iOS 中为 getUnlockedFlyZonesForAircraftWithCompletion 方法）获取已经解禁的授权区，该方法非常简单，因篇幅有限略去。

❀ 更换无人机后，需要重新进行授权区解禁。

关于授权区解禁，读者也可参见大疆官方教程"GEO 地理围栏系统介绍与功能实现"，其地址如下。

- Android 平台教程：https://developer.dji.com/cn/document/c02da834-9688-4d9f-ba1e-f90-d32748bf4
- iOS 平台教程：https://developer.dji.com/cn/document/1ea302d4-4c07-4ed9-8cf4-2ae352-8f5279

2．特殊解禁（Custom Unlock）

特殊解禁需要通过大疆官方网站的安全飞行指引网页进行特殊解禁申请后才可以在 DJI GO、DJI GO 4 或 Mobile SDK 应用程序中进行特殊解禁。特殊解禁的申请网址为 https://www.dji.com/cn/flysafe/self-unlock。在特殊解禁申请中，需要提供必要的授权证明材料和相关的身份认证材料，如授权证书、许可证、当前国家航空管理部门的许可证明、与机场的协议书等。

通过特殊解禁申请后，就可通过 Mobile SDK 应用程序在限制区域进行飞行了，其主要步骤如下所示。

（1）登录 DJI 账号，请参考第 3 章的相关内容。
（2）在大疆服务器中加载申请通过的特殊解禁区。
（3）将特殊解禁区同步到无人机中。
（4）启用特殊解禁区，同一时刻，最多只能启用一个特殊解禁区。
（5）结束任务后，停用特殊解禁区，使用 enableCustomUnlockZone(…)（iOS 中为 enableCustomUnlockZone:withCompletion）方法且传入的特殊解禁区对象为空时即可停用特殊解禁区。

飞行区域管理器中与特殊解禁相关的主要方法如表 5-6 所示。

表 5-6　飞行区域管理器中与特殊解禁相关的主要方法

Android 中	iOS 中	说　　明
isCustomUnlockZoneSupported()	isCustomUnlockZoneSupported（属性）	判断当前的飞行控制器固件是否支持特殊解禁
reloadUnlockedZoneGroupsFromServer(…)	reloadUnlockedZoneGroupsFromServerWithCompletion	通过大疆服务器加载特殊解禁区
getLoadedUnlockedZoneGroup(…)	getLoadedUnlockedZoneGroupsWithCompletion	获取加载的解禁区组
syncUnlockedZoneGroupToAircraft(…)	syncUnlockedZoneGroupToAircraftWithCompletion	与无人机同步解禁区组
getCustomUnlockZonesFromAircraft(…)	getCustomUnlockZonesFromAircraft	获取已经同步到无人机中的特殊解禁区
enableCustomUnlockZone(…)	enableCustomUnlockZone:withCompletion	启用特殊解禁区
getEnabledCustomUnlockZone(…)	getEnabledCustomUnlockZoneWithCompletion	获取启用的特殊解禁区

特殊解禁区通过 CustomUnlockZone 类进行定义，包括 ID、类型（Type）、名称（Name）、地理位置（包括中心 center、半径 radius、节点列表 vertices 等）、限飞高度

（maxFlightAltitude）、开始时间（StartTime）、结束时间（EndTime）、是否过期（IsExpired）
等属性。其中，特殊解禁区的类型包括圆形（Circle）、国家（Country）、限高（MaxFlightAltitude-
Limit）、多边形（Polygon）等。

> ✿ 启用特殊解禁时，无人机只能在解禁区域内飞行。在飞行任务结束后，需要停用
> 特殊解禁，此时无人机才可以在非限制区飞行。

5.4 本章小结

通过上述的学习，我们可以掌握高德地图和 OpenLayers 的基本用法，以及如何通过飞
行控制器的监听回调更新无人机在地图中的位置与航向。上述两种方法各有利弊，其特点对
比如表 5-7 所示。

表 5-7　在高德地图和 OpenLayers 上显示无人机位置的应用对比

特　　性	高　德　地　图	OpenLayers
开放性	闭源，非商业用途时免费使用	开源
电子地图数据源	高德地图	谷歌、高德、OpenStreetMap 等多种地图提供商
离线地图	方便易用	需要借助浏览器缓存。长期存储离线地图实现较为复杂
扩展性	扩展性较差	较强的扩展性，可与其他地理信息技术配合应用

高德地图的优势在于可以方便地缓存与下载离线地图，这对于使用 Wi-Fi 图传链路的无
人机来说非常友好，但是其扩展性较低，适用于一般性的轻度无人机应用。Openlayers 的优
势在于专业化，可以与许多地理信息技术配合，可以使用谷歌、OpenStreetMap 等多种电子
地图数据源，可以实现航测规划等复杂应用。请读者根据实际的需求选择合适的技术方法。

在本章的最后，介绍了获取和解禁限飞区域的常用方法，这部分内容对于在敏感区域内
使用无人机非常重要。授权区解禁主要用于解锁授权区，而特殊解禁主要用于解锁禁飞区。
在中国大陆范围内，由于应用程序和无人机均通过 DJI 账号进行了实名制认证，因此境内不
存在授权区，也不需要授权区解锁。在非中国大陆地区，授权区和禁飞区常常交错分布，更
应当在 Mobile SDK 应用程序中实现解禁功能。

第 6 章　无人机的眼睛——实时图传

实时图传是无人机的"眼睛",可以将无人机面前的环境一览无余地展现在飞手的眼前,航拍选景、探查搜寻、巡检航测等多数行业应用均需要实时图传的支持。即使不直接需要相机的行业应用(如植保等),也需要实时图传来保证安全。因此,实时图传的实现几乎是每一个使用 Mobile SDK 的开发者必备的知识技能。

本章将首先介绍实时图传的基本使用方法,随后介绍 VideoFeed 和图传链路的概念与详细的使用方法,以满足大疆无人机各种图传的使用方案。

6.1　实时图传

本节将首先介绍视频流和视频解码的基本概念,随后分别在 Android 和 iOS 系统中实现实时图传,最后介绍当存在多个图传物理源(相机、摄像头等)时如何通过 LightBridge 或 OcuSync 图传链路的设置切换这些物理源,或者设置其带宽比例。

6.1.1　视频流与视频解码

视频流就是视频数据的传输流。无人机的实时图传的载体就是由无人机相机(摄像头)所发送到移动设备的视频流。由于图传链路的带宽限制,无法将原始的视频流数据在不经过压缩的状态下直接传递到客户端,因此需要在天空端通过视频编码技术将视频压缩,然后在移动设备上进行解码。

编码译码(Codec)由编码(Code)和解码(Decode)两个部分组成,并分别位于视频流传输的两端。常见的视频编码包括 H.264、MPEG、WMV 等。对于大疆的图传系统而言,其编码技术封装在 LightBridge、OcuSync 等专有图传系统中,不需要开发者了解其技术细节。在移动终端,只需要开发通过大疆官方提供的解码译码器(iOS 系统中为 DJIVideoPreview,Android 系统中为 DJICodecManager)进行解码即可,如图 6-1 所示为实时图传的视频数据流。

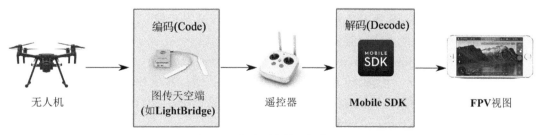

图 6-1　实时图传的视频数据流

在移动终端显示实时图传的基本步骤如下所示。

（1）创建解码器对象，并设置显示实时图传的视图控件。

（2）获取视频提供者 VideoFeed 对象，并监听数据流。

（3）将视频流数据发送到解码器。

此时，即可将视频提供者对象、解码器对象和视图对象构成一个视频流链路，将编码的视频流进行解码，并显示在控件上。

以下将分别介绍如何在 Android 和 iOS 中通过 VideoFeed 与解码器显示实时图传。

6.1.2 显示实时图传（Android）

在 Android 中，负责视频解码的类为解码译码管理器（DJICodecManager）。Android 中通过 TextureView 显示实时图传的视频数据流的流向如图 6-2 所示。

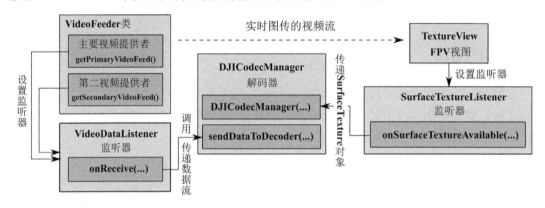

图 6-2　Android 中通过 TextureView 显示实时图传的视频数据流的流向

在大疆无人机中，通过图传链路最多可同时传递两个相机（或摄像头）的图传数据流，其视频提供者 VideoFeed 对象可分别通过 VideoFeeder 类的 getPrimaryVideoFeed() 和 getSecondaryVideoFeed() 方法获取。在不同的无人机和不同设置中，这两个 VideoFeed 对象所传输的图传数据的物理源不同，详情请参考 "6.2.1 VideoFeed 物理源" 节的相关内容。

本节将介绍如何在 Android 中实现实时图传。

1. 创建 CameraGimbalActivity

创建一个新的名为 "CameraGimbalActivity" 的 Activity 用于本章的学习。创建 CameraGimbalActivity 的方法与 "第 4 章 起飞吧，无人机" 中创建 FlightActivity 的方法类似，本章不再详细介绍，具体可参考 "4.1.2 实现起飞、降落与返航（Android）" 节中 "1. 创建 FlightActivity" 部分的内容，其要点如下。

（1）创建 CameraGimbalActivity，并继承于 AppCompatActivity。

（2）在 MainActivity 中增加名为 "相机与云台" 的按钮，并在 MainActivity 中捕获该按钮的单击事件，即单击按钮后检查应用程序的注册和激活情况，以及无人机的绑定和连接情况，在一切正常后弹出 CameraGimbalActivity。

（3）在 styles.xml 中，增加 Activity 的全屏主题样式，具体实现如代码 6-1 所示。

代码 6-1

```
<style name="Theme.AppCompat.Light.NoActionBar.FullScreen" parent="@style/Theme.AppCompat.Light">
    <item name="windowNoTitle">true</item>
    <item name="windowActionBar">false</item>
    <item name="android:windowFullscreen">true</item>
    <item name="android:windowContentOverlay">@null</item>
</style>
```

其中，"windowNoTitle"属性和"windowActionBar"属性用于禁用 CameraGimbalActivity 标题栏。"android:windowFullscreen"属性用于不显示系统的状态栏。这样可以最大程度地显示图传界面。

（4）在 AndroidManifest.xml 中，强制 CameraGimbalActivity 为横屏显示，且设置其主题为刚刚定义的"Theme.AppCompat.Light.NoActionBar.FullScreen"，具体实现如代码 6-2 所示。

代码 6-2

```
<activity
    android:name=".CameraGimbalActivity"
    android:parentActivityName=".MainActivity"
    android:configChanges="orientation"
    android:screenOrientation="landscape"
    android:theme="@style/Theme.AppCompat.Light.NoActionBar.FullScreen"/>
```

此时，打开 CameraGimbalActivity 时即可不显示 Activity 的标题栏和系统的状态栏。

2．实现实时图传

根据"6.1.1 视频流与视频解码"节中介绍的显示实时图传的基本步骤，在 CameraGimbalActivity 中实现实时图传的详细步骤如下所示。

（1）创建 TextureView。在 activity_camera_gimbal.xml 中，添加 TextureView 标签，并将整个 CameraGimbalActivity 的背景设置为黑色，具体实现如代码 6-3 所示。

代码 6-3

```
<?xml version="1.0" encoding="utf-8"?>
<androidx.constraintlayout.widget.ConstraintLayout xmlns:android="http://schemas.android.com/apk/res/android"
    xmlns:app="http://schemas.android.com/apk/res-auto"
    xmlns:tools="http://schemas.android.com/tools"
    android:layout_width="match_parent"
    android:layout_height="match_parent"
    android:background="#000000">

    <TextureView
        android:id="@+id/texture_fpv"
        android:layout_width="match_parent"
        android:layout_height="match_parent"/>

    <Button
```

```
        android:id="@+id/btn_back"
        android:layout_width="wrap_content"
        android:layout_height="wrap_content"
        android:layout_marginStart="6dp"
        android:layout_marginTop="6dp"
        android:text="返回主界面"
        app:layout_constraintStart_toStartOf="parent"
        app:layout_constraintTop_toTopOf="parent" />
</androidx.constraintlayout.widget.ConstraintLayout>
```

（2）在 CameraGimbalActivity.java 中，获取该 TextureView 的对象实例 mTextureViewFPV，创建并设置 mTextureViewFPV 的 SurfaceTextureListener 监听器。在 SurfaceTextureListener 监听器的 onSurfaceTextureAvailable(…) 方法中创建 DJICodecManager 实例对象，在 onSurfaceTextureDestroyed(…)方法中释放 DJICodecManager 实例对象，具体实现如代码 6-4 所示。

代码 6-4

```
public class CameraGimbalActivity extends AppCompatActivity implements View.OnClickListener {

    //PFV 显示区域
    private TextureView mTextureViewFPV;
    //返回按钮
    private Button mBtnBack;
    //编码译码器
    private DJICodecManager mCodecManager;

    @Override
    protected void onCreate(Bundle savedInstanceState) {
        super.onCreate(savedInstanceState);
        setContentView(R.layout.activity_camera_gimbal);
        initUI();
        initListener();
    }

    //初始化 UI 界面
    private void initUI() {
        mTextureViewFPV = findViewById(R.id.texture_fpv);
        mBtnBack = findViewById(R.id.btn_back);
    }

    //初始化监听器
    private void initListener() {

        //为用于显示图传数据的 TextureView 设置监听器
        mTextureViewFPV.setSurfaceTextureListener(new TextureView.SurfaceTextureListener() {
            @Override
            public void onSurfaceTextureAvailable(SurfaceTexture surface,
                                                  int width, int height) {
                //在 SurfaceTexture 可用时创建解码译码器
```

```
                    if (mCodecManager == null) {
                        mCodecManager = new DJICodecManager(CameraGimbalActivity.this,
                                                    surface, width, height);
                    }
                }

                @Override
                public void onSurfaceTextureSizeChanged(SurfaceTexture surface,
                                            int width, int height) {
                }

                @Override
                public boolean onSurfaceTextureDestroyed(SurfaceTexture surface) {
                    //在 SurfaceTexture 销毁时释放解码译码器
                    if (mCodecManager != null) {
                        mCodecManager.cleanSurface();
                        mCodecManager = null;
                    }
                    return false;
                }

                @Override
                public void onSurfaceTextureUpdated(SurfaceTexture surface) {

                }
            });
            //为返回按钮添加监听器
            mBtnBack.setOnClickListener(this);

    }

    @Override
    public void onClick(View v) {
        switch (v.getId()) {
            case R.id.btn_back: back();break;
            default: break;
        }
    }

    //返回主界面
    private void back() {
        this.finish();
    }
}
```

（3）从 VideoFeeder 中获取合适的视频提供者 VideoFeed 对象，并创建和设置 VideoFeed 对象的 VideoDataListener 监听器。在 VideoDataListener 监听器的 onReceive(…)方法中，调用 DJICodecManager 实例对象的 sendDataToDecoder(…)方法传递视频流数据，具体实现如代码 6-5 所示。

代码 6-5

```java
public class CameraGimbalActivity extends AppCompatActivity {

//VideoFeed 视频流数据监听器
private VideoFeeder.VideoDataListener mVideoDataListener;

...

//初始化监听器
private void initListener() {
    ...

    //为 VideoFeed 设置视频流数据监听器
    mVideoDataListener = new VideoFeeder.VideoDataListener() {
        @Override
        public void onReceive(byte[] bytes, int i) {
            if (mCodecManager != null) {
                mCodecManager.sendDataToDecoder(bytes, i);
            }
        }
    };

    VideoFeeder.getInstance().getPrimaryVideoFeed()
                            .addVideoDataListener(mVideoDataListener);
    }
}
```

（4）在 CameraGimbalActivity 的 onDestroy()方法中移除 VideoFeed 的 VideoDataListener 监听器，具体实现如代码 6-6 所示。

代码 6-6

```java
public class CameraGimbalActivity extends AppCompatActivity {

    ...

        @Override
        protected void onDestroy() {
            super.onDestroy();
            removeListener();
        }

        //移除监听器
        private void removeListener() {
            //移除 VideoFeed 的视频流数据监听器
            VideoFeeder.getInstance().getPrimaryVideoFeed()
                            .removeVideoDataListener(mVideoDataListener);
        }

    }
```

此时编译并运行程序，连接无人机后进入 CameraGimbalActivity 即可显示无人机主要
VideoFeed 物理源的实时图传，如图 6-3 所示。

图 6-3　Android 中实现实时图传的效果

6.1.3　显示实时图传（iOS）

在 iOS 中，负责视频解码的类为解码译码管理器（DJIViewPreviewer），并通过 UIView
显示实时图传，其视频数据流的流向如图 6-4 所示。

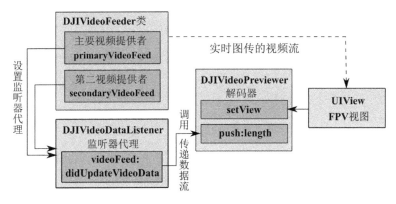

图 6-4　iOS 中视频数据流的流向

在大疆无人机中，通过图传链路最多可同时传递两个相机（或摄像头）的图传数据
流，其视频提供者 DJIVideoFeed 对象可分别通过 DJIVideoFeed 类的 primaryVideoFeed 和
secondaryVideoFeed 属性获取。在不同的无人机和不同的设置中，这两个 VideoFeed 对象
所传输的图传数据的物理源不同，详情请参考"6.2.1 VideoFeed 物理源"节的相关
内容。

本节将介绍如何在 iOS 中实现实时图传。

1. 安装 DJIWidget

在 iOS Mobile SDK 中，编码译码器并不直接包含在 Mobile SDK 中，而是包含在 DJIWidget 库中。DJIWidget 提供了用于大疆无人机的图传视频流的解码工具，其软件解码采用 FFMPEG 技术，硬件解码采用 H264VTDecode 技术，详情可参考网址为 https://github.com/dji-sdk/DJIWidget.git 的网页中的内容。

DJIWidget 的安装方法如下所示。

（1）修改位于 DroneFly 项目根目录下的 PodFile 文件，并添加 DJIWidget 的 pod 代码，具体实现如代码 6-7 所示。

代码 6-7

```
platform :ios, '9.0'

target 'DroneFly' do
pod 'DJI-SDK-iOS', '~> 4.13.1'
pod 'DJIWidget', '~> 1.6.3'
end
```

（2）在终端中进入 DroneFly 项目的根目录，并执行以下命令，下载并安装 DJIWidget：

```
pod install
```

DJIWidget 下载并安装完毕后，应显示如图 6-5 所示的结果。

图 6-5　下载与安装 DJIWidget 完毕后应显示的结果

（3）禁用 Bitcode。打开 "DroneFly.xcworkspace"，并在项目设置面板中选中 "DroneFly" 目标，然后在 "Build Settings" 选项卡中找到 "Enable Bitcode" 选项，并设置为 "No"，如图 6-6 所示。

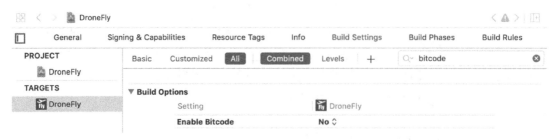

图 6-6　禁用 Bitcode

　　❀ Bitcode 是 LLVM 编译器中间代码的一种编码，在导入 DJIWidget 后直接使用 Bitcode 会导致项目编译错误。我们可以通过以下方式在使用 DJIWidget 的同时使用 Bitcode：（1）同时打开 DJIWidget 和 DroneFly 项目的 Bitcode 功能；（2）在 DJIWidget 的项目设置面板中移除 "Build Settings" 中 "Other Linker Flags" 中的内容。但是，此时将无法使用虚拟机对 Mobile SDK 应用程序进行调试。

2. 创建 DFCameraGimbalViewController

　　创建 DFCameraGimbalViewController，用于测试相机和云台功能。创建 DFCameraGimbalViewController 非常简单，具体方法可参考 "4.1.3 实现起飞、降落与返航（iOS）" 节中创建 DFFlightViewController 的相关内容。创建 DFCameraGimbalViewController 的要点如下。

　　（1）创建 DFCameraGimbalViewController，并继承 UIViewController。

　　（2）在 Main.Storyboard 中添加 DFCameraGimbalViewController，并在 DFMainViewController 中添加名为 "相机与云台" 的按钮，然后为其按钮设置 Segue，利用 "Show" 方法弹出 DFCameraGimbalViewController，最后为该 Segue 设置标识符 "segue_cameragimbal"。设置完成后，如图 6-7 所示。

图 6-7　创建并设置 DFCameraGimbalViewController

　　（3）在 DFMainViewController 中的 shouldPerformSegueWithIdentifier 方法中，通过 Segue 标识符 "segue_cameragimbal" 捕获该 "Show" 动作，并在 "Show" 动作之前，通过 checkDroneConnection 方法判断应用程序的注册和激活，以及无人机的绑定和连接等是否正常。

3. 强制 DFCameraGimbalViewController 横屏显示

　　为了适应图传的横向视频流，该部分介绍了如何强制 DFCameraGimbalViewController 为横屏显示。

　　（1）创建 DFNavigationController，并在 Main.Storyboard 中设置其根视图控制器

UINavigationController 为 DFNavigationController，然后在 DFNavigationController.m 中添加代码 6-8。

代码 6-8

```
#import "DFNavigationController.h"

@interface DFNavigationController ()

@end

@implementation DFNavigationController

- (void)viewDidLoad {
    [super viewDidLoad];
}

//是否允许转屏
- (BOOL)shouldAutorotate{

    return self.topViewController.shouldAutorotate;
}

//允许的转屏方向
- (UIInterfaceOrientationMask)supportedInterfaceOrientations
{
    return self.topViewController.supportedInterfaceOrientations;
}

@end
```

该步骤是为了避免 UINavigationController 截获其所管制的所有 UIViewController 的 shouldAutorotate 和 supportedInterfaceOrientations 方法。此时，即可在 DFCameraGimbalView-Controller.m 中设置强制横屏，并同时设置不显示导航条（为了扩大图传视图的显示范围），如代码 6-9 所示。

代码 6-9

```
#import "DFCameraGimbalViewController.h"

@interface DFCameraGimbalViewController ()

@end

@implementation DFCameraGimbalViewController

- (void)viewDidLoad {
    [super viewDidLoad];

    //强制转为横屏
    NSNumber *resetOrientationTarget = [NSNumber numberWithInt:UIInterfaceOrientationUnknown];
    [[UIDevice currentDevice] setValue:resetOrientationTarget forKey:@"orientation"];
```

```
    NSNumber *orientationTarget = [NSNumber numberWithInt:UIInterfaceOrientationLandscapeRight];
    [[UIDevice currentDevice] setValue:orientationTarget forKey:@"orientation"];

    //不显示导航条
    [self.navigationController setNavigationBarHidden:YES animated:NO];
}

- (void) viewWillDisappear:(BOOL)animated {
    [super viewWillDisappear:animated];

    //强制转为竖屏
    NSNumber *resetOrientationTarget = [NSNumber numberWithInt:UIInterfaceOrientationUnknown];
    [[UIDevice currentDevice] setValue:resetOrientationTarget forKey:@"orientation"];
    NSNumber *orientationTarget = [NSNumber numberWithInt:UIInterfaceOrientationPortrait];
    [[UIDevice currentDevice] setValue:orientationTarget forKey:@"orientation"];

    //显示导航条
    [self.navigationController setNavigationBarHidden:NO animated:NO];

}

#pragma mark - 横屏设置

- (BOOL)shouldAutorotate
{
    //是否支持转屏
    return YES;
}

- (UIInterfaceOrientationMask)supportedInterfaceOrientations
{
    //支持转屏为横向屏幕
    return UIInterfaceOrientationMaskLandscape;
}

@end
```

在上述代码中，当该视图控制器退出时，通过 viewWillDisappear 方法重新将屏幕转为竖屏，并显示导航条。

（2）在 DroneFly 项目设置面板中选中"DroneFly"目标，然后在"General"选项卡中勾选"Requires full screen"选项，如图 6-8 所示。

图 6-8　勾选"Requires full screen"选项

4．实现实时图传

（1）在 Main.Storyboard 中，为 DFCameraGimbalViewController 添加用于显示实时图传的 UIView 视图，以及用于返回主界面的 UIButton 控件【<返回】，删除 DFCameraGimbal-ViewController 中的 Navigation Item，如图 6-9 所示为设置 DFCameraGimbalViewController 内的视图。

图 6-9　设置 DFCameraGimbalViewController 内的视图

在 DFCameraGimbalViewController.h 中，通过 Outlet 设置用于显示实时图传的 UIView 视图为 vFPV 对象，捕获【<返回】按钮的 Touch Up Inside 事件，并由 back 方法处理，具体实现如代码 6-10 所示。

代码 6-10

```
#import <UIKit/UIKit.h>

@interface DFCameraGimbalViewController : UIViewController

//用于显示 FPV 图传的载体视图
@property (weak, nonatomic) IBOutlet UIView *vFPV;

//返回主界面
- (IBAction)back:(id)sender;

@end
```

在 DFCameraGimbalViewController.m 中实现 back 方法，单击【<返回】按钮后返回主界面，具体实现如代码 6-11 所示。

代码 6-11

```
- (IBAction)back:(id)sender {
    [self.navigationController popViewControllerAnimated:YES];
}
```

（2）在进入 DFCameraGimbalViewController 的时候，通过 viewDidLoad 方法设置 DJIVideoPreviewer 解码器的目标视图 vFPV，然后获取 VideoFeed 对象，并设置其监听器方法为所在的 ViewController，具体实现如代码 6-12 所示。

代码 6-12

```
#import "DFCameraGimbalViewController.h"
#import <DJISDK/DJISDK.h>
```

```
//导入 DJIWidget 类库
#import <DJIWidget/DJIWidget.h>

@interface DFCameraGimbalVicwController ()

@end

@implementation DFCameraGimbalViewController

- (void)viewDidLoad {
    [super viewDidLoad];
    ...
    //开始显示 FPV
    [self displayFPV];
}

#pragma mark - 设置图传

- (void)displayFPV {
    //设置 DJIVideoPreviewer 解码器的目标视图 vFPV
    [[DJIVideoPreviewer instance] setView:self.vFPV];
    //获取 VideoFeed 对象，并设置其监听器方法
    [[DJISDKManager videoFeeder].primaryVideoFeed addListener:self withQueue:nil];
    //开始渲染 vFPV
    [[DJIVideoPreviewer instance] start];
}

...

@end
```

（3）在当前的 DFCameraGimbalViewController 中实现代理 DJIVideoFeedListener，将 VideoFeed 的图传视频流数据传递到 DJIVideoPreviewer 解码器，具体实现如代码 6-13 所示。

代码 6-13

```
#import "DFCameraGimbalViewController.h"
#import <DJISDK/DJISDK.h>
#import <DJIWidget/DJIWidget.h>

@interface DFCameraGimbalViewController () <DJIVideoFeedListener>

@end

@implementation DFCameraGimbalViewController

#pragma mark - DJIVideoFeedListener

- (void)videoFeed:(nonnull DJIVideoFeed *)videoFeed didUpdateVideoData:(nonnull NSData *)videoData {
    //传递 VideoFeed 的图传视频流数据到 DJIVideoPreviewer 解码器
    [[DJIVideoPreviewer instance] push:(uint8_t *)videoData.bytes length:(int)videoData.length];
```

```
    }
    …

@end
```

（4）在 DFCameraGimbalViewController 的 viewWillDisappear 方法中取消设置 DJIVideo-Previewer 解码器的目标视图，并移除 VideoFeed 对象的监听器，具体实现如代码 6-14 所示。

代码 6-14

```
- (void)viewWillDisappear:(BOOL)animated {
    [super viewWillDisappear:animated];
    …
    //不显示 FPV
    [self undisplayFPV];

}

- (void) undisplayFPV{
    //取消设置 DJIVideoPreviewer 解码器的目标视图
    [[DJIVideoPreviewer instance] unSetView];

    //移除 VideoFeed 对象的监听器
    [[DJISDKManager videoFeeder].primaryVideoFeed removeListener:self];
}
```

此时运行程序，连接无人机后，进入 DFCameraGimbalViewController 即可显示无人机主要 VideoFeed 物理源的实时图传，如图 6-10 所示为 iOS 中实时图传的效果。

图 6-10　iOS 中实时图传的效果

对于御 2 无人机，除上述的配置外，显示图传还需要进行如下配置。

（1）设置当前视图控制器为解码器的帧控制器，具体实现如代码 6-15 所示。

代码 6-15

```
- (void)displayFPV {
    //设置 DJIVideoPreviewer 解码器的目标视图 vFPV
    [[DJIVideoPreviewer instance] setView:self.vFPV];
    //设置帧控制器
    [DJIVideoPreviewer instance].frameControlHandler = self;
    …
}
```

（2）在 DFCameraGimbalViewController 的头文件中声明实现 DJIVideoPreviewerFrame-ControlDelegate 协议后，在 DFCameraGimbalViewController 的实现文件中加入代码 6-16。

代码 6-16

```
- (BOOL)parseDecodingAssistInfoWithBuffer:(uint8_t *)buffer length:(int)length assistInfo:(DJIDecodingAssistInfo *)assistInfo {
    return [[DJISDKManager videoFeeder].primaryVideoFeed parseDecodingAssistInfoWithBuffer:buffer length:length
assistInfo:(void *)assistInfo];
}

- (BOOL)isNeedFitFrameWidth {
    return NO;
}

- (void)syncDecoderStatus:(BOOL)isNormal {
    [[DJISDKManager videoFeeder].primaryVideoFeed syncDecoderStatus:isNormal];
}

- (void)decodingDidSucceedWithTimestamp:(uint32_t)timestamp {
    [[DJISDKManager videoFeeder].primaryVideoFeed decodingDidSucceedWithTimestamp:(NSUInteger)timestamp];
}

- (void)decodingDidFail {
    [[DJISDKManager videoFeeder].primaryVideoFeed decodingDidFail];
}
```

此时，御 2 的图传即可正常显示了。

6.1.4　解码器设置选项

本节将通过介绍编码译码器类的相关方法和属性，对常用的图传设置选项进行介绍，如多解码器工作、图传的尺寸和旋转设置、图传状态的获取、解码器的基本控制、图传截屏和其他功能性设置。由于 Android 的解码器（DJICodecManager）与 iOS 的解码器（DJIView Previewer）差异较大，因此本节分别介绍两者的设置选项。

1. Android 中常用的解码器设置选项

1）多解码器工作

Mobile SDK 中支持多个解码器同时工作，用于显示多个视频源的图传界面。在开发中，只需要实例化多个 DJICodecManager 即可。

2）图传的尺寸和旋转设置

默认情况下，TextureView 中所显示的图传会根据 TextureView 的宽高比拉伸视频比例。因此，对于图传尺寸的控制，实际上就是对 TextureView 尺寸的控制。如果希望让 TextureView 根据图传的比例调整其大小，可参考以下方法。

（1）在布局文件中，调整 TextureView 在整个 ConstraintLayout 中的位置，使其改变尺寸后保持居中显示，如代码 6-17 所示。

代码 6-17

```
<TextureView
    android:id="@+id/texture_fpv"
    android:layout_width="match_parent"
    android:layout_height="match_parent"
    app:layout_constraintBottom_toBottomOf="parent"
    app:layout_constraintLeft_toLeftOf="parent"
    app:layout_constraintRight_toRightOf="parent"
    app:layout_constraintTop_toTopOf="parent" />
```

（2）根据图传的宽高比设置 TextureView 的宽高比。在 CameraGimbalActivity.java 中，添加代码 6-18。

代码 6-18

```
private void initListener() {

    mTextureViewFPV.setSurfaceTextureListener(new TextureView.SurfaceTextureListener() {
        @Override
        public void onSurfaceTextureAvailable(SurfaceTexture surface,
                                                int width, int height) {
            //在 SurfaceTexture 可用时创建解码译码器
            if (mCodecManager == null) {
                mCodecManager = new DJICodecManager(CameraGimbalActivity.this,
                                                surface, width, height);
                //在创建编码译码器之后调整 TextureView 的高度和宽度
                fitTextureViewToFPV();
                //在视频流尺寸发生变化时调整 TextureView 的高度和宽度
                mCodecManager.setOnVideoSizeChangedListener(new
                                DJICodecManager.OnVideoSizeChangedListener() {
                    @Override
                    public void onVideoSizeChanged(int i, int i1) {
                        fitTextureViewToFPV();
                    }
                });
            }

            @Override
            public void onSurfaceTextureSizeChanged(SurfaceTexture surface,
                                                int width, int height) {
                //在 SurfaceTexture 尺寸变化后调整 TextureView 的尺寸
```

```
                fitTextureViewToFPV();
            }
            ...
        });
        ...
}


//使 TextureView 的宽高比适合视频流
private void fitTextureViewToFPV() {
    runOnUiThread(new Runnable() {
        @Override
        public void run() {
            //用于获取屏幕高度和宽度的 DisplayMetrics 对象
            DisplayMetrics dm = new DisplayMetrics();
            getWindowManager().getDefaultDisplay().getMetrics(dm);
            //图传视频的宽高比
            double videoratio = mCodecManager.getVideoWidth() * 1.0
                                        / mCodecManager.getVideoHeight();
            //设备屏幕的宽高比
            double textureratio = dm.widthPixels * 1.0 / dm.heightPixels;
            if (videoratio == textureratio) {
                //无须调整，直接返回
                return;
            }
            //开始设置 TextureView 的宽度和高度
            ViewGroup.LayoutParams layoutParams = mTextureViewFPV.getLayoutParams();
            if (videoratio > textureratio) {
                //如果视频的宽高比更大，则使 TextureView 的宽度占满屏幕，设置其高度满足图传的宽高比
                layoutParams.height = (int) (dm.widthPixels / videoratio);
                layoutParams.width = dm.widthPixels;
            }
            if (videoratio < textureratio) {
                //如果设备的宽高比更大，则使 TextureView 的高度占满屏幕，设置其宽度满足图传的宽高比
                layoutParams.height = dm.heightPixels;
                layoutParams.width = (int) (dm.heightPixels * videoratio);
            }
            //设置 TextureView 的宽度和高度
            mTextureViewFPV.setLayoutParams(layoutParams);
            //通知编码译码器 TextureView 的宽度和高度的变化
            mCodecManager.onSurfaceSizeChanged(layoutParams.width, layoutParams.height, 0);
        }
    });
}
```

另外，通过 TextureView 的 setRotate()方法即可旋转 FPV 视图；通过 DJICodecManager 的 onSurfaceSizeChanged(int width, int height,int degree)方法，并传递 degree 参数可在 TextureView 内部旋转图传视频。相对来说，TextureView 的 setRotate()方法效果更好，更为实用。

3）图传状态的获取

通过 DJICodecManager 实例的 isDecoderOK()方法可判断解码译码器是否正常工作，从而判断图传状态是否正常。另外，通过 DJICodecManager 实例的 setOnNoVideoDataListener(…)方法可监听视频流的状态。当无视频时，可回调 OnNoVideoDataListener 监听器的 onNoVideoData()方法，进而对 TextureView 等视图进行处理。例如，当无视频流时，将 TextureView 设置为黑色，如代码 6-19 所示。

代码 6-19

```
mCodecManager.setOnNoVideoDataListener(new DJICodecManager.OnNoVideoDataListener() {
    @Override
    public void onNoVideoData() {
        //将 TextureView 设置为黑色
        mCodecManager.setSurfaceToBlack();
    }
});
```

4）解码器的基本控制

Android 中 DJICodecManager 解码器的基本控制方法如表 6-1 所示。

表 6-1　Android 中 DJICodecManager 解码器的基本控制方法

方　　法	描　　述
cleanSurface()	清除 TextureView 上的图传数据。当无人机异常断开连接时，可通过该方法清除 TextureView 上残余的图传图像
switchSource(VideoSource source)	切换图传视频源。图传视频源（VideoSource）的枚举类型包括主相机（CAMERA）、FPV 摄像头（FPV）、第二相机（SECONDARY_CAMERA）和未知（UNKNOWN）
setSurfaceToBlack()	将 TextureView 设置为纯黑色，当无人机断开连接时可调用该方法清除 TextureView 的残留视频流数据
setSurfaceToGray()	将 TextureView 中的图传影像（通常为不更新视频流时的残留静止影像）更改为灰色，当无人机图传信号中断（在空中）时可调用该方法用以提示用户

5）图传截屏

通过 DJICodecManager 的 getBitmap 方法即可对当前的图传视频流进行截屏，并以 Bitmap 格式作为参数回调，具体实现如代码 6-20 所示。

代码 6-20

```
mCodecManager.getBitmap(new DJICodecManager.OnGetBitmapListener() {
    @Override
    public void onGetBitmap(Bitmap bitmap) {
        //处理 Bitmap，如将 Bitmap 以图片的格式保存在设备中
    }
});
```

6）其他功能性设置

DJICodecManager 的常用方法如表 6-2 所示。

表 6-2　**DJICodecManager** 的常用方法

方　　法	描　　述
enabledYuvData(Boolean enabled)	启/停用 YUA 数据回调
setPeakFocusThresholdEnabled(boolean isEnabled)	启/停用峰值对焦
setPeakFocusThreshold(float peakFocusThresholdValue)	设置峰值对焦阈值
setOverexposureWarningEnabled(boolean isEnabled)	启/停用过曝提醒功能
setYuvDataCallback(YuvDataCallback callback)	设置 YUA 数据回调
getYuvData(int width, int height)	获取图传指定位置的 YUA 数据
getRgbaData(int width, int height)	获取图传指定位置的 RGBA 数据

2．iOS 中常用的解码器设置选项

1）多解码器工作

在 iOS 中，DJIVideoPreviewer 存在一个默认的单例，通过以下方法即可获取：

```
DJIVideoPreviewer *videoPreviewer = [DJIVideoPreviewer instance];
```

如果希望在同一个视图控制器中通过多个解码器来显示多个图传数据源，则创建另外一个 UIView，并创建一个 DJIVideoPreviewer 属性：

```
//第二个 UIView 用于显示图传 FPV
@property (weak, nonatomic) IBOutlet UIView *vFPV2;
//第二个解码器
@property (strong, nonatomic) DJIVideoPreviewer * videoPreviewer2;
```

第二个解码器可通过以下方式创建实例：

```
self.videoPreviewer2 = [[DJIVideoPreviewer alloc] init];
```

通过单例方法 instance 创建的 DJIVideoPreviewer 为默认的解码器。利用 DJIVideoPreviewer 的 isDefaultPreviewer 属性可判断该实例是否为默认的解码器。

2）图传的尺寸和旋转设置

默认情况下，DJIVideoPreviewer 会根据 UIView 的尺寸自动缩放 FPV 图传视频，使其在保持原有宽高比的情况下居中且最大化地显示图传。

通过 DJIViewPreviewer 的 type 属性可改变其缩放模式，该属性为 DJIVideoPreviewerType 枚举类型。

- DJIVideoPreviewerTypeAutoAdapt：自动适应 UIview 的尺寸（默认）。
- DJIVideoPreviewerTypeFullWindow：在保持宽高比的情况下自动填满 UIView。
- DJIVideoPreviewerTypeNone：无。

例如，读者希望将图传视频填满整个 FPV 显示，则通过以下方法设置即可：

```
[DJIVideoPreviewer instance].type = DJIVideoPreviewerTypeFullWindow;
```

通过 DJIVideoPreviewer 的 rotate 属性可改变图传的旋转角度，该属性为 VideoStreamRotationType 枚举类型。

- VideoStreamRotationDefault：不进行旋转。
- VideoStreamRotationCW90：顺时针旋转 90°。
- VideoStreamRotationCW180：顺时针旋转 180°。
- VideoStreamRotationCW270：顺时针旋转 270°。

例如，将图传的视频旋转 180°的代码如下：

```
[DJIVideoPreviewer instance].rotation = VideoStreamRotationCW180;
```

这种旋转模式只能以 90°为间隔旋转图传视频。如果读者希望旋转为其他的角度，可通过旋转 UIView 的方法来实现。例如，将图传视频旋转 45°的代码如下：

```
self.vFPV.transform = CGAffineTransformMakeRotation(180 *M_PI / 180.0);
```

3）图传状态的获取

通过 DJIVideoPreviewer 的 status 属性和 decoderStatus 属性可获得图传的状态，这两个属性都是只读类型。status 属性为 DJIVideoPreviewerStatus 结构体，其所包含的具体变量如下所示。

- isInit（BOOL 类型）：是否初始化解码器。
- isRunning（BOOL 类型）：解码器是否正在运行。
- isPause（BOOL 类型）：解码器是否暂停。
- isFinish（BOOL 类型）：解码器是否已经结束。
- hasImage（BOOL 类型）：解码器是否存在影像数据。
- isGLViewInit（BOOL 类型）：解码器中的 GLView 是否已经初始化。
- isBackground（BOOL 类型）：解码器是否进入后台。
- other（int 类型）：保留变量。

这些变量涉及 DJIVideoPreviewer 的声明周期，详情参见本节"5）解码器的基本控制"部分的内容。

DJIVideoPreviewer 的 decoderStatus 属性简单定义了解码器的工作状态，为 DJIVideoDecoderStatus 枚举类型。

- DJIVideoDecoderStatus_Normal：解码器状态正常。
- DJIVideoDecoderStatus_NoData：解码器无数据。
- DJIVideoDecoderStatus_DecoderError：解码器错误。

4）硬件解码

通过 DJIVideoPreviewer 的 enableHardwareDecode 属性可强制启用/停用移动设备的硬件解码。

5）解码器的基本控制

iOS 中 DJIVideoPreviewer 解码器的基本控制方法如表 6-3 所示。

表 6-3　iOS 中 DJIVideoPreviewer 解码器的基本控制方法

方　　法	描　　述
start	启动解码器，从停止中状态进入启动中状态。该方法返回布尔类型，以判断解码器是否启动成功
reset	重置解码器，解码器进入停止中状态

续表

方　　法	描　　述
resume	恢复解码器，解码器从暂停中状态进入启动中状态
safeResume	安全恢复解码器，解码器从暂停中状态进入启动中状态
pause	暂停解码器，解码器进入暂停中状态
pauseWithGrayout:isGrayout	暂停解码器。当 isGrayout 布尔型为 YES 时，将图传的最后一帧设置为灰度显示在界面上
close	关闭解码器，解码器进入停止中状态
clearRender	清除渲染器，图传进入黑屏
clearVideoData	清除视频流数据

　　其中，resume 方法和 safeResume 方法对于软件解码来说没有差别，但对于硬件解码来说，resume 方法会导致短时间的图传显示异常状态，而 safeResume 通过跳帧的方式避免了这些异常。

　　解码器 DJIViewPreviewer 包括停止中、暂停中、启动中三个生命周期，其生命周期和相关方法的关系如图 6-11 所示。

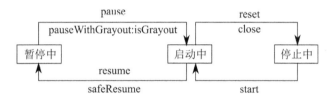

图 6-11　DJIViewPreviewer 的生命周期

6）图传截屏

　　图传截屏可通过 DJIViewPreviewer 对象的 snapshotPreview 方法和 snapshotThumnnail 方法进行，前者用于获取图传的完整截图，后者用于获取图传的缩略图。这两个方法都需要传入 (void(^)(UIImage* snapshot)) 的 Block 类型回调，其中 UIImage 即为返回的图像数据。

7）其他功能性设置

　　iOS 中 DJIViewPreviewer 解码器的其他功能性设置如表 6-4 所示。

表 6-4　iOS 中 DJIVideoPreviewer 解码器的其他功能性设置

属　　性	类　　型	描　　述
overExposedWarningThreshold	float	启用并设置过曝提醒阈值。当值为 0 时，关闭过曝提醒
luminanceScale	float	设置曝光补偿的亮度比例
enableFocusWarning	BOOL	启用/停止峰值对焦提醒
focusWarningThreshold	float	峰值对焦提醒阈值
dLogReverse	DLogReverseLookupTableType	D-Log 类型查找表
enableHSB	BOOL	启用 HSB 色彩模式
hsbConfig	DJILiveViewRenderHSBConfig	HSB 色彩模式设置选项
enableShadowAndHighLightenhancement	BOOL	启用/停止阴影和高亮增强

续表

属　性	类　型	描　述
shadowsLighten	CGFloat	阴影加强效果，范围为 0~1，1 为最强
highlightsDecrease	CGFloat	高亮减弱效果，范围为 0~1，1 为最强

6.2　VideoFeed 与图传链路

视频提供者 VideoFeed 是图传原始数据接收的直接接口。在 VideoFeed 接收数据之前，所有的技术细节都隐藏在大疆的图传技术（LightBridge 或 OcuSync）中。物理源的设置基本上均需要通过图传类（LightBridge 或 OcuSync）来完成。

同一时刻，VideoFeed 最多存在两个实例：主要 VideoFeed 和第二 VideoFeed。对于消费级无人机（单云台相机，无 FPV 摄像头）来说，仅存在一个主要 VideoFeed。由于一个 VideoFeed 对应了一个图传视频的物理源（Physical Source），因此在 Mobile SDK 的用户界面中最多可同时出现两个不同物理源的图传显示视图。例如，在经纬 M300 RTK、经纬 M200 v2 系列等无人机中，当放置下置双云台相机时，设备存在了 3 个物理源（FPV 摄像头、左主相机、右主相机），但是最多只能通过 OcuSync 图传链路传输两个图传信号，并分为以主要 VideoFeed 和第二 VideoFeed 接收数据。

对于 VideoFeed 而言，最为重要的就是如何配置和切换物理源，而这些设置往往是通过图传类来实现的。

6.2.1　VideoFeed 物理源

在 Android 中，PhysicalSource 枚举类型定义了 VideoFeed 的物理源。通过 VideoFeed 的 getVideoSource()方法即可获取其物理源类型。

在 iOS 中，DJIVideoFeedPhysicalSource 枚举类型定义了 VideoFeed 的物理源。通过 DJIVideoFeed 的 physicalSource 属性即可获取其物理源类型。

Android 中图传物理源 PhysicalSource 枚举类型及其物理源和说明如表 6-5 所示。

表 6-5　Android 中图传物理源 PhysicalSource 枚举类型及其物理源和说明

枚　举　值	物　理　源	说　明
MAIN_CAM	主相机	无人机的主相机。在 M200 和 M200 V2 等具有下置双云台的无人机中，主相机可能是左主相机（LEFT_CAM）或右主相机（RIGHT_CAM）
FPV_CAM	FPV 摄像头	具有 FPV 摄像头的无人机，如悟 2、M200 系列，M200 V2 系列、M300 RTK 无人机
EXT	EXT 接口	LightBridge2 的 EXT 接口，即天空端高清云台相机，仅可用于 LightBridge2
LB	LB 接口	LightBridge2 的 LB 接口，即天空端使用 HDMI 或 AV 接口的 FPV 相机，仅可用于 LightBridge2
HDMI	HDMI 接口	LightBridge2 的 HDMI 接口，即天空端使用 HDMI 接口的 FPV 相机，仅可用于 LightBridge2
AV	AV 接口	LightBridge2 的 AV 接口，即天空端使用 AV 接口的 FPV 相机，仅可用于 LightBridge2
LEFT_CAM	左主相机	安装在有下置双云台的无人机（如 M200 和 M200 V2）中，位于左侧的主相机
RIGHT_CAM	右主相机	安装在有下置双云台的无人机（如 M200 和 M200 V2）中，位于右侧的主相机

续表

枚 举 值	物 理 源	说　　明
TOP_CAM	上置相机	安装在有上置单云台的无人机（如 M200、M200 V2、M300 RTK 等）中，位丁上侧的主相机
UNKNOWN	未知来源	未知来源

DJIVideoFeedPhysicalSource 枚举类型和物理源的关系，以及其物理源如表 6-6 所示。

表 6-6　DJIVideoFeedPhysicalSource 枚举类型和物理源的关系，以及其物理源

枚 举 值	物 理 源
DJIVideoFeedPhysicalSourceMainCamera	主相机
DJIVideoFeedPhysicalSourceFPVCamera	FPV 摄像头
DJIVideoFeedPhysicalSourceEXT	EXT 接口
DJIVideoFeedPhysicalSourceLB	LB 接口
DJIVideoFeedPhysicalSourceHDMI	HDMI 接口
DJIVideoFeedPhysicalSourceAV	AV 接口
DJIVideoFeedPhysicalSourceLeftCamera	左主相机
DJIVideoFeedPhysicalSourceRightCamera	右主相机
DJIVideoFeedPhysicalSourceTopCamera	上置相机
DJIVideoFeedPhysicalSourceUnknown	未知来源

对于经纬 M200 系列、经纬 M200 V2 系列和经纬 M300 RTK 无人机，其 FPV 摄像头、主相机、左主相机、右主相机的安装位置如图 6-12 所示。

（a）下置单云台相机　　　　　（b）上置单云台相机　　　　　（c）下置双云台相机

图 6-12　经纬系列无人机图传物理源的安装位置

LightBridge2 图传系统中 EXT、LB、AV、HDMI 图传物理源的接口位置如图 6-13 所示。

6.2.2　图传链路

在大疆无人机中，主要存在 3 类链路系统：Wi-Fi、Lightbridge 和 OcuSync。由于图传相关的设置许多都需要在这些链路类中进行设置，因此此处介绍链路类的基本获取方法和链路类的一般配置选项。

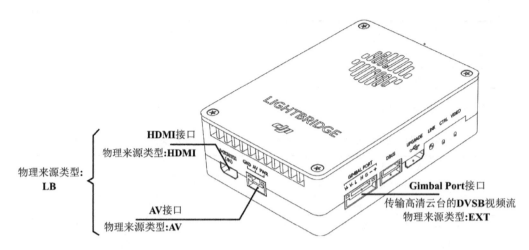

图 6-13　LightBridge2 图传系统中 EXT、LB、AV、HDMI 图传物理源的接口位置

> ❀ 在大疆无人机中，链路整合了图传链路、数传链路和控制链路。因此，此处所说的图传链路类和链路类是一个概念。

1. 链路类

1）链路类的获取

图传链路通过 AirLink 类（iOS 中为 DJIAirLink 类）获取，图传链路的获取方法如表 6-7 所示。

表 6-7　图传链路的获取方法

Android 中 AirLink 类的方法	iOS 中 DJIAirLink 类的属性	说　明
isLightbridgeLinkSupported()	isLightbridgeLinkSupported	判断无人机是否支持（使用）LightBridge 图传链路
getLightbridgeLink()	lightbridgeLink	获取 LightBridge 链路类对象
isOcuSyncLinkSupported()	isOcuSyncLinkSupported	判断无人机是否支持（使用）OcuSync 图传链路
getOcuSyncLink()	ocuSyncLink	获取 OcuSync 链路类对象
isWi-FiLinkSupported()	isWi-FiLinkSupported	判断无人机是否支持（使用）Wi-Fi 图传链路
getWi-FiLink()	wifiLink	获取 Wi-Fi 链路类对象

由于 Wi-Fi、LightBridge 和 OcuSync 的技术差异很大，其设置选项也很少有交集，因此 Mobile SDK 并没有在设计时为其设置统一的链路父类（在 Android 中，3 者的父类均为 BaseComponent；在 iOS 中，3 者的父类均为 NSObject。）。因此，对于通用的 Mobile SDK 应用程序而言，要格外注意这一点，甚至可能需要根据不同的图传类型设计不同的用户界面。

2）链路的功率设置与信号强度

图传链路的发射功率受到国家政策的影响，一般包括 FCC 和 CE 等不同标准。在图传链路类中，可通过表 6-8 中的方法设置图传的国家信息，从而执行符合标准的发射功率。

表 6-8　向图传链路上传国家信息（代码）的相关代码

Android 方法	iOS 方法	说　　明
isUpdateCountryCodeRequired()	isUpdateCountryCodeRequired	判断是否需要上传国家代码
updateCountryCode(…)	updateCountryCodeWithCompletion	上传国家代码
setAutoUpdateCountryCodeEnabled-(boolean enabled)	setAutoUpdateCountryCodeEnabled	启用/停用自动上传国家代码（iOS 中为静态方法）
getAutoUpdateCountryCodeEnabled()	getAutoUpdateCountryCodeEnabled	获取是否自动上传国家代码（iOS 中为静态方法）

在图传链路类中，通过回调的方式传递信号信息，以及提供国家代码的上传时机。

在 Android 中，通过 AirLink 类的以下方法可设置回调。

- setUplinkSignalQualityCallback(…)：设置上行信号质量回调。
- setDownlinkSignalQualityCallback(…)：设置下行信号质量回调。
- setCountryCodeCallback(…)：设置国家代码的上传时机回调，当回调到 onRequireUpdate-CountryCode()方法时，需要上传国家代码。
- addBaseStationSignalQualityUpdatedCallback(…)：添加 RTK 基站的信号质量更新回调。
- removeBaseStationSignalQualityUpdatedCallback(…)：移除 RTK 基站的信号质量更新回调。

上述方法中，信号质量通过整型定义，范围为 0～100，数值越高，信号越好。

在 iOS 中，通过 DJIAirLink 类的 delegate 属性设置 DJIAirLinkDelegate 代理实现回调机制，该代理包括以下方法。

- airLink:didUpdateDownlinkSignalQuality：传递下行信号质量。
- airLink:didUpdateUplinkSignalQuality：传递上行信号质量。
- airlinkDidRequireUpdateCountryCode：回调该方法时，需要上传国家代码。
- airLink:didUpdateBaseStationSignalQuality：传递 RTK 基站的信号质量。

2．Lightbridge 链路的一般配置选项

Lightbridge 链路的类名在 Android 中为 LightbridgeLink，在 iOS 中为 DJILightbridgeLink，其主要方法如下。

1）频段与信道的选择

Lightbridge 链路类中频段与信道的选择方法如表 6-9 所示。

表 6-9　**Lightbridge 链路类中频段与信道的选择方法**

Android 方法	iOS 方法	说　　明
getSupportedFrequencyBands(...)	getSupportedFrequencyBandsWithCompletion	获取支持的频段
setFrequencyBand(...)	setFrequencyBand:withCompletion	设置频段
getFrequencyBand(...)	getFrequencyBandWithCompletion	获取频段
setChannelSelectionMode(...)	setChannelSelectionMode:withCompletion	设置信道的选择模式
getChannelSelectionMode(...)	getChannelSelectionModeWithCompletion	获取信道的选择模式
getChannelRange(...)	getChannelRangeWithCompletion	获取信道范围，返回信道号的整型值数组
setChannelNumber(...)	setChannelNumber:withCompletion	设置信道

续表

Android 方法	iOS 方法	说　明
getChannelNumber(...)	getChannelNumberWithCompletion	获取当前信道
setDataRate(...)	setDataRate:withCompletion	设置数据率
getDataRate(...)	getDataRateWithCompletion	获取数据率
setTransmissionMode(...)	setTransmissionMode:withCompletion	设置图传的传输模式
getTransmissionMode(...)	getTransmissionModeWithCompletion	获取图传的传输模式

Lightbridge 的频段通过枚举类型定义，如表 6-10 所示为 Lightbridge 链路类中的频段。频段的选择仅支持悟 2 系列和精灵 4Pro 系列的无人机。

表 6-10　Lightbridge 链路类中的频段

Android 中的 LightbridgeFrequencyBand 枚举类型	iOS 中的 DJILightbridgeFrequencyBand 枚举类型	说　明
FREQUENCY_BAND_2_DOT_4_GHZ	DJILightbridgeFrequencyBand2Dot4GHz	2.4GHz 频段
FREQUENCY_BAND_5_DOT_7_GHZ	DJILightbridgeFrequencyBand5Dot7GHz	5.7GHz 频段
FREQUENCY_BAND_5_DOT_8_GHZ	DJILightbridgeFrequencyBand5Dot8GHz	5.8GHz 频段
UNKNOWN	DJILightbridgeFrequencyBandUnknown	未知频段

在所有的使用 Lightbridge 图传技术的无人机中，都可以通过上述方法选择信道。信道的选择模式通过枚举类型定义，如表 6-11 所示为 Lightbridge 链路类中信道的选择模式。在手动选择模式（自定义）下，可通过 setChannelNumber 方法（iOS 中为 setChannelNumber:withCompletion）设置信道。

表 6-11　Lightbridge 链路类中信道的选择模式

Android 中的 ChannelSelectionMode 枚举类型	iOS 中的 DJILightbridgeChannelSelectionMode 枚举类型	说　明
AUTO	DJILightbridgeChannelSelectionModeAuto	自动选择
MANUAL	DJILightbridgeChannelSelectionModeManual	手动选择
UNKNOWN	DJILightbridgeChannelSelectionModeUnknown	未知

数据率，即图传的传输质量，也通过枚举类型定义，如表 6-12 所示为 Lightbridge 链路类中的数据率。高数据率意味着更好的图传质量。但是在较远的距离下，需要选择较低的数据率，以保证图传信号可以正常传输。

表 6-12　Lightbridge 链路类中的数据率

Android 中的 LightbridgeDataRate 枚举类型	iOS 中的 DJILightbridgeDataRate 枚举类型	说　明
BANDWIDTH_4_MBPS	DJILightbridgeDataRate4Mbps	4Mbps
BANDWIDTH_6_MBPS	DJILightbridgeDataRate6Mbps	6Mbps
BANDWIDTH_8_MBPS	DJILightbridgeDataRate8Mbps	8Mbps
BANDWIDTH_10_MBPS	DJILightbridgeDataRate10Mbps	10Mbps
UNKNOWN	DJILightbridgeDataRateUnknown	未知

上述这些设置对应于 DJI GO(DJI GO 4)中使用 Lightbridge 的无人机中的图传设置选

项，如图 6-14 所示 DJI GO 中的 Lightbridge 设置界面。

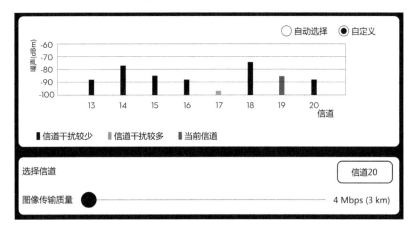

图 6-14　DJI GO 中的 Lightbridge 设置界面

2）带宽设置

由于 Lightbridge 技术可同时传递两个物理源的图传视频，所以通过表 6-13 中的方法可设置不同图传所占的带宽比例。由于这些方法涉及 VideoFeed 物理源的切换，因此将在 5.2.3 节中详细介绍。

表 6-13　Lightbridge 链路类中的带宽设置

Android 方法	iOS 方法	说　　明
setBandwidthAllocationForLBVideoInputPort(...)	setBandwidthAllocationForLBVideoInputPort:withCompletion	设置 LB 视频带宽
getBandwidthAllocationForLBVideoInputPort(...)	getBandwidthAllocationForLBVideoInputPortWithCompletion	获取 LB 视频带宽
setBandwidthAllocationForMainCamera(...)	setBandwidthAllocationForMainCamera:withCompletion	设置主相机视频带宽
getBandwidthAllocationForMainCamera(...)	getBandwidthAllocationForMainCameraWithCompletion	获取主相机视频带宽
setBandwidthAllocationForLeftCamera(...)	setBandwidthAllocationForLeftCamera:withCompletion	设置左相机视频带宽
getBandwidthAllocationForLeftCamera(...)	getBandwidthAllocationForLeftCameraWithCompletion	获取左相机视频带宽
isDualEncodeModeSupported(...)	canEXTVideoInputPortBeDisabled	是否支持 AV 和 HDMI 双编码模式（Lightbridge2）
setEXTVideoInputPortEnabled(...)	setEXTVideoInputPortEnabled:withCompletion	启用/停用 EXT 视频接口（当支持双编码模式时）
getEXTVideoInputPortEnabled(...)	getEXTVideoInputPortEnabledWithCompletion	获取 EXT 视频接口是否启用
setBandwidthAllocationForHDMIVideoInputPort(...)	getBandwidthAllocationForHDMIVideoInputPortWithCompletion	设置 HDMI 视频带宽
getBandwidthAllocationForHDMIVideoInputPort(...)	setBandwidthAllocationForHDMIVideoInputPort:withCompletion	获取 HDMI 视频带宽

3. OcuSync 链路的一般配置选项

在 Android 和 iOS 中，OcuSync 链路的类名均为 OcuSyncLink。与 Lightbridge 链路类类似，OcuSync 链路类的主要方法也基本涉及频率与信道的选择和带宽设置两类。另外，OcuSync 链路类提供了动态数据率、图传警告和信道干扰等信息的回调方法。

1）频段与信道的选择。

OcuSync 链路类中频段与信道的选择方法如表 6-14 所示。

表 6-14　OcuSync 链路类中频段和信道的选择方法

Android 方法	iOS 方法	说　　明
getSupportedFrequencyBands(…)	getSupportedFrequencyBandsWithCompletion	获取支持的频段
setFrequencyBand(…)	setFrequencyBand:withCompletion	设置频段
getFrequencyBand(…)	getFrequencyBandWithCompletion	获取频段
setChannelSelectionMode(…)	setChannelSelectionMode:withCompletion	设置信道的选择模式
getChannelSelectionMode(…)	getChannelSelectionModeWithCompletion	获取信道的选择模式
setChannelNumber(…)	setChannelNumber:withCompletion	设置信道
getChannelNumber(…)	getChannelNumberWithCompletion	获取当前信道
getChannelNumberValidRange(…)	getChannelNumberValidRangeWithCompletion	获取可用的信道范围

OcuSync 的频段通过枚举类型定义，如表 6-15 所示为 OcuSync 链路类中的频段。频段的选择仅支持御 2 系列和精灵 4Pro v2 系列的无人机。

表 6-15　OcuSync 链路类中的频段

Android 中的 OcuSyncFrequencyBand 枚举类型	iOS 中的 DJIOcuSyncFrequencyBand 枚举类型	说　　明
FREQUENCY_BAND_2_DOT_4_GHZ	DJIOcuSyncFrequencyBand2Dot4GHz	2.4GHz 频段
FREQUENCY_BAND_5_DOT_8_GHZ	DJIOcuSyncFrequencyBand5Dot8GHz	5.8GHz 频段
FREQUENCY_BAND_DUAL	DJIOcuSyncFrequencyBandDual	2.4GHz 和 5.8GHz 双频
UNKNOWN	DJIOcuSyncFrequencyBandUnknown	未知频段

在所有的使用 OcuSync 图传技术的无人机中，都可以通过上述方法选择信道。与 Lightbridge 类似，OcuSync 链路类中信道的选择模式也可通过枚举类型定义，其包括手动选择和自动选择模式，如表 6-16 所示为 OcuSync 链路类中信道的选择模式。在手动模式（自定义）下，可通过 setChannelNumber 方法（iOS 中为 setChannelNumber:withCompletion）设置信道。

表 6-16　OcuSync 链路类中信道的选择模式

Android 中的 ChannelSelectionMode 枚举类型	iOS 中的 DJIOcuSyncChannelSelectionMode 枚举类型	说　　明
AUTO	DJIOcuSyncChannelSelectionModeAuto	自动选择
MANUAL	DJIOcuSyncChannelSelectionModeManual	手动选择
UNKNOWN	DJIOcuSyncChannelSelectionModeUnknown	未知

2）带宽设置

OcuSync 链路类中带宽的设置方法如表 6-17 所示。

表 6-17　OcuSync 链路类中带宽的设置方法

Android 方法	iOS 方法	说　　明
setChannelBandwidth(…)	setChannelBandwidth:withCompletion	设置信道的宽度
getChannelBandwidth(…)	getChannelBandwidthWithCompletion	获取信道的宽度

Android 方法	iOS 方法	说　明
setBandwidthAllocationForPrimaryVideo(…)	setBandwidthAllocationForPrimaryVideo:withCompletion	设置主要视频的带宽
getBandwidthAllocationForPrimaryVideo(…)	getBandwidthAllocationForPrimaryVideoWithCompletion	获取主要视频的带宽
assignSourceToPrimaryChannel(…)	assignSourceToPrimaryChannel:secondaryChannel:withCompletion	设置主要视频的物理源
closeAllVideoSources(…)	closeAllVideoSourcesWithCompletion	关闭所有的物理源

OcuSync 链路类中信道宽度（信道带宽）的设置也通过枚举类型定义，如表 6-18 所示为 OcuSync 链路类中的信道带宽。较低的信道宽度虽然会降低数据率，但是会提高传输的稳定性。

表 6-18　OcuSync 链路类中的信道带宽

Android 中的 OcuSyncBandwidth 枚举类型	iOS 中的 DJIOcuSyncChannelSelectionMode 枚举类型	说　明
Bandwidth20MHz	DJIOcuSyncBandwidth20MHz	20MHz 带宽（最高可达 46Mbps）
Bandwidth10MHz	DJIOcuSyncBandwidth10MHz	10MHz 带宽（最高可达 23Mbps）
Bandwidth40MHZ	DJIOcuSyncBandwidth40MHz	40MHz 带宽（最高可达 80Mbps，仅支持 M300 RTK）
Unknown	DJIOcuSyncBandwidthUnknown	未知

其他的各个选项涉及 VideoFeed 物理源的切换，请参见 6.2.3 节的相关内容。

3）OcuSync 链路类的回调

在 OcuSync 链路类中，通过回调的方式传递视频的数据率、警告和图传干扰等信息。

● setVideoDataRateCallback(…)：设置视频数据率信息回调（单位为 Mbps ）。

● setWarningMessagesCallback(…)：设置图传警告信息回调。

● setChannelInterferenceCallback(…)：设置各信道干扰情况回调。

● setOcuSyncMagneticInterferenceLevelCallback(…)：设置 OcuSync 电磁干扰水平情况回调，通过 OcuSyncMagneticInterferenceLevel 枚举类型定义，包括无干扰（NONE）、低干扰（LOW）、中干扰（MEDIUM）、强干扰（HIGH）和未知（UNKNOWN）。

图传警告信息通过 OcuSyncWarningMessage 枚举类型定义，如表 6-19 所示为 OcuSync 链路类的图传警告信息。

表 6-19　OcuSync 链路类的图传警告信息

Android 中的 OcuSyncWarningMessage 枚举类型	iOS 中的 DJIOcuSyncWarningMessage 枚举类型	说　明
STRONG_TAKE_OFF_INTERFERENCE	DJIOcuSyncWarningMessageStrongTakeoffInterference	起飞前强干扰，请移近遥控器与无人机之间的距离
STRONG_DOWN_LINK_INTERFERENCE	DJIOcuSyncWarningMessageStrongDownlinkInterference	下行链路强干扰
STRONG_UP_LINK_INTERFERENCE	DJIOcuSyncWarningMessageStrongUplinkInterference	上行链路强干扰
WEAK_SIGNAL	DJIOcuSyncWarningMessageWeakSignal	信号微弱，请调整天线
AIRCRAFT_LINK_REBOOT	DJIOcuSyncWarningMessageAircraftLinkReboot	OcuSync 链路系统重启
UP_LINK_BROKEN	DJIOcuSyncWarningMessageUplinkBroken	上行链路断开。一般来说，仅上行链路断开是因为无人机 OcuSync 天线受到干扰，可通过改变信道解决

续表

Android 中的 OcuSyncWarningMessage 枚举类型	iOS 中的 DJIOcuSyncWarningMessage 枚举类型	说　明
DOWN_LINK_BROKEN	DJIOcuSyncWarningMessageDownlinkBroken	下行链路断开。一般来说，仅下行链路断开是因为遥控器 OcuSync 天线受到干扰，可通过改变信道或者降低带宽解决
LINK_UNUSABLE	DJIOcuSyncWarningMessageLinkUnusable	OcuSync 连接不稳定

4．Wi-Fi 链路的一般配置选项

Wi-Fi 链路的类名在 Android 中为 WiFiLink，在 iOS 中为 DJIWiFILink。在大疆无人机中，可使用 Wi-Fi 链路的无人机包括御 Air、御 Pro、晓、精灵 3 标准版、精灵 3 4K 等系列的无人机（还包括 Osmo 手持云台相机）。

1）Wi-Fi 的设置

Wi-Fi 链路类中设置 Wi-Fi 的方法如表 6-20 所示。

表 6-20　**Wi-Fi 链路类中设置 Wi-Fi 的方法**

Android 方法	iOS 方法	说　明
reboot(…)	rebootWithCompletion	重启 Wi-Fi，应用新设置
setSSID(…)	setSSID:withCompletion	设置 Wi-Fi 名称（SSID）
getSSID(…)	getSSIDWithCompletion	获取 Wi-Fi 名称（SSID）
setPassword(…)	setPassword:withCompletion	设置 Wi-Fi 密码
getPassword(…)	getPasswordWithCompletion	获取 Wi-Fi 密码

对于 Wi-Fi 名称（SSID）来说，字符可以为英文字母、数字、空格与"-"，并且不能超过 30 个字符。对于 Wi-Fi 密码来说，字符可以为英文字母和数字，并且不能少于 8 个字符。

2）频段与信道的选择

Wi-Fi 链路类中频段与信道的选择方法如表 6-21 所示。

表 6-21　**Wi-Fi 链路类中频段与信道的选择方法**

Android 方法	iOS 方法	说　明
setFrequencyBand(…)	setFrequencyBand:withCompletion	设置波段（不支持 Spark mavic air）。
getFrequencyBand(…)	getFrequencyBandWithCompletion	获取波段
setSelectionMode(…)	setChannelSelectionMode:withCompletion	设置选择模式
getSelectionMode(…)	getChannelSelectionModeWithCompletion	获取选择模式
getAvailableChannelNumbers(…)	getAvailableChannelNumbersWithCompletion	获取信道号列表
setChannelNumber(…)	setChannelNumber:withCompletion	设置信道
getChannelNumber(…)	getChannelNumberWithCompletion	获取信道
setDataRate(…)	setDataRate:withCompletion	设置数据率
getDataRate(…)	getDataRateWithCompletion	获取数据率

Wi-Fi 链路类中波段的设置支持御 Pro 等无人机，不支持御 Air、晓和精灵 3 标准版。Wi-Fi 链路类中的波段由枚举类型定义，如表 6-22 所示为 Wi-Fi 链路类中的波段。

表 6-22　Wi-Fi 链路类中的波段

Android 中的 WiFiFrequencyBand 枚举类型	iOS 中的 DJIWiFiFrequencyBand 枚举类型	说　明
FREQUENCY_BAND_ONLY_2_DOT_4	DJIWiFiFrequencyBand2Dot4GHz	2.4GHz
FREQUENCY_BAND_5_GHZ	DJIWiFiFrequencyBand5GHz	5GHz
FREQUENCY_BAND_DUAL	DJIWiFiFrequencyBandDual	双波段（2.4GHz 和 5GHz）模式
UNKNOWN	DJIWiFiFrequencyBandUnknown	未知

信道和数据率的选择可通过自动模式和手动模式选择，其枚举类型如表 6-23 所示。当信道和数据率的选择模式为自动时，无人机系统会自动选择信道和数据率。当信道和数据率的选择模式为手动时，可选择信道和数据率。链路类中信道和数据率的选择模式通过枚举类型定义。另外，在 iOS 中，可通过 isChannelSelectionModeSupported 属性判断无人机是否支持选择模式。

表 6-23　Wi-Fi 链路类中信道和数据率的选择模式

Android 中 WiFiSelectionMode 枚举类型	iOS 中 DJIWiFiChannelSelectionMode 枚举类型	说　明
AUTO	DJIWiFiChannelSelectionModeAuto	自动选择
CUSTOM	DJIWiFiChannelSelectionModeManual	手动选择
-	DJIWiFiChannelSelectionModeUnknown	未知

❀ 当 Wi-Fi 波段处于双波段模式时，1~13 信道号属于 2.4GHz 波段，其他信道属于 5GHz 波段。

Wi-Fi 链路类中的数据率包括 1Mbps、2Mbps 和 4Mbps，并通过枚举类型定义，如表 6-24 所示为 Wi-Fi 链路类中的数据率。

表 6-24　Wi-Fi 链路类中的数据率

Android 中的 WiFiDataRate 枚举类型	iOS 中的 DJIWiFiDataRate 枚举类型	说　明
RATE_1_MBPS	DJIWiFiDataRate1Mbps	1 Mbps
RATE_2_MBPS	DJIWiFiDataRate2Mbps	2 Mbps
RATE_4_MBPS	DJIWiFiDataRate4Mbps	4 Mbps
UNKNOWN	DJIWiFiDataRateUnknown	未知

3）Wi-Fi 链路类的回调

通过 Wi-Fi 链路类的回调可获得 Wi-Fi 干扰信息，包括电磁干扰和信道干扰。

在 Android 中，通过 Wi-Fi 链路类的以下方法可设置 Wi-Fi 回调。

● setMagneticInterferenceCallback(…)：设置电磁干扰信息回调。

● setChannelInterferenceCallback(…)：设置信道干扰信息回调。

在 iOS 中，通过 DJIWiFiLinkDelegate 代理可获得 Wi-Fi 链路的回调，该代理所包括的方法如下。

- wifiLink:didUpdateMagneticInterferenceLevel：传回电磁干扰信息。
- wifiLink:didUpdateChannelInterference：传回信道干扰信息。

电磁干扰信息包括低干扰（Low）、中干扰（Medium）和强干扰（High）三种。

6.2.3 VideoFeed 物理源的切换

主要 VideoFeed 和第二 VideoFeed 都需要通过 VideoFeeder 来获取。

在 Android 中，VideoFeed 的获取方式如下：

```
//主要 VideoFeed
VideoFeeder.getInstance().getPrimaryVideoFeed();
//第二 VideoFeed
VideoFeeder.getInstance().getSecondaryVideoFeed();
```

在 iOS 中，VideoFeed 的获取方式如下：

```
//主要 VideoFeed
[DJISDKManager videoFeeder].primaryVideoFeed;
//第二 VideoFeed
[DJISDKManager videoFeeder].secondaryVideoFeed;
```

以下分几种不同的情况介绍如何切换 VideoFeed 的物理源类型。

（1）对于消费级无人机来说，主要 VideoFeed 的物理源为 MAIN_CAM，而第二 VideoFeed 的物理源为空。

（2）对于具有 FPV 摄像头且仅安装单云台相机（如悟 2、M200 V2 系列等）的无人机来说，主要 VideoFeed 的物理源为 MAIN_CAM（上置单云台时为 TOP_CAM），而第二 VideoFeed 的物理源为 FPV_CAM。

（3）对于具有 FPV 摄像头且安装了下置双云台相机（如 M200、M200 V2 系列、M300 RTK 等）的无人机来说，由于此时视频的物理源变为 3 个，即 LEFT_CAM、RIGHT_CAM 和 FPV_CAM，所以此时可通过 LightBridgeLink 类的 setBandwidthAllocationForLeftCamera (float percent, CompletionCallback callback)方法或 OcuSyncLink 类的 setBandwidthAllocation ForPrimary-Video(float percent, CompletionCallback callback)方法进行设置。其中，percent 参数（范围为 0～1）用于切换主要 VideoFeed 和第二 VideoFeed 的物理源。

- 当 percent 参数为 1 时，主要 VideoFeed 的物理源为 LEFT_CAM，而第二 VideoFeed 的物理源为 FPV_CAM。
- 当 percent 参数为 0 时，主要 VideoFeed 的物理源为 RIGHT_CAM，而第二 VideoFeed 的物理源为 FPV_CAM。
- 当 percent 参数介于 0 到 1 之间（且不为 0 和 1）时，主要 VideoFeed 的物理源为 LEFT_CAM，而第二 VideoFeed 的物理源为 RIGHT_CAM。此时，percent 参数即指明左主相机占据 LightBridge（或 OcuSync）的带宽比例，而右主相机的带宽比例为(1-percent)。

❀ percent 参数为 0 或者 1 时，通过 setBandwidthAllocationForMainCamera 方法可控制 LEFT_CAM（或 RIGHT_CAM）的带宽比例。

（4）对于使用 Lightbridge2 技术的无人机来说，主要 VideoFeed 的物理源为 LB，而第二 VideoFeed 的物理源为 EXT。通过 LightBridgeLink 类的 setBandwidthAllocationForLBVideo-InputPort (float percent, CompletionCallback callback)方法可控制 LB 和 EXT 接口的带宽比例。

特别地，对于支持 AV 和 HDMI 双编码模式的无人机来说，停用 EXT 接口后，主要 VideoFeed 的物理源为 HDMI，而第二 VideoFeed 的物理源为 AV。

（5）对于御 2 双光行业版相机，通过设置热红外相机的显示模式即可切换可见光相机图传、热红外相机图传和双光融合。详细内容请参考"9.1.1 热红外相机"节的相关内容。

❀ 御 2 双光行业版相机较为特殊：在 Mobile SDK 中，可以获取两个相机对象（可见光相机和热红外相机），但是只有一个 VideoFeed（主要 VideoFeed）。

（6）对于禅思 H20 系列相机（H20 和 H20T），在 Android 中通过相机对象的 setCamera-VideoStreamSource(...)方法、在 iOS 中通过相机对象的 setCameraVideoStreamSource:withCompletion 方法即可设置相机内图传物理源的类型，如表 6-25 所示为禅思 H20 系列镜头的图传物理源。

表 6-25　禅思 H20 系列镜头的图传物理源

Android 中的 CameraVideoStreamSource 枚举类型	iOS 中的 DJICameraVideoStreamSource 枚举类型	说　　明
DEFAULT	DJICameraVideoStreamSourceDefault	默认相机
WIDE	DJICameraVideoStreamSourceWide	广角镜头相机
ZOOM	DJICameraVideoStreamSourceZoom	变焦镜头相机
INFRARED_THERMAL	DJICameraVideoStreamSourceInfraredThermal	热成像相机（仅禅思 H20T）
UNKNOWN	DJICameraVideoStreamSourceUnknown	未知

6.3　本章小结

本章介绍了实时图传的基本使用方法，并详细介绍了解码器和物理源的设置方法。上述内容基本可覆盖大疆各类无人机实时图传的实现。由于"6.2 VideoFeed 与图传链路"节涉及的内容较深，初学者，以及不需要对图传设置和多物理源图传进行开发的开发者可以跳过这一节，待有需求时再阅读学习即可。

第7章　常用负载——相机与云台

绝大多数应用领域下的无人机似乎都离不开云台相机这种重要的负载。一方面，通过 LightBridge、OcuSync 等数据链路将相机的视频数据流传递到移动设备中，飞手可根据其图传信号直观地判断飞行状态和环境是否安全。另一方面，相机的拍摄和录像功能是相机数据采集的重要来源。对于高度自动化的云台而言，在稳定相机的基础上，改变云台的俯仰角（Pitch）是其最为重要的功能，其他的功能次之。

本章将首先以拍照、录像为例，介绍如何切换相机模式和执行相机动作。其次，介绍光学相机基本参数的设置方法。最后，以控制云台的俯仰角为例，介绍云台的基本使用方法。

7.1 拍照与录像

在 Mobile SDK 中，使用无人机相机进行拍照和录像的基本步骤如下所示。

（1）获取相机对象。

（2）检查并设置相机模式为拍照模式（或录像模式）。

（3）执行拍照动作（或开始/停止录像动作）。

本节将首先介绍大疆无人机相机的基本知识和一些基本概念，如相机模式、相机动作等。然后在 Android 和 iOS 中分别介绍如何使用 Mobile SDK 进行拍照与录像。

7.1.1 相机模式与相机动作

本节将介绍如何获取相机对象，以及相机模式的设置和基本的相机动作。

1. 获取相机对象

在 Android 中，相机类为 Camera；在 iOS 中，相机类为 DJICamera。对于装备单云台相机的无人机来说，其只包含了一个相机对象。

在 Android 中，获取相机的代码如代码 7-1 所示。

代码 7-1

```
public static Camera getCamera() {
    BaseProduct product = DJISDKManager.getInstance().getProduct();
    if (product != null && product.isConnected()) {
        return product.getCamera();
    }
    return null;
}
```

在 iOS 中，获取相机的代码如代码 7-2 所示。

代码 7-2

```
+ (DJICamera *)getCamera {
    if (DJISDKManager.product != nil) {
        return DJISDKManager.product.camera;
    }
    return nil;
}
```

对于经纬（MATRICE）系列的无人机（如 M300 RTK、M200 V2 系列、M200 系列等），可以搭载下置双云台双相机，此时可获得两个相机对象。

在 Android 中，通过 Product 类的 getCameras()方法即可获得 List<Camera>列表对象，然后即可通过以下方法获取两个相机对象：

```
BaseProduct product = DJISDKManager.getInstance().getProduct();
if (product != null && product.isConnected()) {
    List<Camera> cameras = product.getCameras();
    //获取第 1 个相机对象
    Camera camera1 = cameras.get(0);
    //获取第 2 个相机对象
    Camera camera2 = null;
    if (cameras.size() > 1) {
        camera2 = cameras.get(1);
    }
}
```

在 iOS 中，通过 Product 类的 cameras 属性即可获得 NSArray<DJICamera *>对象，然后即可通过以下方法获取两个相机对象：

```
if (DJISDKManager.product != nil) {
    DJIAircraft *aircraft = (DJIAircraft *)DJISDKManager.product;
    NSArray *cameras = aircraft.cameras;
    //获取第 1 个相机对象
    DJICamera *camera1 = cameras[0];
    //获取第 2 个相机对象
    DJICamera *camera2 = nil;
    if (cameras.count > 1) {
        camera2 = cameras[1];
    }
}
```

例如，在御 2 双光行业版中，第 1 个相机对象为可见光相机，第 2 个相机对象为热红外相机。

2. 相机模式的设置

相机模式包括拍照模式（ShootPhoto）、录像模式（RecordVideo）、回放模式（Playback）、媒体下载模式（MediaDownload）、直播模式（Broadcast）、未知（Unknown）等。在 Mobile SDK 中，相机模式通过枚举类型定义，如表 7-1 所示为相机模式。

225

表 7-1　相机模式

Android 中 CameraMode 枚举类型	iOS 中 DJICameraMode 枚举类型	说明
SHOOT_PHOTO	DJICameraModeShootPhoto	拍照模式
RECORD_VIDEO	DJICameraModeRecordVideo	录像模式
PLAYBACK	DJICameraModePlayback	回放模式
MEDIA_DOWNLOAD	DJICameraModeMediaDownload	媒体下载模式
BROADCAST	DJICameraModeBroadcast	直播模式
UNKNOWN	DJICameraModeUnknown	未知

在拍照模式下，相机用于执行拍照动作。在录像模式下，相机用于执行录像动作。回放模式和媒体下载模式用于获取相机存储信息，将在第 7 章介绍。直播模式用于将视频流通过互联网发布（直播模式下也可以进行录像动作）。

3．拍照模式

当相机模式为拍照模式时，可通过相机的拍照模式枚举类型来选择多种拍照功能，如单拍模式、HDR 模式等，如表 7-2 所示为相机的拍照模式。

表 7-2　相机的拍照模式

Android 中 ShootPhotoMode 枚举类型	iOS 中 DJICameraShootPhotoMode 枚举类型	说明
SINGLE	DJICameraShootPhotoModeSingle	单拍模式
HDR	DJICameraShootPhotoModeHDR	HDR 模式
BURST	DJICameraShootPhotoModeBurst	连拍模式
AEB	DJICameraShootPhotoModeAEB	AEB（自动包围曝光）模式
INTERVAL	DJICameraShootPhotoModeInterval	定时拍摄模式
TIME_LAPSE	DJICameraShootPhotoModeTimeLapse	延时拍摄模式
PANORAMA	DJICameraShootPhotoModePanorama	全景拍摄模式
EHDR	DJICameraShootPhotoModeEHDR	增强 HDR 模式
HYPER_LIGHT	DJICameraShootPhotoModeHyperLight	纯净夜景模式
RAW_BURST	DJICameraShootPhotoModeRAWBurst	RAW 连拍模式
SHALLOW_FOCUS	DJICameraShootPhotoModeShallowFocus	景深模式
UNKNOWN	DJICameraShootPhotoModeUnknown	未知

下文将对这些拍照模式，以及其支持的相机类型进行归类说明。

1）单拍模式

单拍（Single）模式，即仅拍摄一张照片，其最为常用，支持所有类型的无人机相机。

2）连拍模式

连拍（Burst）模式可在连续的时间内拍摄多张照片，常用于拍摄连续运动的物体，以捕捉到最佳的构图和照片效果，不支持 X5、X5R、XT、Z30、X4S、X5S 等相机，以及精灵 4 Pro 无人机相机。

RAW 连拍（RAW Burst）模式可在连续的时间内拍摄多张 RAW 格式的照片，仅支持

X5S 相机、悟 2 无人机相机等。

通过表 7-3 中的方法可设置连拍数量。

表 7-3　设置连拍数量的方法

Android 中	iOS 中	说明
setPhotoBurstCount(…)	setPhotoBurstCount:withCompletion	设置连拍数量
getPhotoBurstCount(…)	getPhotoBurstCountWithCompletion	获取连拍数量
setPhotoRAWBurstCount(…)	setPhotoRAWBurstCount:withCompletion	设置 RAW 连拍数量
getPhotoRAWBurstCount(…)	getPhotoRAWBurstCountWithCompletion	获取 RAW 连拍数量

连拍数量由枚举类型定义，包括 2、3、5、7、10、14、无限等选项。其中，7 张连拍不支持 Z30 相机；10 张连拍、14 张连拍仅支持 X4S、X5S 相机和精灵 4 Pro 无人机相机。无限连拍仅支持悟 2 无人机相机且须处于 RAW 连拍模式下。

3）定时拍摄与延时拍摄模式

定时拍摄（Interval）模式用于以固定的时间间隔拍摄多张照片，支持所有类型的无人机相机。

延时拍摄（Time Lapse）模式在定时拍摄模式的基础上，生成视频格式。延时拍摄的最小时间间隔为 1s（仅视频格式）或 2s（照片+视频格式）。延时拍摄模式仅支持 Osma 相机（Z3 和 X3）。

通过表 7-4 中的方法可设置定时拍摄和延时拍摄的设置选项。

表 7-4　设置定时拍摄和延时拍摄设置选项的方法

Android 中	iOS 中	说明
setPhotoTimeIntervalSettings(…)	setPhotoTimeIntervalSettings:withCompletion	设置定时拍摄设置选项
getPhotoTimeIntervalSettings(…)	getPhotoTimeIntervalSettingsWithCompletion	获取定时拍摄设置选项
setPhotoTimeLapseSettings(…)	setPhotoTimeLapseSettings:withCompletion	设置延时拍摄设置选项
getPhotoTimeLapseSettings(…)	getPhotoTimeLapseSettingsWithCompletion	获取延时拍摄设置选项

在定时拍摄的设置选项中，可设置拍摄照片数（CaptureCount）和拍摄间隔（Time-IntervalInSeconds）。拍摄照片数在 2～255 之间，当其值为 255 时，则拍摄照片数为无限，只有当停止拍照方法被调用或者 SD 卡满以后才停止拍摄。拍摄间隔的范围根据无人机相机的不同和照片存储格式的不同而不同：对于 XT 相机，拍摄间隔的范围为 1～60s。对于其他无人机来说，当存储格式为 JPEG 时，定时拍摄的最小间隔为 2s；当存储格式为 RAW（或JPEG+RAW 格式）时，X4S、X5S 相机和精灵 4 Pro 无人机相机的定时拍摄最小间隔为 5s，其余相机的最小拍摄间隔均为 10s。

在延时拍摄的设置选项中，可设置照片拍摄间隔（interval）、拍摄总时间（duration）和文件格式（file format）。其中，文件格式包括仅视频格式（Video）和照片+视频格式（JPEG+Video）两种。

4）AEB 与 HDR 模式

在大光比等光线条件下，可能需要相机多次曝光，拍摄多张照片以合成最佳的照片效果。AEB（自动包围曝光）模式可自动拍摄曝光量不同的多张照片（默认为 3 张），不支持 XT、Z30 相机。AEB 模式拍摄的照片需要后期合成才能合成最佳效果，而 HDR（High-Dynamic Range）模式和增强 HDR 模式提供了自动合成的方法：在同一时间拍摄多张曝光度的照片，然后自动合成为一张高动态范围照片，使得整个照片层次分明，尽可能地避免过曝和欠曝现象。该模式不支持 X5、X5R、XT、Z30、X4S、X5S 相机，以及精灵 4 Pro 无人机相机。另外，大疆御 2 支持增强 HDR（Enhanced-HDR）模式，提供更高的动态范围，其中御 2 Pro 和御 2 Zoom 可分别提供 14EV 和 13EV 的动态范围。

AEB 模式拍照数量的设置方法如表 7-5 所示。

表 7-5　AEB 模式拍照数量的设置方法

Android 中	iOS 中	说明
setPhotoAEBCount(…)	setPhotoAEBCount:withCompletion	设置 AEB 模式的拍照数量
getPhotoAEBCount(…)	getPhotoAEBCountWithCompletion	获取 AEB 模式的拍照数量

AEB 模式的拍照数量由枚举类型定义，可以为 3 张、5 张和 7 张。

5）全景拍摄模式

全景拍摄模式可在多个不同的航向上与多个不同的云台俯仰角上拍摄多张照片，可用于全景照片的合成（需要第三方工具），仅支持晓、御 Air、御 2、御 2 Pro、御 2 Zoom、御 2 行业版、御 2 双光行业版。

通过表 7-6 中的方法可设置全景拍摄模式。

表 7-6　设置全景拍摄模式的方法

Android 中	iOS 中	说明
setPhotoPanoramaMode(…)	setPhotoPanoramaMode:withCompletion	设置全景拍摄模式
getPhotoPanoramaMode(…)	getPhotoPanoramaModeWithCompletion	获取全景拍摄模式
setPanoOriginalPhotoSettings(…)	setPanoOriginalPhotoSettings:withCompletion	设置全景原照片的选项
getPanoOriginalPhotoSettings(…)	getPanoOriginalPhotoSettingsWithCompletion	获取全景原照片的选项

全景拍摄模式通过枚举类型定义，如表 7-7 所示为全景拍摄模式。

表 7-7　全景拍摄模式

Android 中 PhotoPanoramaMode 枚举类型	iOS 中 DJICameraMode 枚举类型	说明
PANORAMA_MODE_3X3	DJICameraPhotoPanoramaMode3x3	广角（3×3）
PANORAMA_MODE_3X1	DJICameraPhotoPanoramaMode3x1	竖排（3×1）
PANORAMA_MODE_SPHERE	DJICameraPhotoPanoramaModeSphere	球形全景（3×8+1）
PANORAMA_MODE_180	DJICameraPhotoPanoramaMode180	180°全景（3×7）
PANORAMA_MODE_SUPER_RESOLUTION	DJICameraPhotoPanoramaModeSuperResolution	超解析全景（仅支持 Mavic 2 Zoom）
UNKNOWN	DJICameraPhotoPanoramaModeUnknown	未知

通过全景原照片的选项可设置是否保存原始照片，以及其保存格式。Mavic Air 不可设

置原照片的保存格式。

6）纯净夜景模式

在纯净夜景模式下，可在曝光不足的场景下（例如夜景）拍摄出信噪比更高、噪点更少、更加纯净的高质量照片，可获得 8dB SNR 的提升，仅支持御 2 Pro 和御 2 Zoom 无人机。

7）景深模式

景深模式可通过合成在不同的高度下拍摄的多张照片，以获得景深效果，仅支持晓无人机。景深模式适用于以下场景：（1）拍摄静止场景。拍摄人物时，拍摄过程中，人不要移动。（2）拍摄过程中飞行器会上升 20cm 左右，因此需要确保上方无障碍物。（3）距离被拍摄的主体不超过 30m。

4. 扁平相机模式

在传统的拍照模式设置中，需要多次与无人机交互：例如，当需要拍摄 HDR 照片时，需要首先将相机模式设置为拍照模式，其次将拍照模式设置为 HDR 模式，最后再进行拍照。这个过程在实际使用过程中由于需要多次将命令传递给无人机，可能会需要较长的时间。通过扁平相机模式设置为 HDR 相机模式则需要以下 3 个步骤（见图 7-1）：（1）判断无人机是否支持扁平相机模式；（2）将扁平相机模式设置为 HDR 相机模式；（3）开始拍照。在这个步骤中，判断无人机是否支持扁平相机模式不需要通过链路与无人机交互，因此避免了一次交互过程，从而提高了程序的响应速度。

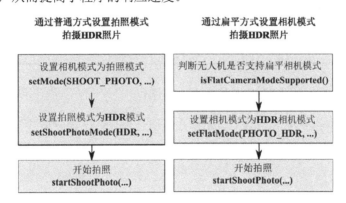

图 7-1　通过普通方式设置相机模式与通过扁平方式设置相机模式拍摄 HDR 照片

扁平相机模式通过枚举类型定义，如表 7-8 所示为扁平相机模式。

表 7-8　扁平相机模式

Android 中 FlatCameraMode 枚举类型	iOS 中 DJICameraShootPhotoMode 枚举类型	说明
VIDEO_NORMAL	DJIFlatCameraModeVideoNormal	普通录像模式
PHOTO_TIME_LAPSE	DJIFlatCameraModePhotoTimeLapse	延时拍摄模式
PHOTO_AEB	DJIFlatCameraModePhotoAEB	AEB（自动包围曝光）相机模式
PHOTO_SINGLE	DJIFlatCameraModePhotoSingle	单拍模式
PHOTO_BURST	DJIFlatCameraModePhotoBurst	连拍模式
PHOTO_HDR	DJIFlatCameraModePhotoHDR	HDR 相机模式

Android 中 FlatCameraMode 枚举类型	iOS 中 DJICameraShootPhotoMode 枚举类型	说明
PHOTO_INTERVAL	DJIFlatCameraModePhotoInterval	定时相机模式
PHOTO_HYPER_LIGHT	DJIFlatCameraModePhotoHyperLight	纯净夜景相机模式
PHOTO_PANORAMA	DJIFlatCameraModePhotoPanorama	全景相机模式
PHOTO_EHDR	DJIFlatCameraModePhotoEHDR	增强 HDR 相机模式
UNKNOWN	DJIFlatCameraModeUnknown	未知

5．相机动作

拍照与录像是普通光学相机中最为基本的相机动作，其开始执行和结束执行的方法如表 7-9 所示。对于拍照动作来说，单拍、连拍、AEB、HDR 等拍摄模式只需要执行开始拍照动作，且在完成后可自动停止。对于定时模式和延时模式而言，需要停止拍照方法以结束任务（对于已经指定了拍摄照片张数的定时模式，在其拍摄了足够的照片后也可以自动停止拍摄照片）。

表 7-9　相机动作：拍照与录像的相关方法

Android 中	iOS 中	说明
startShootPhoto(…)	startShootPhotoWithCompletion	开始拍照
stopShootPhoto(…)	stopShootPhotoWithCompletion	停止拍照
startRecordVideo(…)	startRecordVideoWithCompletion	开始录像
stopRecordVideo(…)	stopRecordVideoWithCompletion	停止录像

7.1.2　拍照与录像的实现（Android）

本节将首先介绍如何在 Android 中实现相机模式的切换（拍照模式与录像模式之间的切换）。其次以单拍为例，介绍拍照模式的切换方法，以及拍照方法的实现。最后介绍录像的使用方法。

1．设置视图与控件

在 CameraGimbalActivity 的布局文件中，添加名为"改变相机模式"、"拍照"和"录像"的 3 个按钮，以及"录像时间"和"当前相机模式"文本框，如图 7-2 所示。

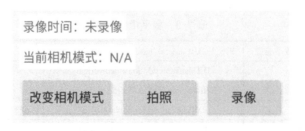

图 7-2　设置视图与控件（Android 中拍照与录像的实现）

上述这些视图和控件的对象设计，以及按钮的单击事件方法如表 7-10 所示。

表 7-10　对象与单击事件的方法（Android 中拍照与录像的实现）

视图和控件	布局 id	Java 对象	单击事件的方法
录像时间文本框	tv_recording_time	mTvRecordingTime	
当前相机模式文本框	tv_camera_mode	mTvCameraMode	
【改变相机模式】按钮	btn_camera_mode	mBtnCameraMode	changeCameraMode()
【拍照】按钮	btn_take_picture	mBtnTakePicture	takePicture()
【录像】按钮	btn_record	mBtnRecord	record()

随后，将在 changeCameraMode()、takePicture()和 record()方法中分别实现相机模式的获取与切换、相机拍照和相机录像。

2．相机模式的获取与切换

在切换相机模式之前，首先要通过相机对象的 SystemState 监听器获取相机当前所处的模式。

1）获取相机模式

首先，分别在 initListener()和 removeListener()方法中加入设置与取消相机 SystemState 监听器的方法。其次，在 SystemState 监听器 onUpdate(…)回调方法中获取相机模式，并赋值到 mCameraMode 成员变量中。最后，实现刷新 UI 界面的 updateUI()方法，其中 cameraModeToString(…)方法可将相机模式枚举值转变为显示字符串，具体实现如代码 7-3 所示。

代码 7-3

```
//相机模式
private SettingsDefinitions.CameraMode mCameraMode;

//初始化监听器
private void initListener() {
    …

    //设置相机状态回调
    //getCamera()方法可见 7.1.1 节中 "1. 获取相机对象" 中的相关代码
    Camera camera = getCamera();
    if (camera != null) {
        camera.setSystemStateCallback(new SystemState.Callback() {
            @Override
            public void onUpdate(@NonNull SystemState systemState) {
                //获取相机模式
                mCameraMode = systemState.getMode();
                //刷新 UI 界面
                updateUI();
            }
        });
```

```
        }
    }

//移除监听器
private void removeListener() {
    ...

    //移除相机回调
    //getCamera()方法可见 7.1.1 节中 "1. 获取相机对象" 中的相关代码
    Camera camera = getCamera();
    if (camera != null) {
        camera.setSystemStateCallback(null);
    }
}

//更新 UI
private void updateUI() {
    //回到主线程
    runOnUiThread(new Runnable() {
        @Override
        public void run() {
            //显示当前相机模式
            String cameraModeString = cameraModeToString(mCameraMode);
            mTvCameraMode.setText("当前相机模式:" + cameraModeString);
        }
    });
}

//相机模式枚举值转字符串
private String cameraModeToString(SettingsDefinitions.CameraMode cameraMode) {
    switch (cameraMode)
    {
        case SHOOT_PHOTO:
            return "SHOOT_PHOTO 拍照模式";
        case RECORD_VIDEO:
            return "RECORD_VIDEO 录像模式";
        case PLAYBACK:
            return "PLAYBACK 回放模式";
        case MEDIA_DOWNLOAD:
            return "MEDIA_DOWNLOAD 媒体下载模式";
        case BROADCAST:
            return "BROADCAST 直播模式";
        case UNKNOWN:
            return "UNKNOWN 未知模式";
        default:
            return "N/A";
    }
}
```

在上述代码中，initListener()方法和 removeListener()方法分别由 CameraGimbalActivity

生命周期的 onCreate(…)方法和 onDestroy()方法调用，即分别在创建 Activity 和销毁 Activity 时调用。

此时，运行程序即可在当前相机模式文本框中显示当前的相机模式。

2）设置相机模式

由于相机模式众多，因此在本例中仅实现通过单击【改变相机模式】按钮使得相机模式在拍照模式和录像模式之间切换：当相机模式处于拍照模式时，切换为录像模式；当相机模式处于其他模式时，切换为相机模式。其中，通过 mCameraMode 成员变量判断当前的相机模式；通过单独的 setCameraMode(…)方法设置相机模式。在 setCameraMode(…)方法中，通过相机对象的 setMode(…)方法设置相机模式。独立的 setCameraMode(…)方法降低了代码冗余，即在 CameraGimbalActivity.java 中实现代码 7-4。

代码 7-4

```
//改变相机模式
private void changeCameraMode() {
    Camera camera = getCamera();
    if (camera != null ){
        if (mCameraMode == SettingsDefinitions.CameraMode.SHOOT_PHOTO) {
            //如果处于拍照模式，则进入录像模式
            setCameraMode(camera, SettingsDefinitions.CameraMode.RECORD_VIDEO);
        } else{
            //如果处于非拍照模式，则进入拍照模式
            setCameraMode(camera, SettingsDefinitions.CameraMode.SHOOT_PHOTO);
        }
    }
}


//设置指定的相机模式
private void setCameraMode(Camera camera, final SettingsDefinitions.CameraMode cameraMode) {

    camera.setMode(cameraMode, new CommonCallbacks.CompletionCallback() {
        @Override
        public void onResult(DJIError djiError) {
            if (djiError == null) {
                showToast("相机模式设置成功:" + cameraModeToString(cameraMode));
            } else {
                showToast("相机模式设置失败:" + djiError.getDescription());
            }
        }
    });
}
```

3．相机拍照的实现

此处以相机单拍模式为例，介绍相机拍照的实现方法，其步骤如下。

（1）判断相机是否处于拍照模式，以及相机是否正在存储照片数据。

判断相机是否正在存储照片数据可通过相机 SystemCallback 回调实现，当 SystemState

对象的 isStoringPhoto()方法返回 true 时相机正在存储照片数据，反之亦然，即在定义了 boolean 类型的 mIsCameraRecording 之后，在 SystemCallback 回调中加入以下代码：

```
//获取当前是否处于保存照片的状态
mIsCameraStoringPhoto = systemState.isStoringPhoto();
```

由于篇幅有限，请读者自行实现这一功能。

不过，这一步骤是非必需的。当开发者没有实现这一部分的代码时，在后续的代码中会在回调拍照结果时出现错误使得拍照失败，但是不会使整个应用程序"闪退"。但是，通过回调方法获得这些错误提示需要链路传输指令，占用宽带的同时，速度也会慢很多。因此，这一步骤的意义在于可以提高响应速度，减少不必要的链路指令传输。

（2）设置单拍模式。通过相机对象的 setShootPhotoMode(…)方法即可将拍照模式切换为单拍模式。

（3）开始拍照。在 setShootPhotoMode(…)方法的回调中，当判断单拍模式设置成功（没有出现错误）后，通过相机对象的 startShootPhoto(…)方法实现拍照。对于单拍模式而言，不需要 stopShootPhoto(…)结束拍照，而是在拍下一张照片后自动停止拍照。

具体的拍照实现代码如代码 7-5 所示。

代码 7-5

```
//初始化监听器
private void initListener() {
    ...
    //设置相机状态回调
    Camera camera = getCamera();
    if (camera != null) {
        camera.setSystemStateCallback(new SystemState.Callback() {
            @Override
            public void onUpdate(@NonNull SystemState systemState) {
                //获取当前的相机模式
                mCameraMode = systemState.getMode();
                //获取当前是否处于录像状态
                mIsCameraRecording = systemState.isRecording();
                //刷新 UI 界面
                updateUI();
            }
        });
    }
}

//拍照
private void takePicture() {
    final Camera camera = getCamera();
    if (camera != null ){
        //判断是否为拍照模式
        if (mCameraMode != SettingsDefinitions.CameraMode.SHOOT_PHOTO) {
            showToast("未处在拍照模式下!");
            return;
```

```
    }
    //判断是否正在存储照片数据
    if (mIsCameraStoringPhoto) {
        showToast("相机繁忙，请稍后!");
        return;
    }
    //设置单拍模式
    camera.setShootPhotoMode(SettingsDefinitions.ShootPhotoMode.SINGLE, new CommonCallbacks.CompletionCallback() {
        @Override
        public void onResult(DJIError djiError) {
        if (djiError == null) {
            //开始拍照
            camera.startShootPhoto(new CommonCallbacks.CompletionCallback() {
                @Override
                public void onResult(DJIError djiError) {
                    if (djiError == null) {
                        showToast("拍照成功!");
                    } else {
                        showToast("拍照失败:" + djiError.getDescription());
                    }
                }
            });
        }
        }
    });
    }
}
```

4．相机录像的实现

实现相机录像的步骤如下所示。

（1）判断相机是否处在录像模式下。与相机拍照的实现类似，这一步骤也是非必需的。

（2）通过相机对象的 SystemCallback 回调获得相机是否已经正在录像。首先在 Camera-GimbalActivity 中定义 boolean 类型的 mIsCameraRecording 成员变量，然后在 SystemCallback 回调的 onUpdate(…)方法中通过以下代码获取相机是否正在录像：

```
//获取当前是否处于录像状态
mIsCameraRecording = systemState.isRecording();
```

（3）当相机正在录像时，通过相机对象的 stopRecordVideo(…)方法停止录像；当相机未在录像时，通过相机对象的 startRecordVideo(…)方法开始录像。另外，要根据相机是否正在录像，设置【录像】按钮的文本在"录像"和"停止录像"之间切换。

相机录像的实现代码如代码 7-6 所示。

代码 7-6

```
//录像
private void record() {
    final Camera camera = getCamera();
    if (camera != null ){
```

```
            //判断是否处于录像模式
            if (mCameraMode != SettingsDefinitions.CameraMode.RECORD_VIDEO) {
                showToast("未处在录像模式下!");
                return;
            }
            if (mIsCameraRecording) {
                //正录像时，停止录像
                stopRecording(camera);
                mBtnRecord.setText("录像");
            } else {
                //未录像时，开始录像
                startRecording(camera);
                mBtnRecord.setText("停止录像");
            }
        }
    }


    //开始录像
    private void startRecording(Camera camera) {
        //开始录像
        camera.startRecordVideo(new CommonCallbacks.CompletionCallback() {
            @Override
            public void onResult(DJIError djiError) {
            if (djiError == null) {
                showToast("开始录像成功!");
            } else {
                showToast("开始录像失败:" + djiError.getDescription());
            }
            }
        });
    }


    //停止录像
    private void stopRecording(Camera camera) {
        //停止录像
        camera.stopRecordVideo(new CommonCallbacks.CompletionCallback() {
            @Override
            public void onResult(DJIError djiError) {
            if (djiError == null) {
                showToast("停止录像成功!");
            } else {
                showToast("停止录像失败:" + djiError.getDescription());
            }
            }
        });
    }
```

另外，当相机正在录像时，通过相机对象 SystemCallback 回调可获得录像时间，步骤如下。

（1）在 CameraGimbalActivity 中定义整型的 mRecordingTime 成员变量，在 SystemCallback

回调的 onUpdate(…)方法中通过以下代码获取录像时间：

```
//获取当前的录像时间
mRecordingTime = systemState.getCurrentVideoRecordingTimeInSeconds();
```

（2）在 CameraGimbalActivity 的 updateUI()方法中加入代码 7-7 用于刷新显示的录像时间。

代码 7-7

```
//设置与显示录像时间与按钮文字
if (mIsCameraRecording) {
    mBtnRecord.setText("停止录像");
    mTvRecordingTime.setText("录像时间：" + mRecordingTime + "秒");
} else {
    mBtnRecord.setText("录像");
    mTvRecordingTime.setText("录像时间：未录像");
}
```

编译并运行程序，相机模式的获取与切换、拍照、录像的界面（Android）如图 7-3 所示。

图 7-3　相机模式的获取与切换、拍照、录像的界面（Android）

7.1.3　拍照与录像的实现（iOS）

本节将首先介绍如何在 iOS 中实现相机模式的切换（拍照模式与录像模式之间的切换）。然后以单拍模式为例，介绍拍照模式的切换方法，以及拍照方法的实现。最后介绍录像的使用方法。

1．设置视图与控件

在 Main.Storyboard 文件中，添加名为"改变相机模式"、"拍照"和"录像"的 3 个按钮，以及"录像时间"和"当前相机模式"文本框，如图 7-4 所示。

图 7-4　设置视图与控件（iOS 中拍照与录像的实现）

上述这些视图和控件的对象设计，以及按钮的单击事件方法如表 7-11 所示。

表 7-11　对象与单击事件的方法（Android 中拍照与录像的实现）

视图和控件	Objective-C 对象	单击事件的方法
录像时间文本框	lblRecordingTIme	
当前相机模式文本框	lblCameraMode	
【改变相机模式】按钮		changeCameraMode
【拍照】按钮		takePicture
【录像】按钮	btnRecord	record

随后，将在 changeCameraMode、takePicture 和 record 方法中分别实现相机模式的获取与切换、相机拍照和相机录像。

另外，由于在实现录像功能中需要更新【录像】按钮的文字，为了避免文字的连续闪烁，需要将其类型（Type）设置为自定义（Custom）。

2．相机模式的获取与切换

在切换相机模式之前，首先要通过相机对象的 DJICameraDelegate 代理获取相机当前所处的模式。

1）获取相机模式

首先，定义相机模式属性 cameraMode：

```
//相机模式
@property (nonatomic, assign) DJICameraMode cameraMode;
```

其次，在 viewWillAppear 方法中设置相机的代理，同时在 viewWillDisappear 方法中取消设置相机的代理，具体实现如代码 7-8 所示。

代码 7-8

```
- (void)viewWillAppear:(BOOL)animated {
```

```
    [super viewWillAppear:animated];
    //设置相机代理
    DJICamera *camera = [self getCamera]; //获取相机方法 getCamera 请参考 7.1.1 节的相关内容
    if (camera != nil) {
        camera.delegate = self;
    }
}

- (void)viewWillDisappear:(BOOL)animated {
    [super viewWillDisappear:animated];
    …
    //取消设置相机代理
    DJICamera *camera = [self getCamera];
    if (camera != nil) {
        camera.delegate = self;
    }
}
```

最后，实现 DJICameraDelegate 代理。在该代理的 camera:didUpdateSystemState 回调方法中，获取相机模式，并复制到 cameraMode 属性中。实现刷新 UI 界面的 updateUI 方法，其中 cameraModeString 方法可将相机模式枚举值转变为显示的字符串，具体实现如代码 7-9 所示。

代码 7-9

```
#import "DFCameraGimbalViewController.h"
#import <DJISDK/DJISDK.h>
#import <DJIWidget/DJIWidget.h>

@interface DFCameraGimbalViewController () <DJIVideoFeedListener, DJICameraDelegate>

//相机模式
@property (nonatomic, assign) DJICameraMode cameraMode;

@end

@implementation DFCameraGimbalViewController
…

#pragma mark - DJICameraDelegate
- (void)camera:(DJICamera *_Nonnull)camera didUpdateSystemState:(DJICameraSystemState *_Nonnull)systemState {
    //获取当前的相机模式
    self.cameraMode = systemState.mode;
    //更新 UI 界面
    [self updateUI];
}

#pragma mark - UI 刷新

//刷新 UI 界面
- (void)updateUI {
```

```
    //设置当前的相机模式
    NSString *strCameraMode = [NSString stringWithFormat:@"当前相机模式:%@", [self cameraModeString:self.
cameraMode]];
    self.lblCameraMode.text = strCameraMode;
}

#pragma mark - 枚举类型转字符串

//相机模式枚举值转字符串
-(NSString *)cameraModeString:(DJICameraMode)mode {
    NSString *res = @"N/A";
    switch (mode) {
        case DJICameraModeShootPhoto:
            res = @"SHOOT_PHOTO 拍照模式";
            break;
        case DJICameraModeRecordVideo:
            res = @"RECORD_VIDEO 录像模式";
            break;
        case DJICameraModePlayback:
            res = @"PLAYBACK 回放模式";
            break;
        case DJICameraModeMediaDownload:
            res = @"MEDIA_DOWNLOAD 媒体下载模式";
            break;
        case DJICameraModeBroadcast:
            res = @"BROADCAST 直播模式";
            break;
        case DJICameraModeUnknown:
            res = @"UNKNOWN 未知模式";
            break;
        default:
            break;
    }
    return res;
}
```

此时，运行程序即可在相机模式文本框中显示当前的相机模式。

2）设置相机模式

由于相机模式众多，因此在本例中仅实现通过单击【改变相机模式】按钮使得相机模式在拍照模式和录像模式之间切换：当相机模式处于拍照模式时，切换为录像模式；当相机模式处于其他模式时，切换为相机模式。其中，通过 cameraMode 属性判断当前的相机模式；通过单独的 setCamera:mode 方法设置相机模式。在 setCamera:mode 方法中，通过相机对象的 setMode:withCompletion 方法设置相机模式。独立的 setCamera:mode 方法降低了代码冗余，即在 DFCameraGimbalViewController.m 中实现代码 7-10。

代码 7-10

```
//改变相机模式
```

```
- (IBAction)changeCameraMode:(id)sender{
    DJICamera *camera = [self getCamera];
    if (camera != nil) {
        if (_cameraMode == DJICameraModeShootPhoto) {
            //如果处于拍照模式，则进入录像模式
            [self setCamera:camera mode:DJICameraModeRecordVideo];
        } else {
            //如果处于非拍照模式，则进入拍照模式
            [self setCamera:camera mode:DJICameraModeShootPhoto];
        }
    }
}


//设置指定的相机模式
- (void)setCamera:(DJICamera *)camera mode:(DJICameraMode)mode{
    WeakRef(target);
    [camera setMode:mode withCompletion:^(NSError * _Nullable error) {
        WeakReturn(target);
        if (error == nil) {
            [target showAlertWithMessage:@"相机模式设置成功!"];
        } else {
            [target showAlertWithMessage:[NSString stringWithFormat:@"相机模式设置失败!%@", error.localizedDescription]];
        }
    }];
}
```

3．相机拍照的实现

此处以相机单拍模式为例，介绍相机拍照的实现方法，其步骤如下。

（1）判断相机是否处于拍照模式，以及相机是否正在存储照片数据。

判断相机是否正在存储照片数据可通过相机 DJICameraDelegate 代理的 camera: didUpdateSystemState 回调实现。当 DJICameraSystemState 对象的 isStoringPhoto 属性为 YES 时，相机正在存储照片数据，反之亦然，即在定义了 bool 类型的 isCameraRecoding 之后，在 camera: didUpdateSystemState 回调中加入以下代码：

```
//获取当前是否处于保存照片的状态
self.isCameraStoringPhoto = systemState.isStoringPhoto;
```

由于篇幅所限，请读者自行实现这一功能。

不过，这一步骤是非必需的。当开发者没有实现这一部分的代码时，在后续的代码中会在回调拍照结果时出现错误，使得拍照失败，但是不会使整个应用程序"闪退"。但是，通过回调方法获得这些错误提示需要链路传输指令，占用宽带的同时，速度也会慢很多。因此，这一步骤的意义在于可以提高响应速度，减少不必要的链路指令传输。

（2）设置单拍模式。通过相机对象的 setShootPhotoMode:withCompletion 方法即可将拍照模式切换为单拍模式。

（3）开始拍照。在 setShootPhotoMode:withCompletion 方法的回调中，当判断单拍模式设置成功（没有出现错误）后，通过相机对象的 startShootPhotoWithCompletion 方法实现拍照。对于单拍模式而言，不需要 stopShootPhotoWithCompletion 结束拍照，而是在拍下一张照片后自动停止拍照。

具体的拍照实现代码如代码 7-11 所示。

代码 7-11

```
//拍照
- (IBAction)takePicture:(id)sender{

    __weak DJICamera *camera = [self getCamera];
    if (camera != nil) {
        //判断是否为拍照模式
        if (self.cameraMode != DJICameraModeShootPhoto) {
            [self showAlertWithMessage:@"未处在拍照模式下!"];
            return;
        }
        //判断是否正在存储照片数据
        if (self.isCameraStoringPhoto) {
            [self showAlertWithMessage:@"相机繁忙，请稍后!"];
            return;
        }
        WeakRef(target);
        //设置单拍模式
        [camera setShootPhotoMode:DJICameraShootPhotoModeSingle withCompletion:^(NSError * _Nullable error) {
            WeakReturn(target);
            if (error == nil) {
                //开始拍照
                [camera startShootPhotoWithCompletion:^(NSError * _Nullable error) {
                    if (error == nil) {
                        [target showAlertWithMessage:@"拍照成功!"];
                    } else {
                        [target showAlertWithMessage:[NSString stringWithFormat:@"拍照失败!%@", error.localizedDescription]];
                    }
                }];
            }
        }];
    }
}
```

4. 相机录像的实现

实现相机录像的步骤如下所示。

（1）判断相机是否处在录像模式下。与相机拍照的实现类似，这一步骤也是非必需的。

（2）通过相机对象的 DJICameraDelegate 代理的 camera: didUpdateSystemState 回调获得相机是否已经正在录像。首先在 DFCameraGimbalViewController.m 中定义 bool 类型的 isCameraRecording 属性，然后在 DJICameraDelegate 代理的 camera:didUpdateSystemState 回调方法中通过以下代码获取相机是否正在录像：

```
//获取当前是否处于录像中状态
self.isCameraRecoding = systemState.isRecording;
```

（3）当相机正在录像时，通过相机对象的 stopRecordVideoWithCompletion 方法停止录像；当相机未在录像时，通过相机对象的 startRecordVideoWithCompletion 方法开始录像。另外，要根据相机是否正在录像，设置【录像】按钮的文本在"录像"和"停止"之间切换。

相机录像的实现代码如代码 7-12 所示。

代码 7-12

```
//录像
- (IBAction)record:(id)sender{
    DJICamera *camera = [self getCamera];
    if (camera != nil) {
        //判断是否处在录像模式下
        if (self.cameraMode != DJICameraModeRecordVideo) {
            [self showAlertWithMessage:@"未处在录像模式下!"];
            return;
        }
        if (self.isCameraRecoding) {
            //正录像时，停止录像
            [self stopRecordingWithCamera:camera];
        } else {
            //未录像时，开始录像
            [self startRecordingWithCamera:camera];
        }
    }

}

//开始录像
- (void)startRecordingWithCamera:(DJICamera *)camera {
    WeakRef(target);
    //开始录像
    [camera startRecordVideoWithCompletion:^(NSError * _Nullable error) {
        WeakReturn(target);
        if (error == nil) {
            [target showAlertWithMessage:@"开始录像成功!"];
        } else {
            [target showAlertWithMessage:[NSString stringWithFormat:@"开始录像失败!%@", error.localizedDescription]];
        }
    }];
}

//停止录像
- (void)stopRecordingWithCamera:(DJICamera *)camera {
    WeakRef(target);
    //停止录像
    [camera stopRecordVideoWithCompletion:^(NSError * _Nullable error) {
```

```
        WeakReturn(target);
        if (error == nil) {
            [target showAlertWithMessage:@"停止录像成功!"];
        } else {
            [target showAlertWithMessage:[NSString stringWithFormat:@"停止录像失败!%@", error.localizedDescription]];
        }
    }];
}
```

另外，当相机正在录像时，通过相机对象 DJICameraDelegate 代理的 camera:didUpdate SystemState 回调可获得录像时间，步骤如下。

（1）在 DFCameraGimbalViewController.m 中定义整型的 recordingTime 属性，在 DJICameraDelegate 代理的 camera:didUpdateSystemState 回调方法中通过以下代码获取录像 时间：

```
//获取当前的录像时间
self.recordingTime = systemState.currentVideoRecordingTimeInSeconds;
```

（2）在 DFCameraGimbalViewController.m 中的 updateUI 方法中加入以下代码用于刷新 显示的录像时间：

```
//设置录像时间与按钮文字
if (self.isCameraRecoding) {
    self.btnRecord.titleLabel.text = @"停止";
    self.lblRecordingTime.text = [NSString stringWithFormat:@"录像时间:%lu 秒", self.recordingTime];
} else {
    self.btnRecord.titleLabel.text = @"录像";
    self.lblRecordingTime.text = @"录像时间:未录像";
}
```

编译并运行程序，相机模式的获取与切换、拍照、录像的界面如图 7-5 所示。

图 7-5　相机模式的获取与切换、拍照、录像的界面

7.2 光学相机的设置选项

光学相机是无人机所搭载的最常用的相机类型，大疆消费级无人机中均搭载光学相机。光学相机包含了许多设置参数，封装在相机类的 Get/Set 方法之中。在使用方面，曝光和白平衡的设置最为常用，因此本节以曝光设置为例介绍设置选项的使用方法，其他的一些设置方法与此类似。

7.2.1 曝光、白平衡等常用设置

本节将首先介绍光学相机的常用设置方法，然后以设置曝光模式和 ISO 为例，介绍光学相机设置方法的具体操作。

1．曝光与白平衡

曝光和白平衡的相关设置方法如表 7-12 所示。

表 7-12　曝光和白平衡的相关设置方法

Android 中	iOS 中	说明
setExposureMode(…)	setExposureMode:withCompletion	设置曝光模式
getExposureMode(…)	getExposureModeWithCompletion	获取曝光模式
setISO(…)	setISO:withCompletion	设置 ISO
getISO(…)	getISOWithCompletion	获取 ISO
setShutterSpeed(…)	setShutterSpeed:withCompletion	设置快门速度
getShutterSpeed(…)	getShutterSpeedWithCompletion	获取快门速度
—	isMeteringSupported	判断是否支持测光
isAdjustableApertureSupported()	isAdjustableApertureSupported	判断是否为可变光圈
setAperture(…)	setAperture:withCompletion	设置光圈大小
getAperture(…)	getApertureWithCompletion	获取光圈大小
setMeteringMode(…)	setMeteringMode:withCompletion	设置测光模式
getMeteringMode(…)	getMeteringModeWithCompletion	获取测光模式
setSpotMeteringTarget(…)	setSpotMeteringTargetRowIndex:columnIndex:with-Completion	设置点测光位置
getSpotMeteringTarget(…)	getSpotMeteringTargetWithCompletion	获取点测光位置
setExposureCompensation(…)	setExposureCompensation:withCompletion	设置曝光补偿
getExposureCompensation(…)	getExposureCompensationWithCompletion	获取曝光补偿
setAELock(…)	setAELock:withCompletion	设置 AE 锁
getAELock(…)	getAELockWithCompletion	获取 AE 锁
setAutoAEUnlockEnabled(…)	setAutoAEUnlockEnabled:withCompletion	设置启用自动解开 AE 锁
getAutoAEUnlockEnabled(…)	getAutoAEUnlockEnabledWithCompletion	获取启用自动解开 AE 锁
setWhiteBalance(…)	setWhiteBalance:withCompletion	设置白平衡模式
getWhiteBalance(…)	getWhiteBalanceWithCompletion	获取白平衡模式

1）曝光模式

曝光模式包括自动模式（PROGRAM）、光圈优先（SHUTTER_PRIORITY）、快门优先（APERTURE_PRIORITY）、手动模式（MANUAL）等。

对于照片来说，最终的曝光量由光圈大小和快门速度决定，并且由 ISO 定义感光元件的敏感度。这 3 个曝光设置选项均由枚举类型定义，因篇幅限制，略去不表。但是，不同相机可设置的光圈大小、快门速度和 ISO 的范围不同，需要通过相机能力对象（Capabilities）进行获取。

在 Android 中，获取 ISO、快门速度、光圈大小的范围如下所示：

```
//获取相机所支持的 ISO 范围
SettingsDefinitions.ISO[] isos = camera.getCapabilities().ISORange();
//获取相机所支持的快门速度范围
SettingsDefinitions.ShutterSpeed[] shutterSpeeds = camera.getCapabilities().shutterSpeedRange();
//获取相机所支持的光圈大小范围
SettingsDefinitions.Aperture[] apertures = camera.getCapabilities().apertureRange();
```

在 iOS 中，获取 ISO、快门速度、光圈大小的范围如下所示：

```
//获取相机所支持的 ISO
NSArray *isos = camera.capabilities.ISORange;
//获取相机所支持的快门速度范围
NSArray *shutterSpeeds = camera.capabilities.shutterSpeedRange;
//获取相机所支持的光圈大小范围
NSArray *apertures = camera.capabilities.apertureRange;
```

另外，许多设置选项（如相机模式、曝光模式等）的设置范围也可通过相机能力对象获取。

2）测光模式

测光模式包括中心测光（CENTER）、平均测光（AVERAGE）和点测光（SPOT）。

3）白平衡模式

白平衡模式的预设包括自动（AUTO）、晴天（SUNNY）、阴天（CLOUDY）等类型。

2. 常用设置选项

相机拍照与录像的相关设置方法如表 7-13 所示。

表 7-13　相机拍照和录像的相关设置方法

Android 中	iOS 中	说明
setPhotoFileFormat	setPhotoFileFormat:withCompletion	设置照片文件存储格式
getPhotoFileFormat	getPhotoFileFormatWithCompletion	获取照片文件存储格式
setPhotoAspectRatio	setPhotoAspectRatio:withCompletion	设置照片比例
getPhotoAspectRatio	getPhotoAspectRatioWithCompletion	获取照片比例
setVideoFileFormat	setVideoFileFormat:withCompletion	设置视频文件存储格式
getVideoFileFormat	getVideoFileFormatWithCompletion	获取视频文件存储格式
setVideoResolutionAndFrameRate	setVideoResolutionAndFrameRate:withCompletion	设置视频分辨率和帧率
getVideoResolutionAndFrameRate	getVideoResolutionAndFrameRateWithCompletion	获取视频分辨率和帧率

Android 中	iOS 中	说明
setVideoStandard	setVideoStandard:withCompletion	设置视频标准
getVideoStandard	getVideoStandardWithCompletion	获取视频标准
setVideoCaptionEnabled	setVideoCaptionEnabled:withCompletion	设置是否启用视频字母
getVideoCaptionEnabled	getVideoCaptionEnabledWithCompletion	获取是否启用视频字母
setHistogramEnabled	setHistogramEnabled:withCompletion	设置是否返回直方图数据
getHistogramEnabled	getHistogramEnabledWithCompletion	获取是否返回直方图数据
setVideoFileCompressionStandard	setVideoFileCompressionStandard:withCompletion	设置视频文件压缩标准
getVideoFileCompressionStandard	getVideoFileCompressionStandardWithCompletion	获取视频文件压缩标准

上述方法中涉及了照片文件存储格式、视频文件存储格式、视频标准和视频文件压缩标准等，下面简单介绍这些概念。

1）照片文件存储格式

照片文件存储格式通过枚举类型定义，如表 7-14 所示为照片文件存储格式。

表 7-14　照片文件存储格式

Android 中 PhotoFileFormat 枚举类型	iOS 中 DJICameraPhotoFileFormat 枚举类型	说明
RAW	DJICameraPhotoFileFormatRAW	RAW 格式
JPEG	DJICameraPhotoFileFormatJPEG	JPEG 格式
RAW_AND_JPEG	DJICameraPhotoFileFormatRAWAndJPEG	RAW 和 JPEG 双格式
TIFF_14_BIT	DJICameraPhotoFileFormatTIFF14Bit	TIFF（14bit）格式
RADIOMETRIC_JPEG	DJICameraPhotoFileFormatRadiometricJPEG	R-JPEG 格式
TIFF_14_BIT_LINEAR_LOW_TEMP_RESOLUTION	DJICameraPhotoFileFormatTIFF14BitLinearLowTempResolution	TIFF T-Linear Low 格式
TIFF_14_BIT_LINEAR_HIGH_TEMP_RESOLUTION	DJICameraPhotoFileFormatTIFF14BitLinearHighTempResolution	TIFF T-Linear High 格式
UNKNOWN	DJICameraPhotoFileFormatUnknown	未知

RAW 格式和 JPEG 格式用于存储普通光学相机数据。JPEG 格式和 TIFF 格式可以存储多光谱照片数据。JPEG 格式、R-JPEG 格式、TIFF T-Linear Low 格式、TIFF T-Linear High 格式用于存储热成像照片数据。

2）视频文件存储格式

视频文件存储格式通过枚举类型定义，如表 7-15 所示为视频文件存储格式。

表 7-15　视频文件存储格式

Android 中 VideoFileFormat 枚举类型	iOS 中 DJICameraVideoFileFormat 枚举类型	说明
MOV	DJICameraVideoFileFormatMOV	MOV 格式
MP4	DJICameraVideoFileFormatMP4	MP4 格式
TIFF_SEQ	DJICameraVideoFileFormatTIFFSequence	TIFF 序列格式
SEQ	DJICameraVideoFileFormatSEQ	序列格式
UNKNOWN	DJICameraVideoFileFormatUnknown	未知

在 XT 2 等热红外相机中，通过 TIFF 序列格式和序列格式可存储红外 RAW 视频。通过 ImageJ 软件可打开 TIFF 序列格式视频，通过 Flir Tools 可打开序列格式视频。

3）视频标准和视频文件压缩标准

视频标准包括 PAL 和 NTSC 两类。视频文件压缩标准包括 H264 和 H265 两类，仅支持 X4S、X5S 和精灵 4 Pro 相机。

7.2.2　设置曝光模式与 ISO（Android）

本节将介绍如何在 DroneFly 的基础上开发设置曝光模式和 ISO 的功能。

1．设置布局

在 CameraGimbalActivity 的布局文件中，添加名为"改变曝光模式"和"改变 ISO"的按钮，以及"当前曝光模式"文本框，如图 7-6 所示。

图 7-6　设置视图与控件（Android 中设置曝光模式与 ISO）

上述这些视图和控件在 CameraGimbalActivity 中所对应的对象，以及按钮的单击事件方法如表 7-16 所示。

表 7-16　对象与单击事件的设置（Android 中设置曝光模式与 ISO）

视图和控件	布局 id	Java 对象	单击事件的方法
当前曝光模式文本框	tv_exposure_mode	mTvExposureMode	
【改变曝光模式】按钮	btn_exposure_mode	mBtnExposureMode	changeExposureMode()
【改变 ISO】按钮	btn_iso	mBtnISO	changeCameraISO()

随后，将在 changeExposureMode()、changeCameraISO()方法中分别实现曝光模式的获取和切换，以及 ISO 的切换。

2．曝光模式的获取和切换

在切换曝光模式之前，首先要通过相机对象的 SystemState 监听器获取相机当前所处的模式。

1）获取曝光模式

首先，创建显示曝光模式的方法 showExposureMode()。然后，在 Activity 生命周期的 onResume()和自建的 initUI()方法中分别加入 showExposureMode()方法的调用，以便于在 Activity 打开和恢复时刷新当前曝光模式。其中，exposureModeToString(…)方法可将曝光模式枚举值转变为显示字符串。实现代码如代码 7-13 所示。

代码 7-13

```java
@Override
protected void onResume() {
    super.onResume();
    //回到 Activity 时刷新曝光模式
    showExposureMode();
}


//初始化 UI
private void initUI() {
    …
    //刷新曝光模式
    showExposureMode();
}


//显示曝光模式
private void showExposureMode() {
    //刷新显示相机曝光模式
    Camera camera = getCamera();
    if (camera != null ){
        //获取曝光模式
        camera.getExposureMode(new CommonCallbacks.CompletionCallbackWith<SettingsDefinitions.ExposureMode>() {
            @Override
            public void onSuccess(final SettingsDefinitions.ExposureMode exposureMode) {
                //在 UI 中刷新曝光模式
                runOnUiThread(new Runnable() {
                    @Override
                    public void run() {
                        mTvExposureMode.setText("相机曝光模式:" + exposureModeToString(exposureMode));
                    }
                });
            }

            @Override
            public void onFailure(DJIError djiError) {
                showToast("获取相机曝光模式错误!" + djiError.getDescription());
            }
        });
    }

}

//相机曝光模式枚举值转字符串
private String exposureModeToString(SettingsDefinitions.ExposureMode exposureMode) {
    switch (exposureMode)
    {
        case PROGRAM:
```

249

```
            return "PROGRAM 自动模式";
        case SHUTTER_PRIORITY:
            return "SHUTTER_PRIORITY 快门优先";
        case APERTURE_PRIORITY:
            return "APERTURE_PRIORITY 光圈优先";
        case MANUAL:
            return "MANUAL 手动模式";
        case UNKNOWN:
            return "UNKNOWN 未知模式";
        default:
            return "N/A";
    }
}
```

此时，运行程序即可在当前曝光模式文本框中显示当前的曝光模式。

2）设置曝光模式

由于曝光模式众多，因此在本例中仅实现通过单击【改变曝光模式】按钮使得曝光模式在自动（Auto）和手动（Manual）之间切换：当曝光模式为自动时，切换为手动；当曝光模式为手动时，切换为自动。在 changeExposureMode()方法中，首先通过相机对象的 getExposureMode(…)方法获取当前的曝光模式，然后通过判断利用 setExposureMode(…)方法设置所需要的曝光模式。在 GameraGimbalActivity 的 setExposureMode(…)方法中，通过相机对象的 setExposureMode(…)方法设置相机模式。在 CameraGimbalActivity.java 中实现代码 7-14。

代码 7-14

```
//改变曝光模式
private void changeExposureMode() {
    final Camera camera = getCamera();
    if (camera != null) {
        //获取曝光模式
        camera.getExposureMode(new CommonCallbacks.CompletionCallbackWith<SettingsDefinitions.ExposureMode>() {
            @Override
            public void onSuccess(SettingsDefinitions.ExposureMode exposureMode) {
                if (exposureMode == SettingsDefinitions.ExposureMode.PROGRAM) {
                    //当曝光模式处在自动模式下时，设置为手动模式
                    setExposureMode(camera, SettingsDefinitions.ExposureMode.MANUAL);
                } else {
                    //当曝光模式处在其他模式下时，设置为自动模式
                    setExposureMode(camera, SettingsDefinitions.ExposureMode.PROGRAM);
                }
            }

            @Override
            public void onFailure(DJIError djiError) {
                showToast("获取曝光模式错误:" + djiError.getDescription());
            }
        });
```

```
            }
    }

    //设置指定的曝光模式
    private void setExposureMode(Camera camera, final SettingsDefinitions.ExposureMode exposureMode) {
        //设置曝光模式
        camera.setExposureMode(exposureMode, new CommonCallbacks.CompletionCallback() {
            @Override
            public void onResult(DJIError djiError) {
            if (djiError == null) {
                showToast("相机曝光模式设置成功:" + exposureModeToString(exposureMode));
                runOnUiThread(new Runnable() {
                    @Override
                    public void run() {
                        mTvExposureMode.setText("相机曝光模式:" + exposureModeToString(exposureMode));
                    }
                });
            }
            }
        });
    }
```

3．设置 ISO

分为以下几个步骤。

（1）获取当前相机所处的曝光模式，判断是否处在手动模式下。只有在手动模式下才可以设置 ISO。

（2）通过相机能力对象（Capabilities）获取相机所支持的 ISO 范围，并通过 AlertDialog 显示提示框，让用户选择指定的 ISO 值。

（3）通过相机对象的 setISO(…)方法设置相机的 ISO。

具体实现如代码 7-15 所示。

代码 7-15

```
//改变 ISO
private void changeCameraISO() {

    final Camera camera = getCamera();
    if (camera != null) {
        //获取相机所处的曝光模式
        camera.getExposureMode(new CommonCallbacks.CompletionCallbackWith<SettingsDefinitions.ExposureMode>() {
            @Override
            public void onSuccess(SettingsDefinitions.ExposureMode exposureMode) {
                //判断是否处在手动模式下
                //获取并判断曝光模式的相关代码非必需。事实上在自动模式下，可通过下面的代码设置 ISO，但是不
                //起效果
                if (exposureMode != SettingsDefinitions.ExposureMode.MANUAL){
                    showToast("未处在手动曝光模式下!");
                    return;
```

```
        }
        //获取相机所支持的 ISO
        final SettingsDefinitions.ISO[] isos = camera.getCapabilities().ISORange();
        //弹出设置 ISO 对话框
        AlertDialog.Builder builder = new AlertDialog.Builder(CameraGimbalActivity.this)
                .setTitle("请设置 ISO:")
                .setNegativeButton("取消", null);
        String[] isoStrings = new String[isos.length];
        for (int i = 0; i < isos.length; i ++) {
            isoStrings[i] = isoToString(isos[i]);
        }
        builder.setItems(isoStrings, new DialogInterface.OnClickListener() {
            @Override
            public void onClick(DialogInterface dialog, int which) {
                //获取需要设置的 ISO
                final SettingsDefinitions.ISO iso = isos[which];
                //设置 ISO
                camera.setISO(iso, new CommonCallbacks.CompletionCallback() {
                    @Override
                    public void onResult(DJIError djiError) {
                        if (djiError == null) {
                            showToast("改变 ISO 成功:" + isoToString(iso));
                        } else {
                            showToast("改变 ISO 失败:" + djiError.getDescription());
                        }
                    }
                });
            }
        });
        builder.show();
    }

    @Override
    public void onFailure(DJIError djiError) {
        showToast("获取相机曝光模式错误!" + djiError.getDescription());
    }
});

    }
}

//相机 ISO 枚举值转字符串
private String isoToString(SettingsDefinitions.ISO iso) {
    switch (iso)
    {
        case AUTO: return "自动 ISO";
        case ISO_100: return "100";
        case ISO_200: return "200";
        case ISO_400: return "400";
        case ISO_800: return "800";
        case ISO_1600: return "1600";
```

```
        case ISO_3200: return "3200";
        case ISO_6400: return "6400";
        case ISO_12800: return "12800";
        case ISO_25600: return "25600";
        case FIXED: return "固定 ISO";
        case UNKNOWN: return "未知";
        default: return "N/A";
    }
}
```

编译并运行程序，如图 7-7 所示，通过单击【改变曝光模式】按钮即可将相机的曝光模式在"PROGRAM 自动模式"和"MANUAL 手动模式"之间切换。

图 7-7　设置曝光模式与 ISO（Android）

当曝光模式处在手动模式下时，单击【改变 ISO】按钮即可弹出如图 7-8 所示的对话框，通过单选的方式即可设置当前相机的 ISO 值。

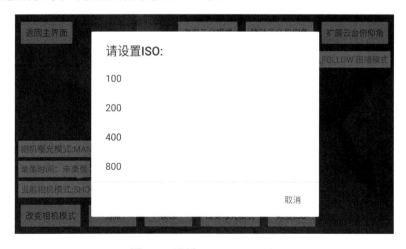

图 7-8　设置 ISO（Android）

253

7.2.3　设置曝光模式与 ISO（iOS）

本节将介绍如何在 DroneFly 项目的基础上开发设置曝光模式和 ISO 的功能。

1．设置布局

在 Main.Storyboard 文件中，添加名为"改变曝光模式"和"改变 ISO"的两个按钮，以及"当前曝光模式"文本框，如图 7-9 所示。

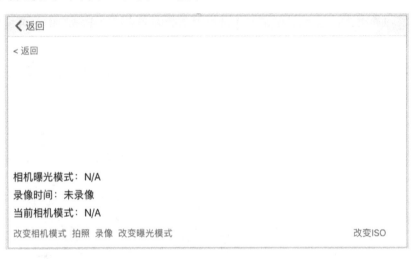

图 7-9　设置视图与控件（iOS 中设置曝光模式与 ISO）

上述这些视图和控件在视图控制器中所对应的对象，以及按钮的单击事件方法如表 7-17 所示。

表 7-17　对象与单击事件的方法（iOS 中设置曝光模式与 ISO）

视图和控件	Objective-C 对象	单击事件的方法
当前曝光模式文本框	lblExposureMode	
【改变曝光模式】按钮		changeExposureMode
【改变 ISO】按钮	btnISO	changeCameraISO

随后，将在 changeExposureMode 和 changeCameraISO 方法中分别实现改变曝光模式与改变 ISO。

2．曝光模式的获取和切换

在切换曝光模式之前，首先要通过相机对象的 SystemState 监听器获取相机当前所处的模式。

1）获取曝光模式

首先，创建显示曝光模式的方法 showExposureMode。然后，在视图控制器生命周期的 viewWillAppear 方法中加入 showExposureMode 方法的调用，以便于在打开时刷新当前曝光模式。其中，exposureModeString 方法可将曝光模式枚举值转变为显示字符串。实现代码如代码 7-16 所示。

代码 7-16

```
- (void)viewWillAppear:(BOOL)animated {
    [super viewWillAppear:animated];
    ...
    //刷新当前曝光模式
    [self showExposureMode];
}

//刷新当前曝光模式
- (void)showExposureMode {
    DJICamera *camera = [self getCamera];
    if (camera != nil) {
        [camera getExposureModeWithCompletion:^(DJICameraExposureMode mode, NSError * _Nullable error) {
            if (error == nil) {
                self.lblExposureMode.text = [NSString stringWithFormat:@"相机曝光模式:%@", [self exposureMode
String:mode]];
            } else {
                [self showAlertWithMessage:[NSString stringWithFormat:@"获取曝光模式失败!%@", error.localized
Description]];
            }
        }];
    }
}

//相机曝光模式枚举值转字符串
-(NSString *)exposureModeString:(DJICameraExposureMode)mode {
    NSString *res = @"N/A";
    switch (mode) {
        case DJICameraExposureModeProgram:
            res = @"PROGRAM 自动模式";
            break;
        case DJICameraExposureModeShutterPriority:
            res = @"SHUTTER_PRIORITY 快门优先";
            break;
        case DJICameraExposureModeAperturePriority:
            res = @"APERTURE_PRIORITY 光圈优先";
            break;
        case DJICameraExposureModeManual:
            res = @"MANUAL 手动模式";
            break;
        case DJICameraExposureModeUnknown:
            res = @"UNKNOWN 未知模式";
            break;
        default:
            break;
    }
    return res;
}
```

255

此时，运行程序即可在当前曝光模式文本框中显示当前的曝光模式。

2）设置曝光模式

由于曝光模式众多，因此在本例中仅实现通过单击【改变曝光模式】按钮使得曝光模式在自动（Auto）和手动（Manual）之间切换：当曝光模式为自动时，切换为手动；当曝光模式为手动时，切换为自动。在 changeExposureMode 方法中，首先通过相机对象的 getExposureModeWithCompletion 方法获取当前的曝光模式，然后通过判断利用 setCamera:exposureMode 方法设置所需要的曝光模式。在 setCamera:exposureMode 方法中，通过相机对象的 setExposureMode:withCompletion 方法设置相机模式。在 DFCameraGimbalViewController.m 中实现代码 7-17。

代码 7-17

```
//改变曝光模式
- (IBAction)changeExposureMode:(id)sender{
    DJICamera *camera = [self getCamera];
    if (camera != nil) {
        WeakRef(target);
        //获取曝光模式
        [camera getExposureModeWithCompletion:^(DJICameraExposureMode mode, NSError * _Nullable error) {
            WeakReturn(target);
            if (error == nil) {
                if(mode == DJICameraExposureModeProgram) {
                    //当曝光模式处在自动模式下时，设置为手动模式
                    [target setCamera:camera exposureMode:DJICameraExposureModeManual];
                }else {
                    //当曝光模式处于其他模式下时，设置为自动模式
                    [target setCamera:camera exposureMode:DJICameraExposureModeProgram];
                }
            } else {
                [target showAlertWithMessage:[NSString stringWithFormat:@"获取曝光模式失败!%@",
error.localizedDescription]];
            }
        }];
    }
}

//设置指定的曝光模式
- (void)setCamera:(DJICamera *)camera exposureMode:(DJICameraExposureMode)mode {
    WeakRef(target);
    //设置曝光模式
    [camera setExposureMode:mode withCompletion:^(NSError * _Nullable error) {
        WeakReturn(target);
        if (error == nil) {
            NSString *modeString = [target exposureModeString:mode];
            [target showAlertWithMessage:[NSString stringWithFormat:@"相机曝光模式设置成功:%@", modeString]];
            target.lblExposureMode.text = [NSString stringWithFormat:@"相机曝光模式:%@", modeString];
        }
```

256

```
    }];
  }
```

3．设置 ISO

分为以下几个步骤。

（1）获取当前相机所处的曝光模式，判断是否处在手动模式下，只有在手动模式下才可以设置 ISO。

（2）通过相机能力对象（DJICameraCapabilities）获取相机所支持的 ISO 范围，并通过 UIAlertController 显示提示框，让用户选择指定的 ISO 值。

（3）通过相机对象的 setISO:withCompletion 方法设置相机的 ISO。

具体实现如代码 7-18 所示。

代码 7-18

```objc
//改变 ISO
- (IBAction)changeCameraISO:(id)sender{

    DJICamera *camera = [self getCamera];
    if (camera != nil) {
        WeakRef(target);
        //获取相机所处的曝光模式
        [camera getExposureModeWithCompletion:^(DJICameraExposureMode mode, NSError * _Nullable error) {
            WeakReturn(target);
            //判断是否处于手动模式下
            //获取并判断曝光模式的相关代码非必需。事实上，在自动模式下，可通过下面的代码设置 ISO，但是不起
            //效果
            if (mode != DJICameraExposureModeManual) {
                [target showAlertWithMessage:@"未处在手动曝光模式下!"];
                return;
            }
            //获取相机所支持的 ISO
            NSArray *isos = camera.capabilities.ISORange;

            //创建选择 ISO 的 ActionSheet 提示
            UIAlertController *alertController = [UIAlertController alertControllerWithTitle:@"提示" message:@"设置
相机 ISO" preferredStyle:UIAlertControllerStyleActionSheet];
            //设置 iPad 下 alertController 的显示位置
            UIPopoverPresentationController *popover = alertController.popoverPresentationController;
            if (popover) {
                popover.sourceView = self.btnISO;
                popover.sourceRect = self.btnISO.bounds;
                popover.permittedArrowDirections = UIPopoverArrowDirectionAny;
            }
            //添加取消按钮
            [alertController addAction:[UIAlertAction actionWithTitle:@"取消" style:UIAlertActionStyleCancel
handler:nil]];
```

```
            for(int i = 0; i < isos.count; i++) {
                DJICameraISO iso = (DJICameraISO)[[isos objectAtIndex:i] longValue];
                __weak NSString *isoString = [self isoString:iso];

                UIAlertAction *action = [UIAlertAction actionWithTitle:isoString style:UIAlertActionStyleDefault
handler:^(UIAlertAction * _Nonnull action) {
                    //设置 ISO
                    [camera setISO:iso withCompletion:^(NSError * _Nullable error) {
                        WeakReturn(target);
                        if(error == nil) {
                            [target showAlertWithMessage:[NSString stringWithFormat:@"改变 ISO 成功:%@",
isoString]];
                        } else {
                            [target showAlertWithMessage:[NSString stringWithFormat:@"改变 ISO 失败!%@",
error.localizedDescription]];
                        }
                    }];
                }];

                [alertController addAction:action];
            }
            [target presentViewController:alertController animated:YES completion:nil];

        }];
    }
}

//相机 ISO 枚举值转字符串
-(NSString *)isoString:(DJICameraISO)iso {
    NSString *res = @"N/A";
    switch (iso) {
        case DJICameraISOAuto:res = @"自动 ISO";break;
        case DJICameraISO100:res = @"100";break;
        case DJICameraISO200:res = @"200";break;
        case DJICameraISO400:res = @"400";break;
        case DJICameraISO800:res = @"800";break;
        case DJICameraISO1600:res = @"1600";break;
        case DJICameraISO3200:res = @"3200";break;
        case DJICameraISO6400:res = @"6400";break;
        case DJICameraISO12800:res = @"12800";break;
        case DJICameraISO25600:res = @"25600";break;
        case DJICameraISOFixed:res = @"固定 ISO";break;
        case DJICameraISOUnknown:res = @"未知";break;
        default:
            break;
    }
    return res;
}
```

编译并运行程序，通过单击【改变曝光模式】按钮即可将相机的曝光模式在"PROGRAM 自动模式"和"MANUAL 手动模式"之间切换，如图 7-10 所示。

图 7-10　设置曝光模式与 ISO（iOS）

当曝光模式处在手动模式下时，单击【改变 ISO】按钮即可弹出如图 7-11 所示的对话框，通过单选的方式即可设置当前相机的 ISO 值。

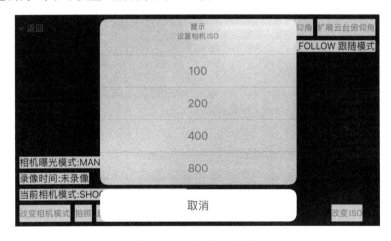

图 7-11　设置 ISO（iOS）

7.3　云台控制

云台有两个主要作用：维持相机平稳和调整相机角度。高度自动化的云台在维持相机平稳的角度方面已经不需要做过多的设置操作。而调整相机角度基本仅限于在俯仰方向上进行控制。在方位上的控制可以通过调整无人机的航向来完成。

在本节中，将首先介绍大疆无人机云台的基本控制功能，然后介绍使用 Mobile SDK 控制云台俯仰角的基本实现方法。

7.3.1　云台控制基础

本节将介绍如何获取云台对象和设置云台模式。

1. 获取云台对象

在 Android 中，云台类为 Gimbal；在 iOS 中，云台类为 DJIGimbal。对于装备单云台相机的无人机来说，其只包含了一个云台对象。

在 Android 中，获取云台的代码如下：

```
public static Gimbal getGimbal() {
    BaseProduct product = DJISDKManager.getInstance().getProduct();
    if (product != null && product.isConnected()) {
        return product.getGimbal();
    }
    return null;
}
```

在 iOS 中，获取云台的代码如下：

```
+ (DJIGimbal *)getGimbal {
    if (DJISDKManager.product != nil) {
        return DJISDKManager.product.gimbal;
    }
    return nil;
}
```

对于经纬（MATRICE）系列无人机（如 M300 RTK、M200 V2 系列、M200 系列等），可以搭载下置双云台双相机，此时可获得两个云台对象。

在 Android 中，通过 Product 类的 getGimbals()方法可获得 List<Gimbal>列表对象。在 iOS 中，通过 Product 类的 gimbals 属性可获得 NSArray<DJIGimbal *>对象。多个云台对象的获取与多个相机对象的获取十分类似，读者可参考"7.1.1 相机模式与相机动作"的相关内容。

2. 云台模式

大疆无人机的云台模式通过枚举类型定义，包括自由模式（Free）、FPV 模式（FPV）、跟随模式（Yaw Follow）和未知（Unknown），如表 7-18 所示。

表 7-18　云台模式

Android 中 GimbalMode 枚举类型	iOS 中 DJIGimbalMode 枚举类型	说明
FREE	DJIGimbalModeFree	自由模式
FPV	DJIGimbalModeFPV	FPV 模式
YAW_FOLLOW	DJIGimbalModeYawFollow	跟随模式
UNKNOWN	DJIGimbalModeUnknown	未知

自由模式仅支持搭载在经纬 M600、M600 Pro 上的如影 Ronin-MX 云台系统，此时支持

俯仰、偏航和横滚三个方向的云台控制。对于绝大多数的无人机来说，仅支持 FPV 模式和跟随模式。通常，FPV 模式用于大疆飞行眼镜等娱乐应用中；跟随模式用于航拍、测绘等航拍和行业应用中。

在跟随模式下，云台会自动根据无人机的运动状态自动调节其横滚角和偏航角，保持相机稳定，以达到稳定和顺滑的相机拍摄效果。因此，在绝大多数情况下，无人机留给我们的只有横滚角的控制。

3．云台俯仰角

云台俯仰位置通过角度定义，0°时相机位于水平状态，-90°时相机竖直朝下。在开启云台俯仰角范围后，云台俯仰角可达到正值（其最大值根据云台的不同而不同）。

7.3.2　控制云台俯仰角（Android）

本节将介绍如何在 DroneFly 的基础上开发获取和切换云台模式、移动云台俯仰角、扩展云台俯仰角的功能。

1．设置布局

在 CameraGimbalActivity 的布局文件中，添加名为"改变云台模式"、"移动云台俯仰角"、"扩展云台俯仰角"的 3 个按钮，以及"当前云台模式"文本框，如图 7-12 所示。

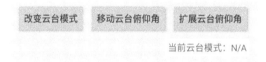

图 7-12　设置视图与控件（Android 中控制云台俯仰角）

上述这些按钮和文本框在 CameraGimbalActivity.java 中所对应的对象名，以及按钮的单击事件方法设计如表 7-19 所示。

表 7-19　对象与单击事件的方法（**Android 中控制云台俯仰角**）

视图和控件	布局 id	Java 对象	单击事件的方法
当前云台模式文本框	tv_gimbal_mode	mTvGimbalMode	
【改变云台模式】按钮	btn_gimbal_mode	mBtnGimbalMode	changeGimbalMode()
【移动云台俯仰角】按钮	btn_move_gimbal_pitch	mBtnMoveGimbalPitch	moveGimbalPitch()
【扩展云台俯仰角】按钮	btn_expand_gimbal_pitch	mBtnExpandGimbalPitch	expandGimbalPitch()

随后，将在 changeGimbalMode()、moveGimbalPitch()和 expandGimbalPitch()方法中分别实现云台模式的切换、移动云台俯仰角、扩展云台俯仰角。

2．云台模式的获取和切换

在切换云台模式之前，首先要通过云台对象的 GimbalState 监听器获取云台当前所处的模式。

1）获取云台模式

首先，在 initListener()和 removeListener()方法中分别加入设置与取消云台 GimbalState 监听器的方法。其次，在 GimbalState 监听器的 onUpdate(…)回调方法中获取云台模式，并赋值到 mGimbalMode 成员变量中。最后，在 updateUI()方法中添加刷新当前云台模式文本框的代码，其中 gimbalModeToString(…)方法可将相机模式枚举值转变为显示字符串，具体实现如代码 7-19 所示。

代码 7-19

```
//云台模式
private GimbalMode mGimbalMode;

//初始化监听器
private void initListener() {
    ...
    //设置云台状态回调
    //getGimbal()方法可见 7.3.1 节中 "1. 获取云台对象" 的相关代码
    Gimbal gimbal = getGimbal();
    if (gimbal != null) {
        gimbal.setStateCallback(new GimbalState.Callback() {
            @Override
            public void onUpdate(@NonNull GimbalState gimbalState) {
                mGimbalMode = gimbalState.getMode();
                updateUI();
            }
        });
    }
}

//移除监听器
private void removeListener() {
    ...
    //移除云台回调
    //getGimbal()方法可见 7.3.1 节中 "1. 获取云台对象" 的相关代码
    Gimbal gimbal = getGimbal();
    if (gimbal != null) {
        gimbal.setStateCallback(null);
    }
}

//更新 UI
private void updateUI() {
    runOnUiThread(new Runnable() {
        @Override
        public void run() {
            ...
            //显示当前云台模式
            String gimbalModeString = gimbalModeToString(mGimbalMode);
            mTvGimbalMode.setText("当前云台模式:" + gimbalModeString);
        }
```

```
        });
    }

//云台模式枚举值转字符串
private String gimbalModeToString(GimbalMode gimbalMode) {
    switch (gimbalMode)
    {
        case FREE:
            return "FREE 自由模式";
        case FPV:
            return "FPV FPV 模式";
        case YAW_FOLLOW:
            return "YAW_FOLLOW 跟随模式";
        case UNKNOWN:
            return "UNKNOWN 未知模式";
        default:
            return "N/A";
    }
}
```

在上述代码中，initListener()方法和 removeListener()方法分别由 CameraGimbalActivity 生命周期的 onCreate(…)方法和 onDestroy()方法调用，即分别在创建 Activity 和销毁 Activity 时调用。

此时，运行程序即可在当前云台模式文本框中显示当前的云台模式。

2）设置云台模式

在本例中仅实现通过单击【改变云台模式】按钮使得相机模式在 FPV 和跟随之间切换。其中，通过 mGimbalMode 成员变量判断当前的云台模式；通过单独的 setGimbalMode(…)方法设置云台模式。在 setGimbalMode (…)方法中，通过云台对象的 setMode(…)方法设置云台模式。独立的 setGimbalMode(…)方法降低了代码冗余，即在 CameraGimbalActivity.java 中实现代码 7-20。

代码 7-20

```
//改变云台模式
private void changeGimbalMode() {
    final Gimbal gimbal = getGimbal();
    if (gimbal != null) {
        if (mGimbalMode == GimbalMode.FPV) {
            //当云台模式处于 FPV 模式时，切换到跟随模式
            setGimbalMode(gimbal, GimbalMode.YAW_FOLLOW);
        } else {
            //当云台模式处于其他模式时，切换到 FPV 模式
            setGimbalMode(gimbal, GimbalMode.FPV);
        }
    }
}

//设置指定的云台模式
```

263

```
private void setGimbalMode(Gimbal gimbal, final GimbalMode gimbalMode) {
    gimbal.setMode(gimbalMode, new CommonCallbacks.CompletionCallback() {
        @Override
        public void onResult(DJIError djiError) {
            if (djiError == null) {
                showToast("云台模式设置成功:" + gimbalModeToString(gimbalMode));
            } else {
                showToast("云台模式设置失败!" + djiError.getDescription());
            }
        }
    });
}
```

3．实现移动云台俯仰角功能

在 Android 中，Rotation 类用于指定目标的云台角度和移动速度等设置，通过 Rotation 类的 Builder 类可构建 Rotation 对象。

Builder 对象包括以下方法。

- mode(RotationMode mode)：设置云台转动模式，包括绝对模式（ABSOLUTE_ANGLE）、相对模式（ABSOLUTE_ANGLE）和速度模式（SPEED）。在相对模式下，各个角度的设置以当前的朝向为基准。
- pitch(float pitch)：设置俯仰角。
- roll(float roll)：设置横滚角。
- yaw(float yaw)：设置偏航角。
- time(double time)：云台转动时间，范围为 0.1～25.5s。
- build()：构建 Rotation 对象。

将云台俯仰角调整为 45°的代码如代码 7-21 所示。

代码 7-21

```
//移动云台俯仰角
private void moveGimbalPitch() {
    Gimbal gimbal = getGimbal();
    if (gimbal != null) {
        //在未扩展云台俯仰角时，角度范围为 0～-90。其中相机向前时，俯仰角为 0；相机向下时，俯仰角为-90
        Rotation rotation = new Rotation.Builder().mode(RotationMode.ABSOLUTE_ANGLE).pitch(-45).build();
        //移动云台俯仰角
        gimbal.rotate(rotation, new CommonCallbacks.CompletionCallback() {
            @Override
            public void onResult(DJIError djiError) {
                if (djiError == null) {
                    showToast("云台俯仰角设置成功!");
                }else {
                    showToast("云台俯仰角设置失败!" + djiError.getDescription());
                }
            }
```

```
        });
    }
}
```

4．实现扩展云台俯仰角功能

通过单击【扩展云台俯仰角】按钮，使得云台俯仰角扩展在启用和停用之间切换。主要包括以下步骤。

（1）判断当前是否已经打开扩展云台俯仰角功能。

（2）当已扩展云台俯仰角时，则禁用扩展；当未扩展云台俯仰角时，则启用扩展。

具体实现如代码 7-22 所示。

代码 7-22

```
//扩展云台俯仰角
private void expandGimbalPitch() {
    final Gimbal gimbal = getGimbal();
    if (gimbal != null) {
        //获取当前是否已经扩展云台俯仰角
        gimbal.getPitchRangeExtensionEnabled(new CommonCallbacks.CompletionCallbackWith<Boolean>() {
            @Override
            public void onSuccess(final Boolean enabled) {
                //当已扩展俯仰角时，则禁用扩展；当未扩展俯仰角时，则启用扩展
                gimbal.setPitchRangeExtensionEnabled(!enabled, new CommonCallbacks.CompletionCallback() {
                    @Override
                    public void onResult(DJIError djiError) {
                        if (djiError == null) {
                            showToast("云台俯仰角扩展设置成功: " + !enabled);
                        }else {
                            showToast("云台俯仰角扩展设置失败!" + djiError.getDescription());
                        }
                    }
                });
            }

            @Override
            public void onFailure(DJIError djiError) {
                showToast("云台俯仰角扩展设置获取失败!" + djiError.getDescription());
            }
        });
    }
}
```

编译并运行程序，单击【改变云台模式】按钮即可将当前云台模式在"YAW_FOLLOW 跟随模式"和"FPV FPV 模式"之间切换。单击【移动云台俯仰角】按钮即可将云台俯仰角设置为-45°。单击【扩展云台俯仰角】按钮即可将云台俯仰角的扩展模式在打开和关闭之间切换，如图 7-13 所示。

图 7-13　控制云台俯仰角（Android）

7.3.3　控制云台俯仰角（iOS）

本节将介绍如何在 DroneFly 的基础上开发获取和切换云台模式、移动云台俯仰角、扩展云台俯仰角的功能。

1. 设置布局

在 Main.Storyboard 文件中，添加名为"改变云台模式"、"移动云台俯仰角"和"扩展云台俯仰角"的 3 个按钮，以及"当前云台模式"文本框，如图 7-14 所示。

图 7-14　设置视图与控件（iOS 中控制云台俯仰角）

上述这些按钮和文本框在视图控制器中所对应的对象名，以及按钮的单击事件方法设计如表 7-20 所示。

表 7-20　对象与单击事件的方法（iOS 中控制云台俯仰角）

视图和控件	Objective-C 对象	单击事件的方法
当前云台模式文本框	lblGimbalMode	
【改变云台模式】按钮		changeGimbalMode
【移动云台俯仰角】按钮		moveGimbalPitch
【扩展云台俯仰角】按钮		expandGimbalPitch

随后，将在 changeGimbalMode、moveGimbalPitch 和 expandGimbalPitch 方法中分别实现云台模式的切换、移动云台俯仰角、扩展云台俯仰角。

2. 云台模式的获取和切换

在切换云台模式之前，首先要通过云台对象的 GimbalState 监听器获取云台当前所处的模式。

1）获取云台模式

首先，设置云台代理对象 DJIGimbalDelegate，并在 viewWillAppear 和 viewWillDisappear 方法中设置和取消代理方法。其次，在云台代理的 gimbal:didUpdateState 方法中获取云台模式，并赋值到 gimbalMode 属性中。最后，在 updateUI 方法中添加刷新当前云台模式文本框的代码，其中 gimbalModeString 方法可将相机模式枚举值转变为显示字符串，具体实现如代码 7-23 所示。

代码 7-23

```
@interface DFCameraGimbalViewController () <DJIVideoFeedListener, DJICameraDelegate, DJIGimbalDelegate>

...

//云台模式
@property (nonatomic, assign) DJIGimbalMode gimbalMode;

@end

@implementation DFCameraGimbalViewController

- (void)viewWillAppear:(BOOL)animated {
    [super viewWillAppear:animated];

    ...
    //设置云台代理
    DJIGimbal *gimbal = [self getGimbal];
    if (gimbal != nil) {
        gimbal.delegate = self;
    }

}

- (void)viewWillDisappear:(BOOL)animated {
```

```
    [super viewWillDisappear:animated];
    ...

    //取消设置云台代理
    DJIGimbal *gimbal = [self getGimbal];
    if (gimbal != nil) {
        gimbal.delegate = self;
    }
}

#pragma mark - DJIGimbalDelegate

- (void)gimbal:(DJIGimbal *)gimbal didUpdateState:(DJIGimbalState *)state {
    self.gimbalMode = state.mode;
    [self updateUI];
}


#pragma mark - UI 刷新

//刷新 UI 界面
- (void)updateUI {
    ...

    //设置当前云台模式
    NSString *strGimbalMode = [NSString stringWithFormat:@" 当前云台模式:%@", [self gimbalModeString:self.
gimbalMode]];
    self.lblGimbalMode.text = strGimbalMode;

}
//云台模式枚举值转字符串
-(NSString *)gimbalModeString:(DJIGimbalMode)mode {
    NSString *res = @"N/A";
    switch (mode) {
        case DJIGimbalModeFree:
            res = @"FREE 自由模式";
            break;
        case DJIGimbalModeFPV:
            res = @"FPV FPV 模式";
            break;
        case DJIGimbalModeYawFollow:
            res = @"YAW_FOLLOW 跟随模式";
            break;
        case DJIGimbalModeUnknown:
            res = @"UNKNOWN 未知模式";
            break;
        default:
            break;
    }
    return res;
}
```

```
...
@end
```

此时，运行程序即可在当前云台模式文本框中显示当前的云台模式。

2）设置云台模式

在本例中仅实现通过单击【改变云台模式】按钮使得相机模式在 FPV 模式和跟随模式之间切换。其中，通过 gimbalMode 属性判断当前的云台模式；通过单独的 setGimbal:mode 方法设置云台模式。在 setGimbal:mode 方法中，通过云台对象的 setMode:withCompletion 方法设置云台模式。独立的 setGimbal:mode 方法降低了代码冗余，即在 DFCameraGimbalViewController.m 中实现代码 7-24。

代码 7-24

```
//改变云台模式
- (IBAction)changeGimbalMode:(id)sender{

    DJIGimbal *gimbal = [self getGimbal];
    if (gimbal != nil) {
        if (self.gimbalMode == DJIGimbalModeFPV) {
            //当云台模式处于 FPV 模式时，切换到跟随模式
            [self setGimbal:gimbal mode:DJIGimbalModeYawFollow];
        } else {
            //当云台模式处于其他模式时，切换到 FPV 模式
            [self setGimbal:gimbal mode:DJIGimbalModeFPV];
        }
    }
}


//设置指定的云台模式
-(void) setGimbal:(DJIGimbal *)gimbal mode:(DJIGimbalMode)mode {
    WeakRef(target);
    [gimbal setMode:mode withCompletion:^(NSError * _Nullable error) {
        WeakReturn(target);
        if(error == nil) {
            [target showAlertWithMessage:[NSString stringWithFormat:@"云台模式设置成功!%@", [self gimbalModeString:
mode]]];
        } else {
            [target showAlertWithMessage:[NSString stringWithFormat:@"云台俯仰角设置失败!%@",error.Localized
Description]];
        }

    }];
}
```

3. 实现移动云台俯仰角功能

在 iOS 中，DJIGimbalRotation 类用于指定目标的云台角度和移动速度等设置。DJIGimbalRotation 对象包括以下属性。

● mode：DJIGimbalRotationMode 类型，设置云台转动模式，包括绝对模式（ABSOLUTE_

ANGLE）、相对模式（ABSOLUTE_ANGLE）和速度模式（SPEED）。在相对模式下，各个角度的设置以当前的朝向为基准。

- pitch：NSNumber 类型，设置俯仰角。
- roll：NSNumber 类型，设置横滚角。
- yaw：NSNumber 类型，设置偏航角。
- time：NSTimeInterval 类型，云台转动时间，范围为 0.1～25.5s。

将云台俯仰角调整为 45°的代码如代码 7-25 所示。

代码 7-25

```
//移动云台俯仰角
- (IBAction)moveGimbalPitch:(id)sender{

    DJIGimbal *gimbal = [self getGimbal];
    if (gimbal != nil) {
        DJIGimbalRotation *rotation = [DJIGimbalRotation gimbalRotationWithPitchValue:@-45 rollValue:nil yawValue:nil time:0.0 mode:DJIGimbalRotationModeAbsoluteAngle ignore:YES];
        WeakRef(target);
        [gimbal rotateWithRotation:rotation completion:^(NSError * _Nullable error) {
            WeakReturn(target);
            if(error == nil) {
                [target showAlertWithMessage:@"云台俯仰角设置成功!"];
            } else {
                [target showAlertWithMessage:[NSString stringWithFormat:@"云台俯仰角设置失败!%@",error.localizedDescription]];
            }
        }];
    }
}
```

4. 实现扩展云台俯仰角功能

通过单击【扩展云台俯仰角】按钮，使得云台俯仰角扩展在启用和停用之间切换。主要包括以下步骤。

（1）判断当前是否已经打开扩展云台俯仰角功能。

（2）当已扩展云台俯仰角时，禁用扩展；当未扩展云台俯仰角时，启用扩展。

具体实现如代码 7-26 所示。

代码 7-26

```
//扩展云台俯仰角
- (IBAction)expandGimbalPitch:(id)sender{
    DJIGimbal *gimbal = [self getGimbal];
    if (gimbal != nil) {
        WeakRef(target);
        //获取当前是否已经扩展云台俯仰角
        [gimbal getPitchRangeExtensionEnabledWithCompletion:^(BOOL isExtended, NSError * _Nullable error) {
            WeakReturn(target);
```

```
if (error == nil) {
    //当已扩展俯仰角时，禁用扩展；当未扩展俯抑角时，启用扩展
    [gimbal setPitchRangeExtensionEnabled:!isExtended withCompletion:^(NSError * _Nullable error) {
        WeakRcturn(target);
        if(error == nil) {
            [target showAlertWithMessage:[NSString stringWithFormat:@" 云 台 俯 仰 角 扩 展 设 置 成
功:%@", (!isExtended ? @"已扩展" : @"未扩展")]];
        } else {
            [target showAlertWithMessage:[NSString stringWithFormat:@" 云 台 俯 仰 角 扩 展 设 置 失
败!%@", error. localizedDescription]];
        }
    }];
    } else {
        [target showAlertWithMessage:[NSString stringWithFormat:@"云台俯仰角扩展获取失败!%@",error.
localizedDescription]];
    }
}];
    }
}
```

编译并运行程序，单击【改变云台模式】按钮即可将当前云台模式在"YAW_FOLLOW
跟随模式"和"FPV FPV 模式"之间切换。单击【移动云台俯仰角】按钮即可将云台俯仰角
设置为-45°。单击【扩展云台俯仰角】按钮即可将云台俯仰角的扩展模式在打开和关闭之间
切换，如图 7-15 所示。

图 7-15　控制云台俯仰角（iOS）

7.4　本章小结

本章介绍了云台和相机的常用设置方法，以及如何在 Android 和 iOS 中实现拍照、录
像、设置曝光模式和 ISO、控制云台俯仰角等功能。

　　相机与云台的控制在实践中非常重要，在绝大多数的行业应用场景中均离不开这些功能。无人机飞向天空一定是带着目的去的，有的希望领略祖国的大好风光，有的希望贴近高空设备检查运行状况。无论是哪一种情况，无人机加上一个摄像头就可以以独特的视角接触我们想要观察的事物。我们想要记录这一视角，就必须使用拍照和录像功能；为了获得更好的记录效果，就需要进行一些常规的设置操作，以及通过云台控制一下相机的角度。

　　当然，本章只介绍了最常用的光学相机，而其他类型的相机或其他类型的负载的使用可参考"第 9 章　多种多样的行业负载"的相关内容。

第8章 访问相机存储卡

在 Mobile SDK 中，访问相机存储卡的方式包括回放（Playback）和媒体下载（MediaDownload）两种方式。回放方式是指直接通过 Lightbridge 等技术直接访问相机的操作界面浏览媒体数据。媒体下载方式是指通过面向对象的方法，将相机存储的媒体文件通过 MediaFile 类提供给开发者使用，其 UI 界面需要自行设计。对于普通的移动开发者而言，媒体下载方式可能更加符合一般性的开发思路。

但是，并不是所有的无人机都支持回放（Playback）和媒体下载（MediaDownload）方式，但是每一种无人机都至少支持其中一种访问相机存储卡的方式。因此，对于需要适配所有无人机的 Mobile SDK 应用程序来说，不可避免地需要对这两种技术分别进行开发。回放方式支持绝大多数的大疆无人机，特别是大疆早期发布的无人机系列，不支持 OSMO、精灵3 标准版、精灵 3 4K、精灵 3 高级版、御 Pro 等。媒体下载方式基本支持大疆近年来最新发布的全部无人机，如御 2 系列、御 Pro、晓、精灵 4 Pro、精灵 4 高级版、悟 2 等。

不过，希望读者在开发时优先使用回放方式访问相机存储卡。因为在绝大多数的场景下，用户只是希望预览拍摄效果，而不是真正要下载这些数据，并且回放方式可以在 Android 和 iOS 中使得界面更加统一。

8.1 媒体下载（MediaDownload）方式

通过媒体下载方式访问相机存储卡需要将相机切换到媒体下载模式，并通过媒体管理器（MediaManager）来获取媒体文件（MediaFile）列表及其相关对象。本节将首先介绍媒体管理器和媒体文件的基本用法，然后分别在 Android 和 iOS 中实现通过媒体下载方式访问相机存储卡的具体应用。

8.1.1 媒体管理器和媒体文件的基本用法

媒体管理器是通过媒体下载方式访问相机存储卡的总管家，在 iOS 中通过相机对象的 mediaManager 属性、在 Android 中通过相机对象的 getMediaManager()方法即可获取媒体管理器对象。

媒体管理器提供了获取媒体文件列表、预览、下载、删除媒体文件等功能。

1. 获取媒体文件列表

在 iOS 中通过媒体管理器对象的 internalStoragefileListSnapshot 方法、在 Android 中通过相机对象的 getInternalStorageFileListSnapshot()方法即可获取媒体文件列表。媒体文件列表包括已同步、未完成、已重置等多种状态类型，如表 8-1 所示。

273

表 8-1　媒体管理器中的媒体文件列表状态

Android 中 FileListState 枚举类型	iOS 中 DJIMediaFileListState 枚举类型	说明
UP_TO_DATE	DJIMediaFileListStateUpToDate	已同步
INCOMPLETE	DJIMediaFileListStateIncomplete	未完成
RESET	DJIMediaFileListStateReset	已重置
DELETING	DJIMediaFileListStateDeleting	正删除
RENAMING	DJIMediaFileListStateRenaming	正重命名
SYNCING	DJIMediaFileListStateSyncing	正同步
UNKNOWN	DJIMediaFileListStateUnknown	未知

　　媒体文件列表均通过数组传递给开发者。其中，每一个媒体文件均抽象为一个 MediaFile 对象。媒体文件对象包括了媒体文件的基本信息，如文件名、创建文件、文件类型等。媒体管理器中的文件类型如表 8-2 所示。

表 8-2　媒体管理器中的文件类型

Android 中 MediaType 枚举类型	iOS 中 DJIMediaType 枚举类型	说明
JPEG	DJIMediaTypeJPEG	JPEG 格式
MP4	DJIMediaTypeMP4	MP4 格式
MOV	DJIMediaTypeMOV	MOV 格式
RAW_DNG	DJIMediaTypeRAWDNG	RAW 格式
PANORAMA	DJIMediaTypePanorama	全景照片格式
TIFF	DJIMediaTypeTIFF	TIFF 格式
SHALLOW_FOCUS	DJIMediaTypeShallowFocus	景深照片格式
SEQ	DJIMediaTypeSEQ	SEQ 格式
TIFF_SEQ	DJIMediaTypeTIFFSequence	TIFF SEQ 格式
JSON	—	JSON 格式
PHOTO_FOLDER	—	照片目录
VIDEO_FOLDER	—	视频目录
—	DJIMediaTypeAudio	音频格式
UNKNOWN	DJIMediaTypeUnknown	未知

　　媒体文件对象还可以包括其缩略图（Thumbnail）和预览图（Preview），其中预览图要比缩略图更加清晰，缩略图通常用于显示在列表中，而预览图适合全屏显示。但是，出于性能的考虑，默认情况下媒体文件对象并不包括缩略图和预览图，需要通过获取媒体任务调度器（FetchMediaTaskScheduler）来下载缩略图和预览图。通过该调度器，Mobile SDK 可以一个接一个地下载这些数据。其具体的使用方法详见 8.1.2 和 8.1.3 节的相关内容。

2．媒体文件的预览

　　对于图片类型的媒体文件来说，通过媒体任务调度器即可获取其预览图。但是，对于视频类型的媒体文件来说，需要通过图传链路传递视频流显示视频的回放，其回放的分辨率固定为 720p。通过媒体管理器的相关方法即可实现回放的播放、暂停、继续和停止功能。媒体管理器中的视频回放状态如表 8-3 所示。

表 8-3　媒体管理器中的视频回放状态

Android 中 VideoPlaybackStatus 枚举类型	iOS 中 DJIMediaVideoPlaybackStatus 枚举类型	说明
STOPPED	DJIMediaVideoPlaybackStatusStopped	已停止
PLAYING	DJIMediaVideoPlaybackStatusPlaying	正在播放
PAUSED	DJIMediaVideoPlaybackStatusPaused	已暂停
UNKNOWN	—	未知

3．媒体文件的下载

在 iOS 中通过媒体文件对象的 fetchFileDataWithOffset:updateQueue:updateBlock 方法、在 Android 中通过媒体文件对象的 fetchFileData(…)方法即可下载媒体文件。但是，对于精灵 4 RTK 无人机来说，不支持上述方法。此时，可在 iOS 中通过相机对象的 setHighQualityPreviewEnabled:withCompletion 方法、在 Android 中通过相机对象的 setHighQualityPreviewEnabled(…)方法启用高质量预览模式。在该模式下，当用户拍摄照片时，会在本地保存高质量的预览照片。

8.1.2　通过媒体下载模式访问相机存储卡（Android）

本节在 DroneFly 项目的基础上，将介绍如何在 Android 中通过媒体下载模式访问相机存储卡。本节所涉及的步骤和代码较多，主要包括以下几个步骤。

- 设计与创建布局。
- 实现显示媒体文件列表功能。
- 实现显示媒体文件缩略图功能。
- 实现预览媒体文件功能。
- 实现下载媒体文件功能。
- 实现删除媒体文件功能。

以下依次实现上述功能。

1．设计与创建布局

1）引入 Google Material 支持库

本部分使用了 RecyclerView 用于显示媒体文件列表。RecyclerView 存在于许多支持库中，本部分采用 Google Material 支持库，即在 Module "app" 的 build.gradle 文件中添加代码 8-1。

代码 8-1

```
dependencies {
    …
    implementation('com.dji:dji-sdk:4.13.1')
    compileOnly('com.dji:dji-sdk-provided:4.13.1')

    implementation 'com.google.android.material:material:1.0.0'
```

```
    }
```

随后，在 Android Studio 中同步 Gradle 设置。

2）创建 MediaDownloadActivity

首先，在 DroneFly 项目中，创建一个空 Activity（Empty Activity），在 MediaDownload Activity 的布局文件中以约束布局（ConstraintLayout）为根视图，上底部向上依次添加 3 个占据整个屏幕的子视图（见图 8-1）。

● 用于显示媒体文件列表的 RecyclerView 视图。
● 用于预览照片的 ImageView 视图。
● 用于预览视频的 ConstraintLayout 布局，在该布局下包含一个用户显示视频回放的 TextureView 视图，【返回】、【播放】、【暂停】、【跳转】4 个按钮，以及一个用于显示预览视频状态的文本框。

图 8-1　各个视图的层级关系（Android 中通过媒体下载模式访问相机存储）

上述这些视图和控件的布局 ID，以及在 MediaDownloadActivity 中的对象名称、单击事件函数的设计如表 8-4 所示。

表 8-4　对象名称与单击事件的设置（**Android 中通过媒体下载模式访问相机存储**）

视图和控件	布局 ID	Java 对象	单击事件
显示媒体文件列表的 RecyclerView 视图	media_file_recycler_view	mMediaFileRecyclerView	
预览照片的 ImageView 视图	media_file_image_view	mIvMediaFile	
预览视频的 ConstraintLayout 布局	media_file_video_view	mLayoutVideo	
显示视频回放的 TextureView 视图	tv_playback	mTvPlayback	
视频回放状态信息文本框	tv_video_information	mTvVideoInformation	
【播放】按钮	btn_video_play	mBtnVideoPlay	videoPlay()
【暂停】按钮	btn_video_pause	mBtnVideoPause	videoPause()
【跳转】按钮	btn_video_goto	mBtnVideoGoto	videoGoto()
【返回】按钮	btn_video_back	mBtnVideoBack	videoBack()

由于篇幅限制，上述布局，以及单击事件的实现请读者自行实现。其中，ImageView 视图

和预览视频的 ConstraintLayout 布局的背景颜色设置为黑色，且可见性设置为消失（gone）。

该布局设计将预览照片和视频的功能与媒体文件列表显示功能混合在同一个 Activity 中，并没有实现功能解耦，不是最佳实践。读者可通过设计 Fragment 或者设计多个 Activity 来解耦这些功能。之所以本书没有通过后者实现解耦，是因为 MediaFile 对象（虽然 MediaFile 对象实现了 Serializable 接口，但是由于可能包含了缩略图或预览图的 Bitmap 而不能通过 Intent 对象传递数据），以及 Bitmap 对象没有实现完整的序列化，不能够直接通过 Intent 对象在不同的 Activity 之间，或不同的 Fragment 之间传输数据。读者可通过单例模式或者设计序列化的 Bitmap 类等方法来实现解耦，但是过程略微复杂，并且本书的重点是介绍 Mobile SDK，因此没有介绍这一功能的实现。

其次，在 AndroidManifest.xml 中将 MediaDownloadActivty 固定为竖屏，具体实现如代码 8-2 所示。

代码 8-2

```
<activity android:name=".MediaDownloadActivity"
    android:configChanges="orientation"
    android:parentActivityName=".MainActivity"
    android:screenOrientation="portrait" />
```

最后，在 MainActivity 中创建打开 MediaDownloadActivity 的【访问相机存储 (MEDIADOWNLOAD)】按钮，以及相关的判断方法，具体实现如代码 8-3 所示。

代码 8-3

```
//获得【访问相机存储(MediaDownload)】按钮的实例对象
Button btnMediaDownload = findViewById(R.id.btn_media_download);
//对【访问相机存储(MediaDownload)】按钮增加监听器
btnMediaDownload.setOnClickListener(new View.OnClickListener() {
    @Override
    public void onClick(View v) {
        if (checkDroneConnection() == false) {
            return;
        }
        Camera camera = getCamera();
        if (camera == null) {
            showToast("相机对象获取失败!");
            return;
        }
        if (!camera.isMediaDownloadModeSupported()) {
            showToast("当前相机不支持 MediaDownload 模式!");
            return;
        }
        //弹出 MediaDownloadActivity
        Intent i = new Intent(MainActivity.this, MediaDownloadActivity.class);
        startActivity(i);
    }
});
```

注意，上述代码中的横线部分用于判断相机对象是否存在，以及是否支持 MediaDownload 模式。对于不支持 MediaDownload 模式的无人机相机，其通常均支持 Playback 模式。

3）创建列表项布局

在本例中，使用 RecyclerView 来显示相机存储卡中的照片和视频列表。RecyclerView 是 ViewGroup 的子类，其中的每一个列表项都是一个子视图 View。RecyclerView 的使用需要 ViewHolder 和 Adapter 的配合，这些类的功能和关系如下。

- RecyclerView 用于定位和回收屏幕上的 View。
- ViewHolder 用于容纳 View。
- Adapter 是连接 RecyclerView 和 ViewHolder 的桥梁，用于创建必要的 ViewHolder，以及将数据绑定在 ViewHolder 上。

> ❀ RecyclerView 虽然不包含在 Android 操作系统的核心库中，但是 RecyclerView 比 ListView 具有更强的流畅性和灵活性，且易用性与 ListView 相差不大。

在 DroneFly 项目中创建 list_item_media_file.xml 列表项布局文件，具体的方法如下。

（1）在 DroneFly 项目中的"res"-"layout"目录上单击鼠标右键，选择"New"-"Layout Resource File"菜单，弹出如图 8-2 所示的对话框。

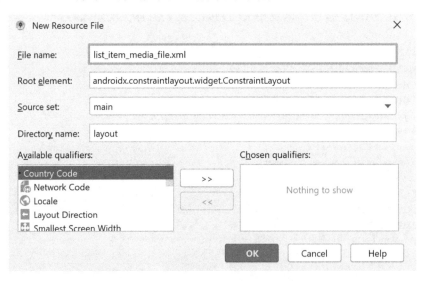

图 8-2　"New Resource File"对话框

（2）在"File name"选项中填写媒体文件列表项布局文件名称"list_item_media_file.xml"，在"Root element"选项中选择根视图节点为约束布局"androidx.constraintlayout.widget.ConstraintLayout"，单击【OK】按钮。

（3）在该布局文件中添加一个用于显示缩略图的 ImageView 视图，添加 3 个分别用于显示文件名称、文件创建日期和文件大小的 TextView 文本框视图，添加【查看】、【下载】和【删除】按钮。媒体文件列表项的布局效果和其 ID 设置如图 8-3 所示。

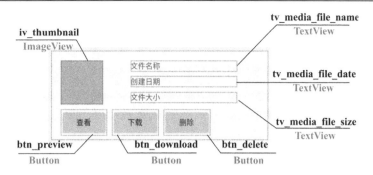

图 8-3　媒体文件列表项的布局效果和其 id 设置

2. 实现显示媒体文件列表功能

（1）创建 MediaFileAdapter 内部类和 MediaFileHolder 内部类。

在 MediaFileAdapter 内部类中，添加媒体文件列表的成员变量 mMediaFiles，并实现其如下方法。

- MediaFileAdapter(List<MediaFile> mediaFiles) 构造方法：传递媒体文件列表 mediaFiles 到成员变量 mMediaFiles。
- onCreateViewHolder(…)方法：创建 MediaFileHolder 方法。
- onBindViewHolder(…)方法：绑定 MediaFileHolder 方法，将需要显示的媒体文件对象赋给 MediaFileHolder 对象。
- getItemCount()方法：根据成员变量 mMediaFiles 中媒体文件的数量定义列表项的数量。

在 MediaFileHolder 内部类中，获取上述媒体文件列表项布局文件中的各个子视图，并设置 bind()方法将媒体文件的一些属性（名称、创建时间、文件大小、缩略图等）显示在子视图中，最后设置【查看】、【下载】和【删除】按钮单击事件的处理方法分别为 preview()、download()和 delete()方法。

实现显示媒体文件列表的代码如代码 8-4 所示。

代码 8-4

```
//内部类：媒体文件显示列表的 Adapter
public class MediaFileAdapter extends
RecyclerView.Adapter<MediaFileAdapter.MediaFileHolder> {

    //内部类：媒体文件显示列表的 ViewHolder
    public class MediaFileHolder extends RecyclerView.ViewHolder implements View.OnClickListener {

        //媒体文件对象
        private MediaFile mMediaFile;
        //子视图
        private ImageView mIvThumbnail;
        private TextView mTvFilename, mTvFilesize, mTvFiledate;
        private Button mBtnPreview, mBtnDownload, mBtnDelete;
```

```java
public MediaFileHolder(@NonNull View itemView) {
    super(itemView);
    //初始化子视图
    mIvThumbnail = itemView.findViewById(R.id.iv_thumbnail); //媒体文件缩略图
    mTvFilename = itemView.findViewById(R.id.tv_media_file_name); //文件名称文本框
    mTvFilesize = itemView.findViewById(R.id.tv_media_file_size); //文件大小文本框
    mTvFiledate = itemView.findViewById(R.id.tv_media_file_date); //文件创建时间文本框
    mBtnPreview = itemView.findViewById(R.id.btn_preview); //【查看】按钮
    mBtnDownload = itemView.findViewById(R.id.btn_download); //【下载】按钮
    mBtnDelete = itemView.findViewById(R.id.btn_delete); //【删除】按钮
    //初始化按钮的单击事件
    mBtnPreview.setOnClickListener(this);
    mBtnDownload.setOnClickListener(this);
    mBtnDelete.setOnClickListener(this);
}
public void bind(MediaFile mediaFile) {
    mMediaFile = mediaFile;
    mTvFilename.setText(mMediaFile.getFileName());
    mTvFilesize.setText("" + mMediaFile.getFileSize() + "Bytes");
    mTvFiledate.setText(mMediaFile.getDateCreated());
    mIvThumbnail.setImageBitmap(mediaFile.getThumbnail());
}

@Override
public void onClick(View v) {
    switch (v.getId()) {
        case R.id.btn_preview: preview();break;
        case R.id.btn_download: download();break;
        case R.id.btn_delete: delete();break;
        default: break;
    }
}

private void preview() {}

private void download() {}

private void delete() {}
}

//媒体文件列表
private List<MediaFile> mMediaFiles;

public MediaFileAdapter(List<MediaFile> mediaFiles) {
    mMediaFiles = mediaFiles;
}

@NonNull
@Override
public MediaFileHolder onCreateViewHolder(@NonNull ViewGroup parent, int viewType) {
    View v = LayoutInflater.from(parent.getContext()).inflate(R.layout.list_item_media_file, parent, false);
```

```
        return new MediaFileHolder(v);
    }

    @Override
    public void onBindViewHolder(@NonNull MediaFileHolder holder, int position) {
        MediaFile mediaFile = mMediaFiles.get(position);
        holder.bind(mediaFile);
    }

    @Override
    public int getItemCount() {
        return mMediaFiles.size();
    }
}
```

（2）通过媒体管理器获取媒体文件列表对象。

首先，在 MediaDownloadActivity 中分别创建 initUI()、initMediaManager()和 unsetMedia
Manager()方法，并由 MediaDownloadActivity 生命周期的 onCreate(…)、onResume()和
onDestory()方法调用，这 3 个方法的具体功能如下。

- initUI()：初始化 UI 界面，设置用于显示媒体文件列表的 mMediaFileRecyclerView 对
  象的布局管理器。
- initMediaManager()：该方法用于初始化媒体管理器和相关对象，主要任务包括判断
  相机对象是否支持 MediaManager 模式、获取媒体管理器 MediaManager 对象、设置
  相机模式为 MediaDwonload 模式、设置媒体文件列表状态监听器、获取媒体文件列
  表、设置 mMediaFileRecyclerView 对象的适配器对象 mMediaFileAdapter 和初始化或
  刷新媒体文件列表。
- unsetMediaManager()：该方法用于重置媒体管理器和相关对象，以及设置相机模式
  为拍照模式和清除媒体文件列表等。

具体实现如代码 8-5 所示。

代码 8-5

```
//媒体文件显示列表的 Adapter
private MediaFileAdapter mMediaFileAdapter;
//媒体管理器
private MediaManager mMediaManager;
//媒体任务调度器
private FetchMediaTaskScheduler mScheduler;

//文件列表状态
private MediaManager.FileListState mFileListState= MediaManager.FileListState.UNKNOWN;
//文件列表状态监听器
private MediaManager.FileListStateListener mFileListStateListener = new MediaManager.FileListStateListener() {
    @Override
    public void onFileListStateChange(MediaManager.FileListState fileListState) {
        mFileListState = fileListState;
    }
```

```
    };

    @Override
    protected void onCreate(Bundle savedInstanceState) {
        super.onCreate(savedInstanceState);
        setContentView(R.layout.activity_media_download);
        //初始化 UI
        initUI();
    }

    @Override
    protected void onResume() {
        super.onResume();
        //初始化媒体管理器
        initMediaManager();
    }

    @Override
    protected void onDestroy() {
        super.onDestroy();
        //重置媒体管理器
        unsetMediaManager();
    }

    //初始化 UI
    private void initUI() {
        ...
        //初始化文件显示列表
        mMediaFileRecyclerView.setLayoutManager(new LinearLayoutManager(this));
    }

    //初始化媒体管理器
    private void initMediaManager() {
        Camera camera = getCamera();
        //判断相机对象非空，且支持媒体下载模式
        if (camera == null) {
            mMediaFileAdapter.mMediaFiles.clear();
            mMediaFileAdapter.notifyDataSetChanged();
            showToast("相机对象获取错误!");
            return;
        }
        if (!camera.isMediaDownloadModeSupported()) {
            showToast("当前相机不支持媒体下载模式!");
            return;
        }
        //获取媒体管理器
        mMediaManager = camera.getMediaManager();
        if (mMediaManager == null) {
            showToast("媒体管理器错误!");
            return;
        }
```

```
        //设置媒体管理器监听器
        mMediaManager.addUpdateFileListStateListener(mFileListStateListener);
        //设置当前相机模式为媒体下载模式
        camera.setMode(SettingsDefinitions.CameraMode.MEDIA_DOWNLOAD, new CommonCallbacks.CompletionCallback() {
            @Override
            public void onResult(DJIError djiError) {
                if (djiError != null) {
                    showToast("相机模式设置错误!" + djiError.getDescription());
                    return;
                }
                //判断当前的文件列表
                if ((mFileListState == MediaManager.FileListState.SYNCING) || (mFileListState == MediaManager.
FileListState.DELETING)){
                    showToast("媒体管理器正忙!");
                    return;
                }
                showToast("开始获取媒体列表!");
                //开始获取媒体文件列表
                mMediaManager.refreshFileListOfStorageLocation(SettingsDefinitions.StorageLocation.SDCARD, new CommonCallbacks.
CompletionCallback() {
                    @Override
                    public void onResult(DJIError djiError) {
                        if (djiError != null) {
                            showToast("获取媒体文件列表错误!" + djiError.getDescription());
                            return;
                        }
                        //未完成获取媒体文件列表时清理媒体列表
                        if (mFileListState == MediaManager.FileListState.INCOMPLETE) {
                            mMediaFileAdapter.mMediaFiles.clear();
                        }
                        //媒体文件列表
                        List<MediaFile> mediaFiles = mMediaManager.getSDCardFileListSnapshot();
                        showMediaFileList(mediaFiles);
                    }
                });
            }
        });
    }

    //显示媒体文件列表
    private void showMediaFileList(final List<MediaFile> mediaFiles) {
        runOnUiThread(new Runnable() {
            @Override
            public void run() {
                if (mMediaFileAdapter == null) {
                    //初始化媒体文件列表
                    mMediaFileAdapter = new MediaFileAdapter(mediaFiles);
                    mMediaFileRecyclerView.setAdapter(mMediaFileAdapter);
                } else {
                    //刷新媒体文件列表
                    mMediaFileAdapter.notifyDataSetChanged();
                }
            }
```

```java
        });
    }


    //重置媒体管理器
    private void unsetMediaManager() {
        //重置媒体管理器对象
        if (mMediaManager != null) {
            //如果正在回放视频，则停止回放
            mMediaManager.stop(null);
            //取消媒体管理器监听器
            mMediaManager.removeFileListStateCallback(mFileListStateListener);
            //如果正在下载媒体，则取消下载
            mMediaManager.exitMediaDownloading();
            //如果媒体任务调度器存在任务，则移除所有任务
            if (mScheduler != null) {
                mScheduler.removeAllTasks();
            }
        }
        //相机退出媒体下载模式
        Camera camera = getCamera();
        if (camera != null) {
            camera.setMode(SettingsDefinitions.CameraMode.SHOOT_PHOTO, new CommonCallbacks.CompletionCallback() {
                @Override
                public void onResult(DJIError djiError) {
                    if (djiError != null){
                        showToast("修改相机模式失败!" + djiError.getDescription());
                    }
                }
            });
        }

        //清除媒体文件列表
        if (mMediaFileAdapter != null && mMediaFileAdapter.mMediaFiles != null) {
            mMediaFileAdapter.mMediaFiles.clear();
        }
    }
```

　　在上述代码中，媒体文件列表对象中可能存在大量的 Bitmap 数据，从而占据移动设备大量的内存空间。对于内存较小的移动设备，当 DroneFly 应用程序进入后台后，该 MediaDownloadActivity 存在一定的概率会被销毁。如此一来，在由 onDestory()方法所调用的 unsetMediaManager()方法中，通过将 mMediaFileAdapter.mMediaFiles 置空可迅速释放其所占用的内存空间。

　　为什么要将 initMediaManager()方法放在 onResume()方法中，而不是放在 onCreate(...)方法中？这是因为当用户再一次回到 MediaDownloadActivity 时，媒体文件列表可能发生了变化，通过 initMediaManager()方法可以重新读取或刷新媒体文件列表。

　　此时，编译并运行程序，进入 MediaDownloadActivity 后，稍等片刻即可出现媒体文件列表，如图 8-4 所示。但是，此时并没有出现媒体文件的缩略图。

图 8-4 显示媒体文件列表（Android）

3．实现显示媒体文件缩略图功能

媒体文件缩略图的获取需要通过 FetchMediaTaskScheduler 调度器对象实现：首先，通过调度器的 resume(…)方法激活调度器；其次，遍历文件列表，对每个媒体文件创建一个 FetchMediaTask 任务对象，并指明其获取缩略图的任务内容（通过传入 FetchMediaTaskContent. THUMBNAIL 枚举值实现）；最后，通过调度器的 moveTaskToEnd(…)方法执行 FetchMediaTask 任务。

实现显示媒体文件缩略图功能的代码如代码 8-6 所示。

代码 8-6

```
//显示媒体文件列表
private void showMediaFileList(final List<MediaFile> mediaFiles) {
    runOnUiThread(new Runnable() {
        @Override
        public void run() {
            ...
            //通过媒体任务调度器下载媒体文件缩略图
            mScheduler.resume(new CommonCallbacks.CompletionCallback() {
                @Override
                public void onResult(DJIError djiError) {
                    getThumbnails();
                }
            });
        }
    });
}
```

```
//下载媒体文件缩略图
private void getThumbnails() {
    //获取媒体文件列表时被用户取消
    if (mMediaFileAdapter.mMediaFiles.size() <= 0) {
        //showToast("无媒体文件!");
        return;
    }
    for (int i = 0; i < mMediaFileAdapter.mMediaFiles.size(); i++) {
        FetchMediaTask task = new FetchMediaTask(mMediaFileAdapter.mMediaFiles.get(i), FetchMediaTaskContent.
THUMBNAIL, new FetchMediaTask.Callback() {
            @Override
            public void onUpdate(MediaFile mediaFile, FetchMediaTaskContent fetchMediaTaskContent, DJIError
djiError) {
                if (null == djiError) {
                    runOnUiThread(new Runnable() {
                        public void run() {
                            mMediaFileAdapter.notifyDataSetChanged();
                        }
                    });
                }
            }
        });
        mScheduler.moveTaskToEnd(task);
    }
}
```

此时，编译并运行程序，加载文件列表后，各个媒体文件的缩略图依次加载并显示在相应的位置上，如图 8-5 所示为显示媒体文件列表及媒体文件的缩略图（Android）。

图 8-5　显示媒体文件列表及媒体文件的缩略图（Android）

4．实现预览照片功能

（1）在 MediaDownloadActivity 中创建并实现 showImagePreview(MediaFile mediaFile)方法，其具体思路与获取媒体文件缩略图的思路类似。

① 创建用于获取并显示缩略图的 FetchMediaTask 任务对象，其任务内容枚举值设置为 FetchMediaTaskContent.PREVIEW。在获取到预览图的 Bitmap 对象后，显示 mIvMediaFile 视图，并将 Bitmap 内容显示出来。另外，通过 setOnClickListener(…)方法设置 mIvMediaFile 视图的单击事件监听器，当用户单击该视图的任何一个位置时隐藏该视图。

② 通过 FetchMediaTaskScheduler 调度器的 resume(…)方法激活调度器。

③ 通过调度器的 moveTaskToEnd(…)方法执行 FetchMediaTask 任务。

具体实现如代码 8-7 所示。

代码 8-7

```java
//预览照片
private void showImagePreview(MediaFile mediaFile) {
    //创建下载照片数据预览图任务
    final FetchMediaTask task =
            new FetchMediaTask(mediaFile, FetchMediaTaskContent.PREVIEW, new FetchMediaTask.Callback() {
                @Override
                public void onUpdate(final MediaFile mediaFile, FetchMediaTaskContent fetchMediaTaskContent,
DJIError error) {
                    if (error != null) {
                        showToast("照片数据获取失败!" + error.getDescription());
                        return;
                    }
                    if (mediaFile.getPreview() == null) {
                        showToast("照片数据为空!");
                        return;
                    }
                    //获取预览图
                    final Bitmap previewBitmap = mediaFile.getPreview();
                    runOnUiThread(new Runnable() {
                        @Override
                        public void run() {
                            //显示预览图
                            mIvMediaFile.setImageBitmap(previewBitmap);
                            mIvMediaFile.setVisibility(View.VISIBLE);
                            mIvMediaFile.setOnClickListener(new View.OnClickListener() {
                                @Override
                                public void onClick(View v) {
                                    mIvMediaFile.setImageBitmap(null);
                                    mIvMediaFile.setVisibility(View.GONE);
                                }
                            });
                        }
                    });
                }
            });
```

```
//提交任务到调度器
mMediaManager.getScheduler().resume(new CommonCallbacks.CompletionCallback() {
    @Override
    public void onResult(DJIError error) {
        if (error == null) {
            mMediaManager.getScheduler().moveTaskToNext(task);
        } else {
            showToast("调度器启动任务失败!" + error.getDescription());
        }
    }
});
}
```

（2）在 MediaFileHolder 内部类中，判断媒体文件是否为照片类型，并调用 showImage-Preview(…)方法实现预览照片功能，具体实现如代码 8-8 所示。

代码 8-8

```
//预览照片和视频功能
private void preview() {
    //预览照片
    //判断媒体文件是否为照片类型
    if (mMediaFile.getMediaType() == MediaFile.MediaType.JPEG
            || mMediaFile.getMediaType() == MediaFile.MediaType.RAW_DNG)
    {
        //实现预览照片
        showImagePreview(mMediaFile);
    }
}
```

此时编译并运行程序，在任何一个照片类型的媒体文件项中单击【查看】按钮，即可看到其预览照片，如图 8-6 所示为预览照片（Android）。单击预览图的任何一个位置即可关闭预览图。

图 8-6　预览照片（Android）

5．实现预览视频功能

在媒体管理器中，通过图传链路来预览视频。因此，在实现预览视频功能之前，需要为 mTvPlayback 对象提供显示来自图传链路的视频流的能力。

> ✿　另外，读者也可以使用 UX SDK 中的 FPVWidget 视图，其使用方法请参考"第 11 章　快速应用构建 UX SDK"的相关内容。

（1）创建 showVideoPreview()方法，用于开始显示视频回放。

将 CameraGimbalActivity.java 的 initListener()方法中涉及图传显示的所有方法赋值到 MediaDownloadActivity.java 的 showVideoPreview()方法中，让 mTvPlayback 对象具有显示视频数据流的能力。

在 showVideoPreview()方法中实现以下功能：判断是否支持视频回放功能；设置 mLayoutVideo 视图为可见。

此时，showVideoPreview()方法的实现如代码 8-9 所示。

代码 8-9

```
//预览视频
private void showVideoPreview() {

    if (!mMediaManager.isVideoPlaybackSupported()) {
        showToast("当前设备不支持视频回放功能!");
        return;
    }

    mLayoutVideo.setVisibility(View.VISIBLE);

    //为用于显示图传数据的 mTvPlayback 设置监听器，以及为 VideoFeed 设置视频流数据监听器
    //请参考 CameraGimbalActivity.java 中 initListener()方法中的代码
    …

    VideoFeeder.getInstance().getPrimaryVideoFeed()
            .addVideoDataListener(mVideoDataListener);

    //自动开始回放视频
    videoPlay();
}
```

（2）在 MediaDownloadActivity.java 中定义成员变量 mCurrentMediaFileIndex，用于指明当前回放视频在媒体文件列表中的索引，具体实现如代码 8-10 所示。

代码 8-10

```
private int mCurrentMediaFileIndex;
```

（3）在 MediaFileHolder 内部类中，判断媒体文件是否为视频类型，并调用 showVideoPreview() 方法实现预览照片功能，具体实现如代码 8-11 所示。

代码 8-11

```
//预览照片和视频功能
private void preview() {
    //预览照片
    ...
    //预览视频
    if (mMediaFile.getMediaType() == MediaFile.MediaType.MOV
            || mMediaFile.getMediaType() == MediaFile.MediaType.MP4)
    {
        //设置当前视频预览的媒体文件索引
        mCurrentMediaFileIndex = mMediaFiles.indexOf(mMediaFile);
        showVideoPreview();
    }
}
```

（4）实现结束视频回放方法 videoBack()，如代码 8-12 所示。

代码 8-12

```
//结束视频回放
private void videoBack() {
    //停止回放
    mMediaManager.stop(null);
    //将当前回放视频在媒体文件列表中的索引设置为无效值
    mCurrentMediaFileIndex = -1;
    //隐藏视频回放界面
    mLayoutVideo.setVisibility(View.GONE);
    //移除 VideoFeed 的视频流数据监听器
    VideoFeeder.getInstance().getPrimaryVideoFeed()
            .removeVideoDataListener(mVideoDataListener);
}
```

此时，编译并运行程序，在任何一个视频类型的媒体文件上单击【查看】按钮，即可弹出视频回放界面。

（5）实现获取回放状态监听器。

首先定义 mVideoPlaybackStatus 对象，用于指示当前的视频回放状态，然后定义视频回放状态监听器 mVideoPlaybackStateListener。在 mVideoPlaybackStateListener 中，当视频回放状态更新时，将视频文件名、回放缓存状态和回放状态显示在 mTvVideoInformation 视图中，具体实现如代码 8-13 所示。

代码 8-13

```
//视频回放状态
private MediaFile.VideoPlaybackStatus mVideoPlaybackStatus = MediaFile.VideoPlaybackStatus.UNKNOWN;
//视频回放状态监听器
private MediaManager.VideoPlaybackStateListener mVideoPlaybackStateListener = new MediaManager.VideoPlayback
StateListener() {
    @Override
    public void onUpdate(MediaManager.VideoPlaybackState videoPlaybackState) {
```

```
        mVideoPlaybackStatus = videoPlaybackState.getPlaybackStatus();
        if (videoPlaybackState.getPlayingMediaFile() == null)
            return;
        String strOutput = "";
        //获取视频回放文件名
        strOutput += ("文件名:" + videoPlaybackState.getPlayingMediaFile().getFileName() + "\n");
        //获取视频回放缓存比例
        strOutput += ("视频回放缓存比例:" + videoPlaybackState.getCachedPercentage() + "%\n");
        //获取视频回放缓存位置
        strOutput += ("视频回放缓存位置:" + videoPlaybackState.getCachedPosition() + "秒\n");
        //获取视频回放状态
        strOutput += ("视频回放状态:" + videoPlaybackState.getPlaybackStatus() + "\n");
        //获取视频回放位置
        strOutput += ("视频回放位置:" + videoPlaybackState.getPlayingPosition() + "秒\n");
        final String strFinalOutput = strOutput;
        runOnUiThread(new Runnable() {
            @Override
            public void run() {
                mTvVideoInformation.setText(strFinalOutput);
            }
        });
    }
};
```

在 initMediaManager()方法中设置视频回放状态监听器：

```
mMediaManager.addMediaUpdatedVideoPlaybackStateListener(mVideoPlaybackStateListener);
```

在 unsetMediaManager()方法中取消视频回放状态监听器：

```
mMediaManager.removeMediaUpdatedVideoPlaybackStateListener(mVideoPlaybackStateListener);
```

（6）实现视频回放播放、停止、暂停、继续、跳转功能。

在 videoPlay()方法中实现视频回放的播放与停止功能，如代码 8-14 所示。

代码 8-14

```
//播放/停止视频回放
private void videoPlay() {

    //播放或停止视频回放
    if (mVideoPlaybackStatus == MediaFile.VideoPlaybackStatus.STOPPED
            || mVideoPlaybackStatus == MediaFile.VideoPlaybackStatus.UNKNOWN) {
        //当停止时开始回放视频
        MediaFile mediaFile = mMediaFileAdapter.mMediaFiles.get(mCurrentMediaFileIndex);
        mMediaManager.playVideoMediaFile(mediaFile, new CommonCallbacks.CompletionCallback() {
            @Override
            public void onResult(DJIError djiError) {
                if (djiError != null) {
                    showToast("播放失败:" + djiError.getDescription());
                } else {
                    showToast("播放成功!");
```

```
                    runOnUiThread(new Runnable() {
                        @Override
                        public void run() {
                            mBtnVideoPlay.setText("停止");
                            mBtnVideoPause.setEnabled(true);
                            mBtnVideoPause.setText("暂停");
                        }
                    });
                }
            }
        });
    } else {
        //停止回放视频
        mMediaManager.stop(new CommonCallbacks.CompletionCallback() {
            @Override
            public void onResult(DJIError djiError) {
                if (djiError != null) {
                    showToast("停止失败:" + djiError.getDescription());
                } else {
                    showToast("停止成功!");
                    runOnUiThread(new Runnable() {
                        @Override
                        public void run() {
                            mBtnVideoPlay.setText("播放");
                            mBtnVideoPause.setEnabled(false);
                        }
                    });
                }
            }
        });
    }
}
```

在 videoPause()方法中实现视频回放的暂停与继续功能，如代码 8-15 所示。

代码 8-15

```
//暂停/继续视频回放
private void videoPause() {
    //当视频暂停时，继续播放
    if (mVideoPlaybackStatus == MediaFile.VideoPlaybackStatus.PAUSED) {
        mMediaManager.resume(new CommonCallbacks.CompletionCallback() {
            @Override
            public void onResult(DJIError djiError) {
                if (djiError != null) {
                    showToast("继续失败:" + djiError.getDescription());
                } else {
                    showToast("继续成功!");
                    runOnUiThread(new Runnable() {
                        @Override
                        public void run() {
```

```
                        mBtnVideoPause.setText("暂停");
                    }
                });
            }
        }
    });
}

//当视频播放时，暂停播放
if (mVideoPlaybackStatus == MediaFile.VideoPlaybackStatus.PLAYING) {
    mMediaManager.pause(new CommonCallbacks.CompletionCallback() {
        @Override
        public void onResult(DJIError djiError) {
            if (djiError != null) {
                showToast("暂停失败:" + djiError.getDescription());
            } else {
                showToast("暂停成功!");
                runOnUiThread(new Runnable() {
                    @Override
                    public void run() {
                        mBtnVideoPause.setText("继续");
                    }
                });
            }
        }
    });
}

}
```

在 videoGoto()方法中实现视频回放的跳转功能。在本例中，将视频播放位置跳转到 0
秒（开头位置），如代码 8-16 所示。

代码 8-16

```
//跳转视频的回放位置
private void videoGoto() {
    if (mVideoPlaybackStatus == MediaFile.VideoPlaybackStatus.STOPPED
            || mVideoPlaybackStatus == MediaFile.VideoPlaybackStatus.UNKNOWN) {
        showToast("视频停止或状态错误。");
        return;
    }

    mMediaManager.moveToPosition(0, new CommonCallbacks.CompletionCallback() {
        @Override
        public void onResult(DJIError djiError) {
            if (djiError != null) {
                showToast("跳转到视频开头失败:" + djiError.getDescription());
            } else {
                showToast("跳转到视频开头成功!");
            }
        }
    }
```

```
    });
}
```

编译并运行程序，预览视频的界面（Android）如图 8-7 所示。

图 8-7   预览视频的界面（Android）

单击【播放】按钮，即可实现视频回放，按钮的文字变为"停止"，此时当右上角的"视频回放缓存比例"达到 100%时，TextureView 开始播放视频流。在播放视频时，"视频回放位置"显示了当前回放的位置（单位：秒）。在播放视频时，单击【停止】按钮，视频停止播放。

在播放视频时，单击【暂停】按钮，视频暂停回放，此时按钮文字变为"继续"。此时，单击【继续】按钮，视频将继续开始播放。

在播放视频时，单击【跳转】按钮即可将视频跳转到 0 秒（开头）位置。

6. 实现下载媒体文件功能

首先在 MediaDownloadActivity 中创建用于显示媒体文件下载进度的 ProgressDialog 对话框成员变量 mPgsDlgDownload，然后在初始化 UI 的 initUI()方法中初始化 mPgsDlgDownload 对象，具体实现如代码 8-17 所示。

代码 8-17

```
//文件下载对话框
private ProgressDialog mPgsDlgDownload;
```

```
//初始化 UI
private void initUI() {
    ...
    //初始化文件下载对话框
    mPgsDlgDownload = new ProgressDialog(MediaDownloadActivity.this);
    mPgsDlgDownload.setTitle("媒体文件下载中...");
    mPgsDlgDownload.setProgressStyle(ProgressDialog.STYLE_HORIZONTAL);
    mPgsDlgDownload.setCanceledOnTouchOutside(false);
    mPgsDlgDownload.setCancelable(true);
    mPgsDlgDownload.setOnCancelListener(new DialogInterface.OnCancelListener() {
        @Override
        public void onCancel(DialogInterface dialog) {
            if (mMediaManager != null) {
                mMediaManager.exitMediaDownloading();
            }
        }
    });
}
```

在 MediaFileHolder 内部类的 download()方法中，通过 MediaFile 对象的 fetchFileData(…)方法实现媒体文件的下载，如代码 8-18 所示。

代码 8-18

```
//下载媒体文件
private void download() {
    //设置下载位置
    File downloadDir = new File(getExternalFilesDir(null) + "/media/");
    //开始下载文件
    mMediaFile.fetchFileData(downloadDir, null, new DownloadListener<String>() {
        @Override
        public void onFailure(DJIError error) {
            runOnUiThread(new Runnable() {
                @Override
                public void run() {
                    mPgsDlgDownload.cancel();
                }
            });
            showToast("文件下载失败!");
        }
        @Override
        public void onProgress(long total, long current) {
        }
        @Override
        public void onRateUpdate(final long total, final long current, long persize) {
            runOnUiThread(new Runnable() {
                @Override
                public void run() {
                    int tmpProgress = (int) (1.0 * current / total * 100);
                    mPgsDlgDownload.setProgress(tmpProgress);
                }
```

```
        });
    }
    @Override
    public void onStart() {
        runOnUiThread(new Runnable() {
            @Override
            public void run() {
                mPgsDlgDownload.incrementProgressBy(-mPgsDlgDownload.getProgress()); //将下载进度设置为 0
                mPgsDlgDownload.show();
            }
        });
    }
    @Override
    public void onSuccess(String filePath) {
        runOnUiThread(new Runnable() {
            public void run() {
                mPgsDlgDownload.dismiss();
            }
        });
        showToast("文件下载成功,下载位置为:" + filePath);
    }
});
}
```

此时，编译并运行程序。在媒体文件列表中的任何一个列表项上单击【下载】按钮，即可弹出如图 8-8 所示的对话框，并将文件下载到应用程序数据目录的 media 子目录下，如"/Android/data/cas.igsnrr.DroneFly/files/media"。

图 8-8 下载文件（Android）

7. 实现删除媒体文件功能

在 MediaFileHolder 内部类的 delete()方法中，通过媒体管理器 mMediaManager 对象的 deleteFiles(…)方法实现媒体文件的删除，如代码 8-19 所示。

代码 8-19

```
//删除媒体文件
private void delete() {
    //设置需要删除的媒体文件
    ArrayList<MediaFile> deleteFiles = new ArrayList<MediaFile>();
    deleteFiles.add(mMediaFile);
    //删除媒体文件
    mMediaManager.deleteFiles(deleteFiles, new CommonCallbacks.CompletionCallbackWithTwoParam<List<MediaFile>,
```

```
DJICameraError>() {
        @Override
        public void onSuccess(List<MediaFile> mediaFiles, DJICameraError djiCameraError) {
            if (djiCameraError != null) {
                showToast("部分媒体文件删除失败!" + djiCameraError.getDescription());
                return;
            }
            //更新数据和视图
            runOnUiThread(new Runnable() {
                @Override
                public void run() {
                    int removedIndex = mMediaFileAdapter.mMediaFiles.indexOf(mMediaFile);
                    mMediaFileAdapter.mMediaFiles.remove(mMediaFile);
                    mMediaFileAdapter.notifyItemRemoved(removedIndex);
                }
            });
        }

        @Override
        public void onFailure(DJIError djiError) {
            showToast("媒体文件删除失败!" + djiError.getDescription());
        }
    });
}
```

此时，编译并运行程序。在任何一个列表项上单击【删除】按钮，即可在无人机相机存储卡中删除这个媒体文件，同时也会自动刷新媒体文件列表。另外，由于该方法所传入的 List<MediaFile> 类型为多个 MediaFile 对象，因此可以删除多个媒体文件。

8.1.3　通过媒体下载模式访问相机存储卡（iOS）

本节在 DroneFly 项目的基础上，将介绍如何在 iOS 中通过媒体下载模式访问相机存储卡。本节所涉及的步骤和代码较多，主要包括以下几个步骤。

- 设计与创建视图控制器。
- 实现显示媒体文件列表功能。
- 实现显示媒体文件缩略图功能。
- 实现预览媒体文件功能。
- 实现下载媒体文件功能。
- 实现删除媒体文件功能。

以下依次实现上述功能。

1．设计与创建视图控制器

1）创建视图控制器

本例中需要创建 3 个视图控制器，如表 8-5 所示。

表 8-5　视图控制器的设计（iOS 中通过媒体下载模式访问相机存储卡）

视图控制器名称	继承自	功能
DFMediaDownloadViewController	UITableViewController	显示媒体文件列表，并实现下载和删除等功能
DFMediaPreviewImageViewController	UIViewController	预览照片
DFMediaPreviewVideoViewController	UIViewController	预览视频

其中，DFMediaPreviewImageViewController 和 DFMediaPreviewVideoViewController 具有单独的 xib 文件，用于单独设置视图的布局。

另外，还需要创建 DFMediaFileCell 表视图单元格，用于显示媒体文件的信息和相关控件：首先，在 Xcode 资源管理器中，在"DroneFly"目录上单击鼠标右键，选择"New File…"菜单；其次，在弹出的对话框中选择"Cocoa Touch Class"选项，单击【Next】按钮；最后，在创建类选项的对话框中，设置类名为"DFMediaFileCell"，并选择其父类为"UITableViewCell"，单击【Next】按钮，如图 8-9 所示。

图 8-9　创建 DFMediaFileCell

2）设置 DFMediaDownloadViewController 的布局

首先，在 Main.Storyboard 中创建 UITableViewController，并将其引用设置为 DFMedia-DownloadViewController。

在 DFMainViewController 布局中，新建【访问相机存储(MediaDownload)】按钮，设置该按钮的 Segue 到 DFMediaDownloadViewController。在上述 Segue 的属性中，设置类型"Kind"为"Show"，设置标识符 Identifier 为"segue_mediadownload"。

如图 8-10 所示，在 DFMediaDownloadViewController 中创建一个表单元格，并添加一个图片视图，用于显示媒体文件缩略图；创建 3 个文本框，分别用于显示文件名称、文件大小和创建时间；创建 3 个按钮，分别用于预览、下载和删除媒体文件。

图 8-10　显示媒体文件的表单元格设计

选中该表单元格，在【▦】ID 检查器（Identity inspector）中设置该视图的引用类（Class）为"DFMediaFileCell"，在【◆】属性检查器（Attributes inspector）中设置该单元格的标识符（Identifier）为"cell"，选择"Selection"选项为"None"（不允许选择单元格）。

其次，通过 Outlets 的方式，在 DFMediaFileCell.h 中设置这些视图的引用。在DFMediaFileCell.h 中的代码如代码 8-20 所示。

代码 8-20

```
//用于显示媒体文件缩略图的 UIImageView
@property (weak, nonatomic) IBOutlet UIImageView *imgPreview;
//文件名称文本框
@property (weak, nonatomic) IBOutlet UILabel *lblFilename;
//文件大小文本框
@property (weak, nonatomic) IBOutlet UILabel *lblFilesize;
//创建时间文本框
@property (weak, nonatomic) IBOutlet UILabel *lblTime;
//【查看】按钮
@property (weak, nonatomic) IBOutlet UIButton *btnPreview;
//【下载】按钮
@property (weak, nonatomic) IBOutlet UIButton *btnDownload;
//【删除】按钮
@property (weak, nonatomic) IBOutlet UIButton *btnDelete;
```

最后，在 DFMainViewController.m 的 shouldPerformSegueWithIdentifier:sender 方法中加入打开 DFMediaDownloadViewController 相关的判断方法，如代码 8-21 所示。

代码 8-21

```
if ([identifier isEqualToString:@"segue_mediadownload"]) {
    if ([self checkDroneConnection] == NO) {
        return NO;
    }
}
```

```
if (![self getCamera].isMediaDownloadModeSupported) {
    [self showAlertViewWithTitle:@"提示" withMessage:@"当前无人机相机不支持 MediaDownload 模式!"];
    return NO;
}
}
```

注意，上述代码中的横线部分用于判断当前相机是否支持 MediaDownload 模式。对于不支持 MediaDownload 模式的无人机相机，通常均支持 Playback 模式。

3）设置 DFMediaPreviewImageViewController 的布局

在 DFMediaPreviewImageViewController.xib 文件中，添加一个占据整个视图控制器大小的 UIImageView 对象，并在 DFMediaPreviewImageViewController.h 中设置该对象的引用为 imageView 属性，用于显示媒体文件图片预览，如图 8-11 所示。

4）设置 DFMediaPreviewVideoViewController 的布局

在 DFMediaPreviewVideoViewController.xib 文件中，添加一个占据整个视图控制器大小的 UIView 对象，用于显示视频回放预览。添加【播放】、【暂停】和【跳转】3 个按钮和一个用于显示视频回放信息的 UILabel 对象，并设置其 "Lines" 属性为 0，这样就可多行显示文字了（图 8-12）。将上述这些视图分别在 DFMediaPreviewVideoViewController.h 中建立引用，如代码 8-22 所示。

图 8-11　DFMediaPreviewImageViewController
的布局设计

图 8-12　DFMediaPreviewVideoViewController
的布局设计

代码 8-22

```
//显示视频回放的视图对象
@property (weak, nonatomic) IBOutlet UIView *vPlayback;
// 【播放】按钮
@property (weak, nonatomic) IBOutlet UIButton *btnVideoPlay;
```

```
//【暂停】按钮
@property (weak, nonatomic) IBOutlet UIButton *btnVideoPause;
//【跳转】按钮
@property (weak, nonatomic) IBOutlet UIButton *btnVideoGoto;


//用于显示回放信息的文本框
@property (weak, nonatomic) IBOutlet UILabel *lblVideoInformation;


//捕获【播放】按钮的 Touch up inside 事件
- (IBAction)videoPlay:(id)sender;
//捕获【暂停】按钮的 Touch up inside 事件
- (IBAction)videoPause:(id)sender;
//捕获【跳转】按钮的 Touch up inside 事件
- (IBAction)videoGoto:(id)sender;
```

DFMediaPreviewImageViewController 和 DFMediaPreviewVideoViewController 分别用于预览照片和视频,未来开发的逻辑如下。

在 DFMediaDownloadViewController 的某个表单元格中单击【查看】按钮,首先判断媒体文件的类型,若为照片类型,则弹出 DFMediaPreviewImageViewController 并显示照片预览;若为视频类型,则弹出 DFMediaPreviewVideoViewController 并显示视频预览。

2．实现显示媒体文件列表功能

1)初始化媒体管理器及其代理

在 DFMediaDownloadViewController 的 viewWillAppear 和 viewWillDisappear 生命周期方法中,分别初始化和重置媒体管理器,并分别交给 initMediaManager 方法和 unsetMediaManager 方法进行处理,这两个方法的主要任务如下。

- initMediaManager:该方法用于初始化媒体管理器和其相关对象,主要任务包括判断相机对象是否支持 MediaManager 模式;获取媒体管理器 MediaManager 对象,并设置代理;设置相机模式为 MediaDwonload 模式;设置媒体文件列表状态监听器;刷新媒体文件列表。
- unsetMediaManager:该方法用于重置媒体管理器和其相关对象,以及设置相机模式为拍照模式和清除媒体文件列表等。

另外,在 DFMediaDownloadViewController 中实现媒体管理器 DJIMediaManagerDelegate 代理,并实现其 didUpdateFileListState:fileListState 方法:将媒体文件列表状态赋值给 mediaFileListState 属性。

具体实现如代码 8-23 所示。

代码 8-23

```
@interface DFMediaDownloadViewController () <DJIMediaManagerDelegate>

//媒体文件列表
@property (nonatomic, strong) NSMutableArray *mediaFiles;
//媒体管理器
@property (nonatomic, strong) DJIMediaManager *mediaManager;
```

```
//媒体文件列表状态
@property (nonatomic, assign) DJIMediaFileListState mediaFileListState;

@end

@implementation DFMediaDownloadViewController

#pragma mark - 视图控制器生命周期

- (void)viewWillAppear:(BOOL)animated {
    [super viewWillAppear:animated];
    //初始化媒体管理器
    [self initMediaManager];

}

- (void)viewWillDisappear:(BOOL)animated {
    [super viewWillDisappear:animated];
    //重置媒体管理器
    [self unsetMediaManager];
}

//初始化媒体管理器
- (void)initMediaManager {

    //设置相机模式为 MediaDownload 模式
    __weak DJICamera *camera = [self getCamera];
    //正常获取到相机对象
    if (camera == nil) {
        //清空列表
        self.mediaFiles = [NSMutableArray array];
        [self.tableView reloadData];
        [self showAlertWithMessage:@"相机获取失败!"];
        return;
    }
    //当前相机不支持 MediaDownload 模式时
    if (!camera.isMediaDownloadModeSupported) {
        [self showAlertWithMessage:@"当前相机不支持 MediaDownload 模式!"];
    }
    //获取媒体管理器对象
    self.mediaManager = camera.mediaManager;
    if (self.mediaManager == nil) {
        [self showAlertWithMessage:@"媒体管理器错误!"];
        return;
    }
    self.mediaManager.delegate = self;
    WeakRef(target);
    [camera setMode:DJICameraModeMediaDownload withCompletion:^(NSError * _Nullable error) {
        WeakReturn(target);
        if (error != nil) {
            [target showAlertWithMessage:[NSString stringWithFormat:@"设置相机模式错误,%@", error.localizedDescription]];
```

```
            return;
        }

        if (target.mediaFileListState == DJIMediaFileListStateSyncing || target.mediaFileListState == DJIMediaFile-
ListStateDeleting) {
            [target showAlertWithMessage:@"媒体管理器正忙"];
            return;
        }
        //获取列表信息
        [camera.mediaManager refreshFileListOfStorageLocation:DJICameraStorageLocationSDCard withCompletion:
^(NSError * _Nullable error) {
            WeakReturn(target);
            //设置媒体文件列表
            target.mediaFiles = [NSMutableArray arrayWithArray:[camera.mediaManager sdCardFileListSnapshot]];
            //刷新表视图
            [target.tableView reloadData];
        }];
    }];
}

//重置媒体管理器
- (void)unsetMediaManager {

    //重置媒体管理器对象
    if (self.mediaManager != nil) {
        //如果正在回放视频，则停止回放
        [self.mediaManager stopWithCompletion:nil];
        //取消媒体管理器代理
        self.mediaManager.delegate = nil;
        //如果媒体任务调度器存在任务，则移除所有任务
        [self.mediaManager.taskScheduler removeAllTasks];
    }

    //相机退出媒体下载模式
    DJICamera *camera = [self getCamera];
    if (camera != nil) {
        WeakRef(target);
        [camera setMode:DJICameraModeShootPhoto withCompletion:^(NSError * _Nullable error) {
            WeakReturn(target);
            if (error != nil) {
                [target showAlertWithMessage:[NSString stringWithFormat:@"修改相机模式失败:%@", error.
localizedDescription]];
            }
        }];
    }

    //清除媒体文件列表
    self.mediaFiles = nil;
}
```

```
-(void)manager:(DJIMediaManager *)manager didUpdateFileListState:(DJIMediaFileListState)fileListState {
    //获取当前的媒体文件列表状态
    self.mediaFileListState = fileListState;
}

@end
```

在上述代码中，媒体文件列表对象中可能存在大量的 UIImage 数据，从而占据移动设备大量的内存空间。在退出该视图控制器时，及时将媒体文件列表的 mediaFiles 属性赋空，可立即释放内容空间。

为什么要将 initMediaManager 方法放在 viewWillAppear 方法中，而不是放在 viewDidLoad 方法中？这是因为 DFMediaDownloadViewController 和 DFMediaPreviewImageViewController 共用了媒体管理器代理。当用户从 DFMediaPreviewImageViewController 视图管理器返回时，可通过 initMediaManager 方法重新设置媒体管理器的代理。

2）显示列表内容

通过实现表视图的代理和数据源代理的如下方法实现媒体文件在表视图中的显示。

● numberOfSectionsInTableView 方法：设置 Section 的数量为 1。
● tableView:numberOfRowsInSection 方法：设置表的行数为媒体文件的数量。
● tableView:cellForRowAtIndexPath 方法：获取表单元格 DFMediaFileCell 对象和媒体文件 DJIMediaFile 对象，并在视图中显示媒体文件的一些属性（文件名、文件大小、创建时间、缩略图等）。
● tableView:heightForRowAtIndexPath 方法：设置表单元格的行高。

具体实现如代码 8-24 所示。

代码 8-24

```
- (NSInteger)numberOfSectionsInTableView:(UITableView *)tableView {
    return 1;
}

- (NSInteger)tableView:(UITableView *)tableView numberOfRowsInSection:(NSInteger)section {
    return [_mediaFiles count];
}

- (UITableViewCell *)tableView:(UITableView *)tableView cellForRowAtIndexPath:(NSIndexPath *)indexPath {
    //获取表格项对象
    DFMediaFileCell *cell = [tableView dequeueReusableCellWithIdentifier:@"cell" forIndexPath:indexPath];
    //获取媒体文件对象
    DJIMediaFile *file = [_mediaFiles objectAtIndex:indexPath.row];
    //显示媒体文件的文件名
    cell.lblFilename.text = [file fileName];
    //显示媒体文件的文件大小
    cell.lblFilesize.text = [NSString stringWithFormat:@"%.2f KB", [file fileSizeInBytes] / 1024.0];
    //显示媒体文件的创建时间
    cell.lblTime.text = [file timeCreated];
    //显示媒体文件的缩略图
```

```
    [cell.imgPreview setImage:file.thumbnail];

    return cell;
}

- (CGFloat)tableView:(UITableView *)tableView heightForRowAtIndexPath:(NSIndexPath *)indexPath{
    return 140;
}
```

此时，编译并运行程序，进入 DFMediaDownloadViewController 后，稍等片刻即可出现媒体文件列表，如图 8-13 所示。但是，此时并没有出现媒体文件的缩略图。

图 8-13　显示媒体文件列表（iOS）

3. 实现显示媒体文件缩略图功能

媒体文件缩略图的获取需要通过 DJIFetchMediaTaskScheduler 调度器对象实现：首先，通过调度器的 resumeWithCompletion 方法激活调度器；其次，遍历文件列表，对每个媒体文件创建一个 DJIFetchMediaTask 任务对象，并指明其获取缩略图的任务内容（通过传入 DJIFetchMediaTaskContentThumbnail 枚举值来实现）；最后，通过调度器的 moveTaskToEnd 方法执行 DJIFetchMediaTask 任务。

实现显示媒体文件缩略图功能的代码如代码 8-25 所示。

代码 8-25

```
//初始化媒体管理器
- (void)initMediaManager {
    …
    [camera setMode:DJICameraModeMediaDownload withCompletion:^(NSError * _Nullable error) {
        …
        //获取列表信息
        [camera.mediaManager refreshFileListOfStorageLocation:DJICameraStorageLocationSDCard withCompletion:^(NSError
* _Nullable error) {
            …
            //刷新表视图
            [target.tableView reloadData];
            //获取缩略图
            [target fetchThumbnails];
        }];
    }];
}

//获取媒体文件列表缩略图
- (void)fetchThumbnails {
    //获取相机对象
    DJICamera *camera = [self getCamera];
    if (camera == nil) {
        [self showAlertWithMessage:@"相机获取失败!"];
        return;
    }
    //设置单一任务失败后继续调度执行其他任务
    camera.mediaManager.taskScheduler.suspendAfterSingleFetchTaskFailure = NO;
    //激活调度器
    [camera.mediaManager.taskScheduler resumeWithCompletion:nil];
    //遍历媒体文件
    for (DJIMediaFile *file in _mediaFiles) {
        if (file.thumbnail == nil) {
            WeakRef(target);
            //创建获取缩略图的任务对象
            DJIFetchMediaTask *task = [DJIFetchMediaTask taskWithFile:file content:DJIFetchMediaTaskContentThumbnail
andCompletion:^(DJIMediaFile * _Nullable file, DJIFetchMediaTaskContent content, NSError * _Nullable error) {
                WeakReturn(target);
                [target.tableView reloadData];
            }];
            //执行获取缩略图的任务对象
            [camera.mediaManager.taskScheduler moveTaskToEnd:task];
        }
    }
}
```

此时，编译并运行程序，即可看到媒体文件的缩略图在媒体文件列表加载完成后依次被加载出来，如图 8-14 所示。

运营商 📶　　　　下午4:02　　　　🔋

‹ 返回　**相机存储测试 (MediaDownload)**

DJI_0015.dng
17834.07 KB
2020-06-13 21:07:24

查看　下载　删除

DJI_0017.mov
41213.38 KB
2020-06-13 21:35:04

查看　下载　删除

DJI_0018.dng
17829.51 KB
2020-06-13 22:44:06

查看　下载　删除

DJI_0019.dng
17826.48 KB
2020-06-13 22:44:10

查看　下载　删除

图 8-14　显示媒体文件列表及媒体文件缩略图（iOS）

4．实现预览照片功能

（1）捕获【查看】、【下载】和【删除】按钮的单击（Touch up inside）事件，并设置其处理函数，如代码 8-26 所示。

代码 8-26

```objc
- (UITableViewCell *)tableView:(UITableView *)tableView cellForRowAtIndexPath:(NSIndexPath *)indexPath {

    //获取媒体文件对象
    DJIMediaFile *file = [_mediaFiles objectAtIndex:indexPath.row];

    ...
    //当前媒体文件在列表中的索引
    int index = (int)[_mediaFiles indexOfObject:file];
    cell.btnDelete.tag = index;
    cell.btnDownload.tag = index;
    cell.btnPreview.tag = index;
    //设置【查看】、【下载】和【删除】按钮的单击事件处理方法
    [cell.btnPreview addTarget:self action:@selector(mediaFilePreview:) forControlEvents:UIControlEventTouchUpInside];
    [cell.btnDownload addTarget:self action:@selector(mediaFileDownload:) forControlEvents:UIControlEventTouchUpInside];
    [cell.btnDelete addTarget:self action:@selector(mediaFileDelete:) forControlEvents:UIControlEventTouchUpInside];

    return cell;
```

```
    }

    - (void) mediaFilePreview:(id)sender{

    }
    - (void) mediaFileDownload:(id)sender{

    }
    - (void) mediaFileDelete:(id)sender{

    }
```

此时，mediaFilePreview、mediaFileDownload 和 mediaFileDelete 方法可分别处理【查看】、【下载】和【删除】按钮的单击事件。由于媒体文件在索引信息被赋值到这些按钮的 tag 属性中，因此在 mediaFilePreview 等方法中使用以下语句即可获取其按钮所对应的媒体文件对象：

```
int index = (int)((UIButton *)sender).tag;
DJIMediaFile *mediaFile = [self.mediaFiles objectAtIndex:index];
```

（2）设置 DFMediaPreviewImageViewController。

在 DFMediaPreviewImageViewController.h 中添加 UIImage 类型的 image 属性。在 DFMediaPreviewImageViewController.m 中添加代码 8-27。

代码 8-27

```
- (void)viewWillAppear:(BOOL)animated {
    [super viewWillAppear:animated];
    if (self.image != nil)
        [self.imageView setImage:self.image];
}
```

此时，在 DFMediaPreviewImageViewController 中可自动加载照片对象 image 属性中的数据。

> ✿ 这里并不是 DFMediaPreviewImageViewController 设计的最佳实践，但是是较为简单的实现方法。读者可为 DFMediaPreviewImageViewController 新增构造方法，并直接传入 UIImage 对象，以提高该视图控制器的复用能力。

（3）实现 mediaFilePreview 方法。

其具体思路与获取媒体文件缩略图的思路类似：首先，判断当前媒体文件是否为照片类型；其次，通过 resumeWithCompletion 方法激活调度器，并创建用于获取并显示预览图的 DJIFetchMediaTask 任务对象，其任务内容枚举值设置为 DJIFetchMediaTaskContentPreview，在获取到预览图的 UIImage 对象后，创建 DFMediaPreviewImageViewController，将 UIImage 对象传递给该视图控制器，并弹出该视图控制器；最后，通过调度器的 moveTaskToEnd 方法执行 DJIFetchMediaTask 任务。

具体实现如代码 8-28 所示。

代码 8-28

```
//媒体文件的查看
- (void) mediaFilePreview:(id)sender {

    //获取媒体文件对象
    int index = (int)((UIButton *)sender).tag;
    DJIMediaFile *mediaFile = [self.mediaFiles objectAtIndex:index];

    //预览图片
    if (mediaFile.mediaType == DJIMediaTypeJPEG || mediaFile.mediaType == DJIMediaTypeRAWDNG) {
        //激活调度器
        [self.mediaManager.taskScheduler resumeWithCompletion:nil];
        WeakRef(target);
        //创建获取缩略图的任务对象
        DJIFetchMediaTask  *task  =  [DJIFetchMediaTask  taskWithFile:mediaFile  content:DJIFetchMediaTaskContentPreview
andCompletion:^(DJIMediaFile * _Nullable file, DJIFetchMediaTaskContent content, NSError * _Nullable error) {
            WeakReturn(target);
            //弹出 DFMediaPreviewImageViewController 并显示预览图
            DFMediaPreviewImageViewController * imageViewController = [[DFMediaPreviewImageViewController alloc] init];
            imageViewController.image = mediaFile.preview;
            [target.navigationController pushViewController:imageViewController animated:YES];
        }];
        [self.mediaManager.taskScheduler moveTaskToEnd:task];

    }

}
```

此时，编译并运行程序，在任何一个图片类型的媒体文件上单击【查看】按钮，即可打开其预览照片，如图 8-15 所示。

图 8-15　预览照片（iOS）

5．实现预览视频功能

在媒体管理器中，通过图传链路来预览视频。因此，在实现预览视频功能之前，需要为 vPlayback 对象提供显示视频流的能力。

> ❀ 另外，读者也可以使用 UX SDK 中的 DUXFPVView 视图，其使用方法请参考第 11 章内容。

1）设置 DFMediaPreviewViewViewController

首先，创建 playbackStatus 属性，用于保存视频的回放状态。

其次，分别实现用于显示和取消 Playback 的解码器的 displayPlayback 方法和 undisplayPlayback 方法。

最后，设置并实现媒体管理器代理 DJIMediaManagerDelegate，并实现 manager:didUpdateVideoPlaybackData 方法和 manager:didUpdateVideoPlaybackState 方法。前者用于获取视频回放数据并将其传递给解码器对象，后者用于更新视频回放状态。

具体实现如代码 8-29 所示。

代码 8-29

```objc
@interface DFMediaPreviewVideoViewController () <DJIMediaManagerDelegate>

//视频回放状态
@property (nonatomic, assign) DJIMediaVideoPlaybackStatus playbackStatus;

@end

@implementation DFMediaPreviewVideoViewController

- (void)viewDidLoad {
    [super viewDidLoad];
    //开始显示 Playback
    [self displayPlayback];
    //设置媒体管理器代理
    self.mediaManager.delegate = self;

}

- (void)viewWillDisappear:(BOOL)animated {
    [super viewWillDisappear:animated];
    //不显示 Playback
    [self undisplayPlayback];
    //重置媒体管理器代理
    self.mediaManager.delegate = nil;

}

- (void)displayPlayback {
    //设置 DJIVideoPreviewer 解码器的目标视图 vPlayback
```

```
        [[DJIVideoPreviewer instance] setView:self.vPlayback];
        //开始渲染 vPlayback
        [[DJIVideoPreviewer instance] start];
    }


    - (void) undisplayPlayback{
        //取消设置 DJIVideoPreviewer 解码器的目标视图
        [[DJIVideoPreviewer instance] unSetView];
    }


    -(void)manager:(DJIMediaManager *)manager didUpdateVideoPlaybackData:(uint8_t *)data length:(size_t)length forRendering:
(BOOL)forRendering {
        //传递 VideoFeed 的图传视频流数据到 DJIVideoPreviewer 解码器
        [[DJIVideoPreviewer instance] push:data length:(int)length];
    }


    -(void)manager:(DJIMediaManager *)manager didUpdateVideoPlaybackState:(DJIMediaVideoPlaybackState *)state {
        //获取视频回放状态
        self.playbackStatus = state.playbackStatus;


    }
```

对于精灵 4 专业版和悟 2 的视频回放功能，还需要 DJIRTPlayerRenderView 的支持，详见官方的文档和实例。

另外，为了能够控制媒体管理器和媒体文件，在 DFMediaPreviewVideoViewController.h 中加入媒体管理器和媒体文件的属性：

```
//媒体管理器
@property (nonatomic, strong) DJIMediaManager *mediaManager;
//媒体文件
@property (nonatomic, strong) DJIMediaFile *mediaFile;
```

2）在 mediaFilePreview 方法中弹出 DFMediaPreviewViewViewController

当媒体文件类型为视频类型时，判断当前相机支持视频回放功能后，创建 DFMediaPreviewVideoViewController，并将媒体管理器对象和当前的媒体文件对象赋给这个视图控制器，最后弹出该视图控制器，具体实现如代码 8-30 所示。

代码 8-30

```
//媒体文件的查看
- (void) mediaFilePreview:(id)sender {
    …

    //预览视频
    if (mediaFile.mediaType == DJIMediaTypeMOV || mediaFile.mediaType == DJIMediaTypeMP4) {
        if (!self.mediaManager.isVideoPlaybackSupported) {
            [self showAlertWithMessage:@"当前设备不支持回放视频功能!"];
            return;
        }
```

```
            DFMediaPreviewVideoViewController* videoViewController = [[DFMediaPreviewVideoViewController alloc] init];
            videoViewController.mediaManager = self.mediaManager;
            videoViewController.mediaFile = mediaFile;
            [self.navigationController pushViewController:videoViewController animated:YES];
        }
    }
```

此时，编译并运行程序，在任何一个视频类型的媒体文件上单击【查看】按钮，即可弹出视频回放界面。

3）实现显示回放状态信息

在媒体管理器的 manager:didUpdateVideoPlaybackState 代理方法中，通过 state 对象获取视频的文件名和回放状态信息，并将其显示在 lblVideoInformation 视图中，具体实现如代码 8-31 所示。

代码 8-31

```
-(void)manager:(DJIMediaManager *)manager
didUpdateVideoPlaybackState:(DJIMediaVideoPlaybackState *)state {
    //获取视频回放状态
    self.playbackStatus = state.playbackStatus;

    //显示当前的状态信息
    NSMutableString *strOutput = [NSMutableString string];
    //获取视频的回放文件名
    [strOutput appendFormat:@"文件名:%@\n", state.playingMedia.fileName];
    //获取视频的回放状态
    [strOutput appendFormat:@"视频回放状态:%@\n", [self playbackStatusToString:state.playbackStatus]];
    //获取视频的回放位置
    [strOutput appendFormat:@"视频回放位置:%.2f%%", state.playingPosition];
    self.lblVideoInformation.text = strOutput;

}

//将视频的回放状态转为字符串格式
-(NSString *)playbackStatusToString:(DJIMediaVideoPlaybackStatus)status {
    switch (status) {
        case DJIMediaVideoPlaybackStatusPaused:
            return @"已暂停";
        case DJIMediaVideoPlaybackStatusPlaying:
            return @"正回放";
        case DJIMediaVideoPlaybackStatusStopped:
            return @"已停止";
        default:
            break;
    }
    return nil;
}
```

其中，playbackStatusToString 方法用于将视频的回放状态转为字符串格式。

4）实现视频回放的播放、停止、暂停、继续、跳转功能

① 在 videoPlay 方法中实现视频回放的播放与停止功能，如代码 8-32 所示。

代码 8-32

```
//播放/停止视频回放
- (IBAction)videoPlay:(id)sender {
    if (self.playbackStatus == DJIMediaVideoPlaybackStatusStopped) {
        //当回放停止时，开始播放回放视频
        [self playVideoPlayback];
    } else {
        //当回放播放或者暂停时，停止播放回放视频
        [self stopVideoPlayback];
    }
}


//开始回放视频
- (void)playVideoPlayback {
    WeakRef(target);
    [self.mediaManager playVideo:self.mediaFile withCompletion:^(NSError * _Nullable error) {
        WeakReturn(target);
        if (error != nil) {
            [target showAlertWithMessage:[NSString stringWithFormat:@"播放失败:%@", error.localizedDescription]];
            return;
        }
        target.btnVideoPlay.titleLabel.text = @"停止";
        target.btnVideoPause.enabled = YES;
        target.btnVideoPause.titleLabel.text = @"暂停";

    }];
}


//停止回放视频
- (void)stopVideoPlayback {
    WeakRef(target);
    [self.mediaManager stopWithCompletion:^(NSError * _Nullable error) {
        WeakReturn(target);
        if (error != nil) {
            [target showAlertWithMessage:[NSString stringWithFormat:@"停止失败:%@", error.localizedDescription]];
            return;
        }
        target.btnVideoPlay.titleLabel.text = @"播放";
        target.btnVideoPause.enabled = NO;
    }];
}
```

② 在 videoPause 方法中实现视频回放的暂停与继续功能，如代码 8-33 所示。

313

代码 8-33

```
//暂停/继续视频回放
- (IBAction)videoPause:(id)sender {

    //当视频播放时，暂停播放
    if (self.playbackStatus == DJIMediaVideoPlaybackStatusPlaying) {
        [self pauseVideoPlayback];
    }

    //当视频暂停时，继续播放
    if (self.playbackStatus == DJIMediaVideoPlaybackStatusPaused) {
        [self resumeVideoPlayback];
    }

}

//暂停回放视频
- (void)pauseVideoPlayback {
    WeakRef(target);
    [self.mediaManager pauseWithCompletion:^(NSError * _Nullable error) {
        WeakReturn(target);
        if (error != nil) {
            [target showAlertWithMessage:[NSString stringWithFormat:@"暂停失败:%@", error.localizedDescription]];
            return;
        }
        target.btnVideoPause.titleLabel.text = @"继续";
    }];
}

//继续回放视频
- (void)resumeVideoPlayback {
    WeakRef(target);
    [self.mediaManager resumeWithCompletion:^(NSError * _Nullable error) {
        WeakReturn(target);
        if (error != nil) {
            [target showAlertWithMessage:[NSString stringWithFormat:@"继续失败:%@", error.localizedDescription]];
            return;
        }
        target.btnVideoPause.titleLabel.text = @"暂停";
    }];
}
```

③ 在 videoGoto 方法中实现视频回放的跳转功能，本例中将视频播放位置跳转到 0 秒（开头位置），如代码 8-34 所示。

代码 8-34

```
//跳转视频回放位置
- (IBAction)videoGoto:(id)sender {
    //当视频停止播放时，不进行跳转操作
    if (self.playbackStatus == DJIMediaVideoPlaybackStatusStopped) {
```

```
        [self showAlertWithMessage:@"视频已停止播放."];
        return;
    }
    WeakRef(target);
    //将视频回放位置跳转到 0 秒（开头位置）
    [self.mediaManager moveToPosition:0 withCompletion:^(NSError * _Nullable error) {
        WeakReturn(target);
        if (error != nil) {
            [target showAlertWithMessage:[NSString stringWithFormat:@"跳转到视频开头失败:%@", error.
localizedDescription]];
            return;
        }
    }];
}
```

编译并运行程序，预览视频的界面（iOS）如图 8-16 所示。

图 8-16 预览视频的界面（iOS）

单击【播放】按钮，即可实现视频回放，按钮的文字变为"停止"。在播放视频时，"视频回放位置"显示了当前回放的位置（单位：秒）。在播放视频时，单击【停止】按钮，视频停止播放。

在播放视频时，单击【暂停】按钮，视频暂停回放，此时按钮文字变为"继续"。此时，单击【继续】按钮，继续开始播放视频。

在播放视频时，单击【跳转】按钮即可将视频跳转到 0 秒（开头）位置。

6. 实现下载媒体文件功能

（1）定义用于显示下载进度的 UIAlertController 对象 altDownload 和用于临时存储下载

数据的 NSMutableData 对象 downloadedData：

```
//下载进度对话框
@property (nonatomic, strong) UIAlertController *altDownload;
//下载数据
@property (nonatomic, strong) NSMutableData *downloadedData;
```

（2）在 mediaFileDownload 方法中实现媒体文件的下载，其主要的步骤如下。

① 初始化并显示下载进度对话框。在对话框中添加【取消】按钮，当用户单击该按钮时，调用媒体文件的 stopFetchingFileDataWithCompletion 方法结束下载。

② 通过媒体文件的 fetchFileDataWithOffset:updateQueue:updateBlock 方法开始下载数据。在下载的过程中，会多次调用上述方法中的 Block 语句块。开发者可在该 Block 语句块中更新下载进度。当该 Block 语句块返回的 isComplete 变量为 YES 时，说明下载完毕，此时通过 NSMutableData 对象的 writeToFile 方法即可将数据保存在应用程序的沙盒中。

另外，由于 downloadedData 属性占据了内存大量的空间，因此当下载取消或结束后，立即销毁该对象可迅速释放内存空间。

具体实现如代码 8-35 所示。

代码 8-35

```objc
//媒体文件的下载
- (void) mediaFileDownload:(id)sender {

    //获取媒体文件
    int index = (int)((UIButton *)sender).tag;
    __weak DJIMediaFile *mediaFile = [self.mediaFiles objectAtIndex:index];

    //初始化下载进度对话框
    if (self.altDownload == nil) {
        NSString *altTitle = [NSString stringWithFormat:@"下载文件:%@", mediaFile.fileName];
        self.altDownload = [UIAlertController alertControllerWithTitle:altTitle message:@"开始下载..." preferredStyle:
UIAlertControllerStyleAlert];
        //添加【取消】按钮
        WeakRef(target);
        UIAlertAction *alertActionCancel = [UIAlertAction actionWithTitle:@"取消" style:UIAlertActionStyleCancel
handler:^(UIAlertAction * _Nonnull action) {
            WeakReturn(target);
            //停止下载任务
            [mediaFile stopFetchingFileDataWithCompletion:^(NSError * _Nullable error) {
                WeakReturn(target);
                target.altDownload = nil;
                target.downloadedData = nil;
            }];
        }];
        [self.altDownload addAction:alertActionCancel];
    }
    //显示下载进度对话框
    [self.navigationController presentViewController:self.altDownload animated:YES completion:nil];
```

```
//开始下载文件
WeakRef(target);
[mediaFile fetchFileDataWithOffset:0 updateQueue:dispatch_get_main_queue() updateBlock:^(NSData * _Nullable
data, BOOL isComplete, NSError * _Nullable error) {
    WeakReturn(target);
    if (error != nil) {
        target.altDownload.message = @"下载错误!";
        [target performSelector:@selector(dismissAltDownload) withObject:nil afterDelay:2.0];
    }

    //下载数据
    if (target.downloadedData == nil) {
        target.downloadedData = [NSMutableData data];
    }
    [target.downloadedData appendData:data];
    //下载进度
    double progress = target.downloadedData.length * 1.0 / mediaFile.fileSizeInBytes * 100;
    //显示下载进度
    target.altDownload.message = [NSString stringWithFormat:@"下载进度:%.2f%%", progress];

    //完成下载
    if (progress == 100 && isComplete) {
        //应用程序沙盒中的 Documents 目录
        NSArray*documentPaths = NSSearchPathForDirectoriesInDomains(NSDocumentDirectory, NSUserDomainMask, YES);
        NSString *documentDirectory = [documentPaths objectAtIndex:0];
        //保存文件目录与名称
        NSString *outputfilename = [documentDirectory stringByAppendingPathComponent:mediaFile.fileName];
        //保存
        [target.downloadedData writeToFile:outputfilename atomically:YES];
        //关闭对话框
        [target performSelector:@selector(dismissAltDownload) withObject:nil afterDelay:2.0];
    }

}];
}

//结束显示下载文件对话框
- (void) dismissAltDownload {
    [self.altDownload dismissViewControllerAnimated:YES completion:nil];
    self.altDownload = nil;
    self.downloadedData = nil;
}
```

此时，编译并运行程序。在媒体文件列表中的任何一个列表项上单击【下载】按钮时可弹出如图 8-17 所示的对话框，并将文件下载到应用程序数据沙盒的 Documents 子目录下。如果读者希望将其保存在 iOS 系统的相册中，可先将图片或视频保存在沙盒的 tmp 子目录下，然后通过 PHPhotoLibrary 类的相关方法或 UIImageWriteToSavedPhotosAlbum 的相关方法将其转存至系统的相册中。

图 8-17　下载文件（iOS）

> ✿ 上述方法直接将从无人机下载的数据放入 downloadedData 变量中，因此会大量地占据移动设备的内存空间。对于大数据量的视频文件来说，当过多占用内存时，会出现潜在的应用程序"闪退"危险。读者可以尝试多次调用 fetchFileDataWithOffset:updateQueue:updateBlock 方法（每次的 Offset 不同），分批次下载和存储数据，以降低内存空间的使用。

7. 实现删除媒体文件功能

在 mediaFileDelete 方法中，通过媒体管理器的 deleteFiles:withCompletion 方法实现媒体文件的删除，如代码 8-36 所示。

代码 8-36

```
//媒体文件的删除
- (void) mediaFileDelete:(id)sender {
    //获取媒体文件对象
    int index = (int)((UIButton *)sender).tag;
    DJIMediaFile *mediaFile = [self.mediaFiles objectAtIndex:index];
    WeakRef(target);
    //删除媒体文件
    [self.mediaManager deleteFiles:@[mediaFile] withCompletion:^(NSArray<DJIMediaFile *> * _Nonnull failedFiles,
NSError * _Nullable error) {
        WeakReturn(target);
        if (error) {
            //文件删除失败
            [target showAlertWithMessage:[NSString stringWithFormat:@"文件删除失败:%@", error.localizedDescription]];
            //failedFiles 包含了删除失败的媒体文件。
        }else
        {
            [target showAlertWithMessage:@"文件删除成功!"];
            [target.mediaFiles removeObjectAtIndex:index];
            [target.tableView reloadData];
        }

    }];
}
```

此时，编译并运行程序。在任何一个列表上单击【删除】按钮，可在无人机相机存储卡中删除这个媒体文件，同时媒体文件列表也会自动刷新。另外，由于该方法所传入的 NSArray 类型可包含多个 DJIMediaFile 对象，因此可以通过该方法删除多个媒体文件。

8.2　回放（Playback）方式

通过回放方式访问相机存储卡，需要将相机切换到回放模式，并通过回放管理器（PlaybackManager）来操作相机的回放界面。本节将首先介绍回放管理器的基本用法，然后分别在 Android 和 iOS 中实现通过回放方式访问相机存储卡的具体应用。

8.2.1　回放管理器

通过回放方式访问相机存储卡，实际上是通过图传链路直接显示相机的照片和录像信息，其所传递到客户端的相机存储数据类似于单反相机屏幕所显示的效果。回放管理器是通过回放方式访问相机存储卡的总管家，在 iOS 中通过相机对象的 playbackManager 属性、在 Android 中通过相机对象的 getPlaybackManager()方法即可获取回放管理器对象。回放管理器并不缓存任何媒体文件信息，其控制和信息获取的方法完全封装在相机的固件之中。

回放模式可分为单文件模式、多文件模式、下载模式和未知模式，其中单文件模式还分为单文件预览模式、单视频文件播放中模式和单视频文件暂停中模式，多文件模式分为多文件预览和多文件编辑，如表 8-6 所示。

表 8-6　回放模式

Android 中的 PlaybackMode 枚举类型	iOS 中的 DJICameraPlaybackMode 枚举类型	说明
SINGLE_PHOTO_PREVIEW	DJICameraPlaybackModeSingleFilePreview	单文件预览模式
SINGLE_VIDEO_PLAYBACK_START	DJICameraPlaybackModeSingleVideoPlaybackStart	单视频文件播放中模式
SINGLE_VIDEO_PLAYBACK_PAUSED	DJICameraPlaybackModeSinglcVideoPlaybackPause	单视频文件暂停中模式
MULTIPLE_FILES_EDIT	DJICameraPlaybackModeMultipleFilesEdit	多文件编辑模式
MULTIPLE_MEDIA_FILE_PREVIEW	DJICameraPlaybackModeMultipleFilesPreview	多文件预览模式
MEDIA_FILE_DOWNLOAD	DJICameraPlaybackModeDownload	下载模式
UNKNOWN	DJICameraPlaybackModeUnknown	未知模式

在单文件模式下，从相机传回的视频流中显示一个媒体文件的信息（图片预览、视频预览或视频播放数据）。在多文件模式下，从相机传回的视频流中显示 8 个媒体文件的缩略图，如图 8-18 所示为回放模式中的多文件预览模式。

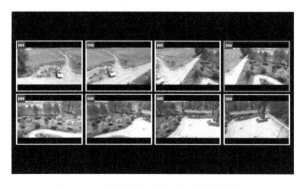

图 8-18　回放模式中的多文件预览模式

在图传模式下，图传管理器整合了文件类型，如表 8-7 所示为回放管理器中的文件类型，并将其文件类型在多文件模式的左上角标记出来。

表 8-7　回放管理器中的文件类型

Android 中的 FileType 枚举类型	iOS 中的 DJICameraPlaybackFileType 枚举类型	说明
JPEG	DJICameraPlaybackFileTypeJPEG	JPEG 格式
DNG	DJICameraPlaybackFileTypeRAWDNG	RAW 格式
VIDEO	DJICameraPlaybackFileTypeVIDEO	视频格式
UNKNOWN	DJICameraPlaybackFileTypeUnknown	未知

可见，图传模式所提供的实际上是相机操作系统的界面。在实际的界面设计中，应当尽可能减少控件的设置，如上一页等请读者通过手势的方式来操作，尽可能降低控件所占据的屏幕空间。但是，在后文的两个实例中，为了方便演示，均通过按钮来调用回放管理器的方法。

8.2.2　通过回放模式访问相机存储卡（Android）

本节在 DroneFly 项目的基础上，将介绍如何在 Android 中通过回放模式访问相机存储卡。本节所涉及的步骤和代码较多，主要包括以下几个步骤。

- 创建 PlaybackActivtiy 与设计布局。
- 初始化与重置视频回放。
- 单文件模式的控制。
- 多文件模式的控制。
- 媒体文件的下载与删除。

1.　创建 PlaybackActivtiy 与设计布局

（1）在 DroneFly 项目中创建一个空 Activity（Empty Activity），用于测试回放模式功能。

（2）在 MainActivtiy 中创建【访问相机存储(PLAYBACK)】按钮，用于弹出 PlaybackActivtiy。在弹出 PlaybackActivtiy 之前，通过代码 8-37 测试当前无人机相机是否支持回放模式。

代码 8-37

```
if (checkDroneConnection() == false) {
    return;
}
Camera camera = getCamera();
if (camera == null) {
    showToast("相机对象获取失败!");
    return;
}
if (!camera.isPlaybackSupported()) {
    showToast("当前相机不支持 Playback 模式!");
    return;
}
//弹出 PlaybackActivity
```

```
Intent i = new Intent(MainActivity.this, PlaybackActivity.class);
startActivity(i);
```

其中，当相机对象的 isPlaybackSupported()方法返回 true 时，则说明该相机支持回放模式。

（3）在 AndroidManifest.xml 中将 PlaybackActivity 设计为横屏显示，并设置其父 Activity 为 MainActivity，如代码 8-38 所示。

代码 8-38

```
<activity android:name=".PlaybackActivity"
    android:configChanges="orientation"
    android:parentActivityName=".MainActivity"
    android:screenOrientation="landscape"
    android:theme="@style/Theme.AppCompat.Light.NoActionBar.FullScreen" />
```

（4）设计 PlaybackActivtiy 的视图布局。

在 PlaybackActivtiy 的布局文件(activity_playback.xml)中，将视图分为 3 个层次：最底层通过 TextureView 显示视频流；中间层通过 ConstraintLayout 布局放置 8 个按钮，用于控制多文件模式下文件的选取；最上层包括了【返回】等各个按钮等控件。

① 最底层：视频流层。

在回放模式中，各种媒体文件的预览和控制都需要通过视频流的方式访问相机的操作系统。因此，与显示图传类似，回放模式也需要编码译码器（DJICodecManager）的支持。在本例中，通过 TextureView 承载视频流的显示，读者也可通过 UX SDK 中的 FPVWidget 控件承载视频流。

② 中间层：多视图文件模式下的控制按钮。

在生产环境中，中间层的 8 个按钮需要根据 8 个媒体文件的显示位置进行适配设计，但是其过程较为复杂。本例中采用非常取巧的方法覆盖这 8 个媒体文件，即 8 个按钮通过平均分配的方式将屏幕分为 8 块，其中的每一块恰好能覆盖媒体文件，如图 8-19 所示为多视图文件模式下的控制按钮设计。

按钮1 **btn_media_1** **(tag: 0)**	按钮2 **btn_media_2** **(tag: 1)**	按钮3 **btn_media_3** **(tag: 2)**	按钮4 **btn_media_4** **(tag: 3)**
按钮5 **btn_media_5** **(tag: 4)**	按钮6 **btn_media_6** **(tag: 5)**	按钮7 **btn_media_7** **(tag: 6)**	按钮8 **btn_media_8** **(tag: 7)**

图 8-19　多视图文件模式下的控制按钮设计

这些按钮的背景颜色统一设置为透明“@android:color/transparent”，且没有设置文本，即以完全透明的方式叠加在 TextureView 的上方。另外，为了简化代码，这些按钮统一设置一个单击事件监听器，然后通过其 tag 属性分辨按钮。这些按钮从上到右下的 tag 值为从 0 到 7。

这些按钮仅当回放模式进入多文件模式下时才启用，而在单文件模式下要将其可见性设置为不可见（gone），因此将这些按钮均放置在一个 ID 为 lyt_media_buttons 的布局下，便于统一控制。

③ 最上层：各种按钮控件。

在最上层的按钮中，包括了【返回】、【切换单文件/多文件模式】、【下载】、【删除】按钮，以及回放状态文本框。通过线性布局 lyt_controls_for_mutiple_files（包含【上一页】、【下一页】、【选择】和【全选】按钮），实现在多文件模式下的控制方法；通过线性布局 lyt_controls_for_single_file（包含【上一个】、【下一个】和【播放】按钮），实现在单文件模式下的控制方法。这样的好处在于可以统一控制这些按钮的显示与否，从而方便地在多文件模式和单文件模式之间切换时控制这些按钮的可见性。

控制回放界面的各种控件排布（Android）如图 8-20 所示。

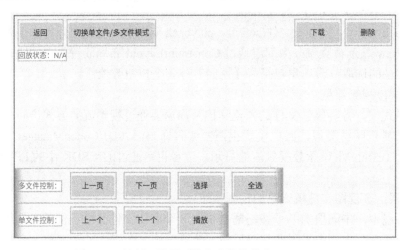

图 8-20　控制回放界面的各种控件排布（Android）

PlaybackActivtiy 的各个视图和控件的布局 ID，以及所对应的 Java 对象、单击事件的设计如表 8-8 所示。

表 8-8　对象与单击事件的设置（Android 中通过回放模式访问相机存储卡）

视图和控件	布局 ID	Java 对象	单击事件
显示回放视频流的 TextureView 视图	texture_playback	mTextureViewPlayback	
包含媒体文件按钮布局	lyt_media_buttons	mLytMediaButtons	
【返回】按钮	btn_back	mBtnBack	back()
【切换单文件/多文件模式】按钮	btn_playback_mode	mBtnPlaybackMode	changePlaybackMode()
回放状态文本框	tv_playback_mode	mTvPlaybackMode	
【下载】按钮	btn_download	mBtnDownload	download()
【删除】按钮	btn_delete	mBtnDelete	delete()
包含对多文件模式控制的按钮	lyt_controls_for_mutiple_files	mLytControlsForMutipleFiles	
包含对单文件模式控制的按钮	lyt_controls_for_single_file	mLytControlsForSingleFiles	

续表

视图和控件	布局 id	Java 对象	单击事件
【上一页】按钮	btn_multiple_previous	mBtnMultiplePrevious	toPreviousPage()
【下一页】按钮	btn_multiple_next	mBtnMultipleNext	toNextPage()
【选择】按钮	btn_multiple_select	mBtnMultipleSelect	select()
【全选】按钮	btn_multiple_select_all	mBtnMultipleSelectAll	selectAll()
【上一个】按钮	btn_single_previous	mBtnSinglePrevious	toPreviousFile()
【下一个】按钮	btn_single_next	mBtnSingleNext	toNextFile()
【播放】按钮	btn_single_play	mBtnSinglePlay	playvideo()

另外，设置 lyt_media_buttons、lyt_controls_for_mutiple_files 和 lyt_controls_for_single_file 布局默认不可见。

2．初始化与重置视频回放

视频流显示的实现与实时图传的实现方法基本相同，读者可参加 "6.1.2 显示实时图传 (Android)" 节的相关内容。在本例中，在 PlaybackActivity 中分别创建 initPlayback() 和 resetPlayback() 方法，并将 "6.1.2 显示实时图传 (Android)" 节中的 initListener() 和 removeListener() 方法中用于控制图传显示的语句分别放置到 initPlayback() 和 resetPlayback() 方法中。

initPlayback() 方法承载了初始化视频回放的功能，将由 Activity 生命周期的 onResume() 方法调用，其功能可分为以下几个部分。

● 编码译码器的初始化，显示视频流。

● 将相机模式切换为回放模式。

● 初始化回放管理器，并设置其状态获取的回调监听器。

● 将回放模式切换为单文件模式。

initPlayback() 方法的主要代码如代码 8-39 所示。

代码 8-39

```
//初始化回放的相关对象
private void initPlayback() {

    //为用于显示回放数据的 TextureView 设置监听器
    … (参考 "6.1.2 显示实时图传(Android)" 节的 initListener()方法)

    Camera camera = getCamera();
    //判断相机对象非空，且支持回放模式
    if (camera == null) {
        showToast("相机对象获取错误!");
        return;
    }
    if (!camera.isPlaybackSupported()) {
        showToast("当前相机不支持回放模式!");
        return;
    }
```

```java
//设置相机模式为 Playback 模式
camera.setMode(SettingsDefinitions.CameraMode.PLAYBACK, new CommonCallbacks.CompletionCallback() {
    @Override
    public void onResult(DJIError djiError) {
        if (djiError != null) {
            showToast("相机模式设置错误!" + djiError.getDescription());
        }
    }
});


//获取回放管理器
mPlaybackManager = camera.getPlaybackManager();
if (mPlaybackManager == null) {
    showToast("回放管理器错误!");
    return;
}
//设置回放的状态回调
mPlaybackManager.setPlaybackStateCallback(new PlaybackManager.PlaybackState.CallBack() {
    @Override
    public void onUpdate(PlaybackManager.PlaybackState playbackState) {
        //获取回放的状态模式
        mPlaybackMode = playbackState.getPlaybackMode();
        //获取当前页面的媒体是否已经全部选中
        mIsAllFilesInPageSelected = playbackState.areAllFilesInPageSelected();
        //设置 UI 界面
        runOnUiThread(new Runnable() {
            @Override
            public void run() {
                //显示回放的状态信息
                String playbackMode = playbackModetoString(playbackState.getPlaybackMode());
                mTvPlaybackMode.setText("回放状态:" + playbackMode);
                //设置播放按钮
                if (playbackState.getFileType() == SettingsDefinitions.FileType.VIDEO) {
                    mBtnSinglePlay.setVisibility(View.VISIBLE);
                } else {
                    mBtnSinglePlay.setVisibility(View.GONE);
                }
                if (mPlaybackMode == SettingsDefinitions.PlaybackMode.SINGLE_VIDEO_PLAYBACK_START) {
                    mBtnSinglePlay.setText("停止");
                } else {
                    mBtnSinglePlay.setText("播放");
                }
            }
        });
    }
});

//进入单文件模式
mPlaybackManager.enterSinglePreviewModeWithIndex(0);
runOnUiThread(new Runnable() {
    @Override
```

```
        public void run() {
            mLytControlsForSingleFiles.setVisibility(View.VISIBLE);
            mLytControlsForMutipleFiles.setVisibility(View.GONE);
            mLytMediaButtons.setVisibility(View.GONE);
        }
    });
}
```

其中，在 mPlaybackManager 回放的状态回调监听器的 onUpdate(…)方法中获取回放的状态模式和当前页面的媒体是否已经全部选中的信息，并将其分别赋值 mPlaybackMode 和 mIsAllFilesInPageSelected 变量，以便于后面实现控制功能时对当前的状态进行判断。然后更新 UI 界面，通过文本框的方式显示回放的状态信息，以及设置【播放】按钮的文字和可见性。

resetPlayback()方法承载了重置视频回放的功能，将由 Activity 生命周期的 onDestroy()方法调用，其功能可分为以下几个部分。

● 停止接收视频流。

● 将相机模式切换为拍照模式。

● 重置回放管理器，取消状态获取的回调监听器。

resetPlayback ()方法的主要代码如代码 8-40 所示。

代码 8-40

```
//重置回放的相关对象
private void resetPlayback() {

    //移除相机回调
    Camera camera = getCamera();
    if (camera != null) {
        camera.setSystemStateCallback(null);

        //设置相机模式为拍照模式
        camera.setMode(SettingsDefinitions.CameraMode.SHOOT_PHOTO, new CommonCallbacks.CompletionCallback() {
            @Override
            public void onResult(DJIError djiError) {
                if (djiError != null) {
                    showToast("相机模式设置错误!" + djiError.getDescription());
                }
            }
        });
    }
    //取消回放的状态回调
    if (mPlaybackManager != null)
        mPlaybackManager.setPlaybackStateCallback(null);

    //移除 VideoFeed 的视频流数据监听器
    VideoFeeder.getInstance().getPrimaryVideoFeed().removeVideoDataListener(mVideoDataListener);
}
```

此时，编译并运行程序，进入 PlaybackActivity 之后，当前相机进入到回放模式，且回放进入了单文件模式。

> ✿ 对于支持扁平相机模式的无人机来说，通过相机对象的 enterPlayback(…)方法和 exitPlayback(…)方法可快速进入与退出回放模式。

为了能够实现回放模式在单文件和多文件模式之间切换，本例通过【切换单文件/多文件模式】按钮实现了 changePlaybackMode()方法：判断当前的模式属于单文件模式还是多文件模式，然后通过回放管理器的 enterMultiplePreviewMode()方法和 enterSinglePreviewModeWithIndex (int index)方法实现切换。另外，为了节约相关控件所占屏幕的区域大小，当切换回放模式后，相应地改变 mLytControlsForSingleFiles 和 mLytControlsForMutipleFiles 布局的可见性，具体实现如代码 8-41 所示。

代码 8-41

```java
//切换单文件/多文件模式
private void changePlaybackMode() {
    if (mPlaybackMode == SettingsDefinitions.PlaybackMode.SINGLE_PHOTO_PREVIEW
            || mPlaybackMode == SettingsDefinitions.PlaybackMode.SINGLE_VIDEO_PLAYBACK_PAUSED
            || mPlaybackMode == SettingsDefinitions.PlaybackMode.SINGLE_VIDEO_PLAYBACK_START) {
        //当处在单文件模式下时，进入多文件模式
        mPlaybackManager.enterMultiplePreviewMode();
        //设置用于多文件控制的控件可见
        mLytControlsForSingleFiles.setVisibility(View.GONE);
        mLytControlsForMutipleFiles.setVisibility(View.VISIBLE);
        mLytMediaButtons.setVisibility(View.VISIBLE);
    } else {
        //当处在多文件模式下时，进入单文件模式
        mPlaybackManager.enterSinglePreviewModeWithIndex(0);
        //设置用于单文件控制的控件可见
        mLytControlsForMutipleFiles.setVisibility(View.GONE);
        mLytControlsForSingleFiles.setVisibility(View.VISIBLE);
        mLytMediaButtons.setVisibility(View.GONE);
    }
}
```

此时，可实现单文件/多文件模式的切换，如图 8-21 所示为单文件/多文件模式的切换（Android）。

（a）单文件模式 　　　　　　　　　　　　　（b）多文件模式

图 8-21 单文件/多文件模式的切换（Android）

3．单文件模式的控制

当进入 PlaybackActivity 之后，首先进入的是回放模式的单文件模式。因此，首先实现用于单文件模式控制的【上一个】、【下一个】和【播放】按钮相应的单击事件方法 toPreviousFile()、toNextFile()和 playvideo()，具体实现如代码 8-42 所示。

代码 8-42

```java
//上一个（单文件控制）
private void toPreviousFile() {
    mPlaybackManager.proceedToPreviousSinglePreviewPage();
}

//下一个（单文件控制）
private void toNextFile() {
    mPlaybackManager.proceedToNextSinglePreviewPage();
}

//播放 （单文件控制）
private void playvideo() {
    //当暂停或停止播放视频时，播放视频
    if (mPlaybackMode == SettingsDefinitions.PlaybackMode.SINGLE_VIDEO_PLAYBACK_PAUSED
            || mPlaybackMode == SettingsDefinitions.PlaybackMode.SINGLE_PHOTO_PREVIEW) {
        mPlaybackManager.playVideo();
        mBtnSinglePlay.setText("停止");
    }
    //当播放视频时，暂停视频
    if (mPlaybackMode == SettingsDefinitions.PlaybackMode.SINGLE_VIDEO_PLAYBACK_START) {
        mPlaybackManager.stopVideo();
        mBtnSinglePlay.setText("播放");
    }
}
```

此时，单击【上一个】和【下一个】按钮可切换媒体文件。当媒体文件为最后一个时，单击【下一个】按钮则跳转到第一个媒体文件；当媒体文件为第一个时，单击【上一个】按钮可跳转到最后一个媒体文件。

在视频文件中，单击【播放】按钮可回放视频。播放视频时，单击【停止】按钮可停止回放视频。回放视频时的界面（Android）如图 8-22 所示。

图 8-22　回放视频时的界面（Android）

4．多文件模式的控制

此处实现用于多文件模式控制的【上一页】、【下一页】、【选择】和【全选】按钮相应的单击事件方法 toPreviousPage()、toNextPage()、select()和 selectAll()，如代码 8-43 所示。

代码 8-43

```
//上一页（多文件控制）
private void toPreviousPage() {
    mPlaybackManager.proceedToPreviousMultiplePreviewPage();
}

//下一页（多文件控制）
private void toNextPage() {
    mPlaybackManager.proceedToNextMultiplePreviewPage();
}

//选择（多文件控制）
private void select() {
    //当处在多文件预览模式下时，进入多文件编辑模式
    if (mPlaybackMode == SettingsDefinitions.PlaybackMode.MULTIPLE_MEDIA_FILE_PREVIEW) {
        mPlaybackManager.enterMultipleEditMode();
    }
    //当处在多文件编辑模式下时，进入多文件预览模式
    if (mPlaybackMode == SettingsDefinitions.PlaybackMode.MULTIPLE_FILES_EDIT) {
        mPlaybackManager.exitMultipleEditMode();
    }
}

//全选（多文件控制）
private void selectAll() {
    //如果当前所有的文件都已经选择,则取消所有的选择
    if (mIsAllFilesInPageSelected) {
        mPlaybackManager.unselectAllFiles();
        return;
    }
    //选择当前页面中的所有文件
    mPlaybackManager.selectAllFilesInPage();

}
```

当媒体文件的数量大于 8 个时，回放模式会分页显示这些媒体文件，每一页均为 8 个媒体文件，单击【上一页】和【下一页】按钮即可翻看这些媒体文件。单击【选择】按钮即可进入多文件编辑模式（再次单击后退出）。在多文件编辑模式下，单击【全选】按钮即可选中或取消选中当前页面中所有的媒体文件，如图 8-23 所示。

5．媒体文件的下载与删除

1）媒体文件的下载

在多文件编辑模式下，通过回放管理器对象的 downloadSelectedFiles(…)方法即可下载一个或多个媒体文件，具体的实现方法如下。

（a）未选中媒体文件

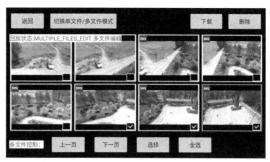
（b）选中媒体文件

图 8-23　在多文件编辑模式下未选中和选中媒体文件（Android）

（1）创建用于显示下载进度的下载对话框对象，如代码 8-44 所示。

代码 8-44

```
//文件下载对话框
private ProgressDialog mPgsDlgDownload;

 //region UI 界面与事件
private void initUI() {
    …

    //初始化文件下载对话框
    mPgsDlgDownload = new ProgressDialog(PlaybackActivity.this);
    mPgsDlgDownload.setTitle("媒体文件下载中...");
    mPgsDlgDownload.setProgressStyle(ProgressDialog.STYLE_HORIZONTAL);
    mPgsDlgDownload.setCanceledOnTouchOutside(false);
    mPgsDlgDownload.setCancelable(false);
}
```

（2）在 download()方法中判断当前是否处在多文件编辑模式下，然后创建下载文件位置的 File 对象，通过 mPlaybackManager 对象的 downloadSelectedFiles(…)方法下载文件。在其回调对象 FileDownloadCallback 中，包括了 onStart()、onEnd()、onError(Exception e) 和 onProgressUpdate(int i)四个回调方法。

● onStart()：当文件开始下载时调用。
● onEnd()：当文件下载完成时调用。
● onError(Exception e)：当下载出错时调用。
● onProgressUpdate(int i)：当更新进度时调用。

具体实现如代码 8-45 所示。

代码 8-45

```
//下载
private void download() {
    if (mPlaybackMode != SettingsDefinitions.PlaybackMode.MULTIPLE_FILES_EDIT) {
        showToast("请进入多文件编辑模式下，选择下载文件!");
```

```
            return;
        }
        //设置下载位置
        final File downloadDir = new File(getExternalFilesDir(null) + "/media/");
        mPlaybackManager.downloadSelectedFiles(downloadDir, new PlaybackManager.FileDownloadCallback() {
            @Override
            public void onStart() {
                runOnUiThread(new Runnable() {
                    @Override
                    public void run() {
                        mPgsDlgDownload.incrementProgressBy(-mPgsDlgDownload.getProgress()); //将下载进度设置为 0
                        mPgsDlgDownload.show();
                    }
                });
            }

            @Override
            public void onEnd() {
                runOnUiThread(new Runnable() {
                    public void run() {
                        mPgsDlgDownload.dismiss();
                    }
                });
                showToast("文件下载成功,下载位置为:" + downloadDir);
            }

            @Override
            public void onError(Exception e) {
                runOnUiThread(new Runnable() {
                    @Override
                    public void run() {
                        mPgsDlgDownload.cancel();
                    }
                });
                showToast("文件下载失败!");
            }

            @Override
            public void onProgressUpdate(int i) {
                runOnUiThread(new Runnable() {
                    public void run() {
                        mPgsDlgDownload.incrementProgressBy(-mPgsDlgDownload.getProgress() + i);
                    }
                });
            }
        });
    }
```

注意，对于同时下载多个文件时，其进度会多次从 0 到 100，读者可通过其进度是否归 0 后重新更新来判断目前已经下载的文件数量。

此时编译并运行程序，在多文件编辑模式下，选择需要下载的文件，单击【下载】按钮即可出现如图 8-24 所示的下载文件对话框。

图 8-24　下载文件对话框（Android）

下载完成后会弹出下载成功的提示，在上述代码中，其文件下载的最终位置为 /Android/data/cas.igsnrr.dronefly/files/media。

2）媒体文件的删除

媒体文件的删除非常简单，直接调用回放管理器的 deleteAllSelectedFiles() 或者 deleteCurrentPreviewFile() 方法即可分别在多文件编辑模式和单文件预览模式下删除媒体文件，具体实现如代码 8-46 所示。

代码 8-46

```
//删除
private void delete() {
    //多文件编辑模式下，删除当前选择的文件
    if (mPlaybackMode.equals(SettingsDefinitions.PlaybackMode.MULTIPLE_FILES_EDIT)) {
        mPlaybackManager.deleteAllSelectedFiles();

    }
    //单文件预览模式下，删除当前文件
    if(mPlaybackMode.equals(SettingsDefinitions.PlaybackMode.SINGLE_PHOTO_PREVIEW)){
        mPlaybackManager.deleteCurrentPreviewFile();
    }
}
```

由于上述删除文件的方法中没有设计回调，因此可通过回放管理器的回调方法来获取文件的删除状态，如表 8-9 所示为回放管理器中文件的删除状态。

表 8-9　回放管理器中文件的删除状态

Android 中的 PlaybackDeletionState 枚举类型	iOS 中的 DJICameraPlaybackDeletionState 枚举类型	说明
NONE	DJICameraPlaybackDeletionStateNone	未删除
FAILED	DJICameraPlaybackDeletionStateFailed	删除失败
DELETING	DJICameraPlaybackDeletionStateDeleting	正在删除
SUCCESSFUL	DJICameraPlaybackDeletionStateSuccessful	删除成功
UNKNOWN	DJICameraPlaybackDeletionStateUnknown	未知

8.2.3　通过回放模式访问相机存储卡（iOS）

本节在 DroneFly 项目的基础上，将介绍如何在 iOS 中通过回放模式访问相机存储卡。

本节所涉及的步骤和代码较多，主要包括以下几个步骤。

- 创建 DFPlaybackViewController 与设计布局。
- 初始化与重置视频回放。
- 单文件模式的控制。
- 多文件模式的控制。
- 媒体文件的下载与删除。

1．创建 DFPlaybackViewController 与设计布局

（1）在 DroneFly 项目中创建一个名为"DFPlaybackViewController"的视图控制器（继承于 UIViewController），用于测试回放模式功能。在 Main.Storyboard 中，创建 UViewController，并将其引用设置为 DFPlaybackViewController。

（2）在 DFMainViewController 布局中，新建【访问相机存储(MediaDownload)】按钮，设置该按钮的 segue 到 DFPlaybackViewController。在上述 segue 的属性中，设置类型"Kind"为"Show"，设置标识符"Identifier"为"segue_playback"。

（3）在 DFPlaybackViewController 布局中，添加一个用于显示视频流的 UIView（在 DFPlaybackViewController.h 中设置其对象名为"vPlayback"）。在回放模式中，各种媒体文件的预览和控制都需要通过视频流的方式访问相机的操作系统。因此，与显示图传类似，回放模式也需要编码译码器（DJIWidget）的支持。在本例中，通过 UIView 承载视频流的显示，读者也可通过 UX SDK 中的 DUXFPVWidget 控件承载视频流。

在 DFPlaybackViewController 布局中，在上述 UIView 的上方放置多个按钮等控件，如图 8-25 所示为控制回放界面的各种控件排布（iOS）。

图 8-25　控制回放界面的各种控件排布（iOS）

（4）在 DFPlaybackViewController.h 中设置部分视图对象和应用全部按钮的单击事件，具体实现如代码 8-47 所示。

代码 **8-47**

```
//Playback 视频流显示视图
@property (weak, nonatomic) IBOutlet UIView *vPlayback;
```

```
//回放模式文本框
@property (weak, nonatomic) IBOutlet UILabel *lblPlaybackMode;
//单文件控制控件
@property (weak, nonatomic) IBOutlet UIView *vControlsForSingleFile;
//多文件控制控件
@property (weak, nonatomic) IBOutlet UIView *vControlsForMultipleFiles;
// 【播放】按钮
@property (weak, nonatomic) IBOutlet UIButton *btnPlayVideo;


//改变回放模式
- (IBAction)changePlaybackMode:(id)sender;
//返回
- (IBAction)back:(id)sender;
//删除媒体文件
- (IBAction)deleteMedia:(id)sender;
//下载媒体文件
- (IBAction)downloadMedia:(id)sender;
//上一个媒体文件
- (IBAction)toPreviousFile:(id)sender;
//下一个媒体文件
- (IBAction)toNextFile:(id)sender;
//播放视频
- (IBAction)playVideo:(id)sender;
//上一页
- (IBAction)toPreviousPage:(id)sender;
//下一页
- (IBAction)toNextPage:(id)sender;
//选择媒体文件
- (IBAction)selectMedia:(id)sender;
//全选媒体文件
- (IBAction)selectAllMedia:(id)sender;
```

在最上层的按钮中，包括了【返回】、【切换单文件/多文件模式】、【下载】和【删除】按钮，以及回放状态文本框。通过一个对象名为"vControlsForMulitpleFiles"的视图对象（包含了【上一页】、【下一页】、【选择】和【全选】按钮），实现在多文件模式下的控制方法；通过线性布局 vControlsForSingleFile（包含了【上一个】、【下一个】和【播放】按钮），实现在单文件模式下的控制方法。这样的好处在于可以统一控制这些按钮的显示与否，从而方便地在多文件模式和单文件模式之间切换时控制这些按钮的可见性。另外，设置vControlsForMulitpleFiles 和 vControlsForMulitpleFiles 对象默认不可见。

（5）将 DFPlaybackViewController 设计为横屏和全屏显示，并且设置 vPlayback 对象在DFPlaybackViewController 启动时接受图传视频流。其具体方法请详见"6.1.3 显示实时图传（iOS）"节中的相关内容。

（6）在弹出 DFPlaybackViewController 之前，通过代码 8-48 测试当前无人机相机是否支持回放模式。

代码 8-48

```
- (BOOL)shouldPerformSegueWithIdentifier:(NSString *)identifier sender:(id)sender {
```

```
    ...
    if ([identifier isEqualToString:@"segue_playback"]) {
        if ([self checkDroneConnection] == NO) {
            return NO;
        }
        if (![self getCamera].isPlaybackSupported) {
            [self showAlertViewWithTitle:@"提示" withMessage:@"当前无人机相机不支持 Playback 模式!"];
            return NO;
        }
    }
    return YES;
}
```

其中，当相机对象的 isPlaybackSupported 属性返回 YES 时，则说明该相机支持回放模式。

2．初始化与重置视频回放

（1）在 viewWillAppear 中，设置相机对象为回放模式，然后获取回放管理器对象，并设置其代理。最后，将回放模式切换为单文件模式。

① 在头文件中定义回放管理器属性，如代码 8-49 所示。

代码 8-49

```
//回放管理器
@property (nonatomic, strong) DJIPlaybackManager *playbackManager;
```

② 实现 viewWillAppear 方法，如代码 8-50 所示。

代码 8-50

```
- (void)viewWillAppear:(BOOL)animated {
    [super viewWillAppear:animated];

    //设置回放数据流
    [self setupVideoPreviewer];

    //获取相机对象
    DJICamera *camera = [self getCamera];
    if (camera == nil) {
        [self showAlertWithMessage:@"相机对象获取错误!"];
        return;
    }
    if (!camera.isPlaybackSupported) {
        [self showAlertWithMessage:@"当前相机对象不支持回放模式!"];
        return;
    }

    //设置相机模式为 Playback 模式
    WeakRef(target);
    [camera setMode:DJICameraModePlayback withCompletion:^(NSError * _Nullable error) {
        WeakReturn(target);
        if (error) {
```

```
            [target showAlertWithMessage:[NSString stringWithFormat:@"设置相机模式错误:%@", error.localizedDescription]];
            return;
        }
    }];

    //获取回放管理器对象
    if (camera.playbackManager != nil) {
        self.playbackManager = camera.playbackManager;
        //设置代理
        self.playbackManager.delegate = self;
    }
    //默认进入单文件预览模式
    [camera.playbackManager enterSinglePreviewModeWithIndex:0];
    [self.vControlsForSingleFile setHidden:YES];
    [self.vControlsForMultipleFiles setHidden:NO];

}
```

（2）定义回放管理器代理，如代码 8-51 所示。

代码 8-51

```
@interface DFPlaybackViewController () <DJIVideoFeedListener, DJIPlaybackDelegate>

//回放模式
@property (nonatomic, assign) DJICameraPlaybackMode playbackMode;
//当前页面是否所有的媒体文件都被选中
@property (nonatomic, assign) BOOL isAllFilesInPageSelected;
//当前选择的文件数量
@property (nonatomic, assign) int selectedFileCount;

...

@end

@implementation DFPlaybackViewController
...

- (void)playbackManager:(DJIPlaybackManager *)playbackManager didUpdatePlaybackState:(DJICameraPlaybackState *)playbackState
{
    //获取回放模式
    self.playbackMode = playbackState.playbackMode;
    self.lblPlaybackMode.text = [self playbackModeString:self.playbackMode];
    //获取当前页面是否所有的媒体文件都被选中
    self.isAllFilesInPageSelected = playbackState.isAllFilesInPageSelected;
    //当前选中的文件数量
    self.selectedFileCount = playbackState.selectedFileCount;

    //设置【播放】按钮
    if (self.playbackMode == DJICameraPlaybackModeSingleFilePreview) {
        if (playbackState.fileType == DJICameraPlaybackFileTypeJPEG || playbackState.fileType == DJICameraPlaybackFileTypeRAWDNG) {
```

```
            //当前媒体文件为照片时不显示【播放】按钮
            if (!self.btnPlayVideo.hidden) {
                [self.btnPlayVideo setHidden:YES];
            }
        }else if (playbackState.fileType == DJICameraPlaybackFileTypeVIDEO)
        {
            //当前媒体文件为视频时显示【播放】按钮
            if (self.btnPlayVideo.hidden) {
                [self.btnPlayVideo setHidden:NO];
                [self.btnPlayVideo setTitle:@"播放" forState:UIControlStateNormal];
            }
        }
    }else if (playbackState.playbackMode == DJICameraPlaybackModeSingleVideoPlaybackStart){
        //正在播放视频时，显示为停止
        if (self.btnPlayVideo.hidden) {
            [self.btnPlayVideo setHidden:NO];
            [self.btnPlayVideo setTitle:@"停止" forState:UIControlStateNormal];
        }
    }else if (playbackState.playbackMode == DJICameraPlaybackModeMultipleFilesPreview){
        //多文件预览时不显示【播放】按钮
        if (!self.btnPlayVideo.hidden) {
            [self.btnPlayVideo setHidden:YES];
        }
    }
}
```

其中，在 playbackManager:didUpdatePlaybackState 回调方法中，将获取回放的状态模式、当前页面的媒体是否已经全部选中和文件选择数量信息，并将其赋值到 playbackMode、isAllFilesInPageSelected 和 selectedFileCount 变量，以便于后面实现控制功能时对当前状态进行判断。然后更新 UI 界面，通过文本框的方式显示回放状态信息，以及设置【播放】按钮的文字和可见性。

在 viewWillDisappear 方法中承载了重置视频回放的功能，其功能可分为以下几个部分。

● 停止接收视频流。

● 将相机模式切换为拍照模式。

● 重置回放管理器，取消状态获取的回调监听器。

resetPlayback ()方法的主要代码如代码 8-52 所示。

代码 8-52

```
-(void)viewWillDisappear:(BOOL)animated {
    [super viewWillDisappear:animated];

    ...

    //获取相机对象
    DJICamera *camera = [self getCamera];
    if (camera == nil) {
        [self showAlertWithMessage:@"相机对象获取错误!"];
```

```
        return;
    }
    //设置相机模式为拍照模式
    WeakRef(target);
    [camera setMode:DJICameraModeShootPhoto withCompletion:^(NSError * _Nullable error) {
        WeakReturn(target);
        if (error) {
            [target showAlertWithMessage:[NSString stringWithFormat:@"设置相机模式错误：%@", error.localized
Description]];
            return;
        }
    }];
    //取消设置回放管理器代理
    if (camera && camera.playbackManager.delegate == self) {
        [camera.playbackManager setDelegate:nil];
    }

}
```

此时，编译并运行程序，进入 DFPlaybackViewController 之后，当前相机即进入到回放模式，且回放进入了单文件模式。

> ❀ 对于支持扁平相机模式的无人机来说，通过相机对象的 enterPlaybackWithCompletion 方法和 exitPlaybackWithCompletion 方法可快速进入与退出回放模式。

为了能够实现回放模式在单文件和多文件模式之间切换，本例通过【切换单文件/多文件模式】按钮实现了 changePlaybackMode 方法：判断当前的模式属于单文件模式还是多文件模式，然后通过回放管理器的 enterMultiplePreviewMode 方法和 enterSinglePreviewModeWithIndex 方法实现切换。另外，为了节约相关控件所占屏幕的区域大小，当切换回放模式后，相应地改变 vControlsForSingleFile 和 vControlsForMultipleFiles 布局的可见性，具体实现如代码 8-53 所示。

代码 8-53

```
//改变回放模式
- (IBAction)changePlaybackMode:(id)sender {
    if (self.playbackMode == DJICameraPlaybackModeSingleFilePreview ||
        self.playbackMode == DJICameraPlaybackModeSingleVideoPlaybackPause ||
        self.playbackMode == DJICameraPlaybackModeSingleVideoPlaybackStart){
        //当处在单文件模式下时，进入多文件模式
        [self.playbackManager enterMultiplePreviewMode];
        //设置用于多文件控制的控件可见
        [self.vControlsForSingleFile setHidden:YES];
        [self.vControlsForMultipleFiles setHidden:NO];
    } else {
        //当处在多文件模式下时，进入单文件模式
        [self.playbackManager enterSinglePreviewModeWithIndex:0];
        //设置用于单文件控制的控件可见
        [self.vControlsForSingleFile setHidden:NO];
```

```
            [self.vControlsForMultipleFiles setHidden:YES];
    }
}
```

此时，即可实现单文件/多文件模式的切换，如图 8-26 所示为单文件/多文件模式的切换（iOS）。

（a）单文件模式　　　　　　　　　　　　　（b）多文件模式

图 8-26　单文件/多文件模式的切换（iOS）

3．单文件模式的控制

进入 DFPlaybackViewController 之后，首先进入的是回放模式的单文件模式。因此，首先实现用于单文件模式控制的【上一个】、【下一个】和【播放】按钮相应的单击事件方法 toPreviousFile、toNextFile 和 playVideo，如代码 8-54 所示。

代码 8-54

```
//上一个媒体文件
- (IBAction)toPreviousFile:(id)sender {
    [self.playbackManager goToPreviousSinglePreviewPage];
}

//下一个媒体文件
- (IBAction)toNextFile:(id)sender {
    [self.playbackManager goToNextSinglePreviewPage];
}

//播放视频
- (IBAction)playVideo:(id)sender {

    //当暂停或停止播放视频时，播放视频
    if (self.playbackMode == DJICameraPlaybackModeSingleVideoPlaybackPause ||
        self.playbackMode == DJICameraPlaybackModeSingleFilePreview) {
        [self.playbackManager playVideo];
        [self.btnPlayVideo setTitle:@"停止" forState:UIControlStateNormal];
    }
    //当播放视频时，暂停视频
    if (self.playbackMode == DJICameraPlaybackModeSingleVideoPlaybackStart) {
        [self.playbackManager stopVideo];
```

```
        [self.btnPlayVideo setTitle:@"播放" forState:UIControlStateNormal];
    }
}
```

此时，单击【上一个】和【下一个】按钮即可切换媒体文件。当媒体文件为最后一个时，单击【下一个】按钮则跳转到第一个媒体文件；当媒体文件为第一个时，单击【上一个】按钮即可跳转到最后一个媒体文件。

在视频文件中，单击【播放】按钮即可回放视频。播放视频时，单击【停止】按钮即可停止回放视频。回放视频时的界面（iOS）如图 8-27 所示。

图 8-27　回放视频时的界面（iOS）

4．多文件模式的控制

（1）实现用于多文件模式控制的【上一页】、【下一页】、【选择】和【全选】按钮相应的单击事件方法 toPreviousPage、toNextPage、selectMedia 和 selectAllMedia，如代码 8-55 所示。

代码 8-55

```
//下一页
- (IBAction)toPreviousPage:(id)sender {
    [self.playbackManager goToPreviousMultiplePreviewPage];
}

//上一页
- (IBAction)toNextPage:(id)sender {
    [self.playbackManager goToNextMultiplePreviewPage];
}

//选择媒体文件
- (IBAction)selectMedia:(id)sender {

    //当处在多文件预览模式下时，进入多文件编辑模式
    if (self.playbackMode == DJICameraPlaybackModeMultipleFilesPreview) {
```

339

```
        [self.playbackManager enterMultipleEditMode];
    }
    //当处在多文件编辑模式下时，进入多文件预览模式
    if (self.playbackMode == DJICameraPlaybackModeMultipleFilesEdit) {
        [self.playbackManager exitMultipleEditMode];
    }

}

//全选媒体文件
- (IBAction)selectAllMedia:(id)sender {

    //如果当前所有的文件都已经被选择,则取消所有的选择
    if (self.isAllFilesInPageSelected) {
        [self.playbackManager unselectAllFiles];
        return;
    }
    //选择当前页面中所有的文件
    [self.playbackManager selectAllFilesInPage];

}
```

当媒体文件数量大于 8 个时，回放模式会分页显示这些媒体文件，每一页均为 8 个媒体文件。单击【上一页】和【下一页】按钮即可翻看这些媒体文件。单击【选择】按钮即可进入多文件编辑模式（再次单击后退出）。在多文件编辑模式下，单击【全选】按钮即可选中或取消选中当前页面中所有的媒体文件，如图 8-28 所示。

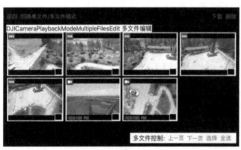
（a）未选中媒体文件

（b）选中媒体文件

图 8-28　在多文件编辑模式下未选中或选中当前页面中所有的媒体文件（iOS）

（2）实现多视图文件模式下的控制按钮。

本例中，通过添加完全透明的 8 个按钮的视图控制器来实现多文件模式回放下的交互方法，具体的方法如下。

① 创建 DFPlaybackMediaButtonsViewController 视图控制器（继承 UIViewController），并在其头文件中定义用于处理单击按钮的 Block 语句块：

```
@property (copy, nonatomic) void (^selectItemBtnAction)(int index);
```

② 根据不同的设备类型设置按钮的布局位置。读者可参见并使用实例代码中的 xib 布局，

包括 DFPlaybackMediaButtonsViewController_iPad.xib、DFPlaybackMediaButtonsViewController_
iPhone6.xib 和 DFPlaybackMediaButtonsViewController_iPhone6+.xib，分别适配 iPad、
iPhone6 以前的 iPhone（屏幕比例为 3∶2）、iPhone6 及其之后的设备（屏幕比例为 16∶9）。

读者可直接将其拖入 DroneFly 项目，设置上述布局文件中的 8 个按钮在
DFPlaybackMediaButtonsViewController 视图控制器中的单击事件处理方法，如代码 8-56
所示。

代码 8-56

```
@interface DFPlaybackMediaButtonsViewController ()

- (IBAction)selectFirstItemBtnAction:(id)sender;
- (IBAction)selectSecondItemBtnAction:(id)sender;
- (IBAction)selectThirdItemBtnAction:(id)sender;
- (IBAction)selectFourthItemBtnAction:(id)sender;
- (IBAction)selectFifthItemBtnAction:(id)sender;
- (IBAction)selectSixthItemBtnAction:(id)sender;
- (IBAction)selectSeventhItemBtnAction:(id)sender;
- (IBAction)selectEighthItemBtnAction:(id)sender;


@end

@implementation DFPlaybackMediaButtonsViewController

- (IBAction)selectFirstItemBtnAction:(id)sender {
    if (self.selectItemBtnAction) {
        self.selectItemBtnAction(0);
    }
}

- (IBAction)selectSecondItemBtnAction:(id)sender {
    if (self.selectItemBtnAction) {
        self.selectItemBtnAction(1);
    }
}

- (IBAction)selectThirdItemBtnAction:(id)sender {
    if (self.selectItemBtnAction) {
        self.selectItemBtnAction(2);
    }
}

- (IBAction)selectFourthItemBtnAction:(id)sender {
    if (self.selectItemBtnAction) {
        self.selectItemBtnAction(3);
    }
}

- (IBAction)selectFifthItemBtnAction:(id)sender {
    if (self.selectItemBtnAction) {
```

```
                self.selectItemBtnAction(4);
        }
    }

    - (IBAction)selectSixthItemBtnAction:(id)sender {
        if (self.selectItemBtnAction) {
            self.selectItemBtnAction(5);
        }
    }

    - (IBAction)selectSeventhItemBtnAction:(id)sender {
        if (self.selectItemBtnAction) {
            self.selectItemBtnAction(6);
        }
    }

    - (IBAction)selectEighthItemBtnAction:(id)sender {
        if (self.selectItemBtnAction) {
            self.selectItemBtnAction(7);
        }
    }

@end
```

单击每个按钮时，都会调用之前定义的名为"selectItemBtnAction"的 Block 方法，并且通过一个整型变量传递按钮的索引序号，这个索引需要正好对应该多文件模式下的 8 个媒体文件的索引。

③ 在 DFPlaybackViewController.m 中添加 DFPlaybackMediaButtonsViewController 视图控制器中的这些按钮，如代码 8-57 所示。

代码 8-57

```
//初始化媒体文件按钮视图控制器
- (void) initPlaybackMediaButtons {

    if (IS_IPAD) {
        self.playbackMediaButtonsVC = [[DFPlaybackMediaButtonsViewController alloc] initWithNibName: @"DFPlayback
MediaButtonsViewController_iPad" bundle:[NSBundle mainBundle]];
    }else if (IS_IPHONE_6){
        self.playbackMediaButtonsVC = [[DFPlaybackMediaButtonsViewController alloc] initWithNibName:@"DFPlayback
MediaButtonsViewController_iPhone6" bundle:[NSBundle mainBundle]];
    }else if (IS_IPHONE_6P){
        self.playbackMediaButtonsVC = [[DFPlaybackMediaButtonsViewController alloc] initWithNibName:@"DFPlayback
MediaButtonsViewController_iPhone6+" bundle:[NSBundle mainBundle]];
    }

    [self.playbackMediaButtonsVC.view setFrame:self.view.frame];
    [self.view insertSubview:self.playbackMediaButtonsVC.view aboveSubview:self.vPlayback];

    WeakRef(target);
```

```
    [self.playbackMediaButtonsVC setSelectItemBtnAction:^(int index) {
        WeakReturn(target);
        DJICamera* camera = [target getCamera];
        if (camera == nil) {
            return;
        }
        if (target.playbackMode == DJICameraPlaybackModeMultipleFilesPreview) {
            [camera.playbackManager enterSinglePreviewModeWithIndex:index];
            [target.vControlsForSingleFile setHidden:NO];
            [target.vControlsForMultipleFiles setHidden:YES];
        }
        if (target.playbackMode == DJICameraPlaybackModeMultipleFilesEdit){
            [camera.playbackManager toggleFileSelectionAtIndex:index];
        }

    }];
}
```

该方法由 DFPlaybackMediaButtonsViewController 生命周期的 viewDidLoad 方法调用。其中，IS_IPAD、IS_IPHONE_6 和 IS_IPHONE_6P 分别为用于判断设备类型的宏定义，如代码 8-58 所示。

代码 8-58

```
#define SCREEN_WIDTH ([[UIScreen mainScreen] bounds].size.width)
#define SCREEN_HEIGHT ([[UIScreen mainScreen] bounds].size.height)
#define SCREEN_MAX_LENGTH (MAX(SCREEN_WIDTH, SCREEN_HEIGHT))
#define SCREEN_MIN_LENGTH (MIN(SCREEN_WIDTH, SCREEN_HEIGHT))

#define IS_IPAD (UI_USER_INTERFACE_IDIOM() == UIUserInterfaceIdiomPad)
#define IS_IPHONE (UI_USER_INTERFACE_IDIOM() == UIUserInterfaceIdiomPhone)
#define IS_IPHONE_6P (IS_IPHONE && SCREEN_MAX_LENGTH == 667)
#define IS_IPHONE_6 (IS_IPHONE && SCREEN_MAX_LENGTH == 568)
```

编译并运行程序，此时在 vPlayback 视图的上方暗藏了 8 个正好叠加在多文件模式回放界面的 8 个媒体文件上方的按钮。当模式处于多文件预览模式时，单击这些按钮即可跳转到相应媒体文件的单文件预览模式；当模式处于多文件编辑模式时，单击这些按钮即可选中这些媒体文件。

5. 媒体文件下载与删除

1）媒体文件的下载

在多文件编辑模式下，通过回放管理器对象的 downloadSelectedFilesWithPreparation:process:fileCompletion:overallCompletion 方法即可下载一个或多个媒体文件具体的实现方法如下。

（1）定义下载所使用的各种属性，如代码 8-59 所示。

代码 8-59

```
///文件下载相关对象
```

```
//下载进度对话框
@property (nonatomic, strong) UIAlertController *altDownload;
//下载的数据
@property (nonatomic, strong) NSMutableData *downloadingData;
//下载时 UI 更新 Timer
@property (nonatomic, strong) NSTimer *updateUITimer;
//下载错误对象
@property (nonatomic, strong) NSError *downloadError;
//当前下载的文件索引
@property (nonatomic, assign) int downloadingFileIndex;
//当前下载的文件名
@property (nonatomic, strong) NSString *downloadingFilename;
//当前下载的文件大小
@property (nonatomic, assign) long downloadingFilesize;
//当前下载的文件数量
@property (nonatomic, assign) int downloadingFileCount;
```

（2）实现下载方法，如代码 8-60 所示。

代码 8-60

```
//下载媒体文件
- (IBAction)downloadMedia:(id)sender {
    if (self.playbackMode == DJICameraPlaybackModeMultipleFilesEdit) {
        //处在多文件编辑状态下时可同时删除多个文件
        if (self.selectedFileCount == 0) {
            [self showAlertWithMessage:@"请选择需要删除的文件!"];
            return;
        }
        self.downloadingFileCount = self.selectedFileCount;
    } else if (self.playbackMode == DJICameraPlaybackModeSingleFilePreview) {
        //处在单文件预览模式下时删除一个文件
        self.downloadingFileCount = 1;

    } else {
        //如果处在其他模式下，则无法删除文件
        [self showAlertWithMessage:@"请进入单文件预览模式或在多文件编辑模式下选择需要删除的文件!"];
        return;
    }

    //重置下载数据
    self.downloadingData = [NSMutableData dataWithBytes:NULL length:0];
    self.downloadError = nil;
    self.downloadingFileIndex = 0;

    WeakRef(target);
    [self.playbackManager downloadSelectedFilesWithPreparation:^(NSString * _Nullable fileName, DJIDownloadFileType
fileType, NSUInteger fileSize, BOOL * _Nonnull skip) {
        WeakReturn(target);
        //准备下载文件
        //当前下载的文件名
        target.downloadingFilename = fileName;
```

```
//当前下载的文件大小
target.downloadingFilesize = fileSize;

//初始化下载进度对话框
if (target.altDownload == nil) {
    NSString *title = [NSString stringWithFormat:@"下载文件(%d/%d)", target.downloadingFileIndex + 1,
target.downloadingFileCount];
    target.altDownload = [UIAlertController alertControllerWithTitle:title message:@"开始下载..."
preferredStyle:UIAlertControllerStyleAlert];
    //添加【取消】按钮
    UIAlertAction *alertActionCancel = [UIAlertAction actionWithTitle:@"取消" style:UIAlertActionStyleCancel
handler:^(UIAlertAction * _Nonnull action) {
        WeakReturn(target);
        //停止下载任务
        if (self.playbackMode == DJICameraPlaybackModeDownload) {
            [target.playbackManager stopDownloadingFilesWithCompletion:^(NSError * _Nullable error) {
                target.altDownload = nil;
                target.downloadingData = [NSMutableData dataWithBytes:NULL length:0];
                target.downloadError = nil;
            }];
        }
    }];
    [target.altDownload addAction:alertActionCancel];
}
//显示下载进度对话框
[target.navigationController presentViewController:self.altDownload animated:YES completion:nil];

//启动更新 UI 的 Timer
if (target.updateUITimer == nil) {
    target.updateUITimer = [NSTimer scheduledTimerWithTimeInterval:0.5 target:self selector:@selector
(updateDownloadProgress:) userInfo:nil repeats:YES];
}

} process:^(NSData * _Nullable data, NSError * _Nullable error) {
    WeakReturn(target);
    if (data) {
        [target.downloadingData appendData:data];
    }
    target.downloadError = error;
} fileCompletion:^{
    WeakReturn(target);
    //保存文件
    //应用程序沙盒中的 Documents 目录
    NSArray * documentPaths = NSSearchPathForDirectoriesInDomains(NSDocumentDirectory, NSUserDomainMask,
YES);
    NSString *documentDirectory = [documentPaths objectAtIndex:0];
    //保存文件目录与名称
    NSString *outputfilename = [documentDirectory stringByAppendingPathComponent:self.downloadingFilename];
    //保存
    [target.downloadingData writeToFile:outputfilename atomically:YES];
```

```
            //重置变量，下载下一个文件
            target.downloadingFileIndex ++;
            [target.downloadingData setData:[NSData dataWithBytes:NULL length:0]];

            [target.altDownload dismissViewControllerAnimated:YES completion:nil];

        } overallCompletion:^(NSError * _Nullable error) {
            //停止更新 UI
            if (target.updateUITimer != nil) {
                [target.updateUITimer invalidate];
                target.updateUITimer = nil;
            }
        }];
    }


    //更新下载 UI 界面
    - (void)updateDownloadProgress:(NSTimer *)updatedTimer
    {
        if (self.downloadError) {
            if (self.updateUITimer != nil) {
                [self.updateUITimer invalidate];
                self.updateUITimer = nil;
            }
            self.altDownload.title = @"下载错误!";
            self.altDownload.message = self.downloadError.localizedDescription;
            //延迟关闭对话框
            [self performSelector:@selector(dismissAltDownload) withObject:nil afterDelay:2.0];

        }
        else
        {
            self.altDownload.title = [NSString stringWithFormat:@"下载文件(%d/%d)", self.downloadingFileIndex + 1,
self.downloadingFileCount];
            self.altDownload.message = [NSString stringWithFormat:@"文件名:%@，文件大小:%0.1fKB，已下载文件大
小:%0.1fKB", self.downloadingFilename, self.downloadingFilesize / 1024.0, self.downloadingData.length / 1024.0];
        }

    }


    //结束显示下载文件对话框
    - (void) dismissAltDownload {
        [self.altDownload dismissViewControllerAnimated:YES completion:nil];
        self.altDownload = nil;
        self.downloadingData = nil;
    }
```

在【下载】按钮的单击事件处理方法 downloadMedia 中，判断当前的回放模式：当处于单文件预览模式时，则仅下载当前的文件；当处于多文件编辑模式时，则下载被选择的文件。然后通过回放管理器的 downloadSelectedFilesWithPreparation:process:fileCompletion:

overallCompletion 方法下载文件，该方法包括了 4 个 Block 回调，其功能分别如下。

● DJIFileDownloadPreparingBlock：在每个文件下载前调用，传递了文件名和文件大小等变量。本例中，通过这些文件信息创建文件下载对话框。文件下载对话框中包括了一个【取消】按钮，其调用回放管理器的 stopDownloadingFilesWithCompletion 方法停止下载文件。

● DJIFileDownloadingBlock：当下载文件更新数据时调用，传递了已经下载的数据对象。本例中，通过该 Block 将下载的数据放置到 downloadingData 属性中。

● DJIFileDownloadCompletionBlock：当完成单个文件的下载时调用。本例中，在该 Block 中将下载的数据保存在应用程序沙盒中。

● DJICompletionBlock：当完成所有文件的下载时调用。

此时编译并运行程序，在多文件编辑模式下，选择需要下载的文件，单击【下载】按钮；或者在单文件预览模式下，单击【下载】按钮，即可出现如图 8-29 所示的对话框。

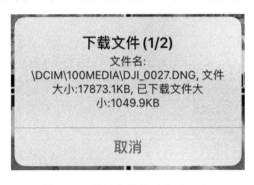

图 8-29　媒体文件的下载（iOS）

> ✾ 上述方法将直接从无人机下载的数据放入 downloadingData 变量中，因此会大量地占据移动设备的内存空间。对于大数据量的视频文件来说，当占用过多内存时，会出现潜在的应用程序"闪退"危险。读者可以尝试在 DJIFileDownloadingBlock 方法中判断已经下载数据的大小，然后及时多次地存储数据，以降低内存空间的使用。

在本例中，媒体文件被下载到应用程序沙盒中。另外，通过 PHPhotoLibrary 类的相关方法或 UIImageWriteToSavedPhotosAlbum 的相关方法将其转存至系统的相册中。

2）媒体文件的删除

媒体文件的删除非常简单，直接调用回放管理器的 deleteAllSelectedFiles 方法或者 deleteCurrentPreviewFile 方法即可分别在多文件编辑模式和单文件预览模式下删除媒体文件，如代码 8-61 所示。

代码 8-61

```
//删除媒体文件
- (IBAction)deleteMedia:(id)sender {
    if (self.playbackMode == DJICameraPlaybackModeMultipleFilesEdit) {
        //当处在多文件编辑模式下时，删除所有选择的文件
```

```
            [self.playbackManager deleteAllSelectedFiles];
        }else if (self.playbackMode == DJICameraPlaybackModeSingleFilePreview){
            //当处于单文件预览模式下时，删除当前文件
            [self.playbackManager deleteCurrentPreviewFile];
        }
    }
```

由于上述删除文件的方法中没有设计回调，因此可通过回放管理器的回调方法来获取文件的删除状态，如表 8-9 所示。

8.3　本章小结

本章介绍了通过媒体下载方式和回放方式访问相机存储卡的基本方法，包括获取文件列表，以及预览、下载和删除媒体文件的方法。通过本章的事件，读者应该可以感受到回放方式的使用方法要比媒体下载方式方便得多，并且具有统一的界面，但是灵活性不及媒体下载方式，其特点如表 8-10 所示。

表 8-10　通过媒体下载方式和回放方式访问相机存储卡的对比

特性	回放（Playback）	媒体下载（MediaDownload）
预览方式	实时预览	缓存预览
UI 界面	自有统一的界面	需要自行设计
集成度	较高	较低
灵活性	较低	较高
开发难度	较简单	较复杂

由于不同的无人机支持不同的访问方式，因此这些知识是学习 Mobile SDK 的必备内容。在比较通用的 Mobile SDK 应用程序中，开发者需要通过媒体下载方式和回放方式实现相机存储以应对不同的无人机类型。

第9章　多种多样的行业负载

近年来，随着无人机行业应用的深入，除普通的光学相机外，大疆也推出了可变焦镜头相机、热红外相机和多光谱相机等多种类型的相机。可变焦镜头相机可在不接近目标物体的情况下进行细致的观察，在电力巡检等应用中非常实用；热红外相机可用于火灾救援、光伏组件检查、野外搜救和抓捕逃犯等应用；多光谱相机可检测植被的生长状况，常应用在林业和农业方面。另外，除相机外，大疆还在御 2 无人机上尝试搭载了喊话器、探照灯、夜航灯等非相机的轻型行业负载，这些负载可以为无人机的行业应用提供更多的可能。

本章将首先介绍多种不同类型相机基本参数的设置方法，然后介绍御 2 几种行业负载的使用方法。

9.1　相机负载

除光学相机外，大疆无人机还可以搭载热红外相机和多光谱相机等多种类型的相机。热红外相机包括禅思 XT 系列相机、御 2 双光行业版相机等。禅思 H20 系列相机将热成像相机、可变焦相机、广角相机和激光测距仪融合起来，形成集成化更高、功能更强的相机系列。精灵 4 多光谱版搭载了多光谱相机。本节将介绍在 Mobile SDK 中对这些不同类型相机的基本参数进行设置的方法。

9.1.1　热红外相机

在大疆相机系列中发布了大疆禅思 XT、XT2 和 XT S 等云台相机，以及大疆御 2 双光行业版相机等，可用于消防救援、光伏巡检和植被监测等。大疆无人机中常见的热红外相机如表 9-1 所示。

表 9-1　大疆无人机中常见的热红外相机

热成像相机	相机机芯	版本	分辨率	镜头	无人机
XT	FLIR 长波红外非制冷热成像机芯	高级测温版与标准版	640×512 和 336×256	可替换不同焦距	悟 1、M200、M600 等
XT2	FLIR 长波红外非制冷热成像相机机芯（可搭配可见光相机）	—	640×512 和 336×256	可替换不同焦距	M200、M600 等
XT S	长波红外非制冷热成像相机机芯	—	640×512	不可替换	M200、M200 V2 等
御 2 双光行业版	非制冷氧化钒微测辐射热计（可搭配可见光相机）	—	640×480 和 640×360	不可替换	御 2
H20T	非制冷氧化钒（VOx）微测热辐射计	—	640×512	不可替换	M300 RTK 等

> ✿ H20T 的控制需要在 Lens 类中进行控制。

本节将首先介绍热成像相机中一些参数的含义，然后以列表的形式列出这些参数具体的设置方法。

1）照片格式

热成像相机的照片格式包括 JPEG、R-JPEG、TIFF T-Linear Low、TIFF T-Linear High 等格式，可通过相机对象的 setPhotoFileFormat(…)方法（iOS 中为 setPhotoFileFormat: withCompletion）进行设置。

2）温度单位

热成像相机的测量温度通过枚举类型定义，包括摄氏度（CELSIUS）、华氏度（FAHRENHEIT）、开氏度（OTHER）等。

3）兴趣区域（Region of Interest，ROI）

通过兴趣区域的选择，可使得调色盘色阶在兴趣区域范围内分布，从而有效地提高目标物体的分辨能力，降低非兴趣区域范围（如天空、水体等）的干扰。兴趣区域通过枚举类型定义，包括剔除天空区域 33%（SkyExcluded33）、剔除天空区域 50%（SkyExcluded50）、不剔除（Full）等类型。

4）调色盘

通过调色盘中的色阶渲染热成像图像数据，从而通过灰度、假彩色的展现形式突出目标高温或低温物体。调色盘类型通过枚举类型定义，包括白热（White Hot）、黑热（Black Hot）、熔岩（Fusion）、彩虹（Rainbow）等。

5）场景及其相关优化参数

场景通过枚举类型定义，包括室外（Outdoor）、室内（Indoor）、海洋（SeaSky）等。不同场景具有不同的 DDE、ACE、SSO，以及亮度和对比度参数。

- 数字细节增强技术（Digital Detail Enhancement，DDE）：用于提高图像和轮廓的清晰度。
- 动态对比增强技术（Active Contrast Enhancement，ACE）：动态调节较冷（或较热）物体温度的对比度。当 ACE>0 时，冷的物体对比度明显；当 ACE<0 时，热的物体对比度明显。
- 智能场景优化技术（Smart Scene Optimazation，SSO）：通过将颜色和温度的关系更加线性化，从而提高不同温度的物体对比度。
- 亮度（Brightness）：调节图像的亮度。
- 对比度（Contrast）：调节图像的对比度，突出温度细节。

通过上述这些参数也可以建立自定义场景。

6）等温线模式

等温线模式可通过彩色突出目标物体的温度。等温线模式包括上、中、下三个阈值，用于设置等温线的值。等温线阈值的设置单位可通过枚举类型定义，可以为温度值（Celsius）或百分比（Percentage）。

350

7）增益模式

增益模式用于对温度控制的灵敏度，通过枚举类型定义，包括自动（Auto）、高（High）、低（Low）等选项。高增益模式意味着更高的温度灵敏度，但是要求当前范围内的温度范围较小时使用。低增益模式可以提高温度测量的范围，但是其温度灵敏度会相应降低。

8）测温模式

测温模式包括点测温（SpotMetering）和区域测温（AreaMetering）两种。点测温即对某个点进行测温，区域测温则是对画面中的某个区域进行测温。测温的结果可通过回调的方式进行传递：在 Android 中，通过相机的 setThermalTemperatureCallback(…)回调和 setThermalAreaTemperatureAggregationsCallback(…)回调可分别获得相机的点测温与区域测温结果；在 iOS 中，上述功能可分别通过相机代理的 camera:didUpdateTemperatureData 方法和 camera:didUpdateAreaTemperatureAggregations 方法实现。

> ❀　测温会受到多种环境因素的影响，包括物体表面性质、辐射背景、空气温度和湿度、被测物体的距离等，因此测温结果仅供参考。使用时更应该考虑目标物体和周围物体的温度差异，从而做出相应的判断。

9）FFC 模式

平场校正（Flat-Field Calibration，FFC）模式可对相机镜片和成像元件对相同性质的被测物体的响应进行统一化矫正，通过相机内置的一个活动挡片实现。开发者可开启自动 FFC 模式，也可以手动触发 FFC 模式。

10）外部参数

对于 XT 系列等热成像相机，可以设置大气温度和大气传输系数等外部参数，用于矫正测温公式。这些外部参数包括大气温度（Atmospheric Temperature）、大气传输系数（Atmospheric Transmission Coefficient）、辐射背景温度（Background Temperature）、热场发射率（Scene Emissivity）、窗口反射系数（Window Reflection）、窗口反射温度（Window Reflected Temperature）、窗口温度（Window Temperature）和窗口透射系数（Window Transmisstion Coefficient）等。

在 Android 中使用相机的 setThermalExternalSceneSettingsCallback(…)回调、在 iOS 中使用相机代理的 camera:didUpdateExternalSceneSettings 方法即可获取外部参数值的变化情况。

11）显示模式与双光融合

由于单纯的热成像相机不能反映物体的轮廓和纹理等特征，有些热成像相机搭配了可见光相机作为可见光特征的补充信息，如御 2 双光行业版、禅思 XT2 云台相机等。显示模式即对这两种物理源的影像信息的显示方式进行设置，包括仅热成像相机（THERMAL_ONLY）、仅光学相机（VISUAL_ONLY）、画中画（Picture in Picture，PIP）、多波段动态成像（MSX）等。

双光融合是 MSX 的重要形式，是指将热成像影像和可见光影像进行融合显示，在以热成像影像为核心的同时突出物体的轮廓特征（图 9-1）。双光融合的等级越高，可见光波段特征越加明显。

（a）热成像影像　　　　　　　　　　　　（b）双光融合影像

图 9-1　热成像影像与双光融合影像

用于控制热成像相机的常见方法如表 9-2 所示。

表 9-2　用于控制热成像相机的常见方法

Android 中	iOS 中	说明
isThermalCamera()	isThermalCamera	判断当前相机是否为热红外相机
setThermalROI(…)	setThermalROI:withCompletion	设置兴趣区域
getThermalROI(…)	getThermalROIWithCompletion	获取兴趣区域
setThermalPalette(…)	setThermalPalette:withCompletion	设置调色盘
getThermalPalette(…)	getThermalPaletteWithCompletion	获取调色盘
setThermalScene(…)	setThermalScene:withCompletion	设置场景
getThermalScene(…)	getThermalSceneWithCompletion	获取场景
setThermalDDE(…)	setThermalDDE:withCompletion	设置 DDE 选项
getThermalDDE(…)	getThermalDDEWithCompletion	获取 DDE 选项
setThermalACE(…)	setThermalACE:withCompletion	设置 ACE 选项
getThermalACE(…)	getThermalACEWithCompletion	获取 ACE 选项
setThermalSSO(…)	setThermalSSO:withCompletion	设置 SSO 选项
getThermalSSO(…)	getThermalSSOWithCompletion	获取 SSO 选项
setThermalBrightness(…)	setThermalBrightness:withCompletion	设置亮度
getThermalBrightness(…)	getThermalBrightnessWithCompletion	获取亮度
setThermalContrast(…)	setThermalContrast:withCompletion	设置对比度
getThermalContrast(…)	getThermalContrastWithCompletion	获取对比度
setThermalIsothermEnabled(…)	setThermalIsothermEnabled:withCompletion	启用/停用等温线模式
getThermalIsothermEnabled(…)	getThermalIsothermEnabledWithCompletion	判断是否开启等温线模式
setThermalIsothermUnit(…)	setThermalIsothermUnit:withCompletion	设置等温线单位
getThermalIsothermUnit(…)	getThermalIsothermUnitWithCompletion	获取等温线单位
setThermalIsothermUpperValue(…)	setThermalIsothermUpperValue:withCompletion	设置上等温线阈值
getThermalIsothermUpperValue(…)	getThermalIsothermUpperValueWithCompletion	获取上等温线阈值

Android 中	iOS 中	说明
setThermalIsothermMiddleValue(…)	setThermalIsothermMiddleValue:withCompletion	设置中等温线阈值
getThermalIsothermMiddleValue(…)	getThermalIsothermMiddleValueWithCompletion	获取中等温线阈值
setThermalIsothermLowerValue(…)	setThermalIsothermLowerValue:withCompletion	设置下等温线阈值
getThermalIsothermLowerValue(…)	getThermalIsothermLowerValueWithCompletion	获取下等温线阈值
setThermalGainMode(…)	setThermalGainMode:withCompletion	设置增益模式
getThermalGainMode(…)	getThermalGainModeWithCompletion	获取当前增益模式
setThermalMeasurementMode(…)	setThermalMeasurementMode:withCompletion	设置测温模式
getThermalMeasurementMode(…)	getThermalMeasurementModeWithCompletion	获取当前测温模式
setThermalDigitalZoomFactor(…)	setThermalDigitalZoomFactor:withCompletion	设置数字变焦比例
getThermalDigitalZoomFactor(…)	getThermalDigitalZoomFactorWithCompletion	获取数字变焦比例
getThermalProfile(…)	getThermalProfileWithCompletion	获取相机参数（分辨率、帧率和焦距）
setThermalSpotMeteringTargetPoint(…)	setThermalSpotMeteringTargetPoint:withCompletion	设置点测温位置
getThermalSpotMeteringTargetPoint(…)	getThermalSpotMeteringTargetPointWithCompletion	获取点测温位置
setThermalMeteringArea(…)	setThermalMeteringArea:withCompletion	设置区域测温矩形框
getThermalMeteringArea(…)	getThermalMeteringAreaWithCompletion	获取区域测温矩形框
setThermalFFCMode(…)	setThermalFFCMode:withCompletion	设置 FFC 模式
getThermalFFCMode(…)	getThermalFFCModeWithCompletion	获取当前 FFC 模式
triggerThermalFFC(…)	triggerThermalFFCWithCompletion	触发 FFC 模式
setThermalCustomExternalSceneSettingsProfile(…)	setThermalCustomExternalSceneSettingsProfile:withCompletion	设置自定义场景设置
getThermalCustomExternalSceneSettingsProfile(…)	getThermalCustomExternalSceneSettingsProfileWithCompletion	获取自定义场景设置
setThermalAtmosphericTemperature(…)	setThermalAtmosphericTemperature:withCompletion	设置大气温度（外部参数）
setThermalAtmosphericTransmissionCoefficient(…)	setThermalAtmosphericTransmissionCoefficient:withCompletion	设置大气传输系数（外部参数）
setThermalBackgroundTemperature(…)	setThermalBackgroundTemperature:withCompletion	设置辐射背景温度（外部参数）
setThermalSceneEmissivity(…)	setThermalSceneEmissivity:withCompletion	设置热场发射率（外部参数）
setThermalWindowReflection(…)	setThermalWindowReflection:withCompletion	设置窗口反射系数（外部参数）
setThermalWindowReflectedTemperature(…)	setThermalWindowReflectedTemperature:withCompletion	设置窗口反射温度（外部参数）
setThermalWindowTemperature(…)	setThermalWindowTemperature:withCompletion	设置窗口温度（外部参数）
setThermalWindowTransmissionCoefficient(…)	setThermalWindowTransmissionCoefficient:withCompletion	设置窗口透射系数（外部参数）
setThermalTemperatureUnit(…)	setThermalTemperatureUnit:withCompletion	设置温度单位
getThermalTemperatureUnit(…)	getThermalTemperatureUnitWithCompletion	获取温度单位
setDisplayMode(…)	setDisplayMode:withCompletion	设置显示模式
getDisplayMode(…)	getDisplayModeWithCompletion	获取显示模式
setPIPPosition(…)	setPIPPosition:withCompletion	设置画中画位置
getPIPPosition(…)	getPIPPositionWithCompletion	获取画中画位置
setMSXLevel(…)	setMSXLevel:withCompletion	设置双光融合等级

续表

Android 中	iOS 中	说明
getMSXLevel(…)	getMSXLevelWithCompletion	获取当前双光融合等级
setDualFeedVerticalAlignmentOffset(…)	setDualFeedVerticalAlignmentOffset:withCompletion	设置双光融合水平矫正参数
getDualFeedVerticalAlignmentOffset(…)	getDualFeedVerticalAlignmentOffsetWithCompletion	获取双光融合水平矫正参数
setDualFeedHorizontalAlignmentOffset(…)	setDualFeedHorizontalAlignmentOffset:withCompletion	设置双光融合垂直矫正参数
getDualFeedHorizontalAlignmentOffset(…)	getDualFeedHorizontalAlignmentOffsetWithCompletion	获取双光融合垂直矫正参数

在御 2 双光行业版无人机中，通过设置热红外相机的显示模式，可以将图传在可见光相机（Visual Only）、热红外相机（Thermal Only）和双光融合（MSX）之间切换。

9.1.2 多光谱相机

大疆精灵 4 多光谱版无人机搭载了多光谱相机，包括 6 个 CMOS 传感器，分别为常规可见光传感器（RGB）、蓝色波段传感器（B）、绿色波段传感器（G）、红色波段传感器（R）、红边波段传感器（RE）、近红外波段传感器（NIR）。同时，精灵 4 多光谱版无人机还包括了光强传感器和 RTK，用于监测太阳辐照度和校准定位信息。

在 Mobile SDK 中，显示模式通过枚举类型定义，包括可见光模式（RGB_ONLY）和 NDVI 模式两种类型。通过照片存储设置可设置是否存储照片的波段，其他设置（如测光模式、曝光模式、曝光补偿等）与普通光学相机的设置类似，只不过其作用范围为多光谱相机的窄带波段传感器，即除了常规可见光传感器以外的传感器。

用于控制多光谱相机的常见设置方法如表 9-3 所示。

表 9-3　用于控制多光谱相机的常见设置方法

Android 中	iOS 中	说明
setMultispectralDisplayMode	setMultispectralDisplayMode:withCompletion	设置显示模式
getMultispectralDisplayMode	getMultispectralDisplayModeWithCompletion	获取显示模式
setMultispectralStoragePhotoSettings	setMultispectralStoragePhotoSettings:withCompletion	设置照片存储设置
getMultispectralStoragePhotoSettings	getMultispectralStoragePhotoSettingsWithCompletion	获取照片存储设置
setMultispectralMeteringMode	setMultispectralMeteringMode:withCompletion	设置测光模式
getMultispectralMeteringMode	getMultispectralMeteringModeWithCompletion	获取测光模式
setMultispectralExposureMode	setMultispectralExposureMode:withCompletion	设置曝光模式
getMultispectralExposureMode	getMultispectralExposureModeWithCompletion	获取曝光模式
setMultispectralExposureCompensation	setMultispectralExposureCompensation:withCompletion	设置曝光补偿
getMultispectralExposureCompensation	getMultispectralExposureCompensationWithCompletion	获取曝光补偿
setMultispectralShutterSpeed	setMultispectralShutterSpeed:withCompletion	设置光圈速度
getMultispectralShutterSpeed	getMultispectralShutterSpeedWithCompletion	获取光圈速度
setMultispectralAELock	setMultispectralAELock:withCompletion	启用/停用 AE 锁（自动曝光锁定）
getMultispectralAELock	getMultispectralAELockWithCompletion	判断是否打开 AE 锁（自动曝光锁定）

另外，Mobile SDK 还提供了回调方法，用于监测多光谱相机的曝光状态：在 Android

中，通过 setMultispectralExposureStateCallback（…）即可设置回调；在 iOS 中，通过相机代理的 camera:didUpdateMultispectralExposureStates 方法即可设置回调。

9.1.3　禅思 H20 系列相机

禅思 H20 系列相机包括了 H20 和 H20T 两款相机。其中，H20 相机包括了 2000 万像素的变焦相机、1200 万像素的广角相机和 1200 米的激光测距仪；H20T 是在 H20 的基础上增加了 640×512 的热成像相机。禅思 H20 系列是大疆首个混合传感器解决方案，

1．禅思 H20 系列相机镜头对象的获取

与其他相机不同，禅思 H20 系列相机内的各个传感器（除激光测距仪外）控制方法通过镜头（Android 中为 Lens，iOS 中为 DJILens）对象进行控制。每一个镜头对象都包括一个类型变量。获取禅思 H20 系列相机镜头对象的步骤如下。

（1）判断相机是否为多镜头相机。

（2）获取镜头对象。

（3）判断镜头对象的类型。

禅思 H20 系列相机的镜头类型如表 9-4 所示。

表 9-4　禅思 H20 系列相机的镜头类型

Android 中的 LensType 枚举类型	iOS 中的 DJILensType 枚举类型	说明
ZOOM	DJILensTypeZoom	变焦镜头
WIDE	DJILensTypeWide	广角镜头
INFRARED_THERMAL	DJILensTypeInfraredThermal	热成像镜头
UNKNOWN	—	未知

在 Android 中，禅思 H20 系列相机镜头对象的获取如代码 9-1 所示。

代码 9-1

```
//获取相机对象
Camera camera = getCamera();
//判断相机对象是否存在，并且判断其是否为多镜头相机
if (camera != null && camera.isMultiLensCameraSupported()) {
    //获取相机的镜头对象数组
    List<Lens> lensList = camera.getLenses();
    //遍历镜头对象数组
    for (Lens lens : lensList) {
        //获取镜头类型
        SettingsDefinitions.LensType type = lens.getType();
    }
}
```

在 iOS 中，禅思 H20 系列相机镜头对象的获取如代码 9-2 所示。

代码 9-2

```
//获取相机对象
```

```
DJICamera *camera = [self getCamera];
//判断相机对象是否存在，并且判断其是否为多镜头相机
if (camera != nil &&camera.isMultiLensCameraSupported) {
    //获取相机的镜头对象数组
    NSArray* lensList = camera.lenses;
    //遍历镜头对象数组
    for (DJILens *lens in lensList) {
        //获取镜头类型
        DJILensType type = lens.lensType;
    }
}
```

2. 图传物理源的切换

H20 系列相机的图传物理源切换也有所不同。一般的无人机相机是通过图传链路的设置切换图传视频流的，而禅思 H20 系列相机的图传物理源切换是通过相机本身的方法进行操作的，如表 9-5 所示。

表 9-5　禅思 H20 系列相机的图传物理源设置方法

Android 中	iOS 中	说明
setCameraVideoStreamSource	setCameraVideoStreamSource:withCompletion	设置多镜头相机的图传物理源
getCameraVideoStreamSource	getCameraVideoStreamSourceWithCompletion	获取多镜头相机的图传物理源

H20 系列相机的图传物理源通过枚举类型定义，如表 9-6 所示为禅思 H20 系列相机的图传物理源类型。

表 9-6　禅思 H20 系列相机的图传物理源类型

Android 中的 LensType 枚举类型	iOS 中的 DJICameraVideoStreamSource 枚举类型	说明
DEFAULT	DJICameraVideoStreamSourceDefault	默认物理源
WIDE	DJICameraVideoStreamSourceWide	广角镜头物理源
ZOOM	DJICameraVideoStreamSourceZoom	变焦镜头物理源
INFRARED_THERMAL	DJICameraVideoStreamSourceInfraredThermal	热成像镜头物理源
UNKNOWN	DJICameraVideoStreamSourceUnknown	未知物理源

另外，Mobile SDK 还提供了用于监测图传物理源变化的回调方法：在 Android 中，通过 setCameraVideoStreamSourceCallback(…)方法即可设置回调；在 iOS 中，通过相机代理的 camera:didUpdateVideoStreamSource 方法设置回调。

3. 激光测距仪的使用

可通过相机对象启用或停用激光测距仪。在 Android 中，使用 setLaserEnabled 和 getLaserEnabled 方法可设置或获取激光测距仪的状态。在 iOS 中，使用 setLaserEnabled:withCompletion 和 getLaserEnabled 方法可设置或获取激光测距仪的状态。

获取激光测距仪的测量结果需要通过镜头对象的回调方法实现：在 Android 中，通过 setLaserMeasureInformationCallback(…)方法即可设置回调；在 iOS 中，通过相机代理的 lens:didUpdateLaserMeasureInformation 方法即可设置回调。

9.2　御 2 行业负载

御 2 行业负载包括探照灯（Spotlight）、夜航灯（Beacon）和喊话器（Speaker）三类负载。探照灯用于在环境黑暗的情况下对目标物体进行照明，可用于野外搜索和目标追踪等应用，其俯仰范围在水平到向下 45°角。夜航灯用于在黑暗条件下识别飞行器。喊话器用于在空中实时喊话和播放音频，其俯仰角的设置与探照灯相同，在水平向前到向下 45°角范围内。御 2 行业负载的安装位置及其外观如图 9-2 所示。

（a）探照灯　　　　　　　　　（b）喊话器　　　　　　　　　（c）夜航灯

图 9-2　御 2 行业负载的安装位置及其外观

这些负载被 Mobile SDK 中的附件集合类（AccessoryAggregation）进行统一管理。附件集合类、探照灯类、夜航灯类、喊话器类等均继承于 Mobile SDK 的组件类。

值得注意的是，御 2 双光行业版无人机同时只能将探照灯、喊话器和夜航灯其中的一个附件安装在飞机上。那么如何判断当前附件的连接状态呢？

在 Android 中，各个附件的连接状态可通过 AccessoryAggregationState 对象的 isSpeakerConnected()、isBeaconConnected() 和 isSpotlightConnected() 方法进行获取。而 AccessoryAggregationState 对象可通过附件集合类的 getAccessoryAggregationState()方法或者通过其 setStateCallback(…)方法的监听回调获取。典型的判断当前附件连接状态的代码如代码 9-3 所示。

代码 9-3

```
String strConnectionState = "";
strConnectionState += state.isSpeakerConnected() ? "喊话器已连接!" : "";
strConnectionState += state.isBeaconConnected() ? "夜航灯已连接!" : "";
strConnectionState += state.isSpotlightConnected() ? "探照灯已连接!" : "";
if (strConnectionState.equals("")) {
    strConnectionState = "附件未连接!";
}
```

在 iOS 中，各个附件的连接状态类似地可通过 DJIAccessoryAggregationState 对象的 isSpeakerConnected、isBeaconConnected 和 isSpotlightConnected 属性进行获取。而 DJIAccessoryAggregationState 对象可通过附件集合代理类 DJIAccessoryAggregationDelegate 的 accessoryAggregation:didUpdateState 方法获取。典型的判断当前附件连接状态的代码如代码 9-4 所示。

代码 9-4

```
NSString *strSpotlightCon = state.isSpotlightConnected ? @"探照灯已连接!" : @"";
```

```
NSString *strBeaconCon = state.isBeaconConnected ? @"夜航灯已连接!" : @"";
NSString *strSpeakerCon = state.isSpeakerConnected ? @"喊话器已连接!" : @"";
NSString *strConnectionState = [NSString stringWithFormat:@"%@%@%@", strSpotlightCon, strBeaconCon, strSpeakerCon];
if ([strConnectionState isEqualToString:@""]) {
    strConnectionState = @"附件未连接!";
}
```

接下来将分别介绍这些附件的用法，读者可根据实际需要进行应用。

9.2.1 探照灯与夜航灯

探照灯和夜航灯在实际的使用中也非常实用。在 Mobile SDK 中，通过探照灯类和夜航灯类对其进行操控。

探照灯类和夜航灯类通过附件集合类进行管理，而附件集合类的获取与无人机的相机对象、飞行控制器对象等获取的方法类似。在 Android 中，典型的获取探照灯对象和夜航灯对象的方法如代码 9-5 所示。

代码 9-5

```java
//获得无人机的附件对象
private AccessoryAggregation getAccessoryAggregation() {
    BaseProduct product = DJISDKManager.getInstance().getProduct();
    if (product != null && product.isConnected()) {
        return product.getAccessoryAggregation();
    }
    return null;
}

//获得夜航灯对象
private Beacon getBeacon() {
    AccessoryAggregation accessoryAggregation = getAccessoryAggregation();
    if (accessoryAggregation != null && accessoryAggregation.isConnected()) {
        return accessoryAggregation.getBeacon();
    }
    return null;
}

//获得探照灯对象
private Spotlight getSpotlight() {
    AccessoryAggregation accessoryAggregation = getAccessoryAggregation();
    if (accessoryAggregation != null && accessoryAggregation.isConnected()) {
        return accessoryAggregation.getSpotlight();
    }
    return null;
}
```

在 iOS 中，典型的获取探照灯对象和夜航灯对象的方法如代码 9-6 所示。

代码 9-6

```objc
///获取无人机的附件对象
- (DJIAccessoryAggregation *)getAccessoryAggregation {
```

```
    if (DJISDKManager.product != nil && [DJISDKManager.product isKindOfClass: [DJIAircraft class]]) {
        return ((DJIAircraft *)DJISDKManager.product).accessoryAggregation;
    }
    return nil;
}

///获取夜航灯对象
- (DJIBeacon *)getBeacon {
    DJIAccessoryAggregation *accessoryAggregation = [self getAccessoryAggregation];
    if (accessoryAggregation != nil && accessoryAggregation.isConnected) {
        return accessoryAggregation.beacon;
    }
    return nil;
}

///获取探照灯对象
- (DJISpotlight *)getSpotlight {
    DJIAccessoryAggregation *accessoryAggregation = [self getAccessoryAggregation];
    if (accessoryAggregation != nil && accessoryAggregation.isConnected) {
        return accessoryAggregation.spotlight;
    }
    return nil;
}
```

本节将介绍探照灯和夜航灯的基本使用方法。

1．探照灯

探照灯的操作包括打开、关闭和亮度操作，以及获取探照灯状态的监听功能，这些功能所涉及的方法如表 9-7 所示。

表 9-7　探照灯的相关设置方法

Android 中探照灯类的相关方法	iOS 中探照灯类的相关方法	说明
setStateCallback(…)	addSpotlightStateListener:withQueue:andBlock	设置状态监听
getState()	(state 属性)	获取当前状态
getEnabled(…)	getEnabledWithCompletion	获取是否打开探照灯
setEnabled(…)	setEnabled:withCompletion	打开/关闭探照灯
setBrightness(…)	setBrightness:withCompletion	设置亮度

探照灯的状态通过探照灯状态类（Android 中为 SpotlightState，iOS 中为 DJISpotlightState）定义，通过探照灯状态对象可以获取当前探照灯的亮度和温度。

1）Android 中探照灯的设置

在 Android 中，探照灯的打开与否无法直接通过探照灯对象进行获取，因此可以采用键值管理器来实现，如代码 9-7 所示。

代码 9-7

```
//DJI 键 – 探照灯亮度
DJIKey brightnessKey = AccessoryAggregationKey.createSpotlightKey(AccessoryAggregationKey.SPOTLIGHT_BRIGHTNESS);
```

```
//获取探照灯的亮度值
int brightness = (int) KeyManager.getInstance().getValue(brightnessKey);
```

因此，探照灯的打开和关闭可通过代码 9-8 实现。

代码 9-8

```
private void enableSpotlight() {
//获取探照灯对象
    Spotlight spotlight = getSpotlight();
    if (spotlight != null) {
//获取当前探照灯是否打开
        DJIKey spotlightEnabledKey = AccessoryAggregationKey.createSpotlightKey(AccessoryAggregationKey.SPOTLIGHT_
ENABLED);
        Boolean isSpotlightEnabled = (Boolean) KeyManager.getInstance().getValue(spotlightEnabledKey);
        if (isSpotlightEnabled != null && isSpotlightEnabled) {
//在探照灯打开的情况下关闭探照灯
            spotlight.setEnabled(false, new CommonCallbacks.CompletionCallback() {
                @Override
                public void onResult(DJIError djiError) {
                    if (djiError == null) {
                        showToast("关闭探照灯成功!");
                    } else {
                        showToast("关闭探照灯失败:" + djiError.getDescription());
                    }
                }
            });
        } else {
//在探照灯关闭的情况下打开探照灯
            spotlight.setEnabled(true, new CommonCallbacks.CompletionCallback() {
                @Override
                public void onResult(DJIError djiError) {
                    if (djiError == null) {
                        showToast("打开探照灯成功!");
                    } else {
                        showToast("打开探照灯失败:" + djiError.getDescription());
                    }
                }
            });
        }
    }
}
```

探照灯的亮度设置通过整型变量定义，其范围为 1~100。在无人机未起飞时，探照灯的亮度范围只能为 0~50。在 Android 中，探照灯的亮度设置代码如代码 9-9 所示。

代码 9-9

```
//探照灯的亮度设为 40
int value = 40;
//获取探照灯对象
Spotlight spotlight = getSpotlight();
```

```
//判断探照灯对象是否为空
if (spotlight != null) {
    //设置探照灯亮度
    spotlight.setBrightness(value, new CommonCallbacks.CompletionCallback() {
        @Override
        public void onResult(DJIError djiError) {
            if (djiError == null) {
                showToast("设置亮度成功!");
            } else {
                showToast("设置亮度失败! " + djiError.getDescription());
            }
        }
    });
}
```

2）iOS 中探照灯的设置

探照灯的打开和关闭可参考代码 9-10。

代码 9-10

```
//打开/关闭探照灯
- (IBAction)enableSpotlight:(id)sender{
    //获取探照灯对象
    DJISpotlight *spotlight = [self getSpotlight];
    if (spotlight == nil) return;
    //判断当前探照灯是否打开
    WeakRef(target);
    [spotlight getEnabledWithCompletion:^(BOOL enabled, NSError * _Nullable error) {
        WeakReturn(target);
        //打开/关闭探照灯
        [spotlight setEnabled:!enabled withCompletion:^(NSError * _Nullable error) {
            WeakReturn(target);
            if (error != nil) {
                [target showAlertWithMessage:[NSString stringWithFormat:@"探照灯打开/关闭错误!%@", error.
localizedDescription]];
            } else {
                [target showAlertWithMessage:!enabled ? @"夜航灯打开成功!" : @"夜航灯关闭成功!"];
            }
        }];
    }];
}
```

在 iOS 中，探照灯当前的亮度设置无法直接通过探照灯对象进行获取，因此可以通过探照灯的监听器进行获取，具体实现如代码 9-11 所示。

代码 9-11

```
//设置探照灯监听器，获取当前的探照灯亮度
DJIAccessoryAggregation *aggregation = [self getAccessoryAggregation];
if (aggregation != nil && aggregation.spotlight != nil) {
    WeakRef(target);
    [aggregation.spotlight addSpotlightStateListener:self withQueue:dispatch_get_main_queue() andBlock:^(DJISpotlightState *
```

```
_Nonnull state) {
        WeakReturn(target);
        //获取亮度状态
        target.sliderSpotlightBrightness.value = state.brightness;
    }];
}
```

其中，sliderSpotlightBrightness 是用于显示和设置探照灯亮度的 UISlider 对象。
我们通过代码 9-12 设置探照灯的亮度。

代码 9-12

```
//改变探照灯的亮度
- (IBAction)changeSpotlightBrightness:(id)sender{
    //获取探照灯对象
    DJISpotlight *spotlight = [self getSpotlight];
    if (spotlight == nil) return;
    //设置探照灯的亮度
    WeakRef(target);
    [spotlight setBrightness:(int)self.sliderSpotlightBrightness.value withCompletion:^(NSError * _Nullable error) {
        WeakReturn(target);
        if (error != nil) {
            [target showAlertWithMessage:[NSString stringWithFormat:@"探照灯亮度设置错误!%@", error.
localizedDescription]];
        }
    }];
}
```

2. 夜航灯

夜航灯的操作仅包括打开和关闭操作，与探照灯的打开和关闭操作非常类似。打开探照
灯后，探照灯上的灯珠将会以 1Hz 的频率闪烁，用于提示无人机所处的位置。由于篇幅限
制，夜航灯的操作将不做介绍。学习 Mobile SDK for Android 的读者可参见本书参考示例中
DroneFly 项目的 AccessoryAggregationActivity 类的相关代码。学习 Mobile SDK for iOS 的
读者可参见本书参考示例中 DroneFly 项目 DFAccessoryAggregationViewController 类的相
关代码。

AccessoryAggregationActivity 类和 DFAccessoryAggregationViewController 类中夜航灯与
探照灯的界面设计如图 9-3 所示。

（a）Android 中的界面　　　　　　　　　　（b）iOS 中的界面

图 9-3　AccessoryAggregationActivity 类和 DFAccessoryAggregationViewController 类中夜航灯与探照灯的界面设计

9.2.2 喊话器

喊话器, 即为"会飞的扩音器", 属于御 2 双光行业版无人机中三个附件中较为重要的一个。在大型活动管理、旅游景点现场管理、疫情防控广播通知、人员搜索搜救等场景中具有潜在广泛的应用。

本节将首先介绍喊话器使用中的基本概念, 然后在 Android 与和 iOS 中分别实现录制、上传和播放音频。

1. 喊话器简介

1) 喊话器对象的获取

喊话器对象的获取方法与探照灯和夜航灯的类似, 也是通过附件集合对象进行获取的, 读者可参见"9.2.1 探照灯与夜航灯"节的相关内容。

2) 音频的上传

在 DJI Pilot 应用中, 其音频播放来源包括两类: 一种来自实时上传的音频数据(对应于图 9-4 中的"即时广播"选项卡, 类似于对讲机功能), 一种来自保存在飞机内部的音频(对应于图 9-4 中的"播放已存音频"选项卡, 类似于播放器)。

（a）即时广播模式　　　　　　　　　（b）播放已存音频模式

图 9-4　喊话器的广播模式

事实上, 即使采用实时上传的方式播放音频, 其过程也是首先在飞机中将上传的音频保存为一个临时文件, 然后播放后实时将其删除。因此, 为了播放音频数据, 首先需要做的就是上传音频文件。

❀ 音频文件存储在无人机硬件的内部存储中, 而不是存储在喊话器硬件中。

在 Mobile SDK 中，上传的音频文件的存储位置类型包括临时存储位置、永久存储位置和未知存储位置，其如表 9-8 所示。

表 9-8　喊话器音频文件的存储位置类型

Android 中的 AudioStorageLocation 枚举类型	iOS 中的 DJIAudioStorageLocation 枚举类型	说明
TEMPORARY	DJIAudioStorageLocationTemporary	临时存储位置
PERSISTENT	DJIAudioStorageLocationPersistent	永久存储位置
UNKNOWN	DJIAudioStorageLocationUnknown	未知存储位置

存储在永久存储位置的音频文件会长期保存在无人机中，只有当用户主动删除时才会被删除。存储在临时存储位置的音频文件在飞机重启后会自动删除。

在 Android 中使用喊话器类的 startTransmission(AudioFileInfo info, final TransmissionListener listener)方法、在 iOS 中使用喊话器类的 startTransmissionWithInfo:startBlock:onProgress: finish:failure 方法即可上传文件。其中，AudioFileInfo 类（iOS 中为 DJIAudioFileInfo 类）用于定义文件信息，包括上面所述的音频存储位置枚举值，以及一个文件名称。

在 Android 中，TransmissionListener 对象包括了 4 个回调方法；在 iOS 中，对应了 4 个 Block 对象，如表 9-9 所示为上传音频文件的相关回调。

表 9-9　上传音频文件的相关回调

回调方法	Android 中 TransmissionListener 对象的 4 个回调方法	iOS 中上传音频所需的 4 个 Block 对象	说明
开始回调方法	onStart()	DJISpeakerTransmissionStartBlock	开始上传音频时回调该方法
更新回调方法	onProgress (int dataSize)	DJISpeakerTransmissionOnProgressBlock	上传音频时，更新上传进度回调该方法。回调的整型数值为已经上传文件的大小
结束回调方法	onFinish(int index)	DJISpeakerTransmissionFinishBlock	上传音频结束时回调该方法。回调的整型数值为音频文件的编号
失败回调方法	onFailure (DJIError error)	DJISpeakerTransmissionFailureBlock	上传音频失败时回调该方法

无人机喊话器的数据传输状态通过枚举类型定义，如表 9-10 所示为喊话器的数据传输状态。

表 9-10　喊话器的数据传输状态

Android 中的 SpeakerDataTransmissionState 枚举类型	iOS 中的 DJISpeakerDataTransmissionState 枚举类型	说明
IDLE	DJISpeakerDataTransmissionStateIdle	空闲
READY_TO_TRANSMIT	DJISpeakerDataTransmissionStateReadyToTransmit	准备传输
TRANSMITING	DJISpeakerDataTransmissionStateTransmitting	传输中
UNKNOWN	DJISpeakerDataTransmissionStateUnknown	未知

在实际使用中，开发者应当在开始回调方法中调用录音音频的相关方法（这个时候无人机系统已经准备好上传音频文件的一切流程，喊话器的数据传输状态从 IDLE 转变为 READY_TO_TRANSMIT），其他的几个回调方法都是与回调相关的上传音频文件过程中的信息。

音频文件的上传通过以下方法进行：在 Android 中，通过 paceData(byte[] data)方法上传数据，通过 markEOF()方法结束上传。类似地，在 iOS 中，通过 paceData 方法上传数据，通过 markEOF 方法结束上传。注意，在上传过程中，不可以直接将音频文件的数据通过 paceData 方法一次性上传，而是需要将其切分为多个小的音频片段，以音频流的形式多次上传。上传的速率被限制为 80kbps，当 paceData 的速率超过了这一速率时，Mobile SDK 会将没有及时被上传的数据缓存在移动设备内存中。

另外，Mobile SDK 对音频文件的格式限制是非常严格的，具体的要求如下。

- 音频文件必须为原始的 PCM 文件（raw Pulse-code modulation），不可以为被压缩的 PCM 文件，也不可以为其他类型的音频文件。
- 音频通道必须为 MONO 单声道。
- 音频采样率必须为 44100Hz。
- 音频采样深度（每个采样点所占用的位数）必须为 16bit。

在 Android 中，如果使用 AudioRecord 类录制音频，其典型的设置方法如代码 9-13 所示。

代码 9-13

```
//设置采样率为 44100Hz
int frequence = 44100;
//设置声道：MONO（单声道）
int channelInConfig = AudioFormat.CHANNEL_IN_MONO;
//设置编码格式：16bit 深度的 PCM 编码
int audioEncoding = AudioFormat.ENCODING_PCM_16BIT;
//数据流 Buffer 的大小
int bufferSize = AudioRecord.getMinBufferSize(frequence, channelInConfig, audioEncoding);
AudioRecord audioRecord = new AudioRecord(MediaRecorder.AudioSource.MIC, frequence, channelInConfig, audioEncoding, bufferSize);
```

在 iOS 中，如果使用 AudioToolbox 中的 AudioStreamBasicDescription 结构体进行设置，其典型的代码如代码 9-14 所示。

代码 9-14

```
AudioStreamBasicDescription pcmDesc = {0};
pcmDesc.mSampleRate = 44100;   //采样率为 44100Hz
pcmDesc.mFormatID = kAudioFormatLinearPCM;   //格式为线性 PCM 格式
pcmDesc.mFormatFlags = (kAudioFormatFlagIsSignedInteger | kAudioFormatFlagIsPacked);
pcmDesc.mChannelsPerFrame = 1;   //声道数量为 1
pcmDesc.mFramesPerPacket = 1;
pcmDesc.mBitsPerChannel = 16;   //采样深度为 16bit
pcmDesc.mBytesPerFrame = pcmDesc.mBitsPerChannel / 8 * pcmDesc.mChannelsPerFrame;
pcmDesc.mBytesPerPacket = pcmDesc.mBytesPerFrame * pcmDesc.mFramesPerPacket;
pcmDesc.mReserved = 0;
```

在上传音频文件时，在 Android 中通过 cancelTransmission()方法、在 iOS 中通过 cancelTransmission 方法即可终止上传过程。

3）音频文件列表

存储在无人机中的音频列表可通过类似于"第 8 章　访问相机存储卡"中的媒体管理器类似

的方法获取，包括刷新文件列表方法、设置文件列表状态监听器等。音频文件列表状态的定义与"第 8 章 访问相机存储卡"中的媒体文件列表状态公用一个枚举类型，可参见表 8-1。

当文件列表状态处在未完成（Incomplete）时，说明无人机中上传了新的音频文件；当文件列表状态处在已重置（Reset）时，说明喊话器已经断开连接，或者 SD 卡格式化或者未插入，或者 SD 卡在删除文件时出现错误。

4）音频的播放

通过喊话器播放音频可参考表 9-11 中的相关方法，可以开始和停止音频的播放，但是无法暂停音频的播放。

表 9-11　播放与停止音频的相关方法

Android 中喊话器对象的方法	iOS 中喊话器对象的方法	说明
play(...)	play:withCompletion	开始播放
stop(...)	stopAudioPlayWithCompletion	停止播放

在播放音频时，需要指明所播放音频文件的编号。在开始和停止播放音频时，均需要设置相关的回调，用于传递和提示用户开始与停止播放是否成功。

喊话器的播放状态（PlayingState）包括播放中、已停止和未知，如表 9-12 所示。

表 9-12　喊话器的播放状态

Android 中的 SpeakerPlayingState 枚举类型	iOS 中的 DJISpeakerPlayingState 枚举类型	说明
PLAYING	DJISpeakerPlayingStatePlaying	播放中
STOPPED	DJISpeakerPlayingStateStopped	已停止
UNKNOWN	DJISpeakerPlayingStateUnknown	未知

在喊话器中，播放模式（PlayMode）包括单次播放模式、循环播放模式和未知，如表 9-13 所示。单次播放模式，即完整播放一次音频文件后自动停止；循环播放模式，即一直重复播放音频文件，只有用户调用了停止方法后才会停止播放。在 Android 中通过 setPlayMode(...)方法、在 iOS 中通过 setPlayMode:withCompletion 方法设置播放模式。

表 9-13　喊话器的播放模式

Android 中的 PlayMode 枚举类型	iOS 中的 DJISpeakerPlayMode 枚举类型	说明
SINGLE_ONCE	DJISpeakerPlayModeSingleOnce	单次播放模式
REPEAT_SINGLE	DJISpeakerPlayModeRepeatSingle	循环播放模式
UNKNOWN	DJISpeakerPlayModeUnknown	未知

在 Android 中通过喊话器的 setStateCallback(...)方法、在 iOS 中通过喊话器的 addSpeakerStateListener:withQueue:andBlock 方法即可设置喊话器的状态监听器对象，从而获得播放状态、播放模式和所播放音频文件的编号等信息。

2. 在 Android 中实现喊话器的音频播放功能

在 Android 中实现喊话器的音频播放功能，分为以下几个步骤完成：添加音频录制权限、实现获取音频数据流功能、上传音频和播放音频，以下逐一介绍具体的实现方法。

1）添加音频录制权限

本书中采用边录制、边上传的方法上传音频文件。在 Android 系统中，使用移动设备的麦克风需要首先请求和检查用户权限，否则会出现闪退的问题。请求用户权限的相关实现方法请读者参见"3.1.1 整合 Mobile SDK 到 Android 项目中"节的相关内容。

为了方便起见，此处将录制音频的权限申请和检查放置在 MainActivity 中。

（1）打开 AndroidManifast.xml 文件，在 manifest 根标签内添加音频录制权限 XML 声明语句：

```
<uses-permission android:name="android.permission.RECORD_AUDIO" />
```

（2）在 MainActivity 的 PERMISSION_LIST 数组常量中添加音频录制的权限声明，如代码 9-15 所示。

代码 9-15

```
//需要申请的用户权限
private static final String[] PERMISSION_LIST = new String[]{
    …
    Manifest.permission.RECORD_AUDIO //录音 - 当使用喊话器附件等情况时需要该权限

};
```

2）实现获取音频数据流功能

通过 Android 中的 AudioRecord 类即可获取移动设备麦克风所获取到的音频数据流，其相关方法如下。

● startRecording()：开始录制音频。

● read(short[] audioData, int offsetInShorts, int sizeInShorts)：获取音频数据流。

● stop()：结束录制音频。

由于获取到的音频数据为 short[]类型，而通过 paceData(byte[] data)方法上传音频数据需要 byte[]类型，因此需要通过代码 9-16 所示的方法对数据流的类型进行转换。

代码 9-16

```
public static byte[] getBytes(short data) {
    byte[] bytes = new byte[2];
    bytes[0] = (byte) (data & 0xff);
    bytes[1] = (byte) ((data & 0xff00) >> 8);
    return bytes;
}
```

在大疆提供的官方示例中，通过 AudioRecorderHandler 类封装了获取音频数据流功能的完整功能实现。在 AudioRecorderHandler 类中，通过 afinal 框架将数据流的处理流程封装在异步方法中，并且通过 AudioRecordingCallback 回调的 onRecording(byte[] data) 和 onStopRecord(String savedPath)方法分别传递数据流和通知音频录制完成。由于篇幅限制，读者可直接使用 DroneFly 项目中或大疆官方示例项目中的 AudioRecorderHandler 类作为音频录制的数据流获取工具。

3）上传音频

通过喊话器类的 startTransmission(…)方法即可实现音频的上传，典型的代码如代码 9-17 所示。

代码 9-17

```
//开始录音
private void startRecording() {

    //获取喊话器对象，并判断是否为空
    Speaker speaker = getSpeaker();
    if (speaker == null) {
        showToast("喊话器未连接!");
        return;
    }
    //设置存储文件信息
    //设置当前时间为文件名
    String filename = new SimpleDateFormat("yyyyMMddHHmmss").format(new Date());
    //设置文件为临时存储
    SettingsDefinitions.AudioStorageLocation location = SettingsDefinitions.AudioStorageLocation.TEMPORARY;
    AudioFileInfo info = new AudioFileInfo(filename, location);

    //开始录制（同时传输）音频
    speaker.startTransmission(info, new TransmissionListener() {
        @Override
        public void onStart() {
            //初始化音频录制工具
            if (mRecorderHandler == null){
                mRecorderHandler = new AudioRecorderHandler(getApplicationContext());
            }

            //开始录制
            mRecorderHandler.startRecord(new AudioRecorderHandler.AudioRecordingCallback() {
                @Override
                public void onRecording(byte[] data) {
                    Speaker speaker = getSpeaker();
                    if (speaker != null) {
                        //传递音频数据流
                        speaker.paceData(data);
                    }
                }

                @Override
                public void onStopRecord(String savedPath) {
                    Speaker speaker = getSpeaker();
                    if (speaker != null) {
                        //标记音频数据流的结束
                        speaker.markEOF();
                    }
```

```
            //删除临时文件
            mRecorderHandler.deleteLastRecordFile();
        }
    });
}

@Override
public void onProgress(int dataSize) {
    Log.v("数据传输进度:", "" + dataSize);
}

@Override
public void onFinish(int index) {
    showToast("数据传输成功!");
    //index 变量是音频文件序号,在此可加入播放音频的相关方法
}

@Override
public void onFailure(DJIError djiError) {
    showToast("数据传输失败:" + djiError.getDescription());
}
    });
}
```

其中,mRecorderHandler 为 AudioRecorderHandler 音频录制工具的成员变量。喊话器的获取方法 getSpeaker()和探照灯、夜航灯的获取方法类似,可参加上一节的内容。在onFinish(int index)回调函数中的 index 变量即为所上传音频文件的编号,在播放音频中可使用该编号来播放指定的音频文件。

4)播放音频

播放音频只需要调用喊话器的 play(…)方法即可,如代码 9-18 所示。

代码 9-18

```
//开始播放音频
private void startPlayingAudio(final int index) {
    //获取喊话器对象
    Speaker speaker = getSpeaker();
    if (speaker == null) {
        showToast("喊话器未连接!");
        return;
    }

    //播放音频
    speaker.play(index, new CommonCallbacks.CompletionCallback() {
        @Override
        public void onResult(DJIError djiError) {
            if (djiError == null) {
                showToast("开始播放音频: " + index);
            } else {
                showToast("开始播放音频失败! " + djiError.getDescription());
```

```
            }
         }
    });
}
```

另外，对于一个完整的喊话器功能实现来说，还需要实现停止播放、切换播放模式、调整音量等功能，其仅需要分别调用一个喊话器的方法即可，如下所示。

● 停止播放：stop(final CompletionCallback callback)。
● 切换播放模式：setPlayMode(PlayMode mode, final CompletionCallback callback)。
● 调整音量：setVolume(int value, CompletionCallback callback)。其中，value 的值应当在 0～100 之间。喊话器的音量设置与探照灯的亮度设置非常类似，读者可参见"9.2.1 探照灯与夜航灯"节的相关内容。

这些功能的实现较为简单，由于篇幅限制，此处不再详细介绍。读者可参见 DroneFly 项目中的 AccessoryAggregationActivity 类查看完整的实现代码，如图 9-5 所示为 DroneFly 项目中喊话器的界面设计（Android）。

图 9-5　DroneFly 项目中喊话器的界面设计（Android）

在 DroneFly 项目中，音频播放为临时存储，播放一次后就没有什么用处了。虽然临时存储的音频文件在重启无人机后会自动删除，但是为了保证之后上传的文件有足够的存储空间（御 2 双光行业版的无人机的音频存储空间最大为 100MB），因此在音频播放完成后应当删除音频文件。请读者思考如何实现该功能，或者参考大疆官方的示例程序。

3．在 iOS 中实现喊话器的音频播放功能

在 iOS 中实现喊话器的音频播放功能，分为以下几个步骤完成：添加音频录制权限、实现获取音频数据流功能、上传音频和播放音频，以下逐一介绍具体的实现方法。

1）添加音频录制权限

在 Xcode 资源管理器中选择 DroneFly 项目，打开项目设置窗口，并在其左侧列表的"TARGETS"下面选择"DroneFly"。然后在"Info"选项卡中的"Custom iOS Target Properties"中添加 NSMicrophoneUsageDescription 键，并将其字符串值修改为"是否允许此 App 使用麦克风？"。

2）实现获取音频数据流功能

在 iOS 中，通过 AudioToolbox 框架即可获取移动设备麦克风所获取到的音频数据流。在大疆提供的官方示例中，通过 RecordingHandler 类封装了获取音频数据流功能的完整功能实现。由于篇幅限制，这些功能的实现不再介绍，读者可直接使用 DroneFly 项目中或大疆官方示例项目中的 RecordingHandler 类作为音频录制的数据流获取工具。

在本例中，添加音频录制工具 RecordingHandler 类型的属性：

```
@property (nonatomic) RecordingHandler *handler;
```

然后在 viewDidLoad 中初始化这一音频录制工具，如代码 9-19 所示。

代码 9-19

```
- (void)viewDidLoad {
    [super viewDidLoad];
    //初始化录制工具
    self.handler = [[RecordingHandler alloc] initWithSampleRate:44100 channelsPerFrame:1];
    self.handler.delegate = self;
}
```

3）上传音频

通过喊话器类的 startTransmissionWithInfo:startBlock:onProgress:finish:failure 方法即可实现音频的上传，典型的代码如代码 9-20 所示。

代码 9-20

```
//开始录音
- (IBAction)record:(id)sender{

    //定义上传操作流程的 Block
    WeakRef(target);
    void (^transmissionOperation) (void) = ^() {
        WeakReturn(target);
        if (target.handler.isRecording) {
            //正在录制音频，结束录制
            [target.btnRecord setTitle:@"开始录音" forState:UIControlStateNormal];
            [target.handler stop];
            DJISpeaker *speaker = [self getSpeaker];
            if (speaker != nil)
                [speaker markEOF];
        } else {
            //没有录制音频，开始录制
            //设置录制文件信息
            DJIAudioFileInfo *fileInfo = [[DJIAudioFileInfo alloc] init];
            //设置录制文件名称为当前时间字符串
            NSDateFormatter *formatter = [[NSDateFormatter alloc] init];
            formatter.dateFormat = @"yyyyMMddHHmmss";
            fileInfo.fileName    = [formatter stringFromDate:[NSDate date]];
            //设置录制文件的存储位置
            fileInfo.storageLocation = DJIAudioStorageLocationTemporary;

            DJISpeaker *speaker = [self getSpeaker];
            if (speaker != nil) {
                [speaker startTransmissionWithInfo:fileInfo startBlock:^{
```

```
                    WeakReturn(target);
                    [target.btnRecord setTitle:@"停止录制并播放" forState:UIControlStateNormal];
                    [target.handler start];
                } onProgress:^(NSInteger dataSize) {
                    WeakReturn(target);
                    NSLog(@"当前音频文件上传进度：%@", @(dataSize));
                } finish:^(NSInteger index) {
                    WeakReturn(target);
                    [target showAlertWithMessage:@"数据传输成功!"];
                    [target.btnRecord setTitle:@"开始录音" forState:UIControlStateNormal];
                } failure:^(NSError * _Nonnull error) {
                    WeakReturn(target);
                    [target showAlertWithMessage:[NSString stringWithFormat:@"数据传输失败!%@", error.
localizedDescription]];
                    [target.btnRecord setTitle:@"开始录音" forState:UIControlStateNormal];
                }];
            }
        }
    };

    //检查和申请麦克风权限
    if ([AVAudioSession sharedInstance].recordPermission == AVAudioSessionRecordPermissionDenied || [AVAudioSession
sharedInstance].recordPermission == AVAudioSessionRecordPermissionUndetermined)
    {
        //如果没有权限需要先申请权限
        [[AVAudioSession sharedInstance] requestRecordPermission:^(BOOL granted) {
            if (granted) {
                dispatch_sync(dispatch_get_main_queue(), ^{
                    transmissionOperation();
                });
            }
        }];
    } else {
        //有权限直接开始录音
        transmissionOperation();
    }
}
```

在上述代码中，首先通过 Block 创建了用于录制和上传音频数据的 transmissionOperation 函数。喊话器的获取方法 getSpeaker 和探照灯、夜航灯的获取方法类似，可参加上一节的内容。在 startTransmissionWithInfo:startBlock:onProgress:finish:failure 方法中的 finish 后的 Block 中传递的 index 变量即为所上传音频文件的编号，在播放音频中可使用该编号来播放指定的音频文件。

4）播放音频

播放音频只需要调用喊话器的 play:withCompletion 方法即可，如代码 9-21 所示。

代码 9-21

```
///开始播放音频
- (void)startPlayingAudio:(NSInteger) index {
```

```
//获取喊话器对象
DJISpeaker *speaker = [self getSpeaker];
if (speaker == nil) return;
//播放音频
WeakRef(target);
[speaker play:index withCompletion:^(NSError * _Nullable error) {
    WeakReturn(target);
    if (error != nil) {
        [target showAlertWithMessage:[NSString stringWithFormat:@"播放音频错误!%@", error. localizedDescription]];
    } else {
        [target showAlertWithMessage:@"播放音频成功!"];
    }
}];
}
```

另外，对于一个完整的喊话器功能实现来说，还需要实现停止播放、切换播放模式、调整音量等功能，其仅需要分别调用一个喊话器的方法即可，如下所示。

- 停止播放：stopAudioPlayWithCompletion。
- 切换播放模式：setPlayMode:withCompletion。
- 调整音量：setVolume:withCompletion。其中，setVolume 后的整型参数值应当在 0～100 之间。喊话器的音量设置与探照灯的亮度设置非常类似，读者可参见"9.2.1 探照灯与夜航灯"节的相关内容。

这些功能的实现较为简单，由于篇幅限制，此处不再详细介绍。读者可参见 DroneFly 项目的 DFAccessoryAggregationViewController 类查看完整的实现代码，如图 9-6 所示为 DroneFly 项目中喊话器的界面设计（iOS）。

图 9-6　DroneFly 项目中喊话器的界面设计（iOS）

在 DroneFly 项目中，音频播放为临时存储，播放一次后就没有什么用处了。虽然临时存储的音频文件在重启无人机后会自动删除，但是为了保证之后上传的文件有足够的存储空间（御 2 双光行业版的无人机的音频存储空间最大为 100MB），因此在音频播放完成后应当删除音频文件。请读者思考如何实现该功能，或者参考大疆官方的示例程序。

9.3　本章小结

本章介绍了几种重要的行业负载，以及如何使用 Mobile SDK 对这些负载进行控制。大疆行业负载可分为行业应用相机负载和御 2 行业负载两类，这也对应了大疆无人机行业应用的两大平台。

（1）经纬无人机平台：行业应用中的相机负载包括可变焦相机、热红外相机、多光谱相机、禅思 H20 系列相机等。除多光谱相机目前只能被精灵 4 所搭载外，其他的相机均需要专业的经纬负载平台。经纬负载平台包含了 M200 系列、M200 v2 系列、M300 RTK、M600 Pro 等无人机。经纬无人机平台的重量大，抗风、防水能力强，更加适用于在环境恶劣的情况下使用，但其一套无人机系统的成本也较高。

（2）御 2 行业版平台：御 2 行业版可以负载探照灯、夜航灯、喊话器。御 2 双光行业版在御 2 行业版的基础上增加了热成像相机。相对于经纬无人机平台，御 2 行业版无人机更加便携，方便快速部署，易于使用，成本也相对低廉。但是，由于其自重小且不防水，有时用以在环境恶劣的条件下完成任务。

本章所介绍的行业负载几乎覆盖了当前多数的无人机行业应用，读者可根据实际情况选择合适的平台学习和开发。

第 10 章　航点飞行任务与时间线任务

飞行任务是无人机按照一定的规则进行自动飞行的功能。在 Mobile SDK 中，飞行任务按照功能不同分为航点飞行任务、指点飞行任务、热点跟随任务、智能跟随任务、兴趣点环绕任务、智能兴趣点环绕任务、全景图任务等。每一种飞行任务都被相应的任务操作器所管理，而这些任务操作器又被任务控制器（Mission Control）所控制。任务控制器是执行任何飞行任务的起点。任务控制器可以规划一系列飞行任务与飞行动作的先后关系，从而形成一个任务时间线，自动化地执行多个飞行任务与飞行动作，这种由任务控制器所规划的时间线被称为时间线任务（Timeline Mission）。

在行业应用领域（非航拍摄影）中，航点飞行任务、兴趣点环绕任务等属于较为常用的飞行任务。航点飞行任务就是无人机按照一定顺序的位置点飞行，并在其航点位置上执行一些航点动作，以满足特定的需求，这些位置点被称为航点（Waypoint）。航点飞行任务是无人机飞行任务中最简单、最重要的一个。兴趣点环绕任务是无人机围绕着某一个位置点（被称为兴趣点），按照一定的高度、环绕半径、角速度来进行环绕操作，从而对兴趣点进行全方位的观测。

本章将介绍大疆无人机飞行任务的框架，以及航点飞行任务和时间线任务的基本使用方法。在时间线任务的介绍中，会穿插介绍兴趣点环绕任务的使用方法。

10.1　航点飞行任务

在 Mobile SDK 中，航点飞行任务包括传统的航点飞行任务和航点飞行任务 2.0。传统的航点飞行任务支持绝大多数的大疆无人机。航点飞行任务 2.0 在传统的航点飞行任务的基础上，在航点数量和航点动作等方面进行了扩展，从而可以执行更为复杂的任务。但是，基本的使用方法与传统的航点飞行任务类似，目前仅支持 M300 RTK 无人机。

在本节中，10.1.1～10.1.3 节将介绍传统的航点飞行任务的基本概念和实现方法，在10.1.4 节中将简单介绍航点飞行任务 2.0 的特点与优势，其具体的使用方法可参考传统的航点飞行任务进行。

10.1.1　航点飞行任务概述

航点飞行任务就是让无人机按照一定顺序的地理坐标点飞行，并在每一个坐标点上执行一系列的任务动作。本节将介绍航点飞行任务的控制与状态、航点与航点动作、航点飞行任务的构建与设置。

1. 航点飞行任务的控制与状态

航点飞行任务由航点飞行任务操作器进行控制。在 Android 中，航点飞行任务操作器

（WaypointMissionOperator）的获取方法如代码 10-1 所示。

代码 10-1

```
//获取航点飞行任务操作器
public WaypointMissionOperator getWaypointMissionOperator() {
    return DJISDKManager.getInstance().getMissionControl().getWaypointMissionOperator();
}
```

在 iOS 中，航点飞行任务操作器（DJIWaypointMissionOperator）的获取方法如代码 10-2 所示。

代码 10-2

```
//获取航点飞行任务操作器对象
- (DJIWaypointMissionOperator *)getWaypointMissionOperator {
    return DJISDKManager.missionControl.waypointMissionOperator;
}
```

航点飞行任务操作器包含了所有航点飞行任务的相关控制方法（见表 10-1），包括任务的加载、上传、下载、开始、暂停、继续和停止。典型的航点飞行任务的操作流程为：首先，根据需要，创建航点飞行任务对象，并加载任务；其次，检查任务的可用性后上传任务；最后，开始任务。在航点飞行任务执行的过程中，可根据需要下载、暂停、继续和停止任务。

表 10-1　所有航点飞行任务的相关控制方法

Android 中	iOS 中	说明
loadMission(…)	loadMission	加载任务
uploadMission(…)	uploadMissionWithCompletion	上传任务
downloadMission(…)	downloadMissionWithCompletion	下载任务
startMission(…)	startMissionWithCompletion	开始任务
pauseMission(…)	pauseMissionWithCompletion	暂停任务
resumeMission(…)	resumeMissionWithCompletion	继续任务
stopMission(…)	stopMissionWithCompletion	停止任务

航点飞行任务的状态通过枚举类型定义，如表 10-2 所示为航点飞行任务状态。在航点飞行任务执行的过程中，在 Android 中通过航点飞行任务操作器的 get CurrentState()方法、在 iOS 中通过航点飞行任务操作器的 currentState 属性即可获取当前的任务状态。另外，也可以通过监听器的方式实时监听任务的状态变化。

表 10-2　航点飞行任务的状态

Android 中 WaypointMissionState 类的常量	iOS 中的 DJIWaypointMissionState 枚举类型	说明
NOT_SUPPORTED	DJIWaypointMissionStateNotSupported	不支持
READY_TO_UPLOAD	DJIWaypointMissionStateReadyToUpload	待上传
UPLOADING	DJIWaypointMissionStateUploading	上传中
READY_TO_EXECUTE	DJIWaypointMissionStateReadyToExecute	待执行

续表

Android 中 WaypointMissionState 类的常量	iOS 中的 DJIWaypointMissionState 枚举类型	说明
EXECUTING	DJIWaypointMissionStateExecuting	执行中
EXECUTION_PAUSED	DJIWaypointMissionStateExecutionPaused	暂停中
DISCONNECTED	DJIWaypointMissionStateDisconnected	断开连接
RECOVERING	DJIWaypointMissionStateRecovering	恢复连接中
UNKNOWN	DJIWaypointMissionStateUnknown	未知

与航点飞行任务的状态不同的是，航点飞行任务的执行状态表示当前航点飞行任务执行过程中的状态信息，如表 10-3 所示。航点飞行任务的执行状态只能通过监听器的方式获取。通过监听器获取航点飞行任务的状态和航点飞行任务的执行状态的具体使用方法详见"10.1.2　实现航点飞行任务(Android)"和"10.1.3　实现航点飞行任务(iOS)"节的相关内容。

表 10-3　航点飞行任务执行过程中的状态

Android 中的 WaypointMissionExecuteState 枚举类型	iOS 中的 DJIWaypointMissionExecuteState 枚举类型	说明
INITIALIZING	DJIWaypointMissionExecuteStateInitializing	初始化
MOVING	DJIWaypointMissionExecuteStateMoving	移动中
CURVE_MODE_MOVING	DJIWaypointMissionExecuteStateCurveModeMoving	曲线模式移动中
CURVE_MODE_TURNING	DJIWaypointMissionExecuteStateCurveModeTurning	曲线模式拐弯中
BEGIN_ACTION	DJIWaypointMissionExecuteStateBeginAction	开始动作
DOING_ACTION	DJIWaypointMissionExecuteStateDoingAction	执行动作
FINISHED_ACTION	DJIWaypointMissionExecuteStateFinishedAction	结束动作
RETURN_TO_FIRST_WAYPOINT	DJIWaypointMissionExecuteStateReturnToFirstWaypoint	返回到第一个航点
PAUSED	DJIWaypointMissionExecuteStatePaused	暂停中

2. 航点与航点动作

航点（Waypoint）是航点飞行任务的基本单元。一个航点包括一个坐标位置和高度，以及与该航点相关联的航点动作（Waypoint Action）。

在使用航点飞行任务时，需要至少加入 2 个航点，最多加入 100 个航点，并且航点之间的距离需要大于 0.5m 且小于 2km。航点飞行任务的最大飞行总长度为 40km。如果仅需要无人机飞向某个具体的地理位置（1 个"航点"），可参考使用时间线任务中的 GoToAction。如果需要实现超过 100 个航点的飞行任务，可参考使用航点飞行任务 2.0。

航点动作就是在到达该航点后需要执行的无人机动作，航点动作是可选的。航点动作的类型如表 10-4 所示。

表 10-4　航点动作的类型

Android 中的 WaypointActionType 枚举类型	iOS 中的 DJIWaypointActionType 枚举类型	说明
STAY	DJIWaypointActionTypeStay	停留
START_TAKE_PHOTO	DJIWaypointActionTypeShootPhoto	拍摄照片

Android 中的 WaypointActionType 枚举类型	iOS 中的 DJIWaypointActionType 枚举类型	说明
START_RECORD	DJIWaypointActionTypeStartRecord	开始录像
STOP_RECORD	DJIWaypointActionTypeStopRecord	结束录像
ROTATE_AIRCRAFT	DJIWaypointActionTypeRotateAircraft	改变航向
GIMBAL_PITCH	DJIWaypointActionTypeRotateGimbalPitch	改变云台俯仰

在创建航点动作时，除指定航点动作的类型（Type）外，还需要指定其整型参数（Param）。这些航点动作的具体说明如下。

停留动作就是让无人机在航点处留空一定的时间，整型参数指定了留空的时间，单位为 ms，范围为 0～32767ms，即最长可以停留 32s 左右。拍摄照片动作、开始录像动作、结束录像动作中的参数是无效的，可以指定为任意值，并且这 3 种动作的最长执行时间为 6s，如果超过 6s 任务没有执行完毕，则无人机将进入下一个航点（如果存在）。改变航向动作的参数为旋转角度，范围为-180～180°，其旋转的方向由航点的 turnMode 属性定义，包括顺时针和逆时针两种，如表 10-5 所示。改变云台俯仰动作的参数为云台俯仰角，范围为-90～0°，其中水平向前的为 0°、竖直向下的为-90°。

表 10-5　旋转方向枚举类型

Android 中的 WaypointTurnMode 枚举类型	iOS 中的 DJIWaypointTurnMode 枚举类型	说明
CLOCKWISE	DJIWaypointTurnClockwise	顺时针旋转
COUNTER_CLOCKWISE	DJIWaypointTurnCounterClockwise	逆时针旋转

例如，在 Android 中，创建一个坐标经度为 125.714001、纬度为 43.528712、高度为 20m 的航点，且到达该航点停留 2s 后拍摄一张照片的方法如代码 10-3 所示。

代码 10-3

```
//创建航点，并设置其位置和高度
Waypoint waypoint = new Waypoint(43.528712, 125.714001, 20);
//创建停留 2s 的航点动作对象，并加入到航点对象中
WaypointAction actionStay = new WaypointAction(WaypointActionType.STAY, 2000);
waypoint.addAction(actionStay);
//创建拍摄照片的航点动作对象，并加入到航点对象中
WaypointAction actionTakePhoto = new WaypointAction(WaypointActionType.START_TAKE_PHOTO, 0);
waypoint.addAction(actionTakePhoto);
```

在 iOS 中，上述功能的实现如代码 10-4 所示。

代码 10-4

```
//创建航点，并设置其位置和高度
DJIWaypoint *waypoint = [[DJIWaypoint alloc] initWithCoordinate:CLLocationCoordinate2DMake(43.528712, 125.714001)];
waypoint.altitude = 20;
//创建停留 2s 的航点动作对象，并加入到航点对象中
DJIWaypointAction *actionStay = [[DJIWaypointAction alloc] initWithActionType:DJIWaypointActionTypeStay param:2000];
```

```
[waypoint addAction:actionStay];
//创建拍摄照片的航点动作对象，并加入到航点对象中
DJIWaypointAction *actionTakePhoto = [[DJIWaypointAction alloc] initWithActionType:DJIWaypointActionTypeShootPhoto param:0];
[waypoint addAction:actionTakePhoto];
```

通过航点对象的 actionRepeatTimes 属性可设置航点动作的重复次数。注意，一个航点最多可以添加 15 个航点动作，且航点动作最多可重复 15 次。

> ✿　如果需要在航点之间等时或等间距地拍摄照片，则需要使用航点对象的 shootPhotoTimeInterval 和 shootPhotoDistanceInterval 属性。在某个航点设置了上述属性后，无人机会在飞向下一个航点的路径中等时或等间距地拍摄照片，该属性仅支持 3.2.10.0 以上的飞行控制器固件，请开发者在使用之前判断一下固件版本是否满足需求。shootPhotoTimeInterval 属性的单位为 s，范围为 0～6000s。shootPhotoDistanceInterval 属性的单位为 s，范围为 0～6000m。但是 shootPhotoTimeInterval 属性和 shootPhotoDistanceInterval 属性的设置需要考虑相机的拍摄能力。对于 JPEG 格式，拍摄时间间隔应当大于 2s；对于 RAW 格式，拍摄时间间隔应当大于 10s。

3. 航点飞行任务的构建与设置

在 Android 中，航点飞行任务通过构建器（Builder）进行构建。在 iOS 中，航点飞行任务通过 DJIMutableWaypointMission 类进行构建。航点飞行任务的设置主要包括两个部分：航点的设置与航点飞行任务的设置。航点的设置方法如表 10-6 所示。

表 10-6　航点的设置方法

Android 中通过构建器设置航点的相关方法	iOS 中 DJIMutableWaypointMission 设置航点的相关方法	说明
addWaypoint(Waypoint waypoint)	addWaypoint:(DJIWaypoint *)waypoint addWaypoints:(NSArray *)waypoints	添加航点
removeWaypoint(Waypoint waypoint)	removeWaypoint:(DJIWaypoint *)waypoint removeWaypointAtIndex:(NSInteger)index removeAllWaypoints	删除航点
removeWaypoint(int index)		
insertWaypoint(Waypoint waypoint, int index)	-	插入航点到指定位置
getWaypointList()	allWaypoints	航点列表
-	waypointAtIndex	获取指定位置的航点

航点飞行任务的设置包括飞行速度、去往第一个航点模式和结束动作等若干设置选项，如表 10-7 所示为航点飞行任务的相关参数。

表 10-7　航点飞行任务的相关参数

Android 中航点飞行任务构建器的相关方法	iOS 中 DJIMutableWaypointMission 的属性	说明
autoFlightSpeed(float speed)	autoFlightSpeed	自动飞行速度
maxFlightSpeed(float speed)	maxFlightSpeed	最大飞行速度
gotoFirstWaypointMode(...)	gotoFirstWaypointMode	去往第一个航点模式

Android 中航点飞行任务构建器的相关方法	iOS 中 DJIMutableWaypointMission 的属性	说明
finishedAction(…)	finishedAction	结束动作
setExitMissionOnRCSignalLostEnabled (boolean enabled)	exitMissionOnRCSignalLost	信号丢失后是否立即退出任务
repeatTimes(int repeatTimes)	repeatTimes	重复次数
headingMode(…)	headingMode	飞行航向模式
setPointOfInterest(…)	pointOfInterest	兴趣点
flightPathMode(…)	flightPathMode	飞行路线模式
setGimbalPitchRotationEnabled(…)	rotateGimbalPitch	是否由航点控制云台俯仰

在 Android 中，航点飞行任务构建器对表 10-7 中的这些设置选项还存在相应的 get 方法，因篇幅限制没有列出。以下详细介绍这些设置选项。

1）飞行速度

飞行速度包括自动飞行速度（Auto Flight Speed）和最大飞行速度（Max Flight Speed）。自动飞行速度是指在没有摇杆介入的情况下的无人机飞行速度，其单位为 m/s，其范围为 -15～15m/s。当自动飞行速度为 0 时，飞行器的移动只能依靠摇杆操控（没有摇杆介入时，飞行器悬停）。当自动飞行速度为负数时，飞行器会反向移动到第一个航点后悬停，此时可以通过推动摇杆来抵消反向移动的速度，从而使得飞行器向前飞行。无人机的实际飞行速度为自动飞行速度和摇杆速度（Joystick Speed）的总和。

最大飞行速度界定了无人机实际飞行时在任何方向上的最大移动速度，单位为 m/s，范围为 2～15m/s。

2）去往第一个航点模式

去往第一个航点模式包括安全模式和点对点模式两类，如表 10-8 所示。在安全模式下，无人机去往第一个航点之前达到当前高度与航点高度之间的最大高度，然后在这个高度下移动到第一个航点后下降至航点所设置的高度。在点对点模式下，飞机直接以最短线段的路径移动到第一个航点。

表10-8　去往第一个航点模式

Android 中的 WaypointMissionGotoWaypointMode 枚举类型	iOS 中的 DJIWaypointMissionGotoWaypointMode 枚举类型	说明
SAFELY	DJIWaypointMissionGotoWaypointSafely	安全模式
POINT_TO_POINT	DJIWaypointMissionGotoWaypointPointToPoint	点对点模式

3）结束动作

结束动作，即航点飞行任务结束后执行的动作，包括悬停、返航、自动降落、返回至第一个航点、继续直到停止等动作，如表 10-9 所示。当无人机到达最后的航点并完成相应的动作后，如果结束动作为悬停，则此时终止任务等待用户的下一步操作；但如果结束动作为继续直到停止，则无人机会悬停在最后一个航点位置，但是任务不会终止，用户可通过前后摇杆让无人机在航点路径上前后移动，并且只有当用户执行了结束任务命令时任务才会结束。

表 10-9　航点飞行任务的结束动作

Android 中的 WaypointMissionFinishedAction 枚举类型	iOS 中的 DJIWaypointMissionFinishedAction 枚举类型	说明
NO_ACTION	DJIWaypointMissionFinishedNoAction	悬停
GO_HOME	DJIWaypointMissionFinishedGoHome	返航
AUTO_LAND	DJIWaypointMissionFinishedAutoLand	自动降落
GO_FIRST_WAYPOINT	DJIWaypointMissionFinishedGoFirstWaypoint	返回至第一个航点
CONTINUE_UNTIL_END	DJIWaypointMissionFinishedContinueUntilStop	继续直到停止

4）信号丢失后是否立即退出任务

该设置选项为一布尔值，当该选项为真时，无人机信号丢失后会自动终止任务并悬停在所处的位置上，以免事故发生。反之，无人机信号丢失后会继续并完成当前的任务。

5）重复次数

航点飞行任务的重复次数默认为 1，范围为 1～255。当该值为 255 时，任务会无限重复下去直到任务终止。

6）飞行航向模式与兴趣点

飞行航向模式是指无人机在执行航点飞行任务时其无人机的朝向设置，其选项如表 10-10 所示。在自动航向模式下，无人机的航向指向所飞向航点的方向。在使用最初的航向模式下，无人机的航向始终保持在开始的航向（这在航测中非常有用）。在使用航点航向模式下，无人机的航向由航点对象的 heading 属性所控制。在朝向兴趣点模式下，飞机的航向永远指向兴趣点。

表 10-10　航点飞行任务的飞行航向模式

Android 中的 WaypointMissionHeadingMode 枚举类型	iOS 中的 DJIWaypointMissionHeadingMode 枚举类型	说明
AUTO	DJIWaypointMissionHeadingAuto	自动航向
USING_INITIAL_DIRECTION	DJIWaypointMissionHeadingUsingInitialDirection	使用最初的航向
CONTROL_BY_REMOTE_CONTROLLER	DJIWaypointMissionHeadingControlledByRemoteController	由遥控器进行控制
USING_WAYPOINT_HEADING	DJIWaypointMissionHeadingUsingWaypointHeading	使用航点航向
TOWARD_POINT_OF_INTEREST	DJIWaypointMissionHeadingTowardPointOfInterest	朝向兴趣点

7）飞行路线模式

飞行路线模式包括正常模式和曲线模式，如表 10-11 所示。在正常模式下，飞机在航点之间的飞行完全为折线状飞行。在曲线模式下，飞机在某个航点附近会沿着贝塞尔曲线滑过航点（不会到达航点处），其中贝塞尔曲线的半径由航点的 cornerRadiusInMeters 属性所控制。cornerRadiusInMeters 属性的默认值为 0.2m，范围为 0.2～1000m。注意，对于相邻的两个航点来说，其 cornerRadiusInMeters 属性之和不得大于这两个航点之间的距离。

表 10-11　航点飞行任务的飞行路线模式

Android 中的 WaypointMissionFlightPathMode 枚举类型	iOS 中的 DJIWaypointMissionFlightPathMode 枚举类型	说明
NORMAL	DJIWaypointMissionFlightPathNormal	正常模式
CURVED	DJIWaypointMissionFlightPathCurved	曲线模式

8）是否由航点控制云台俯仰

该设置选项为一布尔值，当该选项为真时，无人机的云台俯仰控制由航点的 gimbalPitch 属性所控制，否则云台俯仰需要手动控制。

10.1.2　实现航点飞行任务（Android）

本节在 DroneFly 项目的基础上，将介绍如何在 Android 中实现航点飞行任务。在本例中，飞机将从返航点（125.713440°E，43.528419°N）起飞，经过如下 4 个航点：航点 1（125.714001°E，43.528712°N）、航点 2（125.714571°E，43.528415°N）、航点 3（125.714470°E，43.527944°N）和航点 4（125.713809°E，43.527794°N）。在航点 1 处保持 20m 的高度，竖直向下拍摄一张照片，停留 2s 后向北方方向水平再次拍摄 1 张照片，然后进入航点 2。在航点 2 处停留 2s 后开始录像进入航点 3，并在航点 3 处结束录像，在航点 2 和航点 3 之间保持 40m 的高度。在航点 3 处到航点 4 处之间每隔 2s 向下 45°拍摄一张照片，到航点 4 处下降到 30m。在航点飞行任务中保持飞行速度为 5m/s，使用直线飞行路径，并使用自动航向，结束后返航并降落到最初的返航点。航点飞行任务的飞行路线如图 10-1 所示。

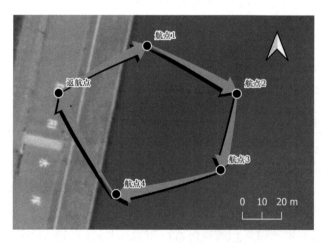

图 10-1　航点飞行任务的飞行路线

具体实现主要包括以下几个步骤。

- 创建 WaypointMissionActivtiy 与设计布局。
- 创建航点、航点动作与航点飞行任务，并加载任务。
- 实现上传、开始、停止航点飞行任务功能。

382

● 监听航点飞行任务的状态与航点飞行任务的执行状态。

1．创建 WaypointMissionActivtiy 与设计布局

本部分将创建独立的 WaypointMissionActivtiy 作为航点飞行任务的控制界面，添加两个文本框，分别用于显示航点任务状态和航点任务执行状态，并添加【加载任务】、【上传任务】、【开始任务】、【暂停任务】、【继续任务】、【停止任务】等 6 个按钮，用于控制航点飞行任务的执行，如图 10-2 所示为航点飞行任务的界面设计（Android）。

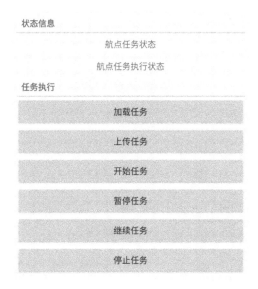

图 10-2　航点飞行任务的界面设计（Android）

WaypointMissionActivtiy 的各个视图和控件的布局 ID，以及所对应的 Java 对象、单击事件的设计如表 10-12 所示。

表 10-12　对象与单击事件的设置（Android 中实现航点飞行任务）

视图和控件	布局 ID	Java 对象	单击事件
航点任务状态文本框	tv_status_waypoint_mission	mTvStatusWaypointMission	
航点任务执行状态文本框	tv_status_waypoint_mission_execute	mTvStatusWaypointMissionExecute	
【加载任务】按钮	btn_load_waypoint_mission	mBtnLoadWaypointMission	loadWaypointMission()
【上传任务】按钮	btn_upload_waypoint_mission	mBtnUploadWaypointMission	uploadWaypointMission()
【开始任务】按钮	btn_start_waypoint_mission	mBtnStartWaypointMission	startWaypointMission()
【暂停任务】按钮	btn_pause_waypoint_mission	mBtnPauseWaypointMission	pauseWaypointMission()
【继续任务】按钮	btn_resume_waypoint_mission	mBtnResumeWaypointMission	resumeWaypointMission()
【停止任务】按钮	btn_stop_waypoint_mission	mBtnStopWaypointMission	stopWaypointMission()

在 MainActivity 中添加【航点飞行任务】按钮，可参考之前章节的内容，为其添加设置判断应用程序的注册和激活状况、无人机绑定的状况的相关代码后，添加弹出 WaypointMissionActivtiy 的代码。

2．创建航点、航点动作与航点飞行任务，并加载任务

（1）为了在创建航点时设置航点动作，我们先创建航点动作 WaypointAction 对象。根据之前的航点与航点动作设计，在 loadWaypointMission()函数中添加创建航点动作的代码如代码 10-5 所示。

代码 10-5

```
//加载航点飞行任务
private void loadWaypointMission() {

    //创建航点动作
    //悬停 2s，第二个参数的单位为 ms
    WaypointAction actionStay = new WaypointAction(WaypointActionType.STAY, 2000);
    //拍摄照片，第二个参数无效
    WaypointAction actionTakePhoto = new WaypointAction(WaypointActionType.START_TAKE_PHOTO, 0);
    //开始录像，第二个参数无效
    WaypointAction actionStartRecord = new WaypointAction(WaypointActionType.START_RECORD, 0);
    //停止录像，第二个参数无效
    WaypointAction actionStopRecord = new WaypointAction(WaypointActionType.STOP_RECORD, 0);
    //飞机的航向转向正北，第二个参数为航向，单位为°
    WaypointAction actionAircraftToNorth = new WaypointAction(WaypointActionType.ROTATE_AIRCRAFT, 0);
    //云台竖直朝下，第二个参数的单位为°
    WaypointAction actionGimbalStraightDown = new WaypointAction(WaypointActionType.GIMBAL_PITCH, -90);
    //云台向下 45°角，第二个参数的单位为°
    WaypointAction actionGimbal45degree = new WaypointAction(WaypointActionType.GIMBAL_PITCH, -45);
    //云台水平向前，第二个参数的单位为°
    WaypointAction actionGimbalHorizontal = new WaypointAction(WaypointActionType.GIMBAL_PITCH, 0);
}
```

（2）创建航点 Waypoint 对象。在创建航点对象时，传入其地理位置参数，然后通过其 addAction(…)方法添加航点动作，具体实现如代码 10-6 所示。

代码 10-6

```
//加载航点飞行任务
private void loadWaypointMission() {
    ...

    //创建航点 1
    Waypoint waypoint1 = new Waypoint(43.528712, 125.714001, 20);
    waypoint1.addAction(actionGimbalStraightDown);
    waypoint1.addAction(actionTakePhoto);
    waypoint1.addAction(actionStay);
    waypoint1.addAction(actionGimbalHorizontal);
    waypoint1.addAction(actionAircraftToNorth);
    waypoint1.addAction(actionTakePhoto);
    //创建航点 2
    Waypoint waypoint2 = new Waypoint(43.528415, 125.714571, 40);
    waypoint2.addAction(actionStay);
    waypoint2.addAction(actionStartRecord);
```

```
//创建航点 3
Waypoint waypoint3 = new Waypoint(43.527944, 125.714470, 40);
waypoint3.addAction(actionStopRecord);
waypoint3.addAction(actionGimbal45degree);
waypoint3.shootPhotoTimeInterval = 2;
//创建航点 4
Waypoint waypoint4 = new Waypoint(43.527794, 125.713809, 30);

}
```

（3）通过航点飞行任务构建器 Builder 对象添加航点并设置航点飞行任务的相关参数。通过 Builder 对象的 build()方法创建航点飞行任务 WaypointMission 对象。通过航点飞行任务对象的 checkParameters()方法可判断任务设置是否存在问题。通过航点飞行任务操作器对象的 loadMission 方法即可加载航点飞行任务，具体实现如代码 10-7 所示。

代码 10-7

```
//加载航点飞行任务
private void loadWaypointMission() {
...

    //构建航点飞行任务
    WaypointMission.Builder builder = new WaypointMission.Builder();
    builder.addWaypoint(waypoint1);
    builder.addWaypoint(waypoint2);
    builder.addWaypoint(waypoint3);
    builder.addWaypoint(waypoint4);

    //航点飞行任务的飞行速度为 5m/s，常规飞行路径，自动航向，结束后返航
    builder.autoFlightSpeed(5)
            .maxFlightSpeed(5)
            .flightPathMode(WaypointMissionFlightPathMode.NORMAL)
            .finishedAction(WaypointMissionFinishedAction.GO_HOME)
            .headingMode(WaypointMissionHeadingMode.AUTO);

    //创建航点飞行任务
    WaypointMission mission = builder.build();

    //航点飞行任务检查
    DJIError error =   mission.checkParameters();
    if (error != null) {
        showToast(error.toString());
        return;
    }

    //航点飞行任务操作器加载航点飞行任务
    error = getWaypointMissionOperator().loadMission(mission);
    if (error == null) {
        showToast("加载航点飞行任务成功!");
    } else {
        showToast("加载航点飞行任务失败:" + error.getDescription());
    }
}
```

其中，getWaypointMissionOperator()方法用于获取航点飞行任务操作器，其实现代码 10-8 所示。

代码 10-8

```
//获取航点飞行任务操作器
public WaypointMissionOperator getWaypointMissionOperator() {
    return DJISDKManager.getInstance().getMissionControl().getWaypointMissionOperator();
}
```

3. 实现上传、开始、停止航点飞行任务功能

航点飞行任务加载完成后，即可通过航点飞行任务操作器对任务进行操控了。在开始任务之前，需要将航点飞行任务上传到无人机的飞控中，具体实现如代码 10-9 所示。

代码 10-9

```
//上传航点飞行任务
private void uploadWaypointMission() {
    getWaypointMissionOperator().uploadMission(new CommonCallbacks.CompletionCallback() {
        @Override
        public void onResult(DJIError error) {
            if (error == null) {
                showToast("上传航点模式成功!");
            } else {
                showToast("上传航点模式失败:" + error.getDescription() + ". 正在重试上传...");
                getWaypointMissionOperator().retryUploadMission(new CommonCallbacks.CompletionCallback() {
                    @Override
                    public void onResult(DJIError djiError) {
                        if (error == null) {
                            showToast("上传航点模式成功!");
                        } else {
                            showToast("上传航点模式失败:" + error.getDescription());
                        }
                    }
                });
            }
        }
    });
}
```

通过航点飞行任务操作器的 uploadMission(…)方法上传失败后，还可以通过其 retryUploadMission(…)方法再次尝试上传。

上传完成之后，就可以对航点飞行任务进行开始和停止操作，具体实现如代码 10-10 所示。

代码 10-10

```
//开始航点飞行任务
private void startWaypointMission() {
    getWaypointMissionOperator().startMission(new CommonCallbacks.CompletionCallback() {
```

```
        @Override
        public void onResult(DJIError djiError) {
            showToast("开始任务: " + (djiError == null ? "成功!" : djiError.getDescription()));
        }
    });
}
//停止航点飞行任务
private void stopWaypointMission() {
    getWaypointMissionOperator().stopMission(new CommonCallbacks.CompletionCallback() {
        @Override
        public void onResult(DJIError djiError) {
            showToast("停止任务: " + (djiError == null ? "成功!" : djiError.getDescription()));
        }
    });
}
```

在航点飞行任务执行的过程中，还可以暂停和继续任务，其方法的使用与上述代码类似，此处不再赘述。

4．监听航点飞行任务的状态与航点飞行任务的执行状态

通过航点飞行任务操作器监听器 WaypointMissionOperatorListener 可监听航点飞行任务的状态和航点飞行任务的执行状态。在本例中，在 WaypointMissionActivity 的 onCreate(…)方法和 onDestroy(…)方法中分别设置和取消监听器，具体实现如代码 10-11 所示。

代码 10-11

```
//航点飞行任务操作器监听器
private WaypointMissionOperatorListener mWaypointMissionOperatorListener;

@Override
protected void onCreate(Bundle savedInstanceState) {
    super.onCreate(savedInstanceState);
    setContentView(R.layout.activity_waypoint_mission);
    //初始化 UI 界面
    initUI();
    //初始化航点飞行任务操作器
    initWaypointMissionOperator();

}

//初始化航点飞行任务操作器
private void initWaypointMissionOperator() {

    mWaypointMissionOperatorListener = new WaypointMissionOperatorListener() {
        @Override
        public void onDownloadUpdate(WaypointMissionDownloadEvent event) {
        }

        @Override
        public void onUploadUpdate(WaypointMissionUploadEvent event) {
```

```
    }

    @Override
    public void onExecutionUpdate(WaypointMissionExecutionEvent event) {

        //当前航点飞行任务的状态
        WaypointMissionState state = event.getCurrentState();
        //当前航点飞行任务的执行状态
        String executeState = waypointMissionExecuteStateToString(event.getProgress().executeState);
        //目标航点编号
        int index = event.getProgress().targetWaypointIndex;
        //总航点数
        int count = event.getProgress().totalWaypointCount;
        //是否已经到达航点
        final String reached = event.getProgress().isWaypointReached ? "已到达" : "未到达";
        final String strState = String.format("航点:%d(%s) 总航点数:%d 状态:%s", index + 1, reached, count,
executeState);
        runOnUiThread(new Runnable() {
            @Override
            public void run() {
                //mTvStatusWaypointMission.setText("航点飞行任务状态:" + waypointMissionStateToString(state));
                mTvStatusWaypointMission.setText("航点飞行任务状态:" + state.getName());
                mTvStatusWaypointMissionExecute.setText(strState);
            }
        });
    }

    @Override
    public void onExecutionStart() {
        showToast("开始执行任务!");
    }

    @Override
    public void onExecutionFinish(DJIError djiError) {
        if (djiError != null) {
            showToast("航点飞行任务结束错误:" + djiError.getDescription());
            return;
        }
        //更新界面
        runOnUiThread(new Runnable() {
            @Override
            public void run() {
                mTvStatusWaypointMission.setText("航点飞行任务状态:已经结束");
                mTvStatusWaypointMissionExecute.setText("已结束");
            }
        });
    }
};

//设置航点飞行任务操作器监听器
getWaypointMissionOperator().addListener(mWaypointMissionOperatorListener);
```

```
}

@Override
protected void onDestroy() {
    super.onDestroy();
    //取消设置航点飞行任务操作器的监听器
    getWaypointMissionOperator().removeListener(mWaypointMissionOperatorListener);
}
```

其中，waypointMissionStateToString(…)和 waypointMissionExecuteStateToString(…)方法分别用于将航点飞行任务的状态枚举值和航点飞行任务的执行状态枚举值转换为字符串类型，其具体的方法可参考本书附带的示例代码。

此时，我们已经完成了一个完整的航点飞行任务，编译并运行程序。将无人机连接计算机后打开飞行模拟器。设置飞行模拟器中无人机的当前位置为返航点位置（125.713440°E，43.528419°N）。打开 DroneFly 应用程序进入 WaypointMissionActivity，依次单击【加载任务】、【上传任务】和【开始任务】按钮后，无人机即可按照设计的航点路线和相应的航点动作进行飞行，如图 10-3 所示为航点飞行任务的执行。

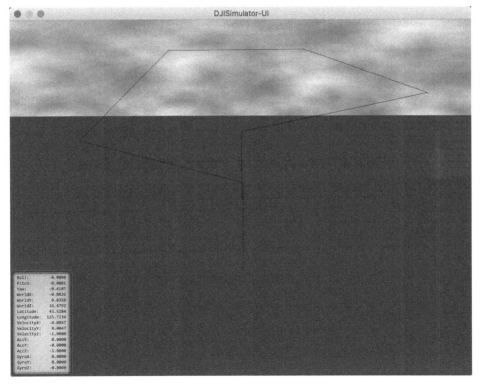

图 10-3　航点飞行任务的执行

在航点飞行任务执行的过程中和结束后，在 WaypointMissionActivity 中可实时显示航点飞行任务的状态与航点飞行任务的执行状态信息，如图 10-4 所示。

（a）执行中 　　　　　　　　　　　　　（b）执行结束后

图 10-4　航点飞行任务的状态显示（Android）

10.1.3　实现航点飞行任务（iOS）

本节在 DroneFly 项目的基础上，将介绍如何在 iOS 中实现航点飞行任务。在本例中，飞行路线与上一节中 Android 飞行路线的设计相同，具体可参考"10.1.2 实现航点飞行任务（Android）"节中的相关内容。

具体实现主要包括以下几个步骤。

● 创建 DFWaypointMissionViewController 与设计布局。
● 创建航点、航点动作与航点飞行任务，并加载任务。
● 实现上传、开始、停止航点飞行任务功能。
● 监听航点飞行任务状态与航点飞行任务执行状态。

1．创建 DFWaypointMissionViewController 与设计布局

本部分将创建独立的 DFWaypointMissionViewController 作为航点飞行任务的控制界面，添加两个文本框，分别用于显示航点任务状态和航点任务执行状态，并添加【加载任务】、【上传任务】、【开始任务】、【暂停任务】、【继续任务】、【停止任务】等 6 个按钮，用于控制航点飞行任务的执行，如图 10-5 所示为航点飞行任务的界面设计（iOS）。

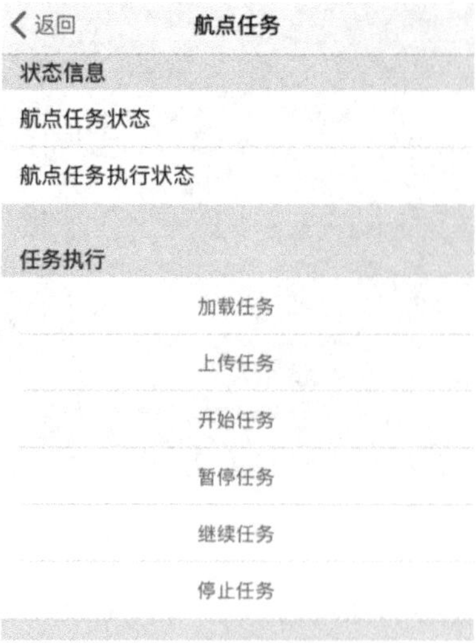

图 10-5　航点飞行任务的界面设计（iOS）

DFWaypointMissionViewController 的各个视图对象所对应的 OC 对象，以及相关事件的处理方法如代码 10-12 所示。

代码 10-12

```
@interface DFWaypointMissionViewController : UITableViewController

//航点任务状态文本框对象
@property (weak, nonatomic) IBOutlet UILabel *lblStatusWaypointMission;
//航点任务执行状态文本框对象
@property (weak, nonatomic) IBOutlet UILabel *lblStatusWaypointMissionExecute;

//【加载任务】按钮单击处理事件
- (IBAction)loadWaypointMission:(id)sender;
//【上传任务】按钮单击处理事件
- (IBAction)uploadWaypointMission:(id)sender;
//【开始任务】按钮单击处理事件
- (IBAction)startWaypointMission:(id)sender;
//【暂停任务】按钮单击处理事件
- (IBAction)pauseWaypointMission:(id)sender;
//【继续任务】按钮单击处理事件
- (IBAction)resumeWaypointMission:(id)sender;
//【停止任务】按钮单击处理事件
- (IBAction)stopWaypointMission:(id)sender;

@end
```

在 DJIMainViewController 中添加【航点飞行任务】按钮，可参考之前章节的内容，为其添加设置判断应用程序的注册和激活状况、无人机绑定的状况的相关代码后，添加弹出 DFWaypointMissionViewController 的代码。

2. 创建航点、航点动作与航点飞行任务，并加载任务

（1）为了在创建航点时设置航点动作，我们先创建航点动作 DJIWaypointAction 对象。根据之前的航点与航点动作设计，在 loadWaypointMission 方法中添加创建航点动作的代码如代码 10-13 所示。

代码 10-13

```
//加载任务
- (IBAction)loadWaypointMission:(id)sender{

    //创建航点动作
    //悬停 2s, param 后参数的单位为 ms
    DJIWaypointAction *actionStay = [[DJIWaypointAction alloc] initWithActionType:DJIWaypointActionTypeStay param:2000];
    //拍摄照片, param 后的参数无效
    DJIWaypointAction *actionTakePhoto = [[DJIWaypointAction alloc] initWithActionType:DJIWaypointActionTypeShootPhoto param:0];
    //开始录像, param 后的参数无效
    DJIWaypointAction *actionStartRecord = [[DJIWaypointAction alloc] initWithActionType:DJIWaypointAction
```

```
TypeStartRecord param:0];
        //停止录像，param 后的参数无效
        DJIWaypointAction *actionStopRecord = [[DJIWaypointAction alloc] initWithActionType:DJIWaypointAction
TypeStopRecord param:0];
        //飞机的航向转向正北，param 后的参数为航向，单位为°
        DJIWaypointAction *actionAircraftToNorth = [[DJIWaypointAction alloc] initWithActionType:DJIWaypointAction
TypeRotateAircraft param:0];
        //云台竖直朝下，param 后参数的单位为°
        DJIWaypointAction *actionGimbalStraightDown = [[DJIWaypointAction alloc] initWithActionType:DJIWaypoint
ActionTypeRotateGimbalPitch param:-90];
        //云台向下 45°角，param 后参数的单位为°
        DJIWaypointAction *actionGimbal45degree = [[DJIWaypointAction alloc] initWithActionType:DJIWaypointAction
TypeRotateGimbalPitch param:-45];
        //云台水平向前，param 后参数的单位为°
        DJIWaypointAction *actionGimbalHorizontal = [[DJIWaypointAction alloc] initWithActionType:DJIWaypointAction
TypeRotateGimbalPitch param:0];
    }
```

（2）创建航点 DJIWaypoint 对象。在创建航点对象时，传入其地理位置参数，然后通过其 addAction 方法添加航点动作，具体实现如代码 10-14 所示。

代码 10-14

```
//加载任务
- (IBAction)loadWaypointMission:(id)sender{
    …

    //创建第 1 个航点
    DJIWaypoint *waypoint1 = [[DJIWaypoint alloc] initWithCoordinate:CLLocationCoordinate2DMake(43.528712,
125.714001)];
    waypoint1.altitude = 20;
    [waypoint1 addAction:actionGimbalStraightDown];
    [waypoint1 addAction:actionTakePhoto];
    [waypoint1 addAction:actionStay];
    [waypoint1 addAction:actionGimbalHorizontal];
    [waypoint1 addAction:actionAircraftToNorth];
    [waypoint1 addAction:actionTakePhoto];

    //创建第 2 个航点
    DJIWaypoint *waypoint2 = [[DJIWaypoint alloc] initWithCoordinate:CLLocationCoordinate2DMake(43.528415,
125.714571)];
    waypoint2.altitude = 40;
    [waypoint2 addAction:actionStay];
    [waypoint2 addAction:actionStartRecord];
    waypoint2.cornerRadiusInMeters = 10;

    //创建第 3 个航点
    DJIWaypoint *waypoint3 = [[DJIWaypoint alloc] initWithCoordinate:CLLocationCoordinate2DMake(43.527944,
125.714470)];
    waypoint3.altitude = 40;
    [waypoint3 addAction:actionStopRecord];
```

```
[waypoint3 addAction:actionGimbal45degree];
waypoint3.shootPhotoTimeInterval = 2;

//创建第 4 个航点
DJIWaypoint *waypoint4 = [[DJIWaypoint alloc] initWithCoordinate:CLLocationCoordinate2DMake(43.527794,
125.713809)];
waypoint4.altitude = 30;
}
```

（3）创建可变航点飞行任务对象 DJIMutableWaypointMission，添加航点并设置航点飞行
任务的相关参数。通过航点飞行任务对象的 checkParameters 方法可判断任务设置是否存在
问题。通过航点飞行任务操作器对象的 loadMission 方法即可加载航点飞行任务，具体实现
如代码 10-15 所示。

代码 10-15

```
//加载任务
- (IBAction)loadWaypointMission:(id)sender{
    …
    //创建航点飞行任务
    DJIMutableWaypointMission *mission = [[DJIMutableWaypointMission alloc] init];
    [mission addWaypoint:waypoint1];
    [mission addWaypoint:waypoint2];
    [mission addWaypoint:waypoint3];
    [mission addWaypoint:waypoint4];

    //设置航点飞行任务的飞行速度为 5m/s，自动航向，正常航线，完成后返航
    mission.autoFlightSpeed = 5;
    mission.maxFlightSpeed = 5;
    mission.flightPathMode = DJIWaypointMissionFlightPathNormal;
    mission.finishedAction = DJIWaypointMissionFinishedGoHome;
    mission.headingMode = DJIWaypointMissionHeadingAuto;

    //航点飞行任务检查
    NSError *error = [mission checkParameters];
    if (error != nil) {
        [self showAlertWithMessage:[NSString stringWithFormat:@"航点飞行任务错误:%@", error.localizedDescription]];
        return;
    }

    //航点飞行任务操作器加载航点飞行任务
    error = [[self getWaypointMissionOperator] loadMission:mission];
    if (error != nil) {
        [self showAlertWithMessage:[NSString stringWithFormat:@"加载航点飞行任务错误:%@", error.localizedDescription]];
    } else   {
        [self showAlertWithMessage:@"加载航点飞行任务成功!"];
    }

}
```

其中，getWaypointMissionOperator 方法用于获取航点飞行任务操作器，其实现如代

码 10-16 所示。

代码 10-16

```
//获取航点飞行任务操作器对象
- (DJIWaypointMissionOperator *)getWaypointMissionOperator {
    return DJISDKManager.missionControl.waypointMissionOperator;
}
```

3. 实现上传、开始、停止航点飞行任务功能

在航点飞行任务加载完成后，即可通过航点飞行任务操作器对任务进行操控了。在开始任务之前，需要将航点飞行任务上传到无人机的飞控中，具体实现如代码 10-17 所示。

代码 10-17

```
//上传任务
- (IBAction)uploadWaypointMission:(id)sender {
    WeakRef(target);
    [[self getWaypointMissionOperator] uploadMissionWithCompletion:^(NSError * _Nullable error) {
        WeakReturn(target);
        if (error != nil) {
            [target showAlertWithMessage:[NSString stringWithFormat:@"上传航点飞行任务错误:%@", error.localizedDescription]];
        } else {
            [target showAlertWithMessage:@"上传航点飞行任务成功!"];
        }
    }];

}
```

上传完成之后，就可以对航点飞行任务进行开始和停止操作了。在航点飞行任务执行的过程中，还可以暂停和继续任务操作。这些操作的代码与上传代码非常类似，此处不再赘述。

4. 监听航点飞行任务状态与航点飞行任务执行状态

通过航点飞行任务操作器的以下方法可用于监听和移除监听航点飞行任务的状态。

- addListenerToUploadEvent:withQueue:andBlock：添加上传事件监听器。
- addListenerToDownloadEvent:withQueue:andBlock：添加下载事件监听器。
- addListenerToStarted:withQueue:andBlock：添加开始事件监听器。
- addListenerToExecutionEvent:withQueue:andBlock：添加执行事件监听器。
- addListenerToFinished:withQueue:andBlock：添加结束事件监听器。
- removeListener：移除指定的监听器。传入的参数一般为一个视图控制器，其将会移除该视图控制器下的所有监听器。
- removeAllListeners：移除所有的监听器。
- removeListenerOfStarted：移除开始事件监听器。
- removeListenerOfFinished：移除结束事件监听器。
- removeListenerOfUploadEvents：移除上传事件监听器。

- removeListenerOfDownloadEvents：移除下载事件监听器。
- removeListenerOfExecutionEvents：移除执行事件监听器。

在本例中，在 DFWaypointMissionViewController 的 viewDidLoad 方法和 viewWillDisappear 方法中分别设置与取消执行事件监听器，具体实现如代码 10-18 所示。

代码 10-18

```
- (void)viewDidLoad {
    [super viewDidLoad];
    //添加航点飞行任务操作器的监听器
    WeakRef(target);
    [[self getWaypointMissionOperator] addListenerToExecutionEvent:self withQueue:dispatch_get_main_queue()
andBlock:^(DJIWaypointMissionExecutionEvent * _Nonnull event) {
        WeakReturn(target);
        //当前航点飞行任务的状态
        DJIWaypointMissionState state = event.currentState;
        //当前航点飞行任务的执行状态
        NSString *executeState = [target waypointMissionExecuteStateToString:event.progress.execState];
        //目标航点编号
        int index = (int)event.progress.targetWaypointIndex;
        NSString *reached = event.progress.isWaypointReached ? @"已到达" : @"未到达";
        NSString *strState = [NSString stringWithFormat:@"航点：%d (%@) 状态:%@", index + 1, reached,
executeState];

        target.lblStatusWaypointMission.text = [target waypointMissionStateToString:state];
        target.lblStatusWaypointMissionExecute.text = strState;

    }];
}

- (void)viewWillDisappear:(BOOL)animated {
    [super viewWillDisappear:animated];
    //移除航点飞行任务操作器的监听器
    [[self getWaypointMissionOperator] removeAllListeners];
}
```

其中，waypointMissionStateToString 和 waypointMissionExecuteStateToString 方法分别用于将航点飞行任务的状态枚举值和航点飞行任务的执行状态枚举值转换为字符串类型，其具体的方法可参考本书附带的示例代码。

此时，我们已经完成了一个完整的航点飞行任务，编译并运行程序。将无人机连接计算机后打开飞行模拟器。设置飞行模拟器中无人机的当前位置为返航点位置（125.713440°E,43.528419°N）。打开 DroneFly 应用程序进入 DFWaypointMissionViewController，依次单击【加载任务】、【上传任务】和【开始任务】按钮后，无人机即可按照设计的航点路线和相应的航点动作进行飞行，如图 10-3 所示。

在航点飞行任务执行的前后，在 DFWaypointMissionViewController 中可实时显示航点飞行任务的状态与航点飞行任务的执行状态信息，如图 10-6 所示为航点飞行任务的状态显示（iOS）。

（a）执行前　　　　　　　　　　　　　　　　　（b）执行过程中

图 10-6　航点飞行任务的状态显示（iOS）

10.1.4　航点飞行任务 2.0

有 DJI Mobile SDK 的 4.12 版本以来，引入了航点飞行任务 2.0（目前仅支持经纬 M300 RTK），其使用方法与传统的航点飞行任务基本没有差异，但是航点飞行任务 2.0 进行了如下几个方面的改进。

（1）更加高效：航点飞行任务 2.0 支持最多 65535 个航点，支持多个云台同一时刻执行不同的动作。

（2）更加灵活：可根据航线设置多个兴趣点，并且可设置兴趣点的高度。航点动作增加了变焦和间隔拍照等类型。

（3）更加开放：航点飞行任务 2.0 支持 PSDK 开发的第三方负载，且全面支持 MSDK 和 OSDK。

在具体的使用中，航点飞行任务 2.0 的执行与传统的航点飞行任务基本没有太大的差异（不包括航点动作的执行），但是其类名的 Waypoint 的后方均添加了"V2"的标识，如航点飞行任务 2.0 操作器类为 WaypointV2MissionOperator（iOS 中为 DJIWaypointV2MissionOperator），常见的类如表 10-13 所示。

表 10-13　航点飞行任务与航点飞行任务 2.0 的常见类名对比

（以 Android 为例，iOS 中需要在类名前加上 DJI 标识）

相关类	航点飞行任务	航点飞行任务 2.0
航点飞行任务操作器类	WaypointMissionOperator	WaypointV2MissionOperator
航点飞行任务类	WaypointMission	WaypointV2Mission
航点类	Waypoint	WaypointV2
航点动作类	WaypointAction	WaypointV2Action

除此之外，使用航点飞行任务 2.0 时还需要注意以下几个方面。

1. 航点飞行任务 2.0 剥离了航点控制和动作控制

航点飞行任务 2.0 最大的特点就是取消了航点对象的动作属性，实现了航点控制和动作控制的分离，以实现更为高级的航点飞行任务，主要的特点如下。

（1）在航点飞行任务 2.0 中，航点动作包含了触发器（Trigger）和执行器（Actuator）两个主要部分。触发器定义了航点动作的执行时机（什么时候执行），而执行器定义了航点动作的具体类型（如何执行）。

触发器的类型通过枚举类型定义，如表 10-14 所示为航点飞行任务 2.0 中航点动作的触发器类型。

表 10-14　航点飞行任务 2.0 中航点动作的触发器类型

Android 中的 ActionTriggerType 枚举类型	iOS 中的 DJIWaypointV2ActionTriggerType 枚举类型	说明
REACH_POINT	DJIWaypointV2ActionTriggerTypeReachPoint	航点触发
ASSOCIATE	DJIWaypointV2ActionTriggerTypeActionAssociated	关联触发
TRAJECTORY	DJIWaypointV2ActionTriggerTypeTrajectory	轨迹触发
SIMPLE_INTERVAL	DJIWaypointV2ActionTriggerTypeInterval	简单间隔触发
UNKNOWN	DJIWaypointV2ActionTriggerTypeUnknown	未知

航点触发由 WaypointReachPointTriggerParam 定义，包含开始航点编号（StartIndex）和自动终止计数（AutoTerminateCount）两个部分。触发器从开始航点编号开始触发，自动终止计数确定了触发次数，经过自动终止计数所定义的航点数量后不再触发。

关联触发由 WaypointV2AssociateTriggerParam 定义，包含关联动作 ID（AssociateActionId）、关联类型（AssociateType）和等待时间（WaitingTime）三个参数。关联类型可以定义该触发器在关联动作的同时触发（SIMULTANEOUSLY）或结束后触发（AFTER_FINISHED）两种类型。等待时间可以设定等待一定的时间（单位：秒）后开始执行动作。

轨迹触发由 WaypointTrajectoryTriggerParam 定义，包含开始航点编号（StartIndex）和结束航点需要（EndIndex）两个参数。

简单间隔触发由 WaypointIntervalTriggerParam 定义，包含开始航点需要（StartIndex）、类型（Type）和间隔（Interval）三个参数。类型包括等间隔（DISTANCE）和等时间（TIME）触发。当类型为等间隔时，间隔的单位为米；当类型为等时间时，间隔的单位为秒。

执行器的类型通过枚举类型定义，如表 10-15 所示为航点飞行任务 2.0 中航点动作的执行器类型。

表 10-15　航点飞行任务 2.0 中航点动作的执行器类型

Android 中 ActionActuatorType 枚举类型	iOS 中 DJIWaypointV2ActionActuatorType 枚举类型	说明
CAMERA	DJIWaypointV2ActionActuatorTypeCamera	相机执行器
GIMBAL	DJIWaypointV2ActionActuatorTypeGimbal	云台执行器
AIRCRAFT_CONTROL	DJIWaypointV2ActionActuatorTypeAircraftControl	飞机控制执行器
UNKNOWN	UNKNOWN	未知

相机执行器通过 WaypointCameraActuatorParam 类设置参数，其具体类型通过 CameraOperationType 枚举类型定义，包含拍摄照片（SHOOT_SINGLE_PHOTO）、录像（START_RECORD_VIDEO）、停止录像（STOP_RECORD_VIDEO）、调焦（FOCUS）、变焦（Zoom）等类型。

云台执行器通过 WaypointGimbalActuatorParam 类设置参数，其具体类型通过 GimbalOperationType 定义，包括转动云台（ROTATE_GIMBAL）和飞机控制云台（AIRCRAFT_CONTROL_GIMBAL）两类。前者在触发器为 REACH_POINT 类型时使用，后者在触发器为 TRAJECTORY 类型时使用。

飞机控制执行器通过 WaypointAircraftControlParam 类设置参数，其具体类型通过 AircraftControlType 枚举类型定义，包括改变航向（ROTATE_YAW）和飞行停止控制（START_STOP_FLY）两类。

上述触发器和执行器，以及各个用于设置参数的类均需要相应的 Builder 类进行创建。

例如，在第二个航点上拍摄一张照片的航点动作需要通过如下步骤创建：首先，创建一个在第二个航点上触发动作的触发器；其次，创建一个拍摄照片的执行器；最后，创建一个航点动作连接触发器和执行器。

在 Android 中，具体实现如代码 10-19 所示。

代码 10-19

```
//1. 创建触发器
//创建航点触发器的触发参数
WaypointReachPointTriggerParam param = new WaypointReachPointTriggerParam.Builder()
        .setAutoTerminateCount(1)  //设置触发次数
        .setStartIndex(1) //设置触发开始的航点位置
        .build();
//创建航点触发器
WaypointTrigger trigger = new WaypointTrigger.Builder()
        .setTriggerType(ActionTypes.ActionTriggerType.REACH_POINT) //设置触发器类型为航点触发
        .setReachPointParam(param) //设置触发参数
        .build();
//2. 创建执行器
//创建相机执行器的执行参数
WaypointCameraActuatorParam actuatorParam = new WaypointCameraActuatorParam.Builder()
        .setCameraOperationType(ActionTypes.CameraOperationType.SHOOT_SINGLE_PHOTO) //拍摄照片
        .build();
//创建相机执行器
WaypointActuator actuator = new WaypointActuator.Builder()
        .setActuatorType(ActionTypes.ActionActuatorType.CAMERA)  //设置执行器类型为相机执行器
        .setCameraActuatorParam(actuatorParam) //设置执行参数
        .build();
//3. 创建航点动作，连接触发器和执行器
WaypointV2Action action = new WaypointV2Action.Builder()
        .setActionID(0) //设置航点动作 ID
        .setActuator(actuator) //设置航点动作执行器
        .setTrigger(trigger) //设置航点动作触发器
        .build();
```

（2）航点动作不再是航点（Waypoint）的属性，而是需要单独进行设计和上传的，其具体的步骤为：首先，创建一个航点动作列表；其次，添加需要执行的动作；最后，上传航点动作。例如，将航点动作上传到无人机的 Android 代码如代码 10-20 所示。

代码 10-20

```
//获取航点飞行任务 2.0 操作器
WaypointV2MissionOperator operator = DJISDKManager.getInstance().getMissionControl().getWaypointMissionV2Operator();
//创建航点动作列表
```

```
List<WaypointV2Action> actions = new ArrayList<>();
//此处可将一个或多个航点动作添加到航点动作列表中
...
//上传航点动作列表
operator.uploadWaypointActions(actions, new CommonCallbacks.CompletionCallback<DJIWaypointV2Error>() {
    @Override
    public void onResult(DJIWaypointV2Error djiWaypointV2Error) {
        if (djiWaypointV2Error == null) {
            //上传航点动作成功
        } else {
            //上传航点动作失败
        }
    }
});
```

另外，还设计了独立的动作状态枚举类型（WaypointV2MissionActionState），用于获取动作执行的具体情况，具体的使用方法与航点飞行任务的执行状态的获取方法类似，此处不再详述。

2．航点飞行任务 2.0 中的兴趣点由航点对象管理

在航点飞行任务 2.0 中，兴趣点由航点管理。在 Android 中，航点的兴趣点和兴趣点高度可分别通过航点的 Builder 类的 setPointOfInterest(…)和 setPointOfInterestAltitude(…)方法进行设置。在 iOS 中，航点的兴趣点可通过航点对象的 pointOfInterest 和 pointOfInterestAltitude 属性进行设置。在执行任务中，飞机在飞向该航点时，航向可一直对准该航点位置。在进入下一个航点时，兴趣点的位置和高度可以根据设置发生变化。

3．航点飞行任务 2.0 对飞行路径进行了扩充，并由航点对象管理

航点飞行任务 2.0 对飞行路径的设置从原来的两类扩展到如表 10-16 所示的 6 类，开发者和用户可以设计更为复杂和流畅的飞行路径。

表 10-16　航点飞行任务 2.0 中飞行路径的设置

Android 中的 WaypointV2FlightPathMode 枚举类型	iOS 中的 DJIWaypointV2FlightPathMode 枚举类型	说明
CURVATURE_CONTINUOUS_PASSED	DJIWaypointV2FlightPathModeGoToPointAlongACurve	沿平滑曲线进入航点，并直接离开（不悬停）
GOTO_POINT_CURVE_AND_STOP	DJIWaypointV2FlightPathModeGoToPointAlongACurveAndStop	沿平滑曲线进入航点，并悬停
GOTO_POINT_STRAIGHT_LINE_AND_STOP	DJIWaypointV2FlightPathModeGoToPointInAStraightLineAndStop	沿直线进入航点，并直接离开（不悬停）
COORDINATE_TURN	DJIWaypointV2FlightPathModeCoordinateTurn	沿平滑曲线绕过（不经过）航点，曲线半径通过 dampingDestance 参数设置
GOTO_FIRST_POINT_ALONG_STRAIGHT_LINE	DJIWaypointV2FlightPathModeGoToFirstPointAlongAStraightLine	沿直线进入第一个航点（仅在第一个航点可用）
STRAIGHT_OUT	DJIWaypointV2FlightPathModeStraightOut	直线离开最后一个航点（仅在最后一个航点可用）
UNKNOWN	DJIWaypointV2FlightPathModeUnknown	未知

4．航点飞行任务 2.0 中的暂停任务与继续任务

与传统的航点飞行任务不同，航点飞行任务 2.0 中的暂停任务与继续任务的方法在 Android

中分别为 interruptMission(…)和 recoverMission(…)，在 iOS 中分别为 interruptMissionWithCompletion 和 recoverMissionWithCompletion。

10.2 时间线任务

时间线任务（Timeline Mission）是一种特殊的飞行任务，通过任务控制器（Mission Control）直接控制，没有独立的操作器。本节将首先介绍任务控制器和时间线任务的基本概念，然后分别介绍如何在 Android 和 iOS 中实现时间线任务。

10.2.1 任务控制器与时间线任务

任务控制器是整个飞行任务的控制"中枢"，其包含两个基本功能：获取各类飞行任务的操作器对象；管理时间线任务。

1. 获取各类飞行任务的操作器对象

通过任务控制器可获取航点飞行任务、兴趣点环绕任务等飞行任务的操作器，如表 10-17 所示为通过任务控制器获取各类飞行任务操作器的方法。

表 10-17　通过任务控制器获取各类飞行任务操作器的方法

Android 中	iOS 中	说明
getWaypointMissionOperator()	waypointMissionOperator	航点飞行任务
getHotpointMissionOperator()	hotpointMissionOperator	兴趣点环绕任务
getFollowMeMissionOperator()	followMeMissionOperator	热点跟随任务
getActiveTrackOperator()	activeTrackMissionOperator	智能跟随任务
getTapFlyMissionOperator()	tapFlyMissionOperator	指点飞行任务
getPanoramaMissionOperator()	panoramaMissionOperator	全景任务
getIntelligentHotpointMissionOperator()	intelligentHotpointMissionOperator	智能兴趣点环绕任务
getWaypointMissionV2Operator()	waypointV2MissionOperator	航点飞行任务 2.0

上文已经介绍了航点飞行任务操作器的使用，其他操作器的使用方法大同小异，读者可自行参考类比学习。本节将把介绍的重点放在时间线任务上。

2. 管理时间线任务

时间线任务，顾名思义，即可将多种任务和动作按照时间顺序排列组合进行飞行。被时间线管理的任务和动作必须继承时间线元素类（TimelineElement）。

> ❀ 时间线任务只支持大疆无人机，不支持大疆手持云台相机。

时间线任务所支持的动作包括起飞动作（TakeOffAction）、偏航动作（AircraftYawAction）、飞到指定位置动作（GoToAction）、返航动作（GoHomeAction）、兴趣点环绕动作（HotpointAction）、云台姿态动作（GimbalAttitudeAction）、录像动作（RecordVideoAction）、

拍照动作（ShootPhotoAction）、降落动作（LandAction）等，这些动作均继承了时间线元素类。

时间线任务所支持的任务类型包括航点飞行任务和兴趣点环绕任务。对于兴趣点环绕任务，需要将其转换为兴趣点环绕动作后才可以被使用。对于航点飞行任务，在 iOS 中可直接加入到时间线中，在 Android 中需要通过时间线任务类（TimelineMission）的 elementFromWaypointMission(WaypointMission mission)方法将其转换为相应的时间线元素对象才可以加入到时间线中。

> ✆ 即使航点飞行任务和兴趣点环绕任务被时间线任务托管执行，其也可以被相应的操作器进行控制和状态监听。

1）时间线元素的加载

时间线元素的加载可通过表 10-18 中的方法进行规划。

表 10-18　通过任务控制器加载时间线元素的方法

Android 中	iOS 中	说明
scheduleElement(…)	scheduleElement	加入时间线元素
scheduleElements(…)	scheduleElements	加入多个时间线元素
scheduleElementAtIndex(…)	scheduleElement:atIndex	加入时间线元素到指定位置
unscheduleElement(…)	unscheduleElement	移除时间线元素
unscheduleElementAtIndex(…)	unscheduleElementAtIndex	移除某个位置上的时间线元素
scheduledElementAtIndex(…)	scheduledElementAtIndex	获取指定位置上的时间线元素
scheduledCount()	scheduledElementsCount	获取时间线元素的数量
-	indexOfScheduledElement	获取指定时间线元素的位置
unscheduleEverything()	unscheduleEverything	移除所有的时间线元素

2）时间线任务的执行

时间线任务的执行可通过表 10-19 中的方法进行。

表 10-19　通过任务控制器执行时间线任务的方法

Android 中	iOS 中	说明
startTimeline(…)	startTimeline	开始时间线任务
pauseTimeline(…)	pauseTimeline	暂停时间线任务
resumeTimeline(…)	resumeTimeline	继续时间线任务
stopTimeline(…)	stopTimeline	停止时间线任务
isTimelineRunning()	isTimelineRunning(属性)	获取时间线任务是否正在执行
getCurrentTimelineMarker()	currentTimelineMarker(属性)	获取当前时间线任务的位置
setCurrentTimelineMarker(…)		设置当前时间线任务的位置
isTimelinePaused()	isTimelinePaused(属性)	获取时间线任务是否暂停
getRunningElement()	runningElement(属性)	获取当前的时间线元素

其中，TimelineMarker 标识当前时间线任务的执行位置。当时间线任务处于停止状态时（暂停或运行状态下无法设置），通过修改 TimelineMarker 可让时间线任务在指定的位置处开始执行。

3）触发器与触发动作

在时间线任务执行的过程中，当达到了触发器（Trigger）的触发条件时，可执行相应的触发动作（Trigger Action）。触发器包括 3 类：低电量预警触发器（BatteryPowerLevelTrigger）、航点到达触发器（WaypointReachedTrigger）和飞机降落触发器（AircraftLandedTrigger），这些触发器在达到相应的触发条件后即可触发动作。触发动作在 Android 中是一个回调接口，在 iOS 中是一个 Block 对象，读者可以在其回调中设计相应的功能。

> ✿ 这里的触发器与航点飞行任务 2.0 中的触发器不同，并且这里所述的触发动作与航点飞行任务中的航点动作也不同，请读者不要混淆使用。

4）时间线任务的状态监听

时间线任务的状态监听可通过表 10-20 中的方法进行。

表 10-20　通过任务控制器监听时间线任务的方法

Android 中	iOS 中	说明
addListener(...)	addListener:toTimelineProgressWithBlock	添加时间线任务监听器
removeListener(...)	removeListener	移除时间线任务监听器
removeAllListeners()	removeAllListeners	移除所有监听器

10.2.2　实现时间线任务（Android）

本节在 DroneFly 项目的基础上，将介绍如何在 Android 中实现时间线任务。在本例中，无人机将通过时间线任务按照顺序依次执行以下动作：起飞；云台向下 45°；开始录像；去往空间位置（125.714001°E，43.528712°N），并达到高度 10m；停止录像；拍摄一张照片；执行兴趣点环绕任务；降落；执行航点飞行任务。另外，在时间线任务中添加一个无人机降落触发器，即在降落后弹出一个"飞行降落触发 Action!"的提示。

该功能的实现主要包括以下几个步骤。
- 创建 TimelineMissionActivtiy 与设计布局。
- 创建并加载时间线任务。
- 实现开始、停止时间线任务功能。
- 监听时间任务状态。

1. 创建 TimelineMissionActivtiy 与设计布局

本部分将创建独立的 TimelineMissionActivtiy 作为时间线任务的控制界面，添加一个文本框，用于显示时间线任务状态，并添加【加载任务】、【开始任务】、【暂停任务】、【继续任务】、【停止任务】等 5 个按钮，用于控制航点飞行任务的执行，如图 10-7 所示为航点飞行任务的状态信息获取界面（Android）。

图 10-7 航点飞行任务的状态信息获取界面（Android）

TimelineMissionActivtiy 的各个视图和控件的布局 ID，以及所对应的 Java 对象、单击事件的设计如表 10-21 所示。

表 10-21 对象与单击事件的设置（**Android 中实现时间线任务**）

视图和控件	布局 id	Java 对象	单击事件
时间线任务状态文本框	tv_status_timeline_mission	mTvStatusTimelineMission	
【加载任务】按钮	btn_load_timeline_mission	mBtnLoadTimelineMission	loadTimelineMission()
【开始任务】按钮	btn_start_timeline_mission	mBtnStartTimelineMission	startTimelineMission()
【暂停任务】按钮	btn_pause_timeline_mission	mBtnPauseTimelineMission	pauseTimelineMission()
【继续任务】按钮	btn_resume_timeline_mission	mBtnResumeTimelineMission	resumeTimelineMission()
【停止任务】按钮	btn_stop_timeline_mission	mBtnStopTimelineMission	stopTimelineMission()

最后，在 MainActivity 中添加【时间线任务】按钮，为其添加判断应用程序的注册和激活状况，以及无人机绑定的状况的相关代码后，添加弹出 TimelineMissionActivtiy 的代码。

2. 创建并加载时间线任务

首先，置空任务控制器中的时间线元素。其次，创建一个新的时间线元素列表，按照需求添加时间线元素。最后，通过任务控制器的 scheduleElements(…)方法规划这些时间线元素，具体实现如代码 10-21 所示。

代码 10-21

```
//加载时间线任务
private void loadTimelineMission() {

    //如果任务控制器存在时间线元素，则清除所有的元素
    if (MissionControl.getInstance().scheduledCount() > 0) {
        MissionControl.getInstance().unscheduleEverything();
    }

    //时间线元素列表
```

```java
List<TimelineElement> elements = new ArrayList<>();

//1. 起飞
elements.add(new TakeOffAction());

//2. 云台朝下 45°
Attitude attitude = new Attitude(-45, Rotation.NO_ROTATION, Rotation.NO_ROTATION);
GimbalAttitudeAction gimbalAction = new GimbalAttitudeAction(attitude);
gimbalAction.setCompletionTime(2);
elements.add(gimbalAction);

//3. 开始录像
elements.add(RecordVideoAction.newStartRecordVideoAction());

//4. 去往经度：125.714001 纬度：43.528712 高度：10 米
elements.add(new GoToAction(new LocationCoordinate2D(43.528712, 125.714001), 10));

//5. 停止录像
elements.add(RecordVideoAction.newStopRecordVideoAction());

//6. 拍摄一张照片
elements.add(ShootPhotoAction.newShootSinglePhotoAction());

//7. 执行兴趣点环绕任务
HotpointMission hotpointMission = new HotpointMission();
hotpointMission.setHotpoint(new LocationCoordinate2D(43.528419, 125.713440)); //兴趣点
hotpointMission.setAltitude(10); //飞行高度
hotpointMission.setRadius(10); //环绕半径
hotpointMission.setAngularVelocity(10); //角速度 单位：度/秒
hotpointMission.setStartPoint(HotpointStartPoint.NEAREST);   //环绕开始位置
hotpointMission.setHeading(HotpointHeading.TOWARDS_HOT_POINT); //航向：对准兴趣点
//通过兴趣点环绕任务对象创建兴趣点环绕动作对象
elements.add(new HotpointAction(hotpointMission, 360));

//8. 降落
elements.add(new LandAction());

//9. 执行航点飞行任务
elements.add(TimelineMission.elementFromWaypointMission(initWaypointMission()));

//任务控制器加载时间线元素
MissionControl.getInstance().scheduleElements(elements);

}
```

在上述代码中，创建了一个高度为 10m、飞行半径为 10m 的兴趣点环绕任务 HotpointMission，该任务通过兴趣点环绕动作 HotpointAction 的构造方法进行了一次转换，并将其添加到了时间线元素列表中。另外，initWaypointMission()方法创建了一个与"10.1.2 实现航点飞行任务(Android)"节中相同的航点飞行任务；通过 TimelineMission 的 elementFromWaypointMission 方法将其转换为时间线元素，并添加到时间线元素列表中。

创建一个飞行降落触发器 AircraftLandedTrigger，并设置相应的触发动作：弹出"飞行降落触发 Action!"提示。触发器对象需要加入到一个触发器列表中，并通过任务控制器的 setTriggers(…)方法将触发器列表交由任务控制器管理，具体实现如代码 10-22 所示。

代码 10-22

```
//加载时间线任务
private void loadTimelineMission() {
...

    //添加飞机降落触发器。降落后触发动作，弹出"飞行降落触发 Action!"提示
    AircraftLandedTrigger trigger = new AircraftLandedTrigger();
    trigger.setAction(new Trigger.Action() {
        @Override
        public void onCall() {
            showToast("飞机降落触发 Action!");
        }
    });
    //任务控制器加载触发器
    List<Trigger> triggers = MissionControl.getInstance().getTriggers();
    if (triggers == null) {
        triggers = new ArrayList<>();
    }
    triggers.add(trigger);
    MissionControl.getInstance().setTriggers(triggers);

    showToast("加载任务成功!");
}
```

3. 实现开始、停止时间线任务功能

时间线任务的开始与停止的相关代码如代码 10-23 所示。

代码 10-23

```
//开始时间线任务
private void startTimelineMission() {
    if (MissionControl.getInstance().scheduledCount() > 0) {
        MissionControl.getInstance().startTimeline();
        showToast("开始任务成功!");
    } else {
        showToast("无时间线元素，请加载任务!");
    }

}

//停止时间线任务
private void stopTimelineMission() {
    MissionControl.getInstance().stopTimeline();
    showToast("停止任务成功!");
}
```

时间线任务的暂停和继续操作与此类似，此处不再赘述。

4. 监听时间线任务状态

在本例中，在 TimelineMissionActivity 的 onCreate(…)和 onDestroy()方法中分别设置和取消监听时间线任务的状态监听器，如代码 10-24 所示。

代码 10-24

```
@Override
protected void onCreate(Bundle savedInstanceState) {
    super.onCreate(savedInstanceState);
    setContentView(R.layout.activity_timeline_mission);

    //初始化 UI 界面
    initUI();
    //初始化监听器
    initListener();
}

//初始化监听器
private void initListener() {

    //添加任务控制器的监听器
    MissionControl.getInstance().addListener(new MissionControl.Listener() {
        @Override
        public void onEvent(TimelineElement timelineElement, TimelineEvent timelineEvent, DJIError djiError) {

            //当无时间线元素时，此时为整个时间线任务的状态更新
            if (timelineElement == null) {
                mTvStatusTimelineMission.setText(timelineEvent.toString());
                return;
            }
            //当时间线元素不为空时，此时为该时间线元素的状态更新
            if (timelineElement instanceof TimelineMission) {
                String elementName = ((TimelineMission) timelineElement).getMissionObject().getClass().getSimpleName();
                String eventName = timelineEvent.toString();
                runOnUiThread(new Runnable() {
                    @Override
                    public void run() {
                        mTvStatusTimelineMission.setText(elementName + " " + eventName + "!");
                    }
                });
            } else {
                String elementName = timelineElement.getClass().getSimpleName();
                String eventName = timelineEvent.toString();
                runOnUiThread(new Runnable() {
                    @Override
                    public void run() {
                        mTvStatusTimelineMission.setText(elementName + " " + eventName);
                    }
```

```
                });
            }
        }
    });
}

@Override
protected void onDestroy() {
    super.onDestroy();
    //移除任务控制器的监听器
    MissionControl.getInstance().removeAllListeners();
}
```

此时，我们已经完成了一个完整的时间线任务，编译并运行程序。将无人机连接计算机后打开飞行模拟器。设置飞行模拟器中无人机的当前位置为返航点位置（125.713440°E，43.528419°N）。打开 DroneFly 应用程序，进入 TimelineMissionActivity，依次单击【加载任务】和【开始任务】按钮后，无人机即可按照设计的时间线任务进行飞行。

在时间线任务执行的过程中和结束后，在 TimelineMissionActivity 中可显示时间线任务的状态信息，如图 10-8 所示。

(a) 开始改变云台角度   (b) 执行结束后

图 10-8 时间线任务的状态信息（Android）

10.2.3 实现时间线任务（iOS）

本节在 DroneFly 项目的基础上，将介绍如何在 iOS 中实现时间线任务。在本例中，无人机将通过时间线任务按照顺序依次执行以下动作：起飞；云台向下 45°；开始录像；去往空间位置（125.714001°E，43.528712°N），并达到高度 10m；停止录像；拍摄一张照片；执行兴趣点环绕任务；降落；执行航点飞行任务。另外，在时间线任务中添加一个飞机降落触发器，即在降落后弹出一个"飞行降落触发 Action！"的提示。

具体实现主要包括以下几个步骤。

- 创建 DFTimelineMissionViewController 与设计布局。
- 创建并加载时间线任务。
- 实现开始、停止时间线任务功能。
- 监听时间任务状态。

1. 创建 DFTimelineMissionViewController 与设计布局

本部分将创建独立的 DFTimelineMissionViewController 作为时间线任务的控制界面，添加一个文本框，用于显示时间线任务状态，并添加【加载任务】、【开始任务】、【暂停任务】、【继续任务】、【停止任务】等 5 个按钮，用于控制航点飞行任务的执行，如图 10-9 所示为时间线任务的界面设计（iOS）。

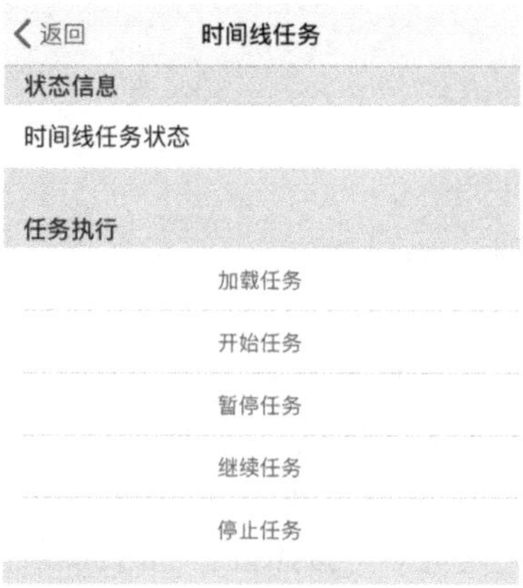

图 10-9　时间线任务的界面设计（iOS）

DFTimelineMissionViewController 的各个视图对象所对应的 OC 对象，以及相关事件的处理方法如代码 10-25 所示。

代码 10-25

```
@interface DFTimelineMissionViewController : UITableViewController

//时间线任务状态文本框
@property (weak, nonatomic) IBOutlet UILabel *lblStatusTimelineMission;

//【加载任务】按钮
- (IBAction)loadTimelineMission:(id)sender;
//【开始任务】按钮
- (IBAction)startTimelineMission:(id)sender;
//【暂停任务】按钮
- (IBAction)pauseTimelineMission:(id)sender;
//【继续任务】按钮
- (IBAction)resumeTimelineMission:(id)sender;
//【停止任务】按钮
- (IBAction)stopTimelineMission:(id)sender;

@end
```

在 DFMainViewController 中添加【时间线任务】按钮，为其添加判断应用程序的注册和激活状况，以及无人机绑定的状况的相关代码后，添加弹出 DFTimelineMissionViewController 的代码。

2. 创建并加载时间线任务

首先，置空任务控制器中的时间线元素。其次，创建一个新的时间线元素列表，按照需求添加时间线元素。最后，通过任务控制器的 scheduleElements 方法规划这些时间线元素。具体实现如代码 10-26 所示。

代码 10-26

```
//加载任务
- (IBAction)loadTimelineMission:(id)sender {

    //如果任务控制器存在时间线元素，则清除所有的元素
    if ([DJISDKManager.missionControl scheduledElementsCount] > 0) {
        [DJISDKManager.missionControl unscheduleEverything];
    }
    //时间线元素列表
    NSMutableArray *elements = [NSMutableArray array];

    //1. 起飞
    DJITakeOffAction *takeOffAction = [[DJITakeOffAction alloc] init];
    [elements addObject:takeOffAction];

    //2. 云台朝下 45°
    DJIGimbalAttitude atti = {-45, 0, 0};
    DJIGimbalAttitudeAction* gimbalAttiAction = [[DJIGimbalAttitudeAction alloc] initWithAttitude:atti];
    [elements addObject:gimbalAttiAction];

    //3. 开始录像
    DJIRecordVideoAction *startRecordVideoAction = [[DJIRecordVideoAction alloc] initWithStartRecordVideo];
    [elements addObject:startRecordVideoAction];

    //4. 去往经度：125.714001 纬度：43.528712 高度：10 米
    DJIGoToAction *gotoAction = [[DJIGoToAction alloc] initWithCoordinate:CLLocationCoordinate2DMake(43.528712,
125.714001) altitude:10];
    [elements addObject:gotoAction];

    //5. 停止录像
    DJIRecordVideoAction *stopRecordVideoAction = [[DJIRecordVideoAction alloc] initWithStopRecordVideo];
    [elements addObject:stopRecordVideoAction];

    //6. 拍摄一张照片
    DJIShootPhotoAction *shootPhotoAction = [[DJIShootPhotoAction alloc] initWithSingleShootPhoto];
    [elements addObject:shootPhotoAction];

    //7. 执行兴趣点环绕任务
    DJIHotpointMission* hotpointMission = [[DJIHotpointMission alloc] init];
    hotpointMission.hotpoint = CLLocationCoordinate2DMake(43.528419, 125.713440); //兴趣点
    hotpointMission.altitude = 10; //飞行高度
    hotpointMission.radius = 10; //环绕半径
    hotpointMission.angularVelocity = 10; //角速度 单位：度/秒
    hotpointMission.startPoint = DJIHotpointStartPointNearest; //环绕开始位置
    hotpointMission.heading = DJIHotpointHeadingTowardHotpoint; //航向：对准兴趣点
    //通过兴趣点环绕任务对象，创建兴趣点环绕动作对象
    DJIHotpointAction* hotpointAction = [[DJIHotpointAction alloc] initWithMission:hotpointMission];
```

```
    [elements addObject:hotpointAction];

    //8. 降落
    DJILandAction *landAction = [[DJILandAction alloc] init];
    [elements addObject:landAction];

    //9. 执行航点飞行任务
    [elements addObject: [self createWaypointMission]];

    //任务控制器加载时间线元素
    [DJISDKManager.missionControl scheduleElements:elements];

}
```

在上述代码中，创建了一个高度为 10m、飞行半径为 10m 的兴趣点环绕任务 DJIHotpointMission，该任务通过兴趣点环绕动作 DJIHotpointAction 的构造方法进行了一次转换，并将其添加到了时间线元素列表中。另外，createWaypointMission 方法创建了一个与"10.1.3 实现航点飞行任务(iOS)"节中相同的航点飞行任务，并将其添加到时间线元素列表中。

创建一个飞行降落触发器 DJIAircraftLandedMissionTrigger，并设置相应的触发动作：弹出"飞行降落触发 Action!"提示。触发器对象需要加入到一个触发器列表中，并通过任务控制器的 scheduleTriggers 方法将触发器列表交由任务控制器管理，具体实现如代码 10-27 所示。

代码 10-27

```
//加载任务
- (IBAction)loadTimelineMission:(id)sender {
...

    //添加飞机降落触发器。降落后触发动作，弹出"飞行降落触发 Action!"提示
    DJIAircraftLandedMissionTrigger *trigger = [[DJIAircraftLandedMissionTrigger alloc] init];
    WeakRef(target);
    [trigger setAction:^{
        WeakReturn(target);
        [target showAlertWithMessage:@"飞行降落触发 Action!"];
    }];
    //任务控制器加载触发器
    [DJISDKManager.missionControl scheduleTriggers: @[trigger]];

    [self showAlertWithMessage:@"加载任务成功!"];
}
```

3. 实现开始、停止时间线任务功能

时间线任务的开始与停止的相关代码如代码 10-28 所示。

代码 10-28

```
//开始任务
```

```
- (IBAction)startTimelineMission:(id)sender {
    //判断任务控制器中是否有时间线元素，如果没有，则无法开始任务!
    if ([DJISDKManager.missionControl scheduledElementsCount] > 0) {
        [self showAlertWithMessage:@"开始任务成功!"];
        [DJISDKManager.missionControl startTimeline];
    } else {
        [self showAlertWithMessage:@"无时间线元素，请加载任务!"];
    }

}

//停止任务
- (IBAction)stopTimelineMission:(id)sender {
    [self showAlertWithMessage:@"停止任务成功!"];
    [DJISDKManager.missionControl stopTimeline];

}
```

时间线任务的暂停和继续操作与此类似，此处不再赘述。

4．监听时间线任务状态

在本例中，在 DFTimelineMissionViewController 的 viewDidLoad 和 viewWillDisappear 方法中分别设置和取消监听时间线任务的状态监听器，如代码 10-29 所示。

代码 10-29

```
- (void)viewDidLoad {
    [super viewDidLoad];

    //添加任务控制器的监听器
    WeakRef(target);
    [DJISDKManager.missionControl addListener:self toTimelineProgressWithBlock:^(DJIMissionControlTimelineEvent event, id<DJIMissionControlTimelineElement> _Nullable element, NSError * _Nullable error, id _Nullable info) {
        WeakReturn(target);
        //时间线任务状态
        NSMutableString *strStatus;
        if (element == nil) {
            //当无时间线元素时，此时为整个时间线任务的状态更新
            strStatus = [NSMutableString stringWithString:[target timelineEventToString:event]];
        } else {
            //当时间线元素不为空时，此时为该时间线元素的状态更新
            NSString *elementName = NSStringFromClass([element class]);
            NSString *elementEvent = [target timelineEventToString:event];
            strStatus = [NSMutableString stringWithFormat:@"%@ %@!", elementName, elementEvent];
        }
        //出现错误时，提示错误，并结束时间线任务
        if (error) {
            [strStatus appendFormat:@" 错误:%@", error.description];
            [[DJISDKManager missionControl] stopTimeline];
            [[DJISDKManager missionControl] unscheduleEverything];
        }
```

```
            //显示状态更新
            target.lblStatusTimelineMission.text = strStatus;
        }];
    }

    - (void)viewWillDisappear:(BOOL)animated {
        [super viewWillDisappear:animated];
        //移除任务控制器的监听器
        [DJISDKManager.missionControl removeAllListeners];
    }
```

此时，我们已经完成了一个完整的时间线任务，编译并运行程序。将无人机连接计算机后打开飞行模拟器。设置飞行模拟器中无人机的当前位置为返航点位置（125.713440°E，43.528419°N）。打开 DroneFly 应用程序，进入 DFTimelineMissionViewController，依次单击【加载任务】和【开始任务】按钮后，无人机即可按照设计的时间线任务进行飞行。

在时间线任务执行的过程中，在 DFTimelineMissionViewController 中可显示时间线任务的状态信息，如图 10-10 所示。

（a）开始执行起飞动作　　　　　　　　　　　　（b）正在执行飞到指定位置动作

图 10-10　时间线任务的状态信息（iOS）

10.3　本章小结

本章介绍了大疆无人机应用相对广泛的航点飞行任务、兴趣点环绕任务和时间线任务。航点飞行任务可以应用在线路巡检和地图航测等应用中。例如，沿着输电线路设置多个航点，使无人机进行巡航、巡检；在一定的区域范围内设计"蛇行"航线，遍访区域内的每个角落（可参见"5.2.4 通过 OpenLayers 进行航测线路规划"节的相关内容）。兴趣点环绕任务可全面地对被摄物体进行观测，可应用在三维建模等应用中。时间线任务则可以对多种飞行任务和动作进行组合，从而创造出更多的可能。

无人机的使命就是为人类在空中完成各种各样的任务。除手动操控无人机外，自动化的飞行任务功能在大疆无人机中表现的淋漓尽致。除本章所介绍的航点飞行任务、兴趣点环绕任务与时间线任务外，依托于强大的飞行控制器，大疆无人机还可执行指点飞行任务、智能跟随任务、全景图任务等多种智能飞行任务。Mobile SDK 为这些任务均设计了相应的操作器进行控制。由于篇幅有限，请读者参考大疆官方的 SDK 文档自行学习开发。希望读者可以触类旁通，根据行业应用的需求选择合适的智能飞行任务进行开发工作！

第11章 快速应用构建：UX SDK

在各类的行业应用中，用于控制无人机的应用程序通常具有一些类似的功能界面，如图传视图、相机拍照控件、无人机状态监测视图等。在之前的章节中学习并实现了上述这些功能，但是需要监测的无人机状态参数众多，且需要设置许多控制按钮，这些视图和控件一个一个地开发起来不仅费时费力，并且有些代码还需要在 Mobile SDK 的不断迭代更新中进行维护。因此大疆官方推出了大疆无人机应用程序中常用的视图组件库 UX SDK。通过 UX SDK，我们就可以很轻易地创建出一个美观且稳定的功能界面骨架。UX SDK 拥有以下几个方面的优势。

- 快速搭建应用程序：通过少许代码即可构建一套无人机行业应用的基础界面。
- 组件免维护：UX SDK 中的组件使用方便且功能稳健，减少了维护成本。
- 统一的界面设计：UX SDK 所提供的组件与 DJI GO、DJI GO 4、DJI Polit 等大疆官方应用程序的界面高度统一，用户辨识度高，且可以降低用户的软件学习成本。

11.1 UX SDK 概述

本节将介绍 UX SDK 中的一些基本概念，以及其在 Android 和 iOS 中的组件列表。

11.1.1 UX SDK

UX SDK 是以 Mobile SDK 为基础的完整的大疆无人机应用程序组件库。开发者通过 UX SDK 可快速搭建类似 DJI GO 4、DJI Polit 等官方用户界面的程序骨架，如图 11-1 所示为通过 UX SDK 创建的用户界面。这种开发模式可用于应用程序原型开发和增量式开发，在较短的时间内即可向客户提供美观且易用的应用程序。

图 11-1　通过 UX SDK 创建的用户界面

UX SDK 的前身是 Mobile SDK 中的 UI Library。Mobile SDK 4.0 发布后，UI Library 从 Mobile SDK 中解离，并以独立的 UX SDK 单独发布。但是，UX SDK 是绝对离不开 Mobile SDK 的，UX SDK 中各个组件的具体实现均采用了 Mobile SDK 中的类和方法。具体来说，UX SDK 所提供的绝大多数的功能都是通过 Mobile SDK 中的键值管理器（KeyManager）来实现对无人机的状态获取与控制功能的。

11.1.2　UX SDK 组件

UX SDK 中的组件被划分为以下几类。

- 组件（Widget）：功能单一的视图或者控件，如电池电量组件和拍照按钮等。
- 组件集（Widget Collection）：具有相似功能的组件所形成的组件集合（仅 iOS），如状态栏组件集等。
- 面板（Panels）：复杂的菜单或设置视图，如相机设置面板等。

1. 组件

UX SDK 组件专一行使某一特定的功能，是 UX SDK 中最细粒度的视图或控件类。在 Android 和 iOS 中，这些组件类的命名非常相似。在 iOS 中，这些类采用以"DUX"开头的用于声明这些类为"DJI UX SDK"中的类。UX SDK 常用的组件如表 11-1 所示。

表 11-1　UX SDK 常用的组件

Android UX SDK 组件	iOS UX SDK 组件	组件名称
FocusExposureSwitchWidget	DUXExposureFocusSwitchWidget	对焦/测光切换按钮
MapWidget	DUXMapWidget	地图（图 11-2）
WiFiSignalWidget	DUXWifiSignalWidget	Wi-Fi 信号质量
RadarWidget	DUXRadarWidget	障碍物提示
HistogramWidget	DUXHistogramWidget	相机直方图工具
AutoExposureLockWidget	DUXAutoExposureSwitchWidget	自动曝光锁定 AE
PreFlightStatusWidget	DUXPreFlightStatusWidget	飞行器状态提示栏 (GPS)
ConnectionWidget	DUXConnectionWidget	飞行器连接状态
FlightModeWidget	DUXFlightModeWidget	飞行模式
BatteryWidget	DUXBatteryWidget	电池电量 61%
RemoteControlSignalWidget	DUXRemoteControlSignalWidget	遥控器信号质量
GPSSignalWidget	DUXGPSSignalWidget	GPS 状态信号质量
VideoSignalWidget	DUXVideoSignalWidget	图传链路信号质量HD
VisionWidget	DUXVisionWidget	障碍物感知功能状态
DashboardWidget	DUXDashboardWidget	飞行状态参数（图 11-3）
CompassWidget	DUXCompassWidget	指南针
DistanceHomeWidget	DUXDistanceHomeWidget	距返航点距离（D）
HorizontalVelocityWidget	DUXHorizontalVelocityWidget	水平速度（H.S）
DistanceRCWidget	DUXDistanceRCWidget	距遥控器距离（D）

续表

Android UX SDK 组件	iOS UX SDK 组件	组件名称
VerticalVelocityWidget	DUXVerticalVelocityWidget	垂直距离(V.S)
AltitudeWidget	DUXAltitudeWidget	高度（H）
CameraControlsWidget	—	相机控制（图 11-4）
—	DUXCameraSettingsMenu	相机设置按钮"MENU"
PictureVideoSwitch	DUXPictureVideoSwitchWidget	拍照/录像切换按钮
CameraCaptureWidget	DUXCaptureWidget	拍照/录像按钮
—	DUXRecordVideoWidget	录像按钮
—	DUXTakePictureWidget	拍照按钮
—	DUXRecordVideoTimeWidget	当前录像时间
ExposureSettingsMenu	DUXExposureSettingsMenu	曝光参数按钮
RemainingFlightTimeWidget	DUXRemainingFlightTimeWidget	智能飞行时间指示条
ColorWaveformWidget	DUXColorWaveformWidget	图传色彩波形
FPVWidget	DUXFPVView	图传
FPVOverlayWidget	（可使用 DUXFPVViewController）	图传覆盖（包含了控制云台角度等动作的设置功能）
TakeOffWidget	DUXTakeOffWidget	起飞/降落按钮
ReturnHomeWidget	DUXReturnHomeWidget	返航按钮
FocusModeWidget	—	对焦模式（AF/MF）切换按钮
—	DUXCameraConfigWidget	相机设置功能条
—	DUXCameraConfigInfoWidget	相机设置信息条（图 11-5）
CameraConfigShutterWidget	DUXCameraConfigShutterWidget	相机快门时间
CameraConfigApertureWidget	DUXCameraConfigApertureWidget	相机光圈大小
CameraConfigISOAndEIWidget	DUXCameraConfigExposureSensitivityWidget	相机 ISO
CameraConfigWBWidget	DUXCameraConfigWBWidget	相机白平衡
CameraConfigStorageWidget	DUXCameraConfigStorageWidget	相机存储状态
—	DUXCameraPictureConfigWidget	相机拍照录像设置
—	DUXCameraCapacityConfigWidget	相机剩余容量
CameraConfigSSDWidget	DUXCameraConfigSSDWidget	相机 SSD 状态
CameraConfigEVWidget	DUXCameraConfigEVWidget	相机 EV 值
CompassCalibratingWorkFlow	—	指南针校准工作流
SpeakerWidget	DUXSpeakerWidget	喊话器按钮
BeaconWidget	DUXBeaconWidget	夜航灯按钮
SpotlightWidget	DUXSpotlightWidget	探照灯按钮

图 11-2　地图组件

图 11-3　飞行状态参数组件

图 11-4　相机控制组件

图 11-5　相机设置信息条组件

在上述组件中，某些组件包含了多个其他的组件。例如，飞行状态参数组件包含了指南针、距返航点距离、水平速度、垂直速度等组件；相机控制组件包含了相机设置按钮、拍照/录像按钮、拍照曝光参数按钮等组件；拍照/录像按钮整合了拍照、录像按钮等组件；相机设置功能条组件包含了曝光设置、白平衡设置等组件；相机设置信息条包含了 ISO、光圈、快门、白平衡、EV 值等组件；相机存储状态组件包含了相机拍照录像设置组件和相机剩余容量组件等。

在导入相应的类库或头文件后，这些类即可直接在布局中使用，无须添加任何的业务逻辑代码。

2. 组件集

组件集是组件的集合，仅支持 iOS 系统。iOS UX SDK 包含 4 大类组件集：顶部状态栏、底部 Dock 栏、左侧侧边栏和右侧侧边栏。例如，UX SDK 中顶部状态栏的显示效果如图 11-6 所示。

严重低电量警报 ⊗ OPTI HD 8%

图 11-6　UX SDK 中顶部状态栏的显示效果

组件集的基本布局采用了 UICollectionViewLayout 的布局方式，并继承了组件集视图布局基类 DUXWidgetCollectionViewLayout。组件集视图布局基类包含两个子类，分别为居中布局类 DUXWidgetCollectionViewCenterLayout 和堆叠布局类 DUXWidgetCollectionViewStacksLayout。顶部状态栏和底部 Dock 栏采用堆叠布局，而侧边栏采用居中布局。

在 UX SDK 中，所有的组件集视图均继承于 UIWidgetCollectionView 基类。UX SDK 各类组件集与该基类的继承关系如图 11-7 所示。

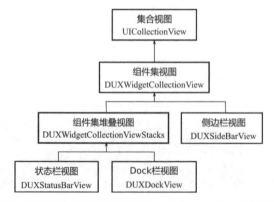

图 11-7　UX SDK 各类组件集与 UIWidgetCollectionView 基类的继承关系

UX SDK 已经将组件集包装成为视图控制器，以便于使用。UX SDK 中的组件集视图控制器如表 11-2 所示，这些视图控制器均继承于基类 DUXWidgetCollectionViewController。

表 11-2　UX SDK 中的组件集视图控制器

iOS 组件集视图控制器	组件集名称
DUXStatusBarViewController	顶部状态栏视图控制器
DUXDockViewController	底部 Dock 栏视图控制器
DUXLeadingBarViewController	左侧侧边栏视图控制器
DUXTrailingBarViewController	右侧侧边栏视图控制器

3．面板

面板为一系列状态信息或设置选项。UX SDK 中常用的面板如表 11-3 所示。

表 11-3　UX SDK 中常用的面板

Android UX SDK 面板	iOS UX SDK 面板	面板名称
PreFlightCheckListPanel	DUXPreflightChecklistController	飞行前检查列表面板
CameraSettingAdvancedPanel	DUXCameraSettingsController	相机高级设置面板
CameraSettingExposurePanel	DUXExposureSettingsController	相机曝光设置面板
RTKStatusPanel	DUXRTKStatusViewController	RTK 状态面板
SpeakerPanel	DUXSpeakerSettingsViewController	喊话器设置面板
SpotlightPanel	DUXSpotlightSettingsViewController	探照灯设置面板

单击"飞行器状态提示栏"组件可以打开飞行前检查列表面板，如图 11-8（a）所示。单击"相机设置按钮"组件可以打开相机高级设置面板，如图 11-8（b）所示。单击"曝光参数按钮"组件可以打开相机曝光设置面板，如图 11-8（c）所示。

（a）飞行前检查列表面板　　　　（b）相机高级设置面板　　　　（c）相机曝光设置面板

图 11-8　UX SDK 中常用的面板

另外，在 iOS 中，UX SDK 还提供了综合视图，以及相关的视图控制器，如表 11-4 所示。

表 11-4　iOS UX SDK 中的综合视图及其相关的视图控制器

iOS UX SDK 中的类	视图（控制器）名称
DUXDefaultLayoutView	默认布局视图
DUXDefaultLayoutViewController	默认布局视图控制器
DUXContentView	内容视图
DUXContentViewController	内容视图控制器
DUXFPVViewController	FPV 视图控制器
DUXMapViewController	地图视图控制器

内容视图（DUXContentView）用于显示应用程序的主体内容，如 FPV 图传和地图等。FPV 视图（DUXFPVView）即继承于内容视图。内容视图控制器是内容视图的封装，包括 FPV 视图控制器和地图视图控制器两个子类。默认布局视图和默认布局视图控制器封装了 FPV 视图、地图视图，以及顶部状态栏、底部 Dock 栏、左侧侧边栏和右侧侧边栏四个组件集，形成了一个完整的类似于 DJI GO 4 应用程序的视图控制器，可供开发者直接使用。

11.2　UX SDK 使用方法

本节将介绍如何在 Android 和 iOS 中实现 UX SDK 应用程序骨架，以及介绍自定义组件的基本方法。

11.2.1　构建 UX SDK 应用程序骨架（Android）

本节在 DroneFly 项目的基础上，将介绍如何在 Android 中使用 UX SDK，并创建一个用于无人机行业应用的程序骨架。在本书编写时，大疆 UX SDK 的版本号为 4.13，因此本书以该版本为例介绍 UX SDK 的具体使用方法。

1. 导入 UX SDK

（1）在 DroneFly 项目的 AndroidManifest.xml 文件中加入 UX SDK 依赖，如代码 11-1 所示。

代码 11-1

```
...
dependencies {
    ...
    implementation('com.dji:dji-sdk:4.13.1')
    compileOnly('com.dji:dji-sdk-provided:4.13.1')
    implementation ('com.dji:dji-uxsdk:4.13')
    ...
}
```

（2）保存 AndroidManifest.xml 文件后，单击 Android Studio 菜单栏的"File"-"Sync Project with Gradle Files"菜单，稍等片刻即可下载并添加 UX SDK 依赖到 DroneFly 项目中。

> ❀ UX SDK 基于 Mobile SDK，不可单独使用，因此 "com.dji:dji-sdk-provided:4.13.1" 依赖是必不可少的。

2．创建 UXSDKActivity

本部分将创建一个独立的 Activity（UXSDKActivity），用于显示一个完整的 UX SDK 用户界面，其要点如下。

（1）创建 UXSDKActivity，并继承于 AppCompatActivity。

（2）在 MainActivity 中增加【UX SDK】按钮，并在 MainActivity 中捕获该按钮的单击事件：单击按钮后，检查应用程序的注册和激活情况，以及无人机的绑定和连接情况；在一切正常后弹出 UXSDKActivity。

（3）在 AndroidManifest.xml 中，强制 UXSDKActivity 为横屏显示，且设置其主题为 "Theme.AppCompat.Light.NoActionBar.FullScreen"，具体实现如代码 11-2 所示。

代码 11-2

```
<activity
    android:name=".UXSDKActivity"
    android:configChanges="orientation"
    android:parentActivityName=".MainActivity"
    android:screenOrientation="landscape"
    android:theme="@style/Theme.AppCompat.Light.NoActionBar.FullScreen"/>
```

此时，打开 UXSDKActivity 后将不会显示 Activity 的标题栏和系统的状态栏。

3．设置 UXSDKActivity 布局

打开 UXSDKActivity 的布局文件 activity_uxsdk.xml，并做如代码 11-3 所示的修改。

代码 11-3

```
<?xml version="1.0" encoding="utf-8"?>
<RelativeLayout xmlns:android="http://schemas.android.com/apk/res/android"
    xmlns:tools="http://schemas.android.com/tools"
    xmlns:custom="http://schemas.android.com/apk/res-auto"
    android:layout_width="match_parent"
    android:layout_height="match_parent"
    android:background="#242d34"
    android:orientation="horizontal"
    tools:context=".UXSDKActivity">

    <!-- 图传（全屏显示）-->
    <dji.ux.widget.FPVWidget
        android:layout_width="match_parent"
        android:layout_height="match_parent"/>

    <!-- 图传覆盖（全屏显示）-->
    <dji.ux.widget.FPVOverlayWidget
        android:layout_width="match_parent"
        android:layout_height="match_parent"/>
```

```xml
<!-- 指南针校正工作流视图（全屏显示）-->
<dji.ux.workflow.CompassCalibratingWorkFlow
    android:layout_width="match_parent"
    android:layout_height="match_parent"/>

<!-- 顶部状态栏 -->
<LinearLayout
    android:id="@+id/signal"
    android:layout_width="match_parent"
    android:layout_height="25dp"
    android:background="@color/dark_gray"
    android:orientation="horizontal">

    <!-- 飞行器状态提示栏 -->
    <dji.ux.widget.PreFlightStatusWidget
        android:layout_width="238dp"
        android:layout_height="25dp"/>

    <!-- 飞行模式 -->
    <dji.ux.widget.FlightModeWidget
        android:layout_width="103dp"
        android:layout_height="22dp"/>

    <!-- GPS 信号 -->
    <dji.ux.widget.GPSSignalWidget
        android:layout_width="44dp"
        android:layout_height="22dp"/>

    <!-- 障碍物感知功能状态 -->
    <dji.ux.widget.VisionWidget
        android:layout_width="22dp"
        android:layout_height="22dp"/>

    <!-- 遥控器信号质量 -->
    <dji.ux.widget.RemoteControlSignalWidget
        android:layout_width="38dp"
        android:layout_height="22dp"/>

    <!-- 图传链路信号质量 -->
    <dji.ux.widget.VideoSignalWidget
        android:layout_width="38dp"
        android:layout_height="22dp"/>

    <!-- Wi-Fi 信号质量 -->
    <dji.ux.widget.WiFiSignalWidget
        android:layout_width="22dp"
        android:layout_height="20dp"/>

    <!-- 电池电量 -->
    <dji.ux.widget.BatteryWidget
        android:layout_width="96dp"
```

```
                android:layout_height="22dp"
                custom:excludeView="singleVoltage"/>

        <!-- 飞行器连接状态 -->
        <dji.ux.widget.ConnectionWidget
                android:layout_marginTop="3dp"
                android:layout_width="18dp"
                android:layout_height="18dp"/>
</LinearLayout>

<!-- 相机状态栏 -->
<LinearLayout
        android:id="@+id/camera"
        android:layout_width="wrap_content"
        android:layout_height="wrap_content"
        android:layout_below="@id/signal"
        android:layout_centerHorizontal="true"
        android:layout_marginTop="20dp"
        android:background="@color/dark_gray"
        android:orientation="horizontal">

        <!-- 自动曝光锁定 -->
        <dji.ux.widget.AutoExposureLockWidget
                android:layout_width="30dp"
                android:layout_height="30dp"/>

        <!-- 对焦/测光切换按钮 -->
        <dji.ux.widget.FocusExposureSwitchWidget
                android:layout_width="30dp"
                android:layout_height="30dp"/>

        <!-- 对焦模式切换按钮 -->
        <dji.ux.widget.FocusModeWidget
                android:layout_width="30dp"
                android:layout_height="30dp"/>

        <!-- 相机 ISO -->
        <dji.ux.widget.config.CameraConfigISOAndEIWidget
                android:layout_width="60dp"
                android:layout_height="30dp"/>

        <!-- 相机快门 -->
        <dji.ux.widget.config.CameraConfigShutterWidget
                android:layout_width="60dp"
                android:layout_height="30dp"/>

        <!-- 相机光圈 -->
        <dji.ux.widget.config.CameraConfigApertureWidget
                android:layout_width="60dp"
                android:layout_height="30dp"/>
```

```xml
    <!-- 相机 EV 值 -->
    <dji.ux.widget.config.CameraConfigEVWidget
        android:layout_width="60dp"
        android:layout_height="30dp"/>

    <!-- 相机白平衡 -->
    <dji.ux.widget.config.CameraConfigWBWidget
        android:layout_width="70dp"
        android:layout_height="30dp"/>

    <!-- 相机存储状态（包括拍照设置和剩余容量） -->
    <dji.ux.widget.config.CameraConfigStorageWidget
        android:layout_width="130dp"
        android:layout_height="30dp"/>
</LinearLayout>

<!-- 手动对焦组件 -->
<dji.ux.widget.ManualFocusWidget
    android:layout_below="@id/camera"
    android:layout_alignLeft="@id/camera"
    android:layout_marginLeft="25dp"
    android:layout_marginTop="5dp"
    android:layout_width="42dp"
    android:layout_height="218dp"
    tools:ignore="RtlHardcoded"/>

<!-- 智能飞行时间指示条 -->
<dji.ux.widget.RemainingFlightTimeWidget
    android:layout_alignParentTop="true"
    android:layout_marginTop="18dp"
    android:layout_width="match_parent"
    android:background="@color/transparent"
    android:layout_height="20dp"/>

<!-- 底部 Dock 栏 -->
<LinearLayout
    android:layout_width="match_parent"
    android:layout_height="wrap_content"
    android:layout_alignParentBottom="true"
    android:orientation="horizontal"
    android:padding="12dp">

    <!-- 飞行状态参数组件 -->
    <dji.ux.widget.dashboard.DashboardWidget
        android:id="@+id/Compass"
        android:layout_width="405dp"
        android:layout_height="91dp"
        android:layout_marginRight="12dp"
        tools:ignore="RtlHardcoded"/>

</LinearLayout>
```

```xml
<!-- 左侧边栏-->
<LinearLayout
    android:layout_width="40dp"
    android:layout_height="wrap_content"
    android:layout_centerVertical="true"
    android:layout_marginStart="12dp"
    android:orientation="vertical">

    <!-- 起飞/降落按钮 -->
    <dji.ux.widget.TakeOffWidget
        android:layout_width="40dp"
        android:layout_height="40dp"
        android:layout_marginBottom="12dp"/>

    <!-- 返航按钮 -->
    <dji.ux.widget.ReturnHomeWidget
        android:layout_width="40dp"
        android:layout_height="40dp"
        android:layout_marginTop="12dp"/>
</LinearLayout>

<!-- 相机控制组件 -->
<dji.ux.widget.controls.CameraControlsWidget
    android:id="@+id/CameraCapturePanel"
    android:layout_alignParentRight="true"
    android:layout_below="@id/camera"
    android:layout_width="50dp"
    android:layout_height="213dp"
    tools:ignore="RtlHardcoded"/>

<!-- 相机曝光设置面板 -->
<dji.ux.panel.CameraSettingExposurePanel
    android:layout_width="180dp"
    android:layout_below="@id/camera"
    android:layout_toLeftOf="@+id/CameraCapturePanel"
    android:background="@color/transparent"
    android:gravity="center"
    android:layout_height="263dp"
    android:visibility="invisible"
    tools:ignore="RtlHardcoded"/>

<!-- 相机高级设置面板 -->
<dji.ux.panel.CameraSettingAdvancedPanel
    android:layout_width="180dp"
    android:layout_height="263dp"
    android:layout_below="@id/camera"
    android:layout_toLeftOf="@+id/CameraCapturePanel"
    android:background="@color/transparent"
    android:gravity="center"
```

423

```
        android:visibility="invisible"
        tools:ignore="RtlHardcoded"/>

    <!-- 飞行前检查列表面板 -->
    <dji.ux.panel.PreFlightCheckListPanel
        android:layout_width="400dp"
        android:layout_height="wrap_content"
        android:layout_below="@id/signal"
        custom:excludeItem="ESCStatus"
        android:visibility="gone"/>

</RelativeLayout>
```

在上述代码中，各个组件的安排如下。

（1）图传组件、图传覆盖组件和指南针校正工作流程三个视图以全屏显示。图传组件用于显示 FPV 图传，而图传覆盖组件和指南针校正工作流程在默认情况下为透明。图传覆盖组件可以捕捉用户长按后上下移动的动作以改变云台朝向。指南针校正工作流程在校准指南针时使用。

（2）顶部状态栏包含了飞行器状态提示栏、飞行模式、电池电量，以及各种信号强度等状态视图。值得注意的是，顶部状态栏最右侧的飞行器连接状态图标包含了两种状态，即已连接无人机状态"●"和未连接状态"▲"。智能飞行时间指示条位于顶部状态栏的下方，用于预估剩余可飞行时间。

（3）相机状态栏显示了相机曝光和白平衡等状态，并包含了 AE 锁、对焦/测光切换、对焦模式切换等控件。手动对焦组件（ManualFocusWidget）可用于调整对焦状态。

（4）底部 Dock 栏仅包括飞行状态参数组件，包含飞行姿态图和重要的飞行参数（距离、速度和高度）。

（5）左侧边栏包含起飞/降落按钮和返航按钮两个组件。右侧边栏为相机控制组件。

此时，移动设备连接无人机后，编译并运行 DroneFly 程序。单击【UX SDK】按钮，进入 UXSDKActivity，即可显示一套完整的 UX SDK 用户界面（Android），如图 11-9 所示，该界面的使用方法与 DJI GO 4 非常类似，通过单击"飞行器状态提示栏"还可以打开飞行器状态列表，单击右侧边栏【MENU】按钮还可以打开相机高级设置面板。

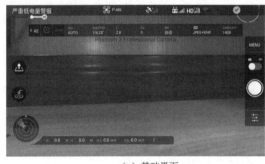
（a）基础界面

（b）飞行前检查面板和相机高级设置面板

图 11-9　UX SDK 用户界面（Android）

可见，我们只修改了 activity_uxsdk.xml 布局文件，没有在 UXSDKActivity.java 文件中添加任何的业务逻辑代码就可以实现丰富、稳健的上述界面，非常方便。

11.2.2　构建 UX SDK 应用程序骨架（iOS）

本节在 DroneFly 项目的基础上，将介绍如何在 iOS 中使用 UX SDK，并创建一个用于无人机行业应用的程序骨架。

1．导入 UX SDK

（1）打开 DroneFly 项目根目录下的 PodFile 文件，并修改其文本内容如代码 11-4 所示。

代码 11-4

```
platform :ios, '10.0'

target 'DroneFly' do
use_frameworks!
pod 'DJI-SDK-iOS', '~> 4.13.1'
pod 'DJIWidget', '~> 1.6.3'
pod 'DJI-UXSDK-iOS', '~> 4.13.1'

end
```

注意，由于 iOS UX SDK 支持的 iOS 最低版本为 10.0，因此需要设置其最低版本为"10.0"。另外，iOS UX SDK 依赖于 DJIWidget 组件，而 DJIWidget 不支持 Bitcode，因此需要关闭 Bitcode 功能，请参见"第 6 章　无人机的眼睛——实时图传"的相关内容。

> ✿　如果未添加"use_frameworks!"声明，则会出现编译错误。

（2）打开终端工具，并在 DroneFly 的根目录下执行以下命令：

```
pod install
```

出现"Installing DJI-UXSDK-iOS (4.13)"和"Pod installation complete!"提示时，说明 UX SDK 安装成功。

2．创建 DFUXSDKViewController

本部分将创建一个独立的视图控制（DFUXSDKViewController），用于显示一个完整的 UX SDK 用户界面，其要点如下。

（1）创建 DFUXSDKViewController，并继承于 DUXDefaultLayoutViewController，如图 11-10 所示。

（2）在 Main.Storyboard 中，添加 DFUXSDKViewController，并在 DFMainViewController 中添加【UX SDK】按钮，为其设置 Segue，利用"Show"方法弹出 DFUXSDKViewController，为该 Segue 设置标识符"segue_uxsdk"。

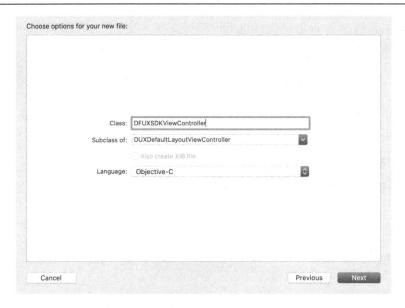

图 11-10　创建 DFUXSDKViewController

（3）在 DFMainViewController 中的 shouldPerformSegueWithIdentifier 方法中，通过 Segue 标识符"segue_uxsdk"捕获该"Show"动作，并在"Show"动作之前，通过 checkDroneConnection 方法判断应用程序的注册和激活状态，以及无人机的绑定和连接等状态是否正常。

（4）为了让 DFUXSDKViewController 不显示导航条，在 DFUXSDKViewController.m 中添加代码 11-5。

代码 11-5

```
- (void)viewDidLoad {
    [super viewDidLoad];

    //不显示导航条
    [self.navigationController setNavigationBarHidden:YES animated:YES];
}

- (void) viewWillDisappear:(BOOL)animated {
    [super viewWillDisappear:animated];

    //显示导航条
    [self.navigationController setNavigationBarHidden:NO animated:YES];

}
```

（5）在 Main.Storyboard 中，在 DFUXSDKViewController 布局的左上角添加【返回】按钮，用于返回到主界面。在 DFUXSDKViewController.h 中，捕捉该按钮的"Touch up inside"事件，并在 DFUXSDKViewController.m 中将其实现，如代码 11-6 所示。

代码 11-6

```
- (IBAction)back:(id)sender {
    [self.navigationController popViewControllerAnimated:YES];
}
```

3．设置语言

默认情况下，Xcode 所创建的应用程序的语言为英文，因此其 UX SDK 界面默认也为英文。因此，在 DroneFly 的 Info.plist 文件中，修改"Localization native development region"选项为"zh-Hans"，如图 11-11 所示为设置 UX SDK 中文界面（iOS）。

图 11-11　设置 UX SDK 中文界面（iOS）

此时，移动设备连接无人机后，编译并运行 DroneFly 程序。单击【UX SDK】按钮，进入 DFUXSDKViewController 即可显示一套完整的 UX SDK 用户界面（iOS），如图 11-12 所示。

图 11-12　UX SDK 用户界面（iOS）

可见，我们只通过继承 DFUXSDKViewController 即可完成 UX SDK 应用界面的创建，在其实现文件中没有添加任何的业务逻辑代码，非常方便。

11.2.3　自定义组件

UX SDK 支持自定义组件的扩展功能，包括自定义视图、捕捉组件事件和执行组件动作等。

1. 自定义视图

在 Android 中，可以通过继承组件类的方式自定义视图。例如，在上述的 DroneFly 项目中，创建一个自定义电池电量组件 CustomBatteryWidget 类，并继承 BatteryWidget 类。复写其父类的构造函数和 initView(...)方法，并在 initView(...)方法中添加自定义的布局文件，此时即可实现自定义视图功能，具体实现如代码 11-7 所示。

代码 11-7

```
public class CustomBatteryWidget extends BatteryWidget {
    //复写构造函数
    public CustomBatteryWidget(Context context) {
        super(context);
    }

    public CustomBatteryWidget(Context context, AttributeSet attributeSet) {
        super(context, attributeSet);
    }

    public CustomBatteryWidget(Context context, AttributeSet attributeSet, int i) {
        super(context, attributeSet, i);
    }
    //复写 initView(...)方法
    @Override
    public void initView(Context context, AttributeSet attributeSet, int i) {
        //super.initView(context, attributeSet, i);
        //在此使用自定义的布局文件实现自定义视图功能
    }
}
```

在 iOS 中，自定义视图可通过替换资源文件的方式来自定义视图，具体的方法如下。

（1）在 UX SDK 的 Github 仓库中下载 assets 资源目录，其地址为 https://github.com/dji-sdk/Mobile-UXSDK-iOS/tree/master/customize-uxsdk-assets。

（2）替换 assets 资源目录中需要修改的资源文件。在替换时，不要修改目录结构，且不要删除 contents.json 文件。注意，替换文件需要与原文件保持同样的命名方式和图片尺寸，并且不同缩放比例的图片"@2x/@3x"需要保持其存储位置不变。

（3）执行 assets 资源目录中的"asset-swap.sh"脚本，并生成"Assets.car"文件。

（4）在项目所引用的"DJIUXSDK.framework"中，替换其中的"Assets.car"文件为上述生成的文件。

（5）清理 Xcode 所生成的 DerivedData 目录，并重新编译运行程序。

此时，组件的界面完成了自定义视图的设置。

2．捕捉组件事件

在 Android 中，许多组件中包含了捕捉组件事件的方法。例如，电池电量组件中包含了电池电量百分比变化 onBatteryPercentageChange(...)和电池连接状态变化 onBatteryConnectionStateChange(...)两个事件的处理方法。我们可以通过创建其子类，并以复写事件处理方法的方式来捕捉组件事件。例如，在上述的 CustomBatteryWidget 类中复写电池电量百分比变化方法，如代码 11-8 所示。

代码 11-8

```
public class CustomBatteryWidget extends BatteryWidget {
    …
    @Override
    public void onBatteryPercentageChange(int i) {
        Toast.makeText(context, "电池电量变化:" + i + "%", Toast.LENGTH_LONG).show();
    }
}
```

然后在 activity_uxsdk.xml 中修改 BatteryWidget 为 CustomBatteryWidget，如代码 11-9 所示。

代码 11-9

```
<!-- 电池电量 -->
<cas.igsnrr.dronefly.CustomBatteryWidget
    android:layout_width="96dp"
    android:layout_height="22dp"
    custom:excludeView="singleVoltage"/>
```

编译并运行程序，当电池电量发生变化时，会出现如图 11-13 所示的提示。

DroneFly：电池电量变化:8%

图 11-13　提示电池电量变化

在 iOS 中，UX SDK 组件中包含了与该组件界面相关的属性。例如，电池电量组件中包含了 battery1Percentage 和 battery2Percentage 两个属性，分别表示两个电池的电量。此时，通过键值监听机制（KVO）的方式即可捕捉这些属性值的变化。

3．执行组件动作

在 Android 中，许多组件中包含了以 perform 开头、以 Action 结尾的方法 performXXXAction，通过调用这些方法即可执行这些组件的功能。例如，在起飞/降落组件中，通过调用其 performTakeOffAction()和 performLandingAction()方法即可起降无人机。

11.3 UI 设计的注意事项

UI 设计，即用户界面（User Interface）设计，即针对应用程序的特点，设计其人机交互和操作逻辑，使其兼具易用性和美观性。

在 Android 应用设计中，Google 公司提供了 Material Design（简称 MD）的 UI 设计规范；在 iOS 应用设计中，Apple 公司也提供了 Human Interface Guildeline（HIG）人机交互指南。相对来说，MD 更加拟物化，强调视图和控件的光影效果，给人一种身临其境在另一个三维世界的感觉；而 HIG 更加扁平化，强调对视图和控件的符号化，常以最简单的线条来突出视图和控件的功能。

MD 和 HIG 为开发者提供了丰富的设计思想和设计方向，但是在基于 Mobile SDK 进行无人机二次开发时，还需要考虑其应用本身的特点。

1. Mobile SDK 应用程序的操作特点

Mobile SDK 应用程序与其他应用程序最为显著的区别就是：前者是夹在遥控器上的，而后者是紧紧地握在用户手中的。根据这一特点，Mobile SDK 应用程序一定要遵循以下几个基本原则。

1）禁用竖屏

几乎在所有的应用场景下，无人机都是横置被夹在遥控器的夹子上的，这样更加符合人类的视觉感官体验。因此，除了极为特殊的情况，建议所有的 Mobile SDK 应用程序都强制使用竖屏。

> ❀ 哪些情况下可以使用横屏呢？例如，在 Mavic Pro 无人机开启了 Wi-Fi 遥控模式，并且进入竖拍模式下，用于自拍、直播等场景下，竖屏可能可以带来更好的用户体验，但仍然建议开发者充分考虑易用性、安全性等各种因素后再做决定。

2）单手操作

与手持移动设备相同的是，夹在遥控器上的 Mobile SDK 应用程序同样以单手操作为主。这主要是因为用户的另一只手常常需要扶住遥控器，有时甚至需要进行拨动云台旋钮等操作。与手持移动设备不同的是，用户更加倾向于使用右手食指操作 Mobile SDK 应用程序，而不是使用大拇指。由于食指接触屏幕的接触面更小，且往往比大拇指更加灵活，按钮等各种控件就可以设计得更小一些，以容纳更多的控件。

> ❀ 注意，对于常用的按钮控件（如拍照、录像等）和安全性控件（如返航、取消任务等）需要适当地占据更大的屏幕位置。

3）控件可在屏幕四周分布

对于一般的应用程序而言，无论是 Android 的 MD 设计理念，还是 iOS 的 HIG 设计理念，都建议开发者把控件放在屏幕的顶部和底部，这样更加容易操作，且可最大限度地避免误操作。由于 Mobile SDK 应用程序"解放"了右手手指的位置，因此可以将各种信息展示的视图和控件摆放在屏幕的任何位置。但是为了突出主体信息（如图传、地图等），建议将这些视图和控件放置在屏幕四周，均匀分布。

> ❀ 功能相关的视图和控件建议放置在一起，以便于用户的寻找与操作。

2. Mobile SDK 应用程序的安全特点

无人机飞在天空，价格昂贵，且具有潜在的责任风险，因此 Mobile SDK 应用程序必须要时刻注意让用户了解到无人机的关键信息和安全性信息。

1）时刻显示无人机图传

除特殊情况外，建议开发者将图传作为应用程序的主体部分，甚至填充整个 UI 界面。图传是无人机的"眼睛"，最为直观地显示着无人机所处的位置环境，图传可以在突发情况下第一时间让用户了解到发生了什么，并做出正确的响应。

当用户需要查看其他的信息时（例如，在航测、巡检等应用场景下，用户希望打开地图了解无人机所处的地理位置，以及查看任务执行的进度等），强烈建议将图传信息以缩略图的形式占据屏幕一定的位置，提高用户操作时的自信心。

> ❀ 建议开发者在使用 Mobile SDK 时隐藏移动设备最上方的状态栏，让应用程序进入全屏模式。

2）切忌使用占据整个屏幕的提示框

建议开发者杜绝使用 Android 中的 AlertDialog 和 iOS 中的 UIAlertController 等占据整个屏幕的提示框，这些类型的提示框会严重影响用户的正常操作：一方面，突如其来的提示框会使得后方的控件暂时无法操作；另一方面，任何提示也不如让用户看到图传信息那么重要。

3）提高屏幕亮度

绝大多数手机（或平板电脑）的屏幕在阳光下都会显得黯然失色。在 Mobile SDK 应用程序中，最好加入控制屏幕亮度的代码，让屏幕保持一定的亮度，或者给予用户充分的提示来提高屏幕亮度。

4）突出安全提示和安全选项

要始终把无人机的安全性信息和选项配置信息摆在重要的位置。对于电池电量、无人机信号质量等信息，以及终止任务、返航等按钮必须放在 UI 界面重要的位置上。对于执行航点任务、时间线任务等飞行任务，开始前要把安全性信息（如电池是否充足、距离是否过远）给予用户充分的提示。

另外，要注意安全性信息的色彩选配：通常，红色代表严重警告、黄色代表警告、绿色代表正常。适当使用绿色提示也可以给予用户充分的无人机驾驶信心，从而降低安全事故的发生率。

3. 培养一致性的用户习惯

大疆官方提供了 DJI GO、GS Pro 等多种不同场景下的无人机应用程序。在 Mobile SDK

应用程序的开发过程中，要充分利用现有的资源，了解并参考其视图和控件的摆放方式，并将其用于行业应用开发中。

大疆 UX SDK 提供了几乎完整的用于显示无人机信息，以及具有控制功能的各种视图和视图组合。通过 UX SDK，用户可以组装成另一个"DJI GO"，详情可参加"第 11 章 快速应用构建：UX SDK"。在使用 UX SDK 时，也要参考官方的应用程序摆放其位置，培养一致性的用户习惯，以便于获得更好的用户体验。

> ✿ 对于专业化的行业应用（如航测、巡检、植保等）而言，具有针对性地在 iPad 等平板设备（而不是智能手机）上开发应用程序，可以更加清晰地显示更多信息和控件，从而提供更好的用户体验。

11.4　本章小结

本章首先介绍了 UX SDK 的基本概念和相关组件，然后分别介绍了如何在 Android 和 iOS 中使用 UX SDK 来创建应用程序骨架，最后介绍了 UX SDK 自定义组件的基本方法。

UX SDK 是 Mobile SDK 的重要补充，开发者可通过简单的布局设计即可完成与大疆官方的 DJI GO 4 等应用程序类似的界面。如此一来，开发者只需要关注与行业应用相关的业务逻辑，大大降低了开发成本，并且可以为用户提供统一的用户界面，降低用户对行业应用软件的学习成本。

附录 1　iOS 应用程序配置与 MFi 认证

对于绝大多数的 iOS 无人机应用程序来说，需要上传到 App Store 应用商店供用户下载。但是，苹果公司提供了非常完善的应用审核机制。因此在发布之前需要通过 Xcode 对应用程序进行一些配置，包括项目设置和 MFi 认证两个主要部分。MFi 认证的时间可能需要较长的时间，对于急于上架的开发者请提前做好准备。

> ❀　对于 Android 无人机应用程序来说，不需要类似的额外配置。

1. iOS 应用程序项目配置

在将 MSDK 应用程序上传到 App Store 之前，需要打开应用程序 target 的"Build Phases"选项卡，单击左上角的【+】按钮增加脚本块，并增加如下代码：

```
bash "${BUILT_PRODUCTS_DIR}/${FRAMEWORKS_FOLDER_PATH}/DJISDK.framework/strip-frameworks.sh"
```

设置完成后如附图 1 所示。

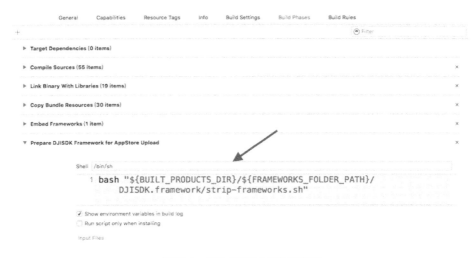

附图 1　iOS 应用程序项目配置

2. MFi 认证的基本流程

MSDK 应用程序需要通过 Wi-Fi 或 lightning 数据线连接无人机。在使用 lightning 数据线连接无人机时，需要对应用程序进行 MFi 认证。MFi 是"Made for iPhone/iPad/iPod"的简写，是对 iPhone 等移动设备所连接的第三方硬件的使用许可。大疆无人机硬件已经通过了 MFi 认证，但是还需要对使用大疆无人机的应用程序进行认证，具体的操作流程如附图 2 所示。

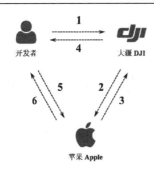

1. 开发者向大疆提交MFi申请表

2. 大疆向苹果提交用于审查的申请信息

3. 苹果同意/拒绝MFi申请

4. 大疆向开发者提供PPID

5. 开发者向苹果提交应用程序进行最终审查

6. 苹果决定是否将应用程序发布到App Store

附图 2　应用程序的 MFi 认证流程

1）升级大疆开发者账户为高级版

在大疆开发者中心网站，将大疆开发者账户升级为高级版，如附图 3 所示。基础版的开发者账户无法进行 MFi 认证。升级网址为 https://developer.dji.com/cn/user/membership/。

附图 3　大疆开发者账户认证体系

2）提交 MFi 申请表

在大疆开发者中心的应用程序管理界面（http://developer.dji.com/user/apps/）中选择需要申请 MFi 认证的 iOS 应用程序，并在其下方单击【Apply MFi Program】按钮，进入 MFi 申请表单页面，如附图 4 所示。

在该界面的"Name of app as it will appear in App Store"选项中输入应用程序名称，在"APP version"选项中输入版本号，在"Bundle Identifier"中输入 Bundle 识别符，在"Device protocol names used by this App"选项中输入设备协议名称（可选，如果存在多个，用逗号隔开），在"Please describe the iOS app for this accessory, including a general functional overview and its key features"选项中输入该应用程序所使用的无人机的主要用途和功能。单击【SUBMIT】按钮确认。

3）大疆向苹果提交用于审核的申请信息

提交 MFi 申请表单后，在开发者网站的应用程序设置界面中即可查看 MFi 申请状态。大疆在收到 MFi 申请表后，会将该申请提交给苹果用于审查。此时，MFi 申请状态为"Submitted to Apple for review"，如附图 5 所示。

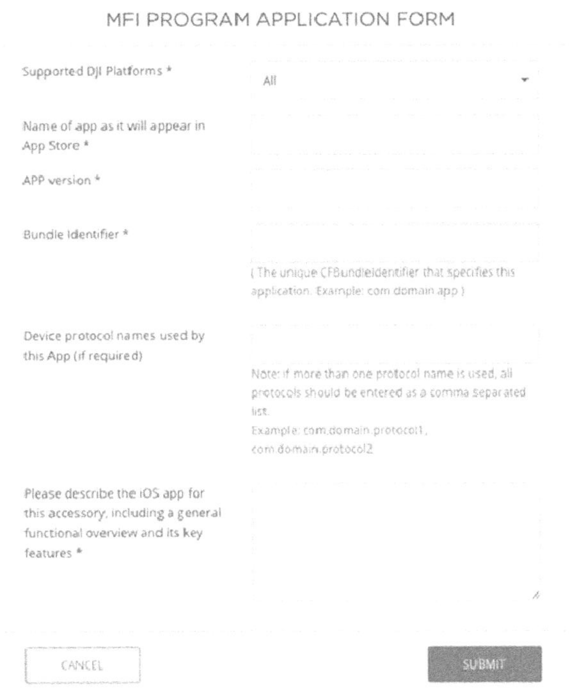

MFI PROGRAM APPLICATION FORM

Supported DJI Platforms *

All

Name of app as it will appear in
App Store *

APP version *

Bundle Identifier *

(The unique CFBundleIdentifier that specifies this
application. Example: com.domain.app)

Device protocol names used by
this App (if required)

Note: if more than one protocol name is used, all
protocols should be entered as a comma separated
list.
Example: com.domain.protocol1,
com.domain.protocol2

Please describe the iOS app for
this accessory, including a general
functional overview and its key
features *

CANCEL　　　　　　　　　　　　　　　SUBMIT

附图 4　MFi 认证申请表单界面

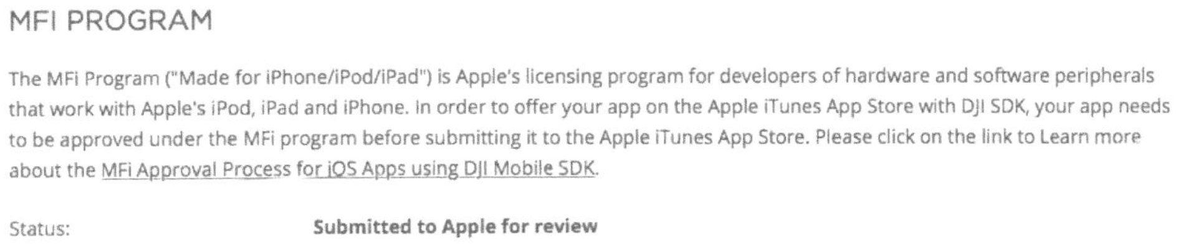

MFI PROGRAM

The MFi Program ("Made for iPhone/iPod/iPad") is Apple's licensing program for developers of hardware and software peripherals
that work with Apple's iPod, iPad and iPhone. In order to offer your app on the Apple iTunes App Store with DJI SDK, your app needs
to be approved under the MFi program before submitting it to the Apple iTunes App Store. Please click on the link to Learn more
about the MFi Approval Process for iOS Apps using DJI Mobile SDK.

Status:　　　　　　　　　**Submitted to Apple for review**

附图 5　MFi 申请状态

4）苹果同意/拒绝 MFi 申请

经过审查后，苹果会决定同意或拒绝 MFi 申请。同意后，苹果会向大疆提供 MFi PPID
（Product Plan Identification）。此时，MFi 申请状态为"Application Approved"。

5）大疆向开发者提供 PPID

打开大疆开发者网站上的 iOS 应用程序的设置界面。大疆会向开发者提供苹果所提供的
PPID，如附图 6 所示。

6）开发者向苹果提交应用程序进行最终审核

在获得 PPID 后，开发者可最终打包应用程序，并通过常规途径将其上传到 iTunes
Connect 网站上用于审核，但是需要在上传界面"App Review Information"选项组的
"Note"选项中输入 PPID 用于审核，如附图 7 所示。

MFI PROGRAM

The MFi Program ("Made for iPhone/iPod/iPad") is Apple's licensing program for developers of hardware and software peripherals that work with Apple's iPod, iPad and iPhone. In order to offer your app on the Apple iTunes App Store with DJI SDK, your app needs to be approved under the MFi program before submitting it to the Apple iTunes App Store. Please click on the link to Learn more about the MFi Approval Process for iOS Apps using DJI Mobile SDK.

Status:　　　　　**Application Approved**

PPID:

Phantom 4 Series Complete　　Phantom 3 Series Complete　　Inspire Series Complete　　MAVIC PRO Complete

附图 6　大疆向开发者提供 MFi PPID

附图 7　在提交应用程序到 iTunes Connect 时需要提供 PPID

> ✿ 在 iTunes Connect 网站上上传应用程序时，应用程序名称、版本号和 Bundle Identifier 选项应当与申请 MFi 认证的表单中的保持一致，否则可能会导致审核失败。

7）苹果决定是否将应用程序发布到 App Store

请耐心等待苹果审核人员决定。不出意外，您的 iOS 无人机应用程序将会出现在 App Store 中。

反侵权盗版声明

电子工业出版社依法对本作品享有专有出版权。任何未经权利人书面许可，复制、销售或通过信息网络传播本作品的行为；歪曲、篡改、剽窃本作品的行为，均违反《中华人民共和国著作权法》，其行为人应承担相应的民事责任和行政责任，构成犯罪的，将被依法追究刑事责任。

为了维护市场秩序，保护权利人的合法权益，本社将依法查处和打击侵权盗版的单位和个人。欢迎社会各界人士积极举报侵权盗版行为，本社将奖励举报有功人员，并保证举报人的信息不被泄露。

举报电话：（010）88254396；（010）88258888

传　　真：（010）88254397

E-mail：dbqq@phei.com.cn

通信地址：北京市海淀区万寿路 173 信箱
　　　　　电子工业出版社总编办公室

邮　　编：100036